高等教育"十四五"部委级教材

计算机辅助设计（CAD）造型建模技术

张亚伟　编著

东华大学出版社·上海

图书在版编目（CIP）数据

计算机辅助设计（CAD）造型建模技术 / 张亚伟编著. —上海: 东华大学出版社, 2024.3

ISBN 978-7-5669-2328-8

Ⅰ. ①计… Ⅱ. ①张… Ⅲ. ①计算机辅助设计—AutoCAD软件 Ⅳ. ①TP391.72

中国国家版本馆CIP数据核字(2024)第037186号

责任编辑：竺海娟
封面设计：魏依东

计算机辅助设计（CAD）造型建模技术

张亚伟　编著

出　　版：东华大学出版社（上海市延安西路1882号 邮政编码：200051）

本社网址：dhupress.dhu.edu.cn

天猫旗舰店：http://dhdx.tmall.com

营销中心：021-62193056　62373056　62379558

印　　刷：常熟大宏印刷有限公司

开　　本：787 mm × 1092 mm　1/16

印　　张：30.75

字　　数：650千字

版　　次：2024年3月第1版

印　　次：2024年3月第1次印刷

书　　号：ISBN 978-7-5669-2328-8

定　　价：128.00元

导 言

INTRODUCTION

3D EXPERIENCE SOLIDWORKS 产品系列是一套直观且强大的 3D 功能设计与数据管理、概念设计和细分建模的组合。现在，用户可以在一个统一的平台上将涉及的人员与实时信息和正确的工具联系起来，从而快速地做出更好的决策。

SOLIDWORKS2021-SolidWorks，是主程序。

SOLIDWORKS2021-eDrawings，让用户能够精彩地分享 3D 概念，同时又能保护用户的知识产权。eDrawings2021 可为用户提供更多选项，让用户能轻松地传达想法。

SOLIDWORKS2021-Electrical，其新的端子类型管理器可以定义与特定端子板配合使用的接线端子，以实现更好的控制和更高的设计准确性。此外，还可以直接记录和管理整个端子板。使用单独的电缆布线装配体将简化开发过程同时加快开发速度。

SOLIDWORKS2021-Inspection，可以为工程图自动生成零件序号以及包含产品和制造信息的 3D 文件，提高工作效率。

SOLIDWORKS2021-PCB，是集成了 SOLIDWORKS 3D 设计软件的 PCB(印刷电路板) 设计工具。

SOLIDWORKS2021-Composer，除了允许用户在导入过程中删除空组以方便清理外，新增的功能还允许用户在导入时将更多的配置加载到 Composer 项目中，可使整体加载时间缩短并实现性能的改进。在过去，有些不可见元素难以撤销，而现在 Composer2021 会主动突出显示这些元素。用户使用 SOLIDWORKS Composer 2021 时，还会发现它的用户界面更干净、更为现代化。

SOLIDWORKS2021-Composer Player，让用户可以创建

供所有人查看的交互式 3D 内容。

SOLIDWORKS2021-Composer Sync，让用户可以创建一个批处理转换流程，将 3D CAD 和其他 3D 格式转换为 SOLIDWORKS Composer 格式。产品数据或制造信息变更可自动更新到 SOLIDWORKS Composer 交付产品中。可将批处理作业设置保存到 XML 中，以便未来使用。

SOLIDWORKS2021-Visualize，是渲染工具。Visualize Professional 2021 还提供了新的"卡通"相机滤镜，可呈现大师级的概念性草图效果。剖面视图现在支持彩色选项，可在生成详细的零件和装配体渲染时提供更大的自由度。

SOLIDWORKS2021-Visualize Boost，是利用网络增强渲染能力的工具。

本书将对 SolidWorks 主程序进行详细介绍。

注：全书图中单位尺寸默认为 mm。

目 录
CONTENTS

第 5 章 工程图设计

第1章 SolidWorks 2021 简介

【本章提要】

SolidWorks 是一个在 Windows 环境下进行机械设计的软件，也是一个以设计功能为主的 CAD(Computer Aided Design) 软件，完全使用 Windows 风格，具有人性化的操作界面。功能强大、易学易用和技术创新是 SolidWorks 的三大特点，这使得 SolidWorks 成为领先的主流三维 CAD 解决方案。SolidWorks 能够提供不同的设计方案、减少设计过程中的错误以及提高产品质量。同时，对工程师和设计者来说，SolidWorks 操作简单方便、易学易用。

SolidWorks 的基本模块功能：

SolidWorks 提供了一整套完整的动态界面和鼠标拖动控制功能。"全动感的"用户界面可减少设计步骤，因而减少了多余的对话框，从而避免了界面的凌乱。

(1) 崭新的属性管理器用来高效地管理整个设计过程和步骤。属性管理器包含所有的设计数据和参数，操作方便、界面直观。

(2) 使用 SolidWorks 资源管理器可以方便地管理 CAD 文件。SolidWorks 资源管理器是一个同 Windows 资源器类似的 CAD 文件管理器。

(3) 特征模板为标准件和标准特征，提供了良好的环境。用户可以直接从特征模板上调用标准的零件和特征，并与同事共享。

(4) SolidWorks 提供的 AutoCAD 模拟器，使得 AutoCAD 用户可以保持原有的作图习惯，顺利地从二维工程图设计转向三维实体设计。

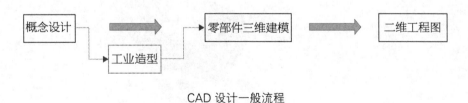

CAD 设计一般流程

1.1 简介

1.1.1 基本界面介绍

启动 SolidWorks2021，其初始窗口如图 1.1.1 所示。用户可以创建三种不同的文件，分别是零件、装配体、工程图。同时也可以在基础菜单区打开现有零件、装配体或工程图文档。

图 1.1.1　SolidWorks 2021 初始界面

SolidWorks 2021 操作界面有下拉菜单、快捷按钮区、选项卡区、前导视图、管理器区、任务窗格、底部工具条、底部信息格和图形区，其中图形区域左侧窗格包括特征管理器(Feature Manager)、属性管理器(Motion Manager)、配置管理器(Configuration Manager)、自定义的第三方插件等，如图 1.1.2 所示。

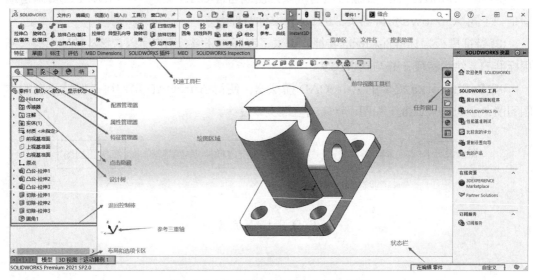

图 1.1.2　SolidWorks2021 主操作界面

1.1.1.1 特征管理器

Feature Manager 设计树和图形区域为动态链接。用户可在任一窗格中选择特征、草图、工程视图和构造几何线。特征管理器可便捷显示零件、装配体或工程图的结构，从而用户可以方便地查看模型或装配体的构造情况，或者工程图中的图纸和视图。

特征管理器能使以下的操作更为方便：

(1) 以名称来选择模型中的项目。

(2) 确认和更改特征的创建顺序。可在特征管理器设计树中拖动及放置项目来重新调整特征的生成顺序，这将更改重建模型时特征重建的顺序。

(3) 通过双击特征的名称来显示特征的尺寸。

(4) 更改项目名称。在名称上两次缓慢单击从而选择该名称，然后输入新名称即可。

(5) 压缩和解除压缩零件特征和装配体零部件。

(6) 查看父子关系。鼠标右键单击清单中的特征，然后选择"父子关系"即可。

特征管理器设计树可以提供下列文件夹和工具，如图 1.1.2 所示。

(1) 上下拖动使用"退回控制棒"，可以查看某些特征生成前、后的状态或进行特征的修改和插入。

(2) 向 Favorites 文件夹 ⭐ 添加特征、草图、配合和参考几何体。

(3) 向 Sensors 文件夹 🔘 添加传感器以监视选定的属性。

(4) 右键单击"方程式"文件夹，并选择所需操作，可以编辑、添加或删除方程式 (将第一个方程式添加到零件或装配体时，"方程式"文件夹会出现)。

(5) 右键单击 Annotations 文件夹 🅰，控制尺寸和注解的显示。

(6) 保留设计日志并且向 Design Binder 文件夹 📁 添加附件。

(7) 右键单击材料 📑，添加或修改应用于零件的材料。

(8) 查看文档在 Solid Bodies 文件夹 📁 中包含的所有实体。

(9) 查看文档在 Surface Bodies 文件夹 📁 中包含的所有曲面实体。

(10) 查看所插入零件的平面 📐、原点 ⤴、轴 🔲 和草图 📁。

(11) 右键单击原点 ⤴ 并单击隐藏原点 🚫，隐藏零部件和装配体的原点。

(12) 添加自定义文件夹，然后将特征拖入文件夹中，以减小特征管理器设计树的长度。

(13) 单击左侧窗格顶部的不同选项卡，在 Feature Manager 设计树、Motion Manager、Configuration Manager、DimXpert Manager 和 Display Manager 选项卡之间进行切换。

1.1.1.2 属性管理器

属性管理器 (Motion Manager) 可以显示草图、特征、装配体等功能的相关信息和用户界面，如图 1.1.3 所示。

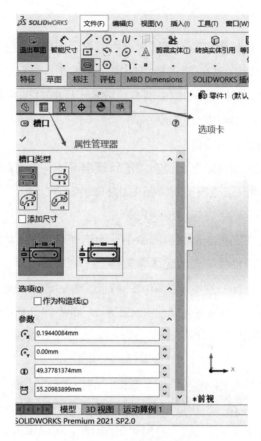

图 1.1.3　属性管理器界面

1.1.1.3 配置管理器

配置管理器 (Configuration Manager) 提供了创建、选择和查看文件中的零件和装配体的多个配置的方法。

1.1.1.4 自定义的第三方插件

自定义的第三方插件包括：凯元工具 (KYTool)、迈迪工具箱、GearTrax 齿轮设计等。

SolidWorks2021 操作界面中间的窗格是图形区域，用于创建和处理零件、装配体和工程图；右侧窗格是任务窗格，还可以加入自定义的插件等。

1.1.2　SolidWorks 的基本模块

1.1.2.1 功能

基本模块包含如下功能：

(1) 数字化特征零件设计；

(2) 基本零件装配功能；

(3) 输出工程图及绘制二维图；

(4) 生成相关图纸明细表；

(5) 钣金设计；

(6) 照片及效果图生成；

(7) 焊件结构成型；

(8) 模型显示；

(9) 标准件库。

1.1.2.2 优点

(1) 功能强大的建模能力；

(2) 独立用户，易于快速实施。

1.1.3 复杂零件的曲面设计功能

1.1.3.1 功能

复杂零件的曲面设计包括下列功能：

(1) 可控的参数化曲面建立；

(2) 非均匀有理 B 样条曲线；

(3) 可控的参数化曲线来控制曲面形状 (U—V 曲线)；

(4) 等距曲面；

(5) 从网格文件创建曲面；

(6) 强大的曲线曲面分析功能。

1.1.3.2 优点

(1) 与生俱来的曲面实体集成；

(2) 进行复杂形状设计及自由曲面设计。

1.1.4 复杂产品的装配设计功能

1.1.4.1 功能

复杂产品的装配设计包括下列功能：

(1) 设计方法 (自下而上设计和自上而下设计)；

(2) 简化大型装配体的操作及可视化能力；

(3) 爆炸装配体视图；

(4) 将设计数据及任务传递给不同功能模块设计队伍的强大工具；

(5) 自定义装配体的外观；

(6) 定义及文档中材料明细表生成。

1.1.4.2 优点

(1) 由上层管理装配设计；

(2) 对大型、复杂装配设计进行快速检查及信息交流；

(3) 捕捉并发布装配流程信息。

1.1.5 工程图模块

1.1.5.1 功能

工程图模块包括下列功能：

(1) 生成工程图；

(2) 自定义图纸格式；

(3) 生成标准视图（模型视图和标准三视图）；

(4) 生成派生视图（局部、剖面、投影、断裂视图等）；

(5) 自定义装配体的外观；

(6) 定义及文档中材料明细表生成。

1.1.5.2 优点

(1) 由上层管理装配设计；

(2) 对大型、复杂装配设计进行快速检查及信息交流；

(3) 捕捉并发布装配流程信息。

1.1.6 公差的分析及优化功能

公差分析及优化包括以下功能：

(1) 考虑所有装配中的零件及装配过程，经统计确定装配质量；

(2) 实现了设计语言的标准化；

(3) 使用基准点，可以保证生产和检验过程的可重复性；

(4) 确定每个变量对装配质量的影响程度；

(5) 优化零件及装配的工艺性；

(6) 加速装配的实施；

SolidWorks2021 提供两个基于 GD&T 的应用程序：

(1)DimXpert 可用于在零件和装配体上标注尺寸和公差；

(2)TolAnalyst 专门用于公差分析，可确定尺寸和公差对零件和装配体的影响。使用 TolAnalyst 工具可以对装配体进行最糟情形下的公差向上层叠分析；

(3) 可以将两种程序配合使用，首先使用 DimXpert 工具将尺寸和公差应用到零件或装配体中的零部件。然后，使用 TolAnalyst 工具来利用这些数据进行叠加分析。

1.1.7 动画演示与运动分析模块

1.1.7.1 功能

运动仿真模块包括下列功能：

(1) 使用动画来生成使用插值以在装配体中指定零件点到点运动的简单动画；

(2) 机构运动性能的仿真；

(3) 运动学及动力学分析；

(4) 在装配体上模拟马达、弹簧、接触、碰撞及引力；

(5) 对于 Motion 分析算例，可以定义路径配合马达以指定实体沿路径移动时的位移、速度或加速度值。

(6) 干涉及冲突检查；

(7) 载荷与反作用力；

(8) 参数化优化结果研究；

(9) 定义线性耦合配合以在模型中的零部件之间设置线性耦合运动。

1.1.7.2 优点

(1) 尽早对设计进行深入分析与改进；

(2) 供设计人员与专业分析人员使用；

(3) 减少实物样机成本；

(4) 可不断升级的企业解决方案。

1.1.8 模具设计模块

1.1.8.1 功能

模具设计模块包括下列功能：

(1) 在 SolidWorks 中，可以导入任何主要 CAD 格式，包括 IGES、STEP、Parasolid 和 ACIS，以便开始模具设计；

(2) 模具工具覆盖初始分析到生成切削分割的整个范围；

(3) 切削分割的结果为一多体零件，包含铸模零件、型心和型腔，外加诸如边侧型心之类其他可选实体的单独实体；

(4) 多体零件文件可在一个方便位置维持的设计意图；

(5) 铸模零件的更改自动在切削实体中反映出；

(6) 可以自动检查拔模角度、底切和厚度，以确保零部件三维模型可以直接用于制造。

1.1.8.2 优点

(1) 方便快捷的制造模具；

(2) 减少产品的生成成本;

(3) 优化方案。

1.1.9 钣金设计模块

1.1.9.1 功能

钣金设计模块包括下列功能:

(1) 使用特定的钣金特征来快速生成钣金实体;

(2) 可使用非钣金特征工具,然后插入折弯或将零件转换到钣金;

(3) 实体零件转化为钣金零件;

(4) 可以使用折叠、折弯、法兰、切口、薄片和斜接以及放样的折弯、绘制的折弯、褶边等从头生成钣金零件。

1.1.9.2 优点

(1) 可组合不同的钣金设计方法;

(2) 更加方便快速开发不同的钣金件。

1.1.10 工具包模块

1.1.10.1 功能

工具包模块包括下列功能:

(1) 客户化菜单结构;

(2) 建立实体、基准和加工特征;

(3) 获取装配信息;

(4) 自动出工程图。

1.1.10.2 优点

(1) 将自动化、客户化设计应用到加工的流程;

(2) 方便地获得设计知识及成功经验。

1.2 SolidWorks 使用前准备

1.2.1 创建新用户文件

建立新文件的操作步骤如下:

(1) 打开 SolidWorks 2021,桌面出现如图 1.2.1 的"新建 SolidWorks 文件"对话框,单击即可,或者单击基础菜单栏上的 📄 (新建)图标,也可单击"文件"→"新建"命令。

(2) 在"新建 SolidWorks 文件"对话框的模板标签上，点击选择所需新建的文件类型对应的模板图标，单击"确定"按钮，从而使用所选模板打开新的 SolidWorks 文件。

图 1.2.1 "新建 SolidWorks 文件"对话框

(3) 单击"工具"→"选项"→"系统选项"→"默认模板"命令，可以自定义文件模板的选项。

(4) 在"保存类型"清单中可选择零件模板 (*.prtdot)、工程图模板 (*.drwdot)、装配体模板 (*.asmdot)。

(5) 输入文件名，并浏览至所需文件夹，单击"保存"按钮。

除了使用"新建 SolidWorks 文件"对话框中的"模板"标签 (包括零件、装配体、工程图) 外，用户还可将任何模板保存在"模板"标签下或代表所建文件夹的任何附加标签中，以便 文件管理。操作步骤如下：

①用 Windows 资源管理器在所需位置建立文件夹，例如"模板"标签所在位置为：安装目录 /data/…

②单击"工具"→"选项"→"系统选项"→"文件位置"命令。

③在"将文件夹显示为"清单中，选择"文件模板"选项。

④单击"添加"按钮，并使用"选择目录"对话框查找所建立的文件夹的位置。

⑤单击"确定"按钮，则新的标签出现在"新建 SolidWorks 文件"对话框中。

在新建、保存、另存为以及导出时会涉及很多文件类型，SolidWorks 2021 提供了适用于各种环境下的文件类型，详细说明如下：

(1) 3DXML 文件：可用 3DXML 格式输出 SolidWorks 模型，这个格式为 3D 通用轻化格式。其后缀名为 *.3dxml。若以 3DXML 格式输出文档：①单击"文件"→"另存为"；②在保存类型中选择 3DXML(*.3dxml)；③单击"保存"。

（2）3DPDF 导出选项：3DPDF 指定输出文件的精度。若设置 3DPDF 导出选项，请单击"工具"→"选项"→"系统选项"→"导出"→"3DPDF"。

（3）ACIS 文件：ACIS 转换程序支持实体和面颜色、曲线及线架图几何体的输入和输出。其后缀名为 *.sat。若输出模型为 ACIS 格式：在模型文件中，①单击"文件"→"另存为"；②在对话框中设定保存类型为 ACIS(*.sat)，然后单击选项；③在输出选项对话框中选择自己需要保存的类型；④单击"确定"，然后单击"保存"输出文档。

（4）Adobe Illustrator 文件：可以将 Adobe Illustrator 文件导入到 SolidWorks，还可以将 SolidWorks 模型和工程图导出为 Adobe Illustrator 文件。SolidWorks 还支持 Adobe Illustrator Creative 云平台。其后缀名为 *.ai。

（5）输入 Adobe Illustrator 文件：①请单击"打开 "或单击"文件"→"打开"，然后选择 Adobe Illustrator(*.ai) 作为文件类型；②输出 Adobe Illustrator 文件，请单击"文件"→"另存为"，然后选择 Adobe Illustrator(*.ai) 作为文件类型；③将 SolidWorks 数据复制到剪贴板以便粘贴到 Adobe Illustrator，请单击"编辑"→"复制"到 Adobe Illustrator。

（6）Adobe Photoshop 文件：可以导入 Adobe Photoshop(.psd) 文件并将 SolidWorks 数据（草图、零件、装配体及工程图）保存为 Adobe Photoshop 文件。保存为 Adobe 便携式文档格式(.pdf)，文件的 SolidWorks 数据在 Photoshop 中也可接受。其后缀名为 *.psd。要导入 Photoshop 文件：请单击打开 或单击文件→打开，然后选择 Adobe Photoshop Files(*.psd) 作为类型文件。

（7）Autodesk Inventor 文件：Autodesk Inventor® 零件转换器将 Autodesk Inventor 零件和装配体文件输入为 SolidWorks 零件文档。导入的零件文件只可包含特征或几何体。要打开 Autodesk Inventor 零件或装配体：①单击"打开（标准工具栏）"或单击"文件"→"打开"；②在打开对话框中，设置文件类型为 Inventor Part(*.ipt) 或 Inventor Assembly(*.iam)，然后单击"选项"；③在系统选项对话框中，设置选项，然后单击"确定"；④在打开对话框中，浏览到文件，然后单击"打开"；⑤根据提示，选择"特征"或"实体"。

（8）CADKEY 文件：ADKEY 转换器将 CADKEY 零件和装配体文件输入为 SolidWorks 零件或装配体文档。其后缀名为 *.prt、*.ckd。要打开 CADKEY 文件：①单击"文件"→"打开"；②将文件类型设定到 CADKEY(*.prt，*.ckd)；③浏览到文件，然后单击"打开"。

（9）CATIA 图形文件：CATIA®Graphics(CGR) 转换器将 CGR 文件输入为 SolidWorks 零件文档，或者将 SolidWorks 零件或装配体文档输出可供用户在 CATIA、CATweb 以及 DMU Navigator 中查看的 CATIA 图形文件。CGR 文件仅包含图形信息，并且仅用于查看要在 SolidWorks 中打开 CGR 文件：①单击"打开 ![icon]（标准工具栏）"或单击"文件"→"打开"；②在对话框中，将文件类型设定为 Catia Graphics(*.cgr)；③浏览到文件，然后单击"打开"。

(10) CATIA 零件和产品文件导入：可以导入 CATIA V5 CATPart 和 CATProduct 文件。其后缀名为 *.catpart; *.catproduct。要导入 CATIA V5 ①单击 "文件" → "打开"；②导览到包含 CATIA 零件或要打开的产品文件的文件夹；③对于文件类型，选择 CATIA V5(*.catpart; *.catproduct)；④选择 CATPart 或 CATProduct 文件，然后单击 "打开"。

(11) DXF3D 文件：DXF3D 转换程序从 DXF 文件中提取 ACIS 信息。如果文件中存在这个信息，将之输入到 SolidWorks 零件文档中。如果 DXF 文件包含多个实体或一个装配体，SolidWorks 将生成一个装配体文档。其后缀名为 *.dxf。要打开 DXF3D 零件：①单击 "文件" → "打开"；设定文件类型为 DXF(*.dxf)；②浏览到文件，然后单击打开，模型立即转换为 SolidWorks 零件，否则将显示 DXF/DWG 输入向导；③在 DXF/DWG 输入向导中，选择输入到新零件，然后单击 "下一步"；④在工程图图层的映射标签上，单击 "下一步"；⑤在文档设定标签上，选择输入这个图纸和为 3D 曲线 / 模型，然后单击 "完成"。

(12) DXF/DWG 文件：可输入和输出 DXF/DWG 文件。其后缀名为 *.dxf、*.dwg。

(13) eDrawings：在 eDrawings 中，可以观看动画模型及工程图，并创建便于发送给他人的文档。

(14) 高度压缩图形文件：高压缩图形 (HCG) 转换程序可将 SolidWorks 文档输出为高压缩图形 (HCG) 文件。要将 SolidWorks 文档输出为 HCG 文件：①在 SolidWorks 零件或装配体文档打开时，单击 "文件" → "另存为"；②在对话框中，将保存类型设定为 HCG(*.hcg)；③在文件名框中键入文件名，然后单击 "保存"。

(15) HOOPS 文件：HOOPS 转换程序输出 SolidWorks 零件和装配体文档为 HOOPS(.hsf) 文件。其后缀名为 *.hsf。要将 SolidWorks 文档输出为 HOOPS 文件：①单击 "文件" → "另存为"；②为保存类型选择 HOOPSHSF(*.hsf)；③输入文件名，然后单击 "保存"。

(16) IDF 文件：可以使用 Circuit Works Lite 输入中间数据格式 (IDF) 的电路板文件，并生成电路板及其零部件的实体模型。这个模型为单一零件，电路板及每个零部件都作为拉伸特征。其后缀名为 *.emn、*.brd、*.bdf、*.idb。要输入 IDF 文件：①单击 "文件" → "打开"；②在对话框中，将文件类型设定为 IDF(*.emn，*.brd，*.bdf，*.idb)；③要选择选项，单击 "选项"，从选项中进行选择，然后单击 "确定"；④选择要打开的文件，然后单击 "打开" 输入文件为 SolidWorks 文档，状态栏将会显示进度以及零部件数。

(17) IFC 文件：可将 SolidWorks 文件导出为工业基础类文件 (IFC2x3 或 IFC4.0)，以便常用于建造供需链的软件应用程序中。其后缀名为 *.ifc。输出 .IFC 文件：①单击 "文件" → "另存为"；从另存为对话框为文件类型选取 .IFC2x3 或 IFC4；②单击 "选项"；选择 Omni Class、Uniclass2015、"自定义属性" "材料和质量属性" 以及 "单位"，然后单击 "确认"；③如果要导出至 IFC4，请另存为下列选项之一：BREP、BREP 与面片化、面片化；④选取文件名称和位置，输入一个可选性说明，然后单击 "确定"。

(18) IGES 文件：IGES 转换程序可输入和输出 IGES 曲面和 BREP 实体。其后缀名为

.igs、.iges。

(19) JPEG 文件：JPEG 转换程序快照 SolidWorks 零件、装配体或工程图文档图形窗口所显示的任何项目，然后输出为 .jpg 文件。其后缀名为 *.jpg。将 SolidWorks 文档输出为 JPEG 文件：①在 SolidWorks 文档打开状态下，单击"文件"→"另存为"；②设定保存类型为 JPEG(*.jpg)；③单击"选项"。请参阅"TIFF、Photoshop 以及 JPEG 输出选项"；④输入文件名，然后单击"保存"。

(20) 将 SolidWorks 模型导出至 *.lxo 文件：可以将 SolidWorks 模型 (包括带运动算例的模型) 导出至 *.lxo 文件。然后，可以将 *.lxo 文件导入至 MODO 中。要导出 SolidWorks 模型：单击"文件"→"另存为"。在另存为类型中选择 Luxology(*.lxo)。要从运动算例中导出 SolidWorks 模型和信息：单击"保存动画" ![icon] (属性管理器)。在另存为类型中选择 Luxology(*.lxo)。

(21) Mechanical Desktop 文件：MDT 转换程序将 Mechanical Desktop(MDT) 文件中的零件和装配体信息输入为 SolidWorks 零件或装配体文档。要打开 MDT 文件：①单击"打开" ![icon] (标准工具栏)，或者选择"文件"→"打开"；②在对话框中，设定文件类型为 DXF(*.dxf) 或 DWG(*.dwg) 文件，浏览选择文件，然后单击"打开"；③在 DXF/DWG 输入向导中，选择文件输入 MDT 数据 (输入为零件、装配体和 / 或工程图)，然后单击"下一步"(如果未安装 Mechanical Desktop，则输入 MDT 数据的选项不可使用)；④在文件设定荧屏上，为模型和布局标签选择选项，然后单击"完成"。

(22) Parasolid 文件：输出到 Parasolid 格式或从 Parasolid 格式输入的数据在上色模式中显示时将保持其颜色。其后缀名为 *.x_t、*.x_b。要设定 Parasolid 输出选项：①打开想输出为 Parasolid 文件的 SolidWorks 文档；②单击"文件"→"另存为"；③设定保存类型为 Parasolid(*.x_t) 或 Parasolid Binary(*.x_b)，然后单击"选项"(选定文件格式选项卡中的 Parasolid 时输出选项对话框出现)；④选择以下所需选项；单击"确定"，然后单击"保存"以导出文档。

(23) Adobe 便携式文档格式 (PDF) 文件：可将 SolidWorks 零件、装配体以及工程图文档导出为 Adobe 便携式文档格式 (PDF) 文件，并将零件和装配体文档导出为 3DPDF。其后缀名为 *.pdf。要将 SolidWorks 文档输出为 PDF 文件：①单击"文件"→"另存为"；②在对话框中选择保存类型中的 Adobe Portable Document Format(*.pdf)；③单击"选项"以选择 PDF 输出选项 (若有装配体等需输出 3DPDF 则在这个选保存 3DPDF)，选择或消除选择选项，然后单击"确定"；④文件名中输入文件名，然后单击"保存"。

(24) 将 SolidWorks 文件另存为便携式网络图形文件：将 SolidWorks 文件另存为 *.png 文件。其后缀名为 *.png。要将 SolidWorks 文件另存为便携式网络图形文件：①单击"文件"→"另存为"；②另存为类型中，选择便携式网络图形 (*.png)；③可选：在描述中输入描述文件的文本；④可选：单击"保存"后查看 PNG；⑤可选：单击"选项"以选择输出选项，然后执行以下操作： a. 选择 TIF/PSD/JPG/PNG， b. 在输出为中选择图像类型、移除背景和其他选项， c. 打印捕捉选项中设置 DPI 和纸张大小， d. 单击"确定"。

(25) Pro/ENGINEER 和 Creo 参数文件：Pro/E&Creo 至 SolidWorks 转换器导入和

导出 Pro/ENGINEER 和 Creo 参数文件，包括 PTC Creo3.0 文件。

（26）Rhino 文件：为任意多边形形状提供 NURBS 和分析曲面。其后缀名为 *.3dm。要打开 Rhino 文件：①单击"打开" 📂 或"文件"→"打开"；②选择 Rhino 文件 (*.3dm) 作为文件类型，然后浏览文件；③单击"选项"来指定处于隐藏 Rhino 图层中的曲面和实体是否应输入为特征或压缩特征，或者被忽略；④单击"打开"（曲面将会出现在图形区域中，并在 Feature Manager 中显示为"曲面—输入特征"）。

（27）SMG 导出选项：将 SolidWorks 装配体导出为 SMG 文件时，可指定导出选项。其后缀名为 *.smg。要指定 SMG 导出选项：①打开装配体后，单击"文件"→"另存为"；②为保存类型选择 SolidWorks Composer(.smg)，然后单击"选项"；③选择下述选项，然后单击"确定"；④单击"保存"以导出文档；⑤单击"确定"。

（28）STEP 文件：STEP 转换程序支持 STEPAP214 文件的实体、面及曲线颜色的输入和输出。STEPAP203 标准不具有任何颜色实现方法。其后缀名为 *.step。输出 STEP 文件：① STEP 转换程序输出 SolidWorks 零件和装配体文件为 STEP 文件；②可选择从装配体树中输出单个零件或子装配体，将输出只限制到这些零件或子装配体。如果选择一子装配体，其所有零部件将自动被选择。如果选择零部件，其父零部件将部分选定，从而保留装配体结构；③ SolidWorks 现在支持将零件或装配体文件的长度单位输出到 STEPAP203 或 AP214 文件中；④可在 STEP 输出选项对话框中设定输出选项。

（29）STL 文件：立体平面印刷术 (Stereolithography) 为从计算机图像制作实体对象的三维打印过程。这个过程也称为快速成型，在 STL 文件中使用面片网格展现生成零件。其后缀名为 *.stl。输出 STL 文件 (STL 转换程序输出 SolidWorks 零件和装配体文档为 STL 文件)：①单击"文件"→"另存为"来使用 STL 输出选项，并以 *.stl 格式保存数据；②打印 3D 🖨（标准工具栏）以打印原型；③任务窗格 SolidWorks 资源选项卡上的 3D 扫描 🐝 来使用 SolidWorksScanTo3D 网站。

（30）TIFF、Photoshop 以及 JPEG 输出选项：将 SolidWorks 文档输出为 TIFF、Adobe Photoshop 或 JPEG 文件时，可以设定输出选项。要设定输出选项：①单击"文件"→"另存为"；②选取 Tif(*.tif)、Adobe Photoshop 文件 (*.psd) 或 JPEG(*.jpg) 作为保存类型，然后单击"选项"；③从所出现的选项中选择所需的选项，然后单击"确定"。

（31）Unigraphics 文件：Unigraphics 转换程序将 Unigraphics 零件或装配体的 Parasolid 信息输入到 SolidWorks 零件或装配体文档。并非 Unigraphics 零件的所有特征信息都被提取，仅提取 Parasolid 信息。打开 Unigraphics 零件或装配体：①单击"打开" 📂（标准工具栏）"，或者选择"文件"→"打开"； ②在对话框中，设定文件类型为 Unigraphics(*.prt)，然后单击"选项"； ③在选项对话框中的常规下面，选择或清除："a. 将多个实体导入为零件。输入一多实体零件为装配体文档中的单独零件文档。b. 在 UG 下，输入工具实体。工具实体用来构造最终实体。"；④单击"确定"； ⑤浏览到文件，然后单击"打开"。

（32）VDAFS 文件：VDAFS 是曲面几何交换的中间文件格式。其后缀名为 *.vda。

（33）Viewpoint 文件：这个插件模块将 SolidWorks 零件或装配体文档输出到

Viewpoint 文件，其后缀名为 *.mts。要将 SolidWorks 文档输出为 Viewpoint 文件：①在 SolidWorks 文档打开状态下，单击"文件"→"另存为"；②设置保存类型为 Viewpoint MTX/MTS Files(*.mts)；②在文件名框中键入文件名，然后单击"保存"。

(34) VRML 文件：可在因特网上显示 3D 图像。其后缀名为 *.wrl。

(35) XPS(XML 纸张规格)文件：可以创建 XPS(XML 纸张规格)文件并在 eDrawings 查看器或 XPS 查看器中打开这些文件。

1.2.2 打开及保存现有文件

(1) 打开一个已存在的零件、装配体或工程图文件的操作步骤如下：

在 SolidWorks2021 主窗口中，单击"文件"→"打开"命令，或按 <Ctrl>+<O> 键，打开文件浏览器，从而选取零件、装配体或工程图文件。还可点击图标快速筛选需要打开的文件类型。文件浏览器如图 1.2.2 所示。

图 1.2.2　文件浏览器

(2) 在 Windows 资源管理器中打开 SolidWorks 文件的操作步骤如下：

在 Windows 资源管理器中，用鼠标右键"单击零件、装配体或工程图"名称，然后选择"快速查看"命令，即可在 SolidWorks 浏览器中不打开文件而直接查看零件；也可在 Windows 资源管理器中，找到想要的文件进行大图标预览，可直接查看 SolidWorks 零件、装配体及工程图的缩略图。

在 Windows 资源管理器中，双击"零件、装配体或工程图"名称，或鼠标右键单击"零件装配体或工程图"名称，然后选择"打开"命令，或将任意 SolidWorks 文件拖动 SolidWorks 主窗口空白区域中，均可打开 SolidWorks 文件。

(3) 保存文件时，点击工具栏中 图标或按快捷键 <Ctrl>+<s>，选择文件自定义保存路径或更改文件名以及文件的类型。保存窗口如图 1.2.3 所示。

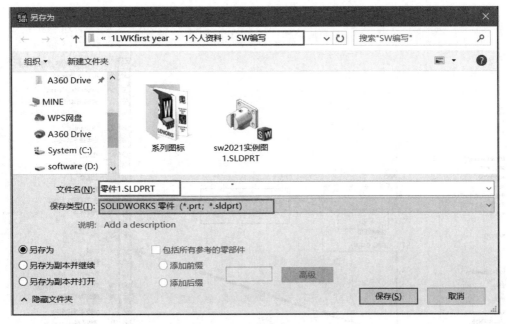

图 1.2.3 保存窗口

1.2.3 定制 SolidWorks 用户操作界面

(1) 借助工具栏，用户可以快速得到最常用的命令。用户可以根据需要，自己定义工具栏中的按钮、移动工具栏的位置或重新排列工具栏，也可自定义拖动工具栏的摆放位置，如图 1.2.4 所示。

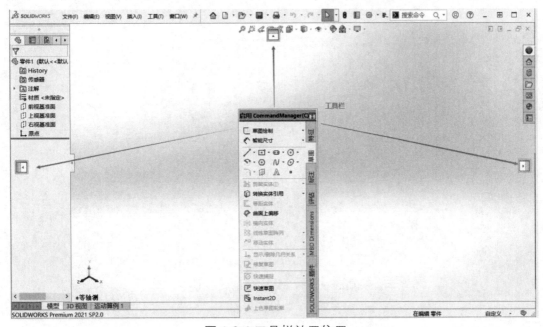

图 1.2.4 工具栏放置位置

(2) 菜单提供了 SolidWorks 全部的命令功能等。工具选项框如图 1.2.5 所示。

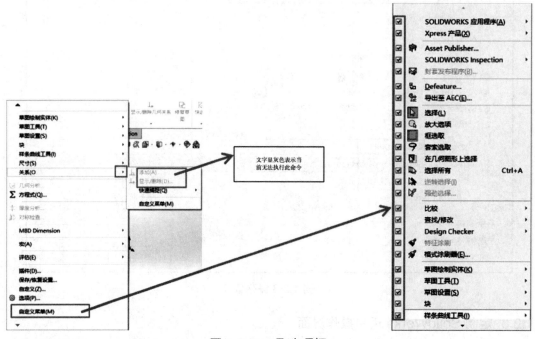

图 1.2.5 工具选项框

第2章 草图绘制

草图是 SolidWorks 中建模的基础，大多数特征命令都是基于草图创建的。SolidWorks 中有大量用于绘制草图的命令，且每个命令的使用都很灵活。一些草图绘制命令是基于模型操作的。如果只是简单地介绍草图绘制而不结合 3D 模型，则效果不够理想。本章主要介绍一些草图命令的基本用法。

2.1 概述

SolidWorks 中的草图绘制是生成特征的基础，而特征是生成零件的基础，零件可放置在装配体中。草图实体也可添加到工程图中。

在设计意图的基础上，绘制草图。绘制草图一般过程是：

(1) 在零件文档中选取一个草图基准面或平面（可在步骤②之前或之后进行这个操作）。

(2) 通过以下操作之一进入草图模式：

①单击草图绘制工具栏上的草图绘制 ⊞。

②在草图工具栏上选取一个草图工具（如矩形 ▭ ）。

③单击"特征"工具栏上的"拉伸凸台 / 基体"按钮 🔲 或"旋转凸台 / 基体"按钮 🐚。

④在特征管理器 (Feature Manager) 设计树中，右键单击一个现有的草图，然后选择编辑草图。

(3) 生成草图（如直线、矩形、圆、样条曲线等的草图实体）。

(4) 添加尺寸和几何关系（可大致绘制，然后准确标注尺寸）。

(5) 生成特征（这将关闭草图）。

一般而言，最好是使用不太复杂的草图几何体和更多的特征。较简单的草图更容易生成、标注尺寸、护理、修改以及理解。模型拥有的简单草图越多，重建时所需的时间越短。

SolidWorks 与 CAD 中的草图绘制命令存在一定差异，具体内容列于表 2.1.1。

表 2.1.1 CAD 与 SolidWorks 的草图绘制命令差异

项目	2D CAD 体系	SolidWorks
尺寸标注	几何驱动尺寸； 尺寸可与几何无关	尺寸定义几何体
捕捉	对象捕捉，"Auto Snap"	捕捉到网格线、几何关系，草图捕捉、快速捕捉
几何关系	无几何关系	几何关系由推理线和指针更改显示，并且几何关系自动添加
推理	无推理	几何关系（自动或手工添加）定义草图并将设计意图建造到模型中；为定义几何体的另一种方法
修剪 (T)	剪裁，延伸	剪裁，延伸
草图状态	无定义	基准面可以欠定义、完全定义或过定义
自动操作	Auto Snap	自动尺寸和自动过渡
构造性实体	构造性实体	任何草图实体可称为构造性实体

有 SolidWorks 使用基础的读者可轻松地理解上述内容。但是初学者，由于不了解 SolidWorks 的建模过程，可能一时无法很好地理解。所以初学者可先大致了解这段文字，然后在学习完下面的章节后再来阅读这部分内容。

2.2 草图基本工具命令

2.2.1 剪切

剪切选中的选项并将之放到 Microsoft Windows 剪贴板上。

使用"剪切"命令，主要有如下三种方法：选择一项或多项要剪切的项目。

(1) 单击标准工具栏中的"剪切"按钮 ✂。

(2) 选择菜单栏中的"编辑"选项，单击"剪切"按钮 ✂（图 2.2.1）。

(3) 按快捷键 <Ctrl>+<X>。

2.2.2 复制

复制一项或多项到 Microsoft Windows 的剪贴板上。

使用"复制"命令，主要有如下三种方法：选择一项或多项要复制的项目。

(1) 单击标准工具栏中的"复制"按钮 ▯。

(2) 选择菜单栏中的"编辑"选项，单击"复制"按钮 ▯（图 2.2.2）。

(3) 按快捷键 <Ctrl>+<C>。

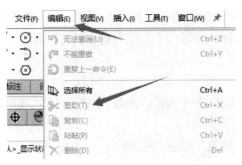

图 2.2.1　使用剪切命令的方法

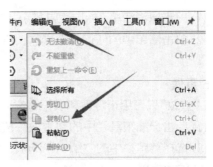

图 2.2.2　使用复制命令的方法

2.2.3 粘贴

将剪贴板内容复制到当前的草图、零件、装配体或工程图文件中。

注意事项，如有必要，请为要粘贴的项目选择合适的目的位置。例如：如果剪贴板中包含一个草图，请选择一个面或基准面将这个草图粘贴；如果剪贴板中包含拉伸或旋转特征或孔，请选择一个面将这个特征粘贴。

使用"粘贴"命令，主要有如下三种方法：

(1) 单击标准工具栏中的"粘贴"按钮 🗎 。

(2) 选择菜单栏中的"编辑"选项，单击"粘贴"按钮（图 2.2.3）。

(3) 按快捷键 <Ctrl>+<V>。

2.2.4 撤销

使用"撤消"命令，主要有如下三种方法：

(1) 单击标准工具栏中的"撤消"按钮 🔄 。

(2) 选择菜单栏中的"编辑"选项，单击"撤消"按钮 🔄 （图 2.2.4）。

(3) 按快捷键 <Ctrl>+<Z>。

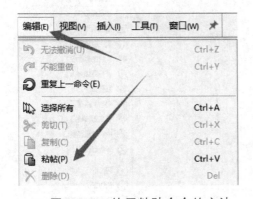

图 2.2.3　使用粘贴命令的方法

图 2.2.4　使用撤消命令的方法

要撤消多次操作，主要有如下两种方法：

(1) 单击撤消清单（标准工具栏）以查看可用的操作清单，最近的操作列在顶部。

(2) 单击清单中的任何一个操作，所选择的操作及其以上的所有操作都将被撤消。

2.2.5 重做

"重做"只可用于零件和装配体文件中的草图，使用"重做"命令，主要有如下三种方法：

(1) 单击标准工具栏中的"重做"按钮 ↺ 。

(2) 选择菜单栏中的"编辑"选项，单击"重做"按钮（图 2.2.5）。

(3) 按快捷键 <Ctrl>+<Y>。

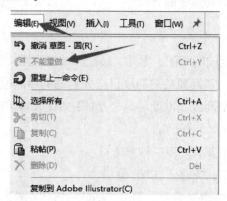

图 2.2.5　使用重做命令的方法

2.2.6　直线

"直线"命令用于绘制直线段或圆弧。单击一个点作为线段的起点，将鼠标移动到另一个位置，单击作为线段的终点，即在起点和终点之间生成一条线段。

下面是如何使用这个命令。如果想绘制一条直线：

(1) 单击"草图"工具栏上的"直线"按钮 ∕，或选择菜单栏中的"工具"选项，选中"草图绘制实体"一栏，单击"直线"按钮（图 2.2.6），指针将变为 ✎。

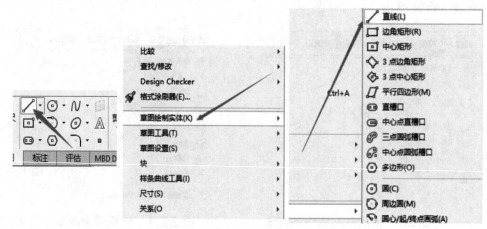

图 2.2.6 使用直线命令的方法

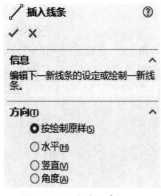

图 2.2.7 "方向"栏

(2) 在插入直线属性管理器(Motion Manager)中，"方向"栏共有 4 个选项，分别是：按绘制原样、水平、竖直、角度(图2.2.7)。除按绘制原样选项外，所有选择均显示参数组。

(3) 在选项下可选择如下选项(图 2.2.8)：

①作为构造线：绘制构造线。

②无限长度：绘制无限长度的直线。

③中点线：绘制对称于某一线的中点的线。

(4) 在参数下，根据方向可进行以下操作。

①水平或竖直：为长度 ❮ 设定数值(图 2.2.9)。

②角度：为长度 ❮ 设定数值和角度 ♦ 设定数值(图 2.2.10)。

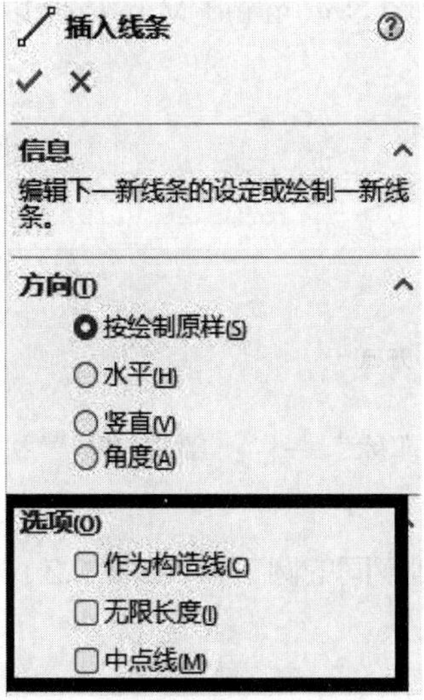

图 2.2.8 "选项"栏

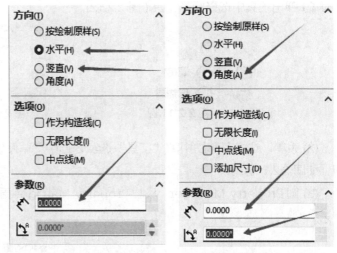

图 2.2.9 水平选项下的参数栏　　图 2.2.10 角度选项下的参数栏

(5) 在图形区域中单击直线，并绘制直线，然后伴随直线属性管理器(Motion Manager)显示。

(6) 可使用下列两种方法完成创建直线：

①将指针拖动到直线的端点然后放开。

②释放指针，移动指针到直线的端点，然后再次单击。

对于水平、竖直及角度方向，如果对长度 ❮ 和角度 ♦ 设定数值，系统将自动生成直线。可以使用下列三种方法来生成直线：

(1) 使用直线属性管理器(Motion Manager)组内的选择编辑直线。

如果使用角度作为方向而生成直线，并对角度 ♦ 设定数值，可在以下条件下编辑角度：

①直线必须参考角度尺寸。

②尺寸中的另一直线必须为水平构造线。

③更改必须在当前直线属性管理器 (Motion Manager) 进程内发生。

(2) 继续使用所选方向绘制草图。

(3) 单击✔或双击以返回到插入直线属性管理器 (Motion Manager) 来选择不同的方向或参数。

2.2.7 圆及椭圆

2.2.7.1 圆

可以绘制基于中心的圆及基于周边的圆（图 2.2.11）。

想要使用圆工具，主要有如下三种使用圆形工具的方法：

(1) 草图标签上定义 Workgroup PDM 属性。单击绘制草图 Command Manager 以从圆 弹出工具中选择圆形工具（图 2.2.12）。

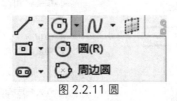

图 2.2.11 圆

图 2.2.12 方式一

(2) 菜单。选择菜单栏中的"工具"选项，选中"草图绘制实体"一栏，单击"圆"按钮，如图 2.2.13 所示。

(3) 圆 Property Manager。从圆 Property Manager 更改到不同的圆工具，如图 2.2.14 所示。

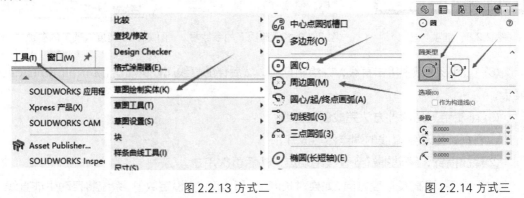

图 2.2.13 方式二   图 2.2.14 方式三

2.2.7.1.1 绘制圆

(1) 在左侧的"Feature Manager 设计树"中选择"前视基准面"作为绘制图形的基准面。点击"草图"，单击"草图"工具栏中"圆"按钮 。

(2) 单击 来放置圆心，如图 2.2.15 所示。

(3) 通过拖动圆形边界并单击来设定半径，如图 2.2.16 所示。

(4) 单击✔。

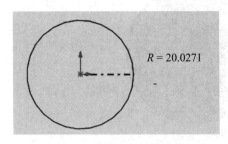

图 2.2.15 放置圆心

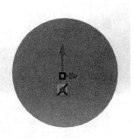

图 2.2.16 设定半径

2.2.7.1.2 绘制周边圆

(1) 左侧的"Feature Manager 设计树"中选择"前视基准面"作为绘制图形的基准面。点击"草图"，单击"草图"工具栏中"周边圆" 按钮。

(2) 单击 以放置周边圆，如图 2.2.17 所示。

(3) 向左或向右拖动来绘制圆。

(4) 右键单击 设定圆 (图 2.2.18)。

(5) 单击✔。

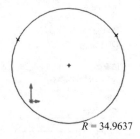

图 2.2.17 放置周边

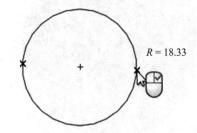

图 2.2.18 设定圆

2.2.7.1.3 通过拖动修改圆

如果想在打开的草图中通过拖动修改圆，有以下 3 种方式：

(1) 通过将圆的边线拖离其中心点来增加周边，如图 2.2.19 所示。

(2) 通过将圆的边线拖至其中心点来减少周边，如图 2.2.20 所示。

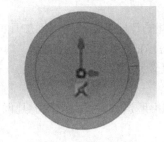

图 2.2.19 增加直径

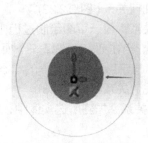

图 2.2.20 减小直径

(3) 通过拖动圆的中心来移动圆，如图 2.2.21 所示。

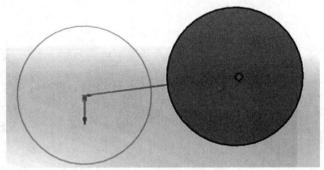

图 2.2.21 移动圆的位置

2.2.7.1.4 更改圆属性

如果想改变圆属性：在打开的草图中，选择圆然后在圆属性管理器(Motion Manager)中编辑其属性，如图 2.2.22 所示。

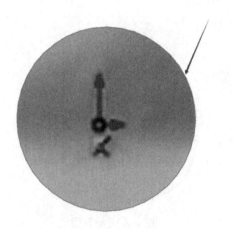

图 2.2.22 编辑属性

2.2.7.1.5 圆属性管理器(Motion Manager)

控制所绘制的基于周边或中心的圆的属性。要打开圆属性管理器(Motion Manager)，在打开的草图中，选择一个圆。

(1) 现有几何关系 (图 2.2.23)。

⊥ 几何关系：显示草图绘制过程中自动推理的几何关系或使用添加几何关系、手工生成的几何关系。当在列表中选择一个项目时，标注在图形区域高亮显示。

ⓘ 信息：显示所选草图实体的状态 (完全定义、欠定义等)。

(2) 添加几何关系 (图 2.2.23)。

可将几何关系添加到所选实体中，清单只包括所选实体可能使用的几何关系。

(3) 选项。

作为构造线 (图 2.2.23)：将实体转换到构造几何线。

(4) 参数 (图 2.2.23)。

如果圆弧不受几何关系约束，可指定以下参数的任何适当组合来定义圆弧。

选取中央创建，为以下参数项设定值：

G_x：X 坐标置中

G_y：Y 坐标置中

κ：半径

2.2.7.1.6 3D 圆属性管理器 (Motion Manager)

3D 圆属性管理器 (Motion Manager) 控制 3D 圆的属性。要创建 3D 圆，请执行以下操作：首先单击 3D 草图 或基准面上的 3D 草图，然后单击圆或周边圆，如图 2.2.24 所示。

(1) 现有几何关系 (图 2.2.25)。

⊥ 几何关系：显示草图绘制过程中自动推理的几何关系或使用添加几何关系手工生成的几何关系。当在列表中选择一个项目时，标注在图形区域高亮显示。

ⓘ 信息：显示所选草图实体的状态 (完全定义、欠定义等)。

(2) 添加几何关系 (图 2.2.25)。

可将几何关系添加到所选实体中。清单只包括所选实体可能使用的几何关系。

(3) 选项。

作为构造线 (图 2.2.25)：将实体转换到构造几何线。

图 2.2.23 "圆" 属性管理器

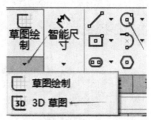

图 2.2.24 创建 3D 圆

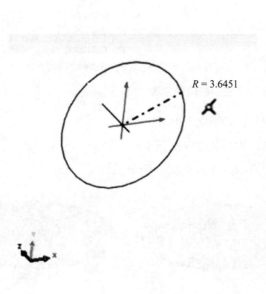

R = 3.6451

图 2.2.25　3D 圆属性管理器

(4) 参数。

如果圆弧不受几何关系约束，可指定以下参数的任何适当组合来定义圆弧。当更改一个或多个参数时，其他参数自动更新，如图 2.2.25 所示。

C_x：X 坐标置中

C_y：Y 坐标置中

C_z：Z 坐标置中

K：半径

2.2.7.2 椭圆

想要绘制椭圆可以使用椭圆 ⊙ 工具生成完整椭圆或者使用部分椭圆 ⊙ 工具生成椭圆弧，如图 2.2.26 所示。

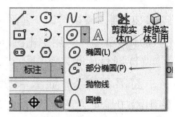

图 2.2.26 绘制椭圆

2.2.7.2.1 绘制椭圆

(1) 第一种方法是，单击草图工具栏上的椭圆 ⊙ （图 2.2.27）；第二种方法是，选择菜单栏中的"工具"选项，选中"草图绘制实体"一栏，然后单击"椭圆"按钮（图 2.2.27）。指针形状变为 ⊙。

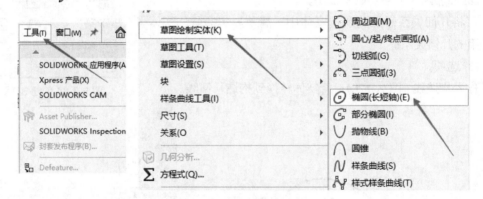

图 2.2.27 绘制椭圆的方法

(2) 单击图形区域以放置椭圆的中心，如图 2.2.28 所示。

(3) 拖动并单击来设定椭圆的长轴，如图 2.2.29 所示。

(4) 再次拖动并单击来设定椭圆的短轴，如图 2.2.30 所示。

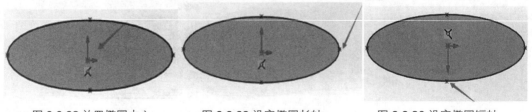

图 2.2.28 放置椭圆中心　　图 2.2.29 设定椭圆长轴　　图 2.2.30 设定椭圆短轴

2.2.7.2.2 绘制部分椭圆

可从中心点、起点及终点生成一个部分椭圆（椭圆的部分弧），这个操作与生成圆心的起/终点画弧类似。

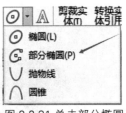

图 2.2.31 单击部分椭圆

(1) 在打开的草图中，单击草图绘制工具栏上的部分椭圆 ⟨ （图 2.2.31）或选择菜单栏中的"工具"选项，选中"草图绘制实体"一栏，单击"部分椭圆"按钮（图 2.2.32)。指针形状变为 ⟨。

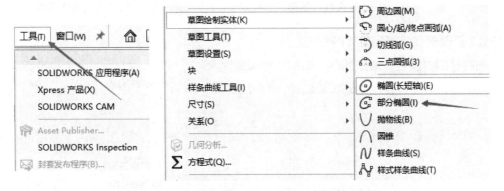

图 2.2.32 绘制部分椭圆的方法

(2) 单击图形区域以放置椭圆的中心，如图 2.2.33 所示。

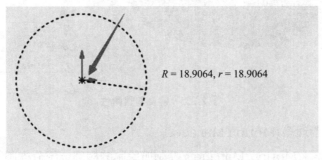

$R = 18.9064, r = 18.9064$

图 2.2.33 放置椭圆中心

(3) 拖动并单击来定义椭圆的一个轴，如图 2.2.34 所示。

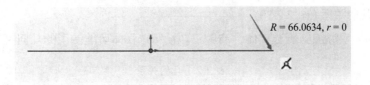

$R = 66.0634, r = 0$

图 2.2.34 定义椭圆的一个轴

(4) 拖动并单击来定义第二个轴（图 2.2.35)，圆周参考线会继续显示。

(5) 绕圆周拖动指针来定义椭圆的范围，然后单击来完成椭圆绘制，如图 2.2.36 所示。

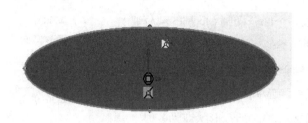

图 2.2.35 定义椭圆的第二个轴　　　图 2.2.36 完成创建椭圆

2.2.7.2.3 更改椭圆或部分椭圆属性

在打开的草图中，选择椭圆，然后在椭圆属性管理器 (Motion Manager) 中编辑其属性，如图 2.2.37 所示。

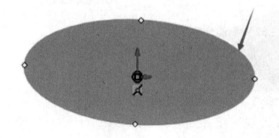

图 2.2.37 编辑椭圆属性

2.2.7.2.4 椭圆属性管理器 (Motion Manager)

椭圆属性管理器 (Motion Manager) 控制所绘制的椭圆或部分椭圆的以下属性。要打开该属性管理器 (Motion Manager)：在打开的草图中，选择一个椭圆。

(1) 现有几何关系 (图 2.2.38)

(2) 添加几何关系 (图 2.2.39)

可将几何关系添加到所选实体，清单只包括所选实体可能使用的几何关系 (表 2.2.1)。

表 2.2.1 几何关系

⅃	几何关系	显示草图绘制过程中自动推理的几何关系或使用添加几何关系手工生成的几何关系。当在列表中选择一个项目时，标注在图形区域高亮显示
ⓘ	信息	显示所选草图实体的状态 (完全定义、欠定义等)

(3) 选项。

作为构造线：将实体转换到构造几何线（图 2.2.39）。

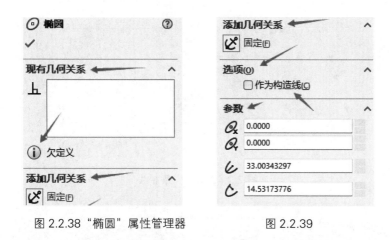

图 2.2.38 "椭圆" 属性管理器　　　　　　　图 2.2.39

(4) 参数。

如果椭圆不受几何关系约束，可指定以下参数的任何适当组合来定义椭圆（图 2.2.39）。当更改一个或多个参数时，其他参数自动更新。有些参数只供部分椭圆使用。

表 2.2.2 参数

$\mathcal{Q}_X$	X 坐标置中		$\mathcal{C}_Y$	结束 Y 坐标	（仅部分椭圆）
$\mathcal{Q}_Y$	Y 坐标置中			半径 1	
$\mathcal{C}_X$	开始 X 坐标	（仅部分椭圆）		半径 2	
$\mathcal{C}_Y$	开始 Y 坐标	（仅部分椭圆）		角度	（仅部分椭圆）
$\mathcal{C}_X$	结束 X 坐标	（仅部分椭圆）			

2.2.8　样条曲线

SolidWorks 软件支持两种类型的样条曲线：B– 样条曲线和样式样条曲线。

用户可以使用 B– 样条曲线来生成复杂曲线（图 2.2.40），也可以使用多个控件对其进行定义和修改，包括样条曲线点、样条曲线把手和控制多边形等。单个 B– 样条曲线可有多个通过点和跨区（通过点之间的区域），还可在每个端点处都应用曲率约束。在每个通过点，可以权衡相切向量并控制相切方向。

样式样条曲线基于 Bézier 曲线，当需要一条平滑曲线（即确保曲率连续）时，样式样条曲线（图 2.2.41）是理想的选择。使用控制顶点定义和控制曲线。控制顶点可形成控制多边形或曲线的船体，不存在通过点，因为这个样式样条曲线在端点之间仅有一个跨区；可以推理相切或相等曲率的样式样条曲线；还可以约束点并标注曲线边尺寸。这些曲线还支持镜向和自对称。

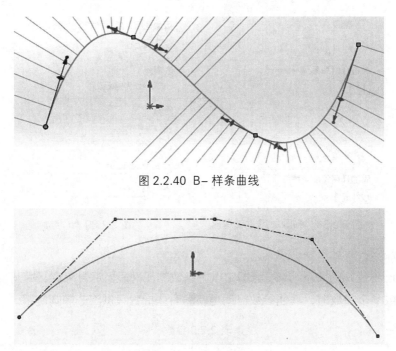

图 2.2.40 B– 样条曲线

图 2.2.41 样式样条曲线

2.2.8.1 B– 样条曲线

(1) 生成多点样条曲线。

样条曲线可有两个或多个点。要生成多点样条曲线：

①第一种方法是，在"草图"工具栏单击"样条曲线"按钮N。第二种方法是，选择菜单栏中的"工具"选项，选中"草图绘制实体"一栏，单击"样条曲线"按钮。指针将变为 。创建样条曲线的方法如图 2.2.42–A 所示。

图 2.2.42–A 创建样条曲线的方法

②单击以放置第一个点并将第一个线段拖出，如图 2.2.42–B 所示。

③单击下一个点并将第二个线段拖出，如图 2.2.42–C 所示。

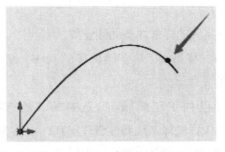

图 2.2.42-B　放置起始点　　　　图 2.2.42-C　放置第二个点

④重复操作，然后在样条曲线完成时双击，如图 2.2.43 所示。

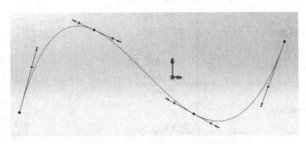

图 2.2.43　生成多点样条曲线

⑤单击 ✔。

样条曲线属性管理器 (Motion Manager) 会在绘制过程中自动出现。其中样条曲线控标会默认显示。如果想隐藏或显示样条曲线控标，有两种方法可以实现：一是在样条曲线工具栏，单击"显示样条曲线控标" 🔘 按钮。二是选择菜单栏中的"工具"选项，选中"样条曲线工具"一栏，然后单击"显示样条曲线控标"按钮。

(2) 生成带相切两点的样条曲线。

①在"草图"工具栏单击"样条曲线"按钮 N；或选择菜单栏中的"工具"选项，选中"草图绘制实体"一栏，单击"样条曲线"按钮。指针将变为 ⋏。

②单击以放置第一个点并将第一个线段拖出。

③单击下一个点并将第二个线段拖出。

④重复操作，生成两个或多个点的样条曲线。

⑤当样条曲线完成时双击 (图 2.2.44)。

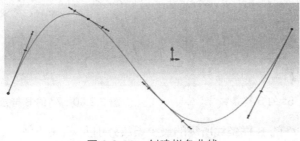

图 2.2.44　创建样条曲线

⑥单击 ✔ 。

(3)B- 样条线的样式样条曲线支持。

可使用样式样条线工具创建具有 3°、5° 或 7° 的 B 样条线，也可通过操作曲线角度来调整曲线的光顺度。

选择菜单栏中的"工具"选项，选中"草图绘制实体"一栏，单击"样式样条曲线"按钮（图2.2.45），在插入样式样条线属性管理器（Motion Manager）中，从 3° 的 B 样条线、5° 的 B 样条线和 7° 的 B 样条线选项中进行选择（图 2.2.46~2.2.50）。

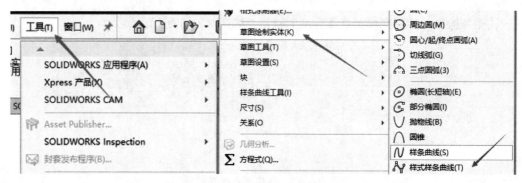

图 2.2.45 使用样条曲线的方法

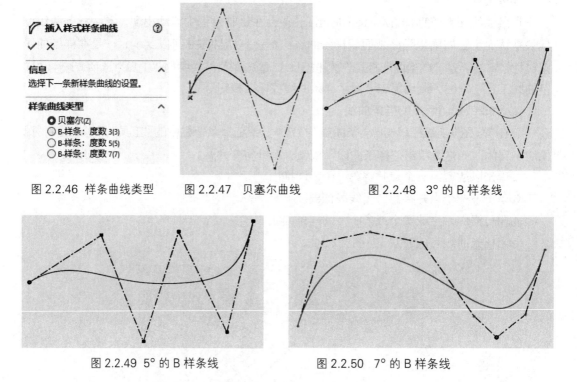

图 2.2.46 样条曲线类型　　图 2.2.47　贝塞尔曲线　　图 2.2.48　3° 的 B 样条线

图 2.2.49　5° 的 B 样条线　　　　　图 2.2.50　7° 的 B 样条线

创建 3°、5° 和 7° 的 B 样条线所需的最少点数分别为 4、6 和 8。

(4) 套合样条曲线。

使用套合样条曲线⌐工具将草图段套合到样条曲线上，如图 2.2.51 所示。套合样条曲线以参数方式链接至基础几何体，如此，更改几何体时，样条曲线也会更新。

套合样条曲线可为所选的几何体选择最合乎逻辑的套合方式，也可以手动修改套合方式。如果选择的是已套合的实体，那么该实体就不再是样条曲线的一部分（图 2.2.52）。如果所选的实体不是样条曲线的一部分（图 2.2.53），那么样条曲线就会进行调整，将所选实体包括在内（图 2.2.54）。

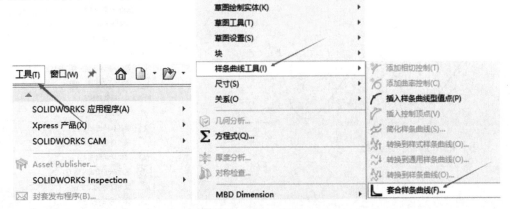

图 2.2.51 使用套合样条曲线的方法

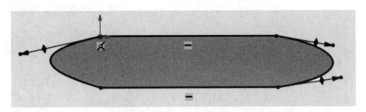

图 2.2.52 有 4 个实体的草图

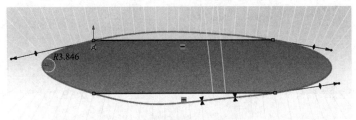

图 2.2.53 套合样条曲线预览

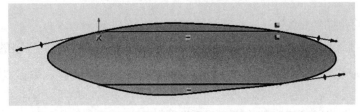

图 2.2.54 套合样条曲线工具将几何体转换到单一样条曲线

(5) 简化样条曲线。

使用简化样条曲线工具来减少样条曲线中的点数量并提高包含复杂样条曲线的模型的系统性能 (图 2.2.55~ 图 2.2.58)。

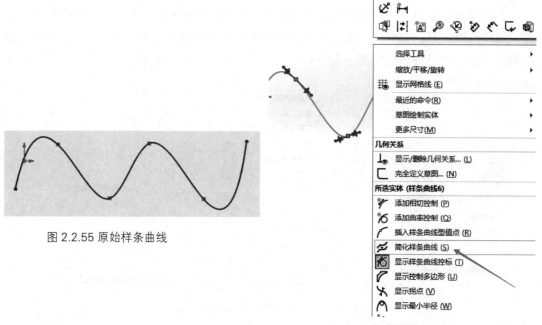

图 2.2.56 简化样条曲线

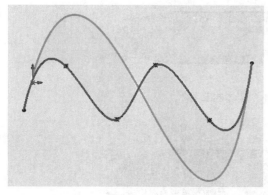

图 2.2.55 原始样条曲线

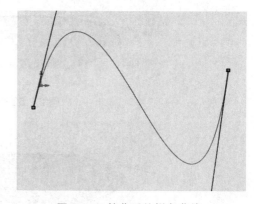

图 2.2.57 预览简化样条曲线　　　　图 2.2.58 简化后的样条曲线

还可以简化从输入的模型或转换实体引用、等距实体、交叉曲线以及面部曲线所生成的样条曲线。

·如果想简化样条曲线：

①在打开的草图中，在图形区域中选择样条曲线，然后单击工具栏上的简化样条曲线，或选择菜单栏中的"工具"选项，选中"样条曲线工具"一栏，单击"简化样条曲线"按钮。

②以下操作都可以简化样条曲线，可任选一种：

·在对话框中，为公差设定数值，然后单击确定。

·单击平滑继续简化样条曲线。可继续单击平滑，直到只剩两个样条曲线点为止。SolidWorks 软件将：

·调整公差并计算样条曲线点更少的新曲线。原始样条曲线显示在图形区域中，并给出平滑曲线的预览。

·在原曲线上和简化曲线上显示样条曲线型值点数。

·显示简化的公差，这个可从原始曲线测量简化的曲线，计算误差。

③单击确定。

(6) 编辑样条曲线。

①选取一条样条曲线或编辑一条样条曲线点，然后可以进行以下任何项：

样条曲线点：选择并拖动样条曲线点，以显示点属性管理器 (Motion Manager)。当拖动样条曲线点时，X 坐标 ⋏、Y 坐标 ⋏ 和 Z 坐标 ⋏ (3D 样条曲线) 的值将改变。

控制多边形控标：选择并拖动控制多边形控标，以显示样条曲线多边形属性管理器 (Motion Manager)。当拖动控制多边形控标时，X 坐标 ⋏、Y 坐标 ⋏ 和 Z 坐标 ⋏ (3D 样条曲线) 的值将改变。

样条曲线控标，在样条曲线属性管理器 (Motion Manager) 中的参数下：

a) 选择相切驱动 (或使用样条曲线沿相切径向方向控标修改)。

b) 使用下列任何控标操作样条曲线控制点数 ⋏ 所标识的样条曲线点 (表 2.2.3)。

表 2.2.3　三种控标对应操作以及结果

控标	操作	结果
	拖动任一圆形控标以非对称地控制相切重量和方向 (向量)； 通过相切重量修改样条曲线上样条曲线型值点左侧、右侧或左右两侧 (按下 Alt 时) 的曲率； 通过方向 (向量) 修改样条曲线相对于 X、Y 或 Z(3D 样条曲线) 轴的倾斜角度	在参数下，更新以下项目的值： ·相切重量 1 ↗ 和相切重量 2 ↗； ·相切径向方向 ↗； 在 3D 样条曲线中，这会影响相切极坐标方向 ↗)
	按下 Alt 并拖动任一圆形控标以对称地控制相切重量和方向 (向量)	对样条曲线点的两侧更新上述值
	拖动任一箭头控标以非对称地控制相切重量	在参数下，更新以下项目的值： ·相切重量 1 ↗ 和相切重量 2 ↗； ·在 3D 样条曲线中，这会影响相切极坐标方向 ↗
	按下 Alt 并拖动任一箭头控标以对称地控制相切重量	对样条曲线点的两侧更新上述值
	拖动任一菱形控标以控制相切方向 (向量)，相切非对称地应用到样条曲线点	在参数下，更新以下项目的值：相切径向方向 ↗

周期样条曲线存在限制。尺寸与约束的某些组合，例如固定🔧和水平━，可能会阻止非对称相切重量控制。

②检查结果，如有必要，在参数下：

a) 单击重设这个控标将该样条曲线控标恢复为原始状态。

b) 单击重设所有控标将所有样条曲线控标恢复为原始状态。

c) 单击弛张样条曲线以重新参数化(平滑)形状。当第一次绘制样条曲线并显示控制多边形时，可拖动控制多边形上的任何控标以更改其形状。如果拖动引起样条曲线不平滑，可以重新选择样条曲线来显示属性管理器(Motion Manager)，然后单击弛张样条曲线将形状重新参数化。弛张样条曲线命令可通过拖动控制多边形上的控标而重新可用。

d) 选择成比例以拖动样条曲线而不改变其形状。

③单击✔。

(7) 样条曲线点。

插入样条曲线型值点命令给样条曲线添加一个或多个点。对于样条曲线型值点，可：

a) 使用样条曲线型值点作为控标，把样条曲线拉伸为所需的形状。

b) 在样条曲线型值点之间或样条曲线型值点与其他实体之间标注尺寸。

c) 为样条曲线型值点添加几何关系。

①插入样条曲线型值点。

a) 在编辑草图模式中，绘制一样条曲线(图2.2.59)。

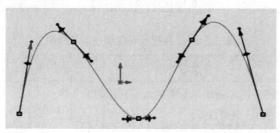

图2.2.59 绘制样条曲线

b) 在"样条曲线工具"工具栏中单击"插入样条曲线型值点"按钮╱。或选择菜单栏中的"工具"选项，选中"样条曲线工具"一栏，单击"插入样条曲线型值点"按钮。指针形状将变为🖊(图2.2.60)。

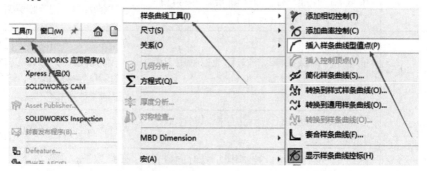

图2.2.60 使用插入样条曲线型值点的方法

c) 单击以定位样条曲线型值点 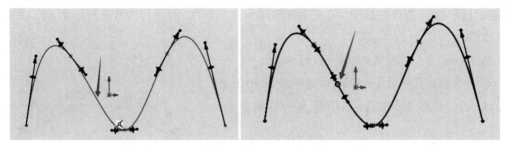。该样条曲线型值点将添加一个样条曲线控标（图 2.2.61）。

图 2.2.61 添加样条曲线控标

d) 插入其他的样条曲线型值点。

e) 单击 ✔ 。

②删除样条曲线型值点。

在打开的草图中选取一个点，然后按 Delete。

(8) 样条曲线属性管理器 (Motion Manager)。

要打开样条曲线属性管理器 (Motion Manager)，请执行以下其中一项操作：

a) 创建新样条曲线。当双击完成样条曲线时，将显示属性管理器 (Motion Manager)（图 2.2.62）。

b) 选择现有样条曲线。

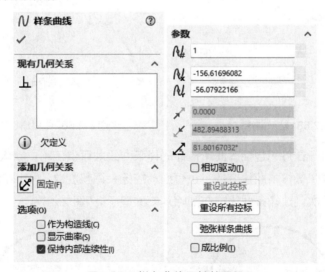

图 2.2.62 样条曲线属性管理器

①现有几何关系。

几何关系 ⊥ ：显示草图绘制过程中自动推理的几何关系或使用添加几何关系手工生成的几何关系。在列表中选择一个项目时，标注在图形区域高亮显示。

信息 ⓘ ：显示所选草图实体的状态（完全定义、欠定义等）。

②添加几何关系。

可在样条曲线型值点之间、在样条曲线控标之间及在样条曲线控标和外部草图实体之间添加几何关系，选择在草图中存在时出现的相关几何体。相切径向方向被约束（图2.2.63）。

③选项。

作为构造线：将实体转换到构造几何线。

显示曲率：显示曲率比例属性管理器（Motion Manager），并将曲率检查梳形图添加到样条曲线（图2.2.64）上。

图 2.2.63 添加几何关系

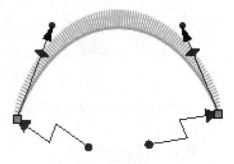

图 2.2.64 添加曲率梳形图

保持内部连续性：保持样条曲线的内部曲率。当保持内部连续性被清除时，曲率比例大幅减小（图2.2.65）。当保持内部连续性被选取时，曲率比例逐渐减小（图2.2.66）。

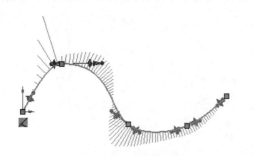

图 2.2.65 显示曲率

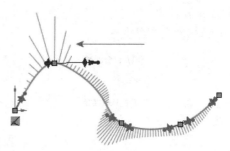

图 2.2.66 曲率比例逐渐缩小

以下选项只对于在每端包括有曲率控标的样条曲线才可供使用。默认为标准。

升度：提升或降低样条曲线度数。也可拖动控标来调整度数。（图2.2.68）

标准：在第一次创建样条曲线或在消除升度时显示。（图2.2.67）

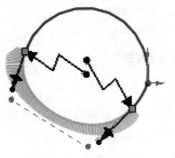

图 2.2.67 标准

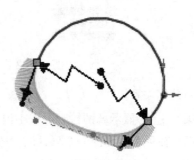

图 2.2.68 升度

④参数。

如果样条曲线不受几何关系约束，指定以下参数的任何适当组合来定义样条曲线。

样条曲线控制点数⼋：在图形区域中高亮显示所选样条曲线点。

X 坐标⼋：指定样条曲线点的 X 坐标。

Y 坐标⼋：指定样条曲线点的 Y 坐标。

曲率半径⼊：在任何样条曲线点控制曲率半径。曲率半径只在从工具栏或快捷菜单选择添加曲率控制⼗ᖰ，并将曲率指针添加到样条曲线时才出现。

曲率⼌：在曲率控制所添加的点处显示曲率度数。曲率只在将曲率指针添加到样条曲线时才出现。

相切重量 1 ⤴：通过修改样条曲线型值点处的样条曲线曲率度数来控制左相切向量。

相切重量 2 ⤴：通过修改样条曲线型值点处的样条曲线曲率度数来控制右相切向量。

相切径向方向⤴：通过修改相对于 X、Y 或 Z 轴的样条曲线倾斜角度来控制相切方向。

相切极坐标方向⤴：控制相对于放置在与样条曲线点垂直的点处基准面之相切向量的提升角度。也可对样条曲线控标进行标注尺寸。

相切驱动：使用相切重量和相切径向方向来激活样条曲线控制。

重设这个控标：将所选样条曲线控标重设到其初始状态。

重设所有控标：将所有样条曲线控标重返到其初始状态。

弛张样条曲线：当首先绘制样条曲线并显示控制多边形时，可拖动控制多边形上的任何节点以更改其形状。如果拖动引起样条曲线不平滑，可重新选择样条曲线来显示属性管理器 (Motion Manager)，然后单击参数下的弛张样条曲线以将形状重新参数化 (平滑)。弛张样条曲线命令可通过拖动控制多边形上的节点而重新使用。

成比例：在拖动端点时保留样条曲线形状，整个样条曲线会按比例调整大小。

2.2.8.2 样式样条曲线

使用样式样条曲线 ⼋ 工具绘制单跨区 Bézier 曲线草图。可以使用这些曲线创建光滑结实的曲面，并可在 2D 和 3D 草图中使用。

(1) 绘制样式样条曲线草图。

可以将样式样条曲线绘制为两个现有实体之间的桥接曲线。要绘制样式样条曲线草图：

①绘制一个草图，其中有两个要桥接的实体 (图 2.2.69)。

②在"草图"工具中，单击"样式样条曲线"按钮⼋，或选择菜单栏中的"工具"选项，选中"草图绘制实体"一栏，单击"样式样条曲线"按钮。

③在图形区域中，单击第一个端点。第一次单击将在样式样条曲线上创建第一个控制顶点 (图 2.2.70)。

④将鼠标悬停在推理线上，然后单击以添加第二个控制顶点。如果将第二个控制顶点捕捉至推理线，则软件会在该端点处创建相切几何关系 (图 2.2.71)。

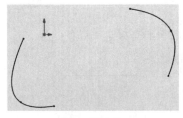

图 2.2.69 绘制草图

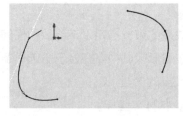

图 2.2.70 单击第一个端点

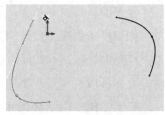

图 2.2.71 创建相切关系

⑤继续向右移动指针，并将其悬停在下一条推理线上。相等曲率图标出现时，单击指针。如果将第三个控制顶点捕捉至推理线，则软件会在该端点处创建相等曲率几何关系（图2.2.72）。

⑥继续添加更多控制顶点。

⑦当到达第二个草图实体的端点时，按 ALT 并双击端点处的指针。

按 ALT 可应用上一个控制顶点处的自动相切几何关系（图2.2.73）。

两个草图实体之间的桥接曲线已完成（图 2.2.74）。

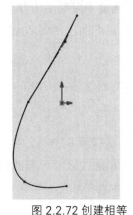

图 2.2.72 创建相等
曲率几何关系

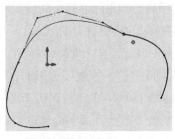

图 2.2.73 应用上一个
控制顶点处的几何关系

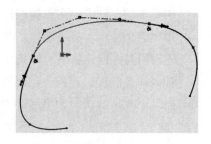

图 2.2.74 完成桥接曲线

(2) 插入控制顶点。

插入控制顶点命令可以为样式样条曲线添加一个或多个控制顶点。添加的每个控制顶点都会增加曲线度。控制顶点类似于样条曲线点。控制顶点可帮管理曲线的形状。可以在控制顶点之间添加尺寸和添加关系。

①在打开的草图中右键单击控制多边形的任意位置，然后选择插入控制顶点 🖊️（图 2.2.75）。指针将更改为 🖊️。

②将指针悬停在要放置控制顶点的控制多边形线段上（图 2.2.76），然后单击以插入点。控制多边形可在新控制顶点上分割线段，曲率将相应地调整（图 2.2.77）。

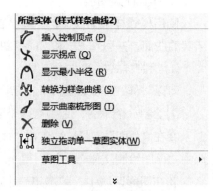

图 2.2.75 使用插入控制顶点的方法

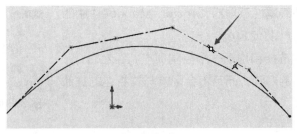

图 2.2.76 悬停指针

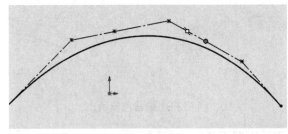

图 2.2.77 插入点

(3) 使用本地编辑。

本地编辑允许拖动和操纵样式样条曲线的形状，而不会影响相邻的样式样条曲线。当在处理已连接但未完全约束的多个样式样条曲线时，这个设置将有所帮助。

①在打开的草图中选择仅想进行本地编辑的样式样条曲线 (图 2.2.78)(本地编辑仅可用于两个或两个以上的样式样条曲线)，样式样条曲线属性管理器 (Motion Manager) 随即出现 (图 2.2.79)。

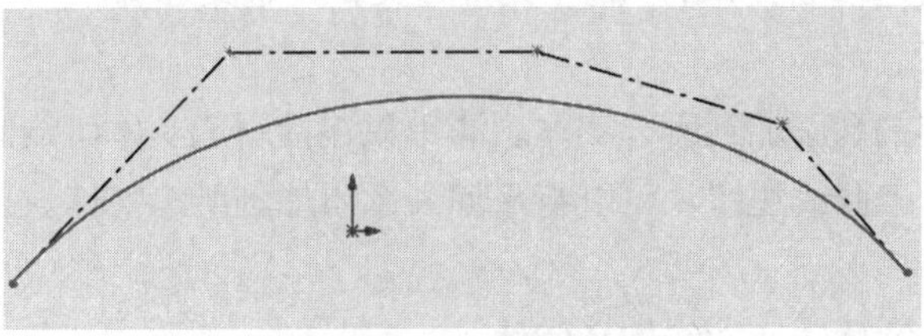

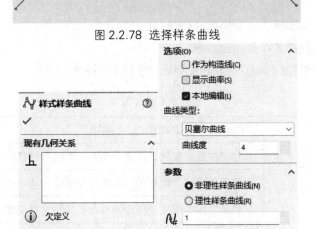

图 2.2.78 选择样条曲线

图 2.2.79 样式样条曲线属性管理器

②在样式样条曲线属性管理器(Motion Manager)中的选项下选择本地编辑(图2.2.80)。

③在图形区域内选择和拖动一个控制顶点(图2.2.81)，可以操纵控制多边形的形状，而且不会影响与其相连的其他样式样条曲线的形状。

④单击 ✔ 。

选项(O)
☐ 作为构造线(C)
☐ 显示曲率(S)
☑ 本地编辑(L)
曲线类型:
图2.2.80　勾选"本地编辑"

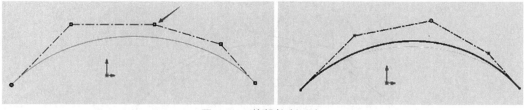

图2.2.81 编辑控制顶点

(4) 样式样条曲线属性管理器(Motion Manager)。

曲线类型如表2.2.4所示。样式样条曲线属性管理器(Motion Manager)控制所绘制的样式样条曲线的以下属性。

①现有几何关系。

几何关系 ┻：显示在草图绘制过程中自动推理的几何关系或使用添加几何关系而手动生成的几何关系。

信息 ⓘ：显示所选草图实体的状态(完全定义、欠定义等)。

②添加几何关系。

固定：可将几何关系添加到所选实体。清单只包括所选实体可能使用的几何关系。

如果选择现有样条曲线线段，可以将几何关系添加到所选实体。

③选项。

作为构造线：将实体转换为结构几何体。

显示曲率：调整样式样条曲线曲率。

本地编辑：调整控制多边形线段的形状，而不影响任意相邻边。

表2.2.4 曲线类型

曲线类型	贝塞尔曲　创建贝塞尔样条曲线
	B样条曲线：度数3创建曲率为3度的B样条曲线
	B样条曲线：度数5创建曲率为5度的B样条曲线
	B样条曲线：度数7创建曲率为7度的B样条曲线

曲线度：调整曲线度。如果曲线受约束，则这个选项不可用(以灰色显示)。可以通过手动插入或删除控制顶点来手动控制曲线度。

控制顶点：显示 B 样条曲线可用的控制顶点的数量为度数 3，B 样条曲线为度数 5，且 B 样条曲线为度数 7。这些值不可编辑。仅当选项 B 样条曲线为以下值时该选项才可见度数 3，B 样条曲线度数 5，且 B 样条曲线已为曲线类型选择度数 7。

④参数。

如果样式样条曲线不受几何关系约束，可指定以下参数 (表 2.2.5 所示) 来定义样式样条曲线。

非理性样条曲线：创建无法在其上控制顶点的非理性样条曲线。

理性样条曲线：使用控制顶点重量选项，创建可控制的理性样条曲线。

控制顶点重量：(仅限理性样条曲线) 通过减少 (图 2.2.82) 或增加 (图 2.2.83) 控制顶点的重量来对样条曲线塑形。

表 2.2.5 各种符号的含义

符号	含义
⌒x	开始 X 坐标
⌒y	开始 Y 坐标
⌒x	结束 X 坐标
⌒y	结束 Y 坐标

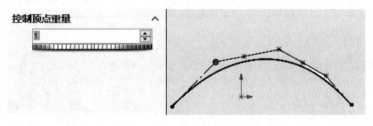

图 2.2.82 控制顶点重量

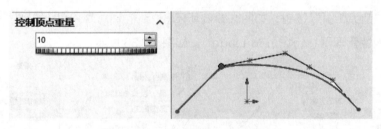

图 2.2.83 控制顶点重量

(5) 样条曲线控制顶点属性管理器 (Motion Manager)。

样条曲线控制顶点属性管理器 (Motion Manager) 对控制顶点的以下属性进行控制。

①现有几何关系。

几何关系 ⌐ ：显示在草图绘制过程中自动推理的几何关系或使用添加几何关系而手动生成的几何关系。

信息 ⓘ ：显示所选草图实体的状态 (完全定义、欠定义等)。

②添加几何关系。

固定：可将几何关系添加到所选实体。清单只包括所选实体可能使用的几何关系。

如果选择现有控制顶点，可以将几何关系添加到所选实体。

③参数。

如果控制顶点不受几何关系约束，可指定以下
参数来定义控制顶点（表 2.2.6）。

表 2.2.6 符号的含义

符号	含义
•x	X 坐标
•Y	Y 坐标

2.2.9 圆弧

可绘制的圆弧类型如表 2.2.7 所示。

表 2.2.7 圆弧类型

圆弧类型	工具	圆弧属性
圆弧中心点		由圆心、起点和终点绘制圆弧草图
切线弧		与草图实体相切的草图圆弧
三点圆弧		通过指定三个点（起点、终点和中点）绘制圆弧草图

如果想访问圆弧工具：

①在草图标签上定义 Workgroup PDM 属性。单击
选项卡。单击 Command Manager 从圆弧 弹出工具中
选择圆弧工具，如图 2.2.84 所示。

②选择菜单栏中的"工具"选项，选中"草图绘制实体"
一栏，单击"圆弧工具"按钮，如图 2.2.85 所示。

③圆弧属性管理器 (Motion Manager)，如图 2.2.86 所示。

图 2.2.84 使用圆弧工具的方法 A

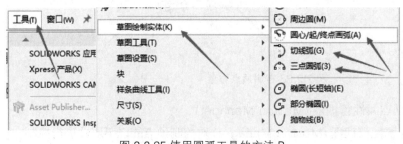

图 2.2.85 使用圆弧工具的方法 B

图 2.2.86 圆弧属性管理器

(1) 绘制切线弧的草图。

①单击切线弧 。

②在直线、圆弧、椭圆或样条曲线的终点上单击 。

③拖动圆弧绘制所需形状，然后释放。SolidWorks 可从指针移动推测用户需要的是
切线弧还是法线弧。共有 4 个目的区，具有如图 2.2.87 所示的 8 种可能结果。沿相切方向
移动指针将生成切线弧，沿垂直方向移动将生成法线弧。可通过返回到端点然后向新的方

向移动在切线弧和法线弧之间切换。

④单击 ✔ 。

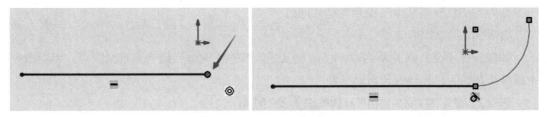

图 2.2.87 生成圆弧

(2) 绘制圆心 / 起 / 终点画弧的草图 (图 2.2.88)。

①单击中心点圆弧 ◌ 。

②单击 ✎ 放置圆弧的圆心。

③释放并拖动，以设置半径和角度。

④单击以放置起点。

⑤释放、拖动和单击以设置终点。

⑥单击 ✔ 。

(3) 绘制三点圆弧的草图 (图 2.2.89)。

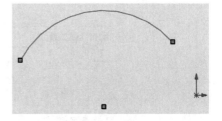

图 2.2.88 绘制圆弧

单击三点圆弧 ⌒ ：

①单击以设定起点。

②拖动指针 ✎ ，然后单击以设定终点。

③拖动以设定半径。

④单击以设置圆弧。

⑤单击 ✔ 。

更改圆弧的属性：

①圆弧属性管理器 (Motion Manager)

要打开该属性管理器 (Motion Manager)，只需在打开的草图中，选择圆弧。

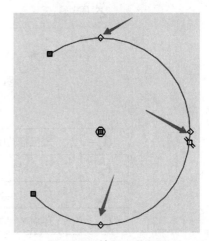

图 2.2.89 绘制三点圆弧

圆弧属性管理器 (Motion Manager) 控制所绘制的圆心 / 起 / 终点画弧、切线弧或三点圆弧的以下属性：

a) 现有几何关系 (图 2.2.90)。

几何关系 ⊥ ：显示草图绘制过程中自动推理的几何关系或使用添加几何关系手工生成的几何关系。当在列表中选择一个项目时，在图形区域高亮显示标注。

信息 ⓘ ：显示所选草图实体的状态 (完全定义、欠定义等)。

b) 添加几何关系 (图 2.2.90)。

可将几何关系添加到所选实体，清单只包括所选实体可能使用的几何关系。

c) 选项(图 2.2.90)。

作为构造线：将实体转换到构造几何线。

d) 参数(图 2.2.90)。

如果圆弧不受几何关系约束，可指定以下参数的任何适当组合来定义圆弧。当更改一个或多个参数时，其他参数自动更新。

表 2.2.8 是对图 2.2.90 中的参数的进一步的注解。

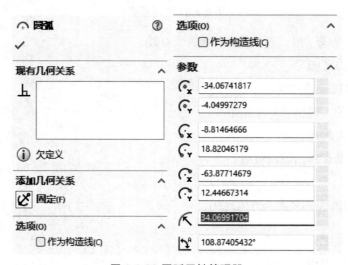

图 2.2.90 圆弧属性管理器

表 2.2.8 参数

图标	说明	图标	说明
	X 坐标置中		结束 X 坐标
	Y 坐标置中		结束 Y 坐标
	开始 X 坐标		半径
	开始 Y 坐标		角度(被圆弧所包容)

② 3D 圆弧属性管理器(Motion Manager)。

要打开该属性管理器(Motion Manager)，只需在打开的 3D 草图(图 2.2.91)，选择圆弧。其属性同圆弧属性管理器。

2.2.10 矩形

可以绘制边角矩形、中心矩形、三点边角矩形、三点中心矩形、平行四边形。

边角矩形□：绘制标准矩形草图。

中心矩形□：在中心点绘制矩形草图。

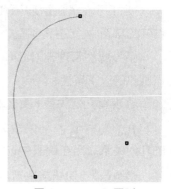

图 2.2.91　3D 圆弧

三点边角矩形◇： 以所选的角度绘制矩形草图。

三点中心矩形◇： 以所选的角度绘制带有中心点的矩形草图。

平行四边形▱： 绘制一标准平行四边形。

如果想访问矩形工具：

①在草图标签上定义 Workgroup PDM 属性。单击矩形 Command Manager 以从矩形弹出工具中选择矩形工具，如图 2.2.92 所示。

②选择菜单栏中的"工具"选项，选中"草图绘制实体"一栏，单击"矩形工具"按钮，如图 2.2.93 所示。

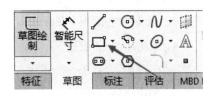

图 2.2.92 单击矩形

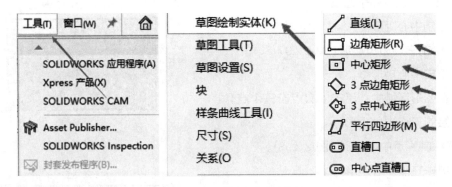

图 2.2.93 是用矩形工具的方法

③打开矩形属性管理器 (Motion Manager)，从矩形属性管理器 (Motion Manager) 更改到不同的矩形工具，如图 2.2.94 所示。

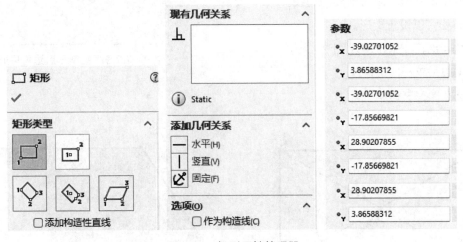

图 2.2.94 矩形属性管理器

(1) 绘制边角矩形 (图 2.2.95)。

①单击矩形▱。

②单击以放置矩形的第一个角，当矩形的大小
和形状正确时，拖动然后释放。

③单击 ✔ 。

(2) 绘制中心矩形 (图 2.2.96)。

①单击中心矩形▣。

②在图形区域中：

a) 单击以定义中心。

b) 拖动以使用中心线绘制矩形。

c) 放开可设定四条边线。

③绘制中心矩形。

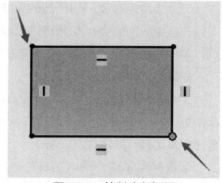

图 2.2.95 绘制边角矩形

(3) 绘制三点边角矩形 (图 2.2.97)

①单击中心矩形◇ 。

②在图形区域中：单击依次点击三个点。

③绘制三点边角矩形

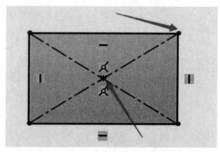

图 2.2.96

(4) 绘制三点中心矩形 (图 2.2.98)。

①单击三点中心矩形◈。

②在图形区域中：

a) 单击放置矩形的中心点。

b) 拖动并旋转以设定中心线的一半长度。

c) 单击并拖动以绘制其他边线。

d) 松开以设置矩形。

(5) 绘制平行四边形 (图 2.2.99)。

①单击平行四边形▱ 。

②在图形区域中：

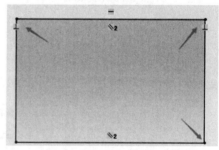

图 2.2.97 绘制三点边角矩形

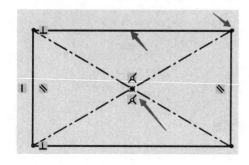

图 2.2.98 绘制三点中心矩形

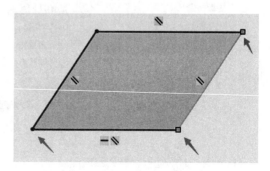

图 2.2.99 绘制平行四边形

a) 单击以定义第一个边角。

b) 拖动，旋转，然后放开，从而设定第一条边线的长度和角度 (图 2.2.100)。

c) 单击，旋转并拖动以设定其他三条边线的角度和长度 (图 2.2.101)。

d) 放开可设定四条边线。

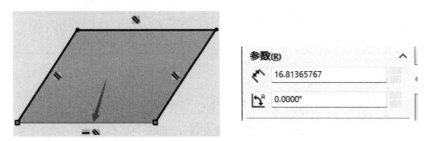

图 2.2.100 设定参数

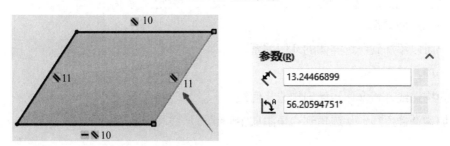

图 2.2.101 设定参数

③更改矩形的大小或形状。

在打开的草图中拖动一个边或顶点。

④更改矩形中单个直线的属性。

在打开的草图中，选择直线然后在直线属性管理器 (Motion Manager) 中编辑其属性。

⑤指定构造线和中心线。

可以在矩形中将线段转换为构造线。在绘制矩形草图时，可以添加中心线。在属性管理器 (Motion Manager) 中，可通过选择属性管理器 (Motion Manager) 中的选项名称作为构造线，转换实线段为构造线。要在矩形中添加中心线，选择添加构造线，并在属性管理器 (Motion Manager) 中选择从边角选项或从中点选项。

(6) 矩形属性管理器 (Motion Manager)。

要打开该属性管理器 (Motion Manager)，单击草图工具栏，或选择菜单栏中的"工具"，然后选中"草图实体"，最后单击"矩形"按钮。

①矩形类型 (表 2.2.9)。

高亮显示选定的矩形。

表 2.2.9　矩形类型

图标	名称	说明	图标	名称	说明
	边角矩形	绘制标准矩形草图		3 点中心矩形	以所选的角度绘制带有中心点的矩
	中心矩形	绘制一个包括中心点的矩形		平行四边形	绘制标准平行四边形的草图
	3 点边角矩形	以所选的角度绘制一个矩形			

②现有几何关系。

几何关系 ⊥ ：显示草图绘制过程中自动推理的几何关系或使用添加几何关系手工生成的几何关系。选择清单中的一个几何关系，以在图形区域中高亮显示标注。

信息 ⓘ ：显示所选草图实体的状态 (完全定义、欠定义等)。

③添加几何关系。

列出可以添加到所选实体的几何关系。

④选项。

作为构造线：将实体转换到构造几何线。

添加构造性直线：从边角到边角添加中心线；从线段中点添加中心线。

⑤参数。

显示定义 4 个闭合线性实体的端点的坐标。

所有矩形包括 4 组端点，带有 X 坐标和 Y 坐标：

中心矩形和 3 点中心矩形也包括 X、Y 坐标。

2.2.11 抛物线

2.2.11.1 绘制抛物线

(1) 在草图工具栏中，单击"抛物线"按钮 ∪（图 2.2.102），或选择菜单栏中的"工具"选项，选中"草图绘制实体"一栏，单击"抛物线"按钮 (图 2.2.103)。

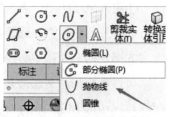

图 2.2.102 使用抛物线的方法一

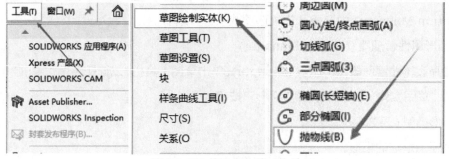

图 2.2.103 使用抛物线的方法二

(2) 指针形状将变为 🖊 。

(3) 单击以放置抛物线的焦点并拖动来放大抛物线 (图 2.2.104)。

(4) 抛物线被画出 (图 2.2.105)。

(5) 单击抛物线并拖动来定义曲线的范围。

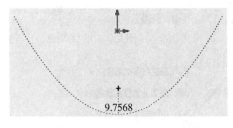

图 2.2.104 放置抛物线焦点

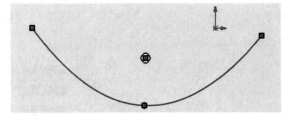

图 2.2.105 生成抛物线

2.2.11.2 修改抛物线

(1) 在打开的草图中选择一抛物线 (图 2.2.106)，指针位于抛物线上时会变成 🖊 。

(2) 拖动顶点以形成曲线，当选择顶点时指针变成 🖊 。

① 展开曲线，将顶点拖离焦点。

② 制作更尖锐的曲线，将顶点拖向焦点。

③ 更改抛物线一侧的长度而不修改抛物线的曲线，选择一端点并拖动。

④ 修改抛物线两侧的长度而不更改抛物线的圆弧，将抛物线从其端点拖开。

(3) 单击 ✔ (图 2.2.107)。

图 2.2.106 选择抛物线

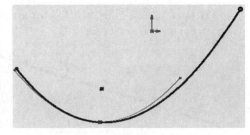

图 2.2.107 拖动抛物线

2.2.11.3 更改抛物线属性

在打开的草图中，选择抛物线然后在抛物线属性管理器 (Motion Manager) 中编辑其属性。

2.2.11.4 抛物线属性管理器 (Motion Manager)

抛物线属性管理器 (Motion Manager) 控制所绘制的抛物线的属性。要打开该属性管理器 (Motion Manager)：在打开的草图中选择一抛物线。

现有几何关系、添加几何关系、选项、参数同 P44~P45 的圆弧属性管理器的属性。

2.2.12 创建点

将点插入到草图和工程图中，生成草图点有以
下 2 个方法：

(1) 在"草图"工具栏单击"点"按钮（图 2.2.108）
。或选择菜单栏中的"工具"选项，选中"草图绘
制实体"一栏，单击"点"按钮。指针形状将变为
✎，如图 2.2.109 所示。

图 2.2.108 绘制点

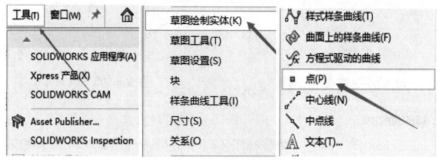

图 2.2.109 创建点的方法

(2) 在图形区域中单击放置点，点击工具保持激活，这样可继续插入点。

2.2.12.1 编辑草图点

可使用线段工具更改创建的草图点数（图 2.2.110）。编辑草图点（点 2.2.111）有以下方法：

(1) 打开之前在其上使用线段工﹕具的草图。

(2) 右键单击等距﹕几何关系图标，然后单击编辑线段点。

(3) 在属性管理器（Motion Manager）中，编辑实例数﹕，然后单击 ✔。将使用指定
线段更新草图。

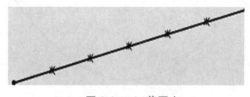

图 2.2.110 草图点

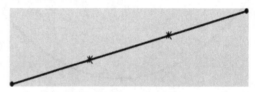

图 2.2.111 编辑草图点

2.2.12.2 删除草图点

如果删除使用线段工具创建的草图点，则其余点将更新以沿草图实体保持等间距，删
除草图点的方法如下：

(1) 打开之前在其上使用线段﹕工具的草图以创建草图点。

(2) 删除草图点。其余草图点的间距将调整以使其沿草图实体保持等距。

2.2.12.3 更改点属性

2.2.13 草图文字

在任何连续曲线或边线组（包括零件面上由直线、圆弧或样条曲线组成的圆或轮廓）上绘制文字（表 2.2.10），并且拉伸或剪切文字。如果曲线为草图实体或一组草图实体，并且草图文字与曲线位于同一草图，将草图实体转换到构造几何线。

表 2.2.10 草图文字

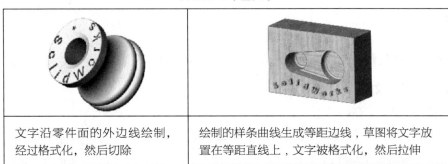

文字沿零件面的外边线绘制，经过格式化，然后切除	绘制的样条曲线生成等距边线，草图将文字放置在等距直线上，文字被格式化，然后拉伸

2.2.13.1 绘制文字

在零件上添加文字：

(1) 单击零件的面。

(2) 在"草图"工具栏，单击"文字"按钮▲（图 2.2.112）；或选择菜单栏中的"工具"选项，选中"草图绘制实体"一栏，单击"文字"按钮（图 2.2.113）。如果想生成一轮廓来放置文字，在草图中从直线、圆弧或样条曲线开始绘制一个圆或连续轮廓，关闭草图，然后为文字打开另一草图。

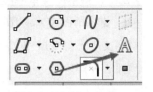

图 2.2.112 单击文字

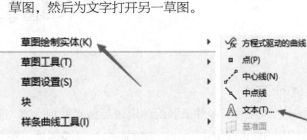

图 2.2.113 插入文字的方法

(3) 在图形区域中选择一边线、曲线、草图或草图线段（图 2.2.114）。

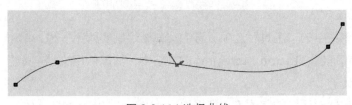

图 2.2.114 选择曲线

(4) 所选项目出现在曲线**♂**下。

(5) 在属性管理器 (Motion Manager) 中，在文字下输入要显示的文字 (图 2.2.115)。

(6) 输入时，文字将出现在图形区域中 (图 2.2.116)。

(7) 根据需要在草图文字属性管理器 (Motion Manager) 中设定属性。

(8) 单击 **✔** 。

(9) 保持草图打开，拉伸或切除文字 (仅限于封闭图形)。

图 2.2.115 编辑草图
文字属性管理器

2.2.13.2 编辑草图文字

如果想编辑草图文字：

(1) 在打开的草图中，用右键单击文字 (指针在草图文字上会变成**♙A**)，然后选择属性。

(2) 在草图文字属性管理器 (Motion Manager) 中编辑文字及其属性。

2.2.13.3 将草图文本解散为单独草图实体

要将草图文本解散为单独草图实体：在打开的草图中，用右键单击文字 (指针在位于草图文字上会变成**♙A**)，然后选择解散草图文字。草图文字转换为非文本草图实体 (如直线、圆弧、样条等)。

图 2.2.116 添加文字

2.2.13.4 Stick 字体

将草图文字应用于零件或装配体以进行激光蚀刻、水力喷射和计算机数控 (CNC) 加工时，可以使用 Stick 字体。Stick 字体还称为单线字体、笔画字体或开环字体。将 OLF-Simple Sans OC Regular 字体用于所有 Stick 字体。没有功能可以模拟 Stick 字体的加工或雕刻。应该将雕刻或加工草图留作独立草图，以便日后被 CAM 或 CNC 机械引用。

要使用 Stick 字体：

(1) 选择菜单栏中的"工具"选项，选中"草图绘制实体"一栏，单击"文字"按钮。

(2) 在属性管理器 (Motion Manager) 的文字中，清除使用文档字体。

(3) 单击字体。

(4) 在选择字体对话框的字体下，选择 OLF-Simple Sans OC 字体。

(5) 选择其他选项，并单击确定，如图 2.2.117 所示。

2.2.13.5 草图文字属性管理器 (Motion Manager)

可在零件的面上添加文字，以及拉伸和切除文字。文字可以添加在任何连续曲线或边线组中，包括由直线、圆弧或样条曲线组成的圆或轮廓。

(1) 要打开草图文本属性管理器 (Motion Manager)，请执行以下一项操作：

图 2.2.117 使用 Stick 字体

①创建新草图文本 (图 2.2.118)。

图 2.2.118 创建草图文本

②编辑现有草图文本。双击文字，然后选择属性 (图 2.2.119)。

(2) 可在草图文字属性管理器 (Motion Manager)(图 2.2.119) 中指定以下属性：

①曲线

↻：选择边线、曲线、草图及草图段，选择边线、曲线、草图及草图段。所选实体的名称显示在框中，文字沿实体出现，如图 2.2.119 所示。

②文本

文本：在文字框中输入文字。文字在图形区域中沿所选实体出现。如果没选取实体，文字在原点开始而水平出现 (图 2.2.119)。

链接到属性：让将草图文字链接到自定义属性。可使用设计表配置文本 (图 2.2.119)。

样式：可选取单个字符或字符组来应用加粗 **B** 或斜体 *I* 或旋转 C。在文字框中选取文字，然后单击旋转 C 将所选文字以逆时针旋转 30°。对于其他旋转角度，选取文字，单击旋转然后在文字框内编辑码。例如，对于顺时针 10°，将 <r30> 替换为 <r-10>。如果想返回到零度旋转，删除码和括号。对于 180°，使用竖直反转或水平反转按钮 (图 2.2.119)。

排列：调整文字左对齐、居中、右对齐或两端对齐。对齐只可用于沿曲线、边线或草图线段的文字 (图 2.2.119)。

翻转：以竖直反转 A 方向及返回 A，或水平反转 AB 方向

图 2.2.119 编辑草图文字
属性管理器

和返回 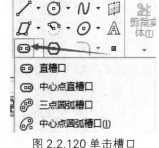来反转文字。竖直反转只可用于沿曲线、边线或草图线段的文字 (图 2.2.119)。

宽度因子 **A** : 按指定的百分比均匀加宽每个字符。当使用文件字体被选取时, 宽度因子不可使用 (图 2.2.119)。

间距 **AB** : 按指定的百分比更改每个字符之间的距离。当文字两端对齐时或当使用文件的字体被选取时, 间距不可使用 (图 2.2.119)。

使用文件字体: 消除可选取另一种字体 (图 2.2.119)。

字体: 单击以打开字体对话框并选择一字体样式和大小 (图 2.2.119)。

2.2.14 槽口

可以绘制直槽口、中心点直槽口、三点圆弧槽口、中心点圆弧槽口

这些槽口类型:

直槽口 : 用两个端点绘制直槽口。

中心点直槽口 : 从中心点绘制直槽口。

三点圆弧槽口 : 在圆弧上用三个点绘制圆弧槽口。

中心点圆弧槽口 : 用圆弧半径的中心点和两个端点绘制圆弧槽口。

如果想访问槽口工具:

(1) 草图标签上定义 Workgroup PDM 属性。单击槽口 Command Manager, 从槽口 弹出工具中选择槽口工具 (图 2.2.120)。

(2) 选择菜单栏中的 "工具" 选项, 选中 "草图绘制实体" 一栏, 单击 "槽口工具" 按钮 (图 2.2.121)。

图 2.2.120 单击槽口

(3) 打开槽口属性管理器 (Motion Manager)(图 2.2.122), 在槽口属性管理器 (Motion Manager) 中更改槽口工具。

2.2.14.1 成中心点圆弧槽口

绘制中心点圆弧槽口依次进行如下操作:

(1) 在草图中, 在 "草图" 工具栏, 单击 "中心点圆弧槽口" 按钮 (图 2.2.120)。或选择菜单栏中的 "工具" 选项, 选中 "草图绘制实体" 一栏, 单击 "中心点圆弧槽口" 按钮 (图 2.2.121)。

(2) 单击以指定圆弧的中心点。

(3) 通过移动指针指定圆弧的半径, 然后单击 (图 2.2.123)。

(4) 通过移动指针指定槽口长度, 然后单击 (图 2.2.124)。

(5) 通过移动指针指定槽口宽度, 然后单击 (图 2.2.125)。

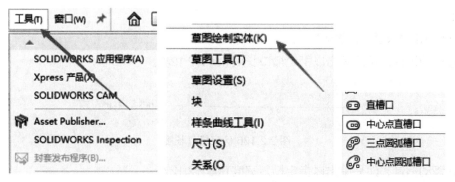

图 2.2.121 使用槽口工具的方法

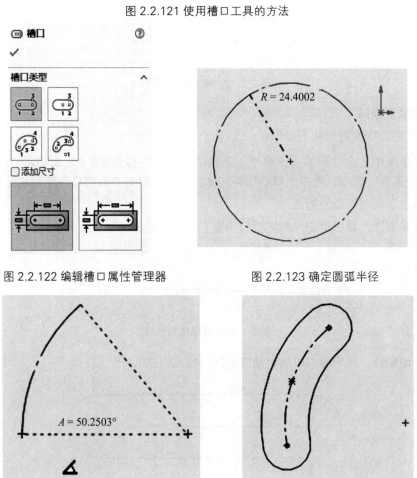

图 2.2.122 编辑槽口属性管理器　　　　图 2.2.123 确定圆弧半径

图 2.2.124 确定槽口长度　　　　图 2.2.125 确定槽口宽度

2.2.14.2 生成中心点直槽口

绘制中心点直槽口依次进行如下操作：

（1）在草图中，在"草图"工具栏，单击"中心点直槽口"按钮 ⊡（图 2.2.120）；或选择菜单栏中的"工具"选项，选中"草图绘制实体"一栏，单击"中心点直槽口"按钮（图

2.2.121)。

(2) 单击以指定槽口的中心点。

(3) 移动指针，然后单击以指定槽口长度 (图 2.2.126)。

图 2.2.126 确定槽口长度

(4) 移动指针，然后单击以指定槽口宽度 (图 2.2.127)。

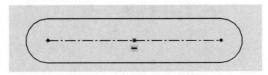

图 2.2.127 确定槽口宽度

2.2.14.3 生成直槽口

绘制直槽口依次进行如下操作：

(1) 在草图中，在"草图"工具栏，单击"直槽口"按钮 (图 2.2.122)；或选择菜单栏中的"工具"选项，选中"草图绘制实体"一栏，单击"直槽口"按钮 (图 2.2.122)。

(2) 单击以指定槽口的起点。

(3) 移动指针，然后单击以指定槽口长度 (图 2.2.128)。

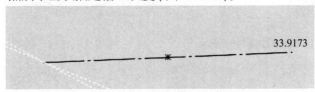

图 2.2.128 确定槽口长度

(4) 移动指针，然后单击以指定槽口宽度 (图 2.2.129)。

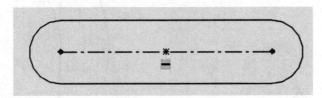

图 2.2.129 确定槽口宽度

2.2.14.4 生成三点圆弧槽口

要绘制三点圆弧槽口：

(1) 在草图中，在"草图"工具栏，单击"三点圆弧槽口"按钮 (图 2.2.120)；或选择菜单栏中的"工具"选项，选中"草图绘制实体"一栏，单击"三点圆弧槽口"按钮(图 2.2.121)。

(2) 单击以指定圆弧的起点。

(3) 通过移动指针指定圆弧的终点，然后单击 (图 2.2.130)。

(4) 通过移动指针指定圆弧的第三点，然后单击 (图 2.2.131)。

(5) 通过移动指针指定槽口宽度，然后单击 (图 2.2.132)。

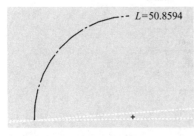 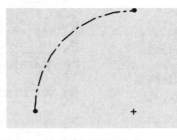 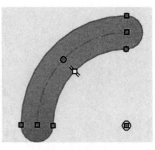

图 2.2.130 确定圆弧终点　　图 2.2.131 确定圆弧第三点　　图 2.2.132 确定槽口宽度

2.2.14.5 槽口属性管理器 (Motion Manager)

控制所绘槽口的属性。要打开槽口属性管理器 (Motion Manager)：选择现有的槽口或生成新槽口，例如，通过在"草图"工具栏，单击"直槽口"按钮 ▭；或选择菜单栏中的"工具"选项，选中"草图绘制实体"一栏，单击"直槽口"按钮。

(1) 现有几何关系 (图 2.2.133)。

如果选择现有槽口：

⊥：显示草图绘制过程中自动推理的几何关系或使用添加几何关系手工生成的几何关系。当在列表中选择一种几何关系时，图形区域会高亮显示标注。

ⓘ：显示所选草图实体的状态 (完全定义、欠定义等)。

(2) 添加几何关系 (图 2.2.133)。

如果选择现有槽口，可以将几何关系添加到所选实体。清单只包括所选实体可能使用的几何关系。特定槽口的几何关系：

固定槽口 ：槽口大小和位置是固定的。

相等槽口 ：当选取多个槽口时，将大小保持相等。如果修改一个槽口的大小，则所有相关槽口都将调整大小。

(3) 槽口类型 (图 2.2.133)。

直槽口 ：用两个端点绘制直槽口。

中心点直槽口 ：从中心点绘制直槽口。

三点圆弧槽口 ：在圆弧上用三个点绘制圆弧槽口。圆弧槽口的角度尺寸一般是中心到中心的尺寸。

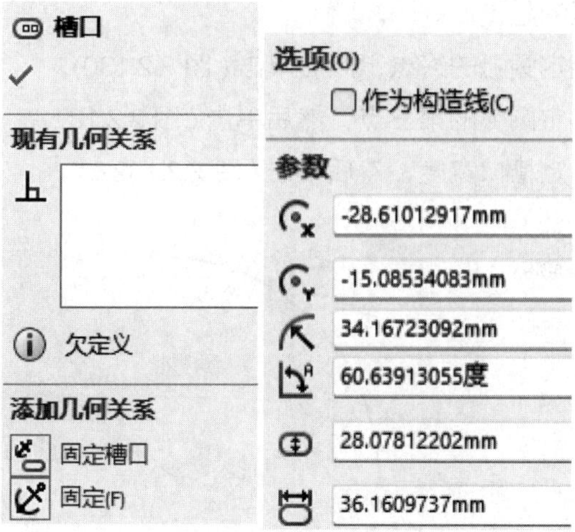

图 2.2.133 槽口属性管理器

中心点圆弧槽口：用圆弧的中心点和圆弧的两个端点绘制圆弧槽口。圆弧槽口的角度尺寸一般是中心到中心的尺寸。

添加尺寸：显示槽口的长度和圆弧尺寸。

中心到中心：以两个中心间的长度作为直槽口的长度尺寸。
总长度：以槽口的总长度作为直槽口的长度尺寸。

(4) 参数 (表 2.2.11)。

如果槽口不受几何关系约束，则可指定以下参数的任何适当组合来定义槽口。

表 2.2.11 参数

所有槽口均包括	
	槽口中心点的 X 坐标
	槽口中心点的 Y 坐标
	槽口宽度
	槽口长度
	圆弧半径
	圆弧角度

2.2.15 剪裁实体

根据想剪裁或延伸的实体选择剪裁类型。所有剪裁类型都可为 2D 草图以及 3D 基准面上的 2D 草图所使用。可使用下列任何剪裁选项：强劲剪裁、角点、在内剪除、在外剪除、剪裁到最近端。也可使用：将剪裁实体保留为构造几何体、忽略构造几何体的剪裁。

2.2.15.1 使用强劲剪裁选项进行剪裁

可通过将指针拖过每个草图实体来使用强劲剪裁选项裁剪多个相邻草图实体。如果想以强劲剪裁选项剪裁：

(1) 右键单击草图，然后选择编辑草图。

(2) 在"草图"工具栏，单击"剪裁实体"按钮 （图 2.2.134），或选择菜单栏中的"工具"选项，选中"草图工具"一栏，单击"裁剪"按钮（图 2.2.135）。

图 2.2.134 点击剪裁实体

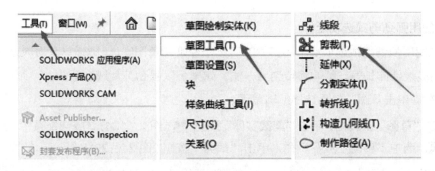

图 2.2.135 使用剪裁的方法

(3) 在属性管理器 (Motion Manager) 中的选项下选择强劲剪裁（图 2.2.136）。

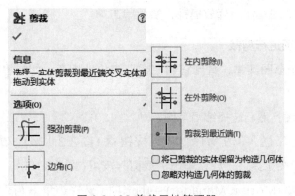

图 2.2.136 剪裁属性管理器

(4) 单击位于第一个实体旁边的图形区域，然后拖动到要剪裁的草图实体。指针在穿过并剪裁草图实体时变成。轨迹沿剪裁路径生成（图 2.2.137）。

(5) 继续按住指针并拖动到想剪裁的每个草图实体（图 2.2.138）。

(6) 在完成剪裁草图时释放指针，然后单击。

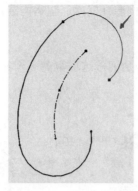
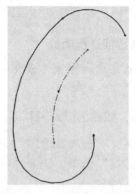

图 2.2.137 剪裁草图　　图 2.2.138 剪裁草图

2.2.15.2 使用强劲剪裁选项延伸

可以使用强劲剪裁选项沿草图实体的自然路径延伸草图实体。圆弧具有最大延伸长度。一旦达到最大延伸长度，延伸将转到另一侧。如果想以强劲剪裁选项延伸：

(1) 右键单击草图，然后选择编辑草图。

(2) 在"草图"工具栏，单击"剪裁实体"按钮 （图 2.2.134）。或选择菜单栏中的"工具"选项，选中"草图工具"一栏，单击"裁剪"按钮（图 2.2.135）。

(3) 在属性管理器 (Motion Manager) 中的选项下选择强劲剪裁（图 2.2.136）。

(4) 沿要延伸的草图实体选择任何地方。

(5) 单击并随所需距离拖动指针来延伸草图实体。

(6) 在完成延伸草图实体时释放指针，然后单击 ✔。

2.2.15.3 通过边角选项进行剪裁

延伸或剪裁两个草图实体，直到它们在虚拟边角处相交。如果想以边角选项剪裁，可依次进行以下操作：

(1) 右键单击草图，然后选择编辑草图（图 2.2.139）。

(2) 在"草图"工具栏，单击"剪裁实体"按钮 ✔（图 2.2.134）；或选择菜单栏中的"工具"选项，选中"草图工具"一栏，单击"裁剪"按钮（图 2.2.135）。

(3) 在属性管理器 (Motion Manager) 中的选项下选择边角（图 2.2.140）。

(4) 选择相结合的两个草图实体（图 2.2.141）。

(5) 单击 ✔。

2.2.15.4 使用在内剪除选项进行剪裁

剪裁位于两个边界实体内打开的草图实体。如果想以在内剪除选项剪裁：

(1) 右键单击草图，然后选择编辑草图。

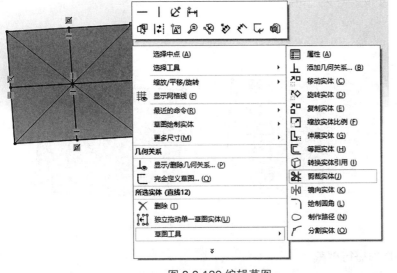

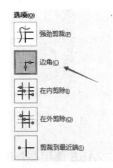

图 2.2.139 编辑草图　　　　　　　　　　图 2.2.140 选项栏

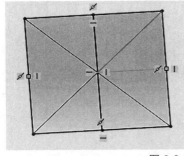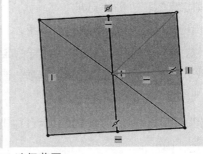

图 2.2.141 选择草图

　　(2) 在"草图"工具栏，单击"剪裁实体"按钮（图 2.2.142）；或选择菜单栏中的"工具"选项，选中"草图工具"一栏，单击"裁剪"按钮（图 2.2.143）。

图 2.2.142 使用
剪裁命令的方法一

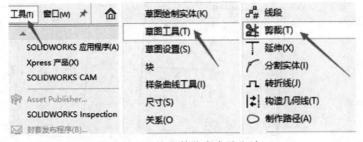

图 2.2.143 使用剪裁命令的方法二

(3) 在属性管理器 (Motion Manager) 中的选项下选择在内剪除选项 （图 2.2.144）。

(4) 选择两个边界草图实体（图 2.2.145）。

(5) 选择要剪裁的草图实体。选择要剪裁的草图实体必须与每个边界实体交叉一次，或与两个边界实体完全不交叉(图 2.2.146)。

(6) 单击✔。

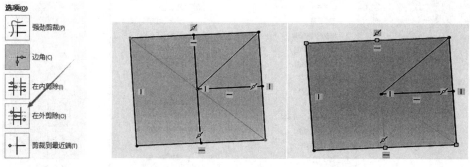

图 2.2.144 选项栏　　　　　　　图 2.2.145 选择草图

2.2.15.5 使用在外剪除选项进行剪裁

剪裁位于两个边界实体内打开的草图实体。支配在内剪除选项的规则也支配在外剪除选项。

(1) 右键单击草图，然后选择编辑草图。

(2) 在"草图"工具栏，单击"剪裁实体"按钮 (图 2.2.134)；或选择菜单栏中的"工具"选项，选中"草图工具"一栏，单击"裁剪"按钮(图 2.2.135)。

(3) 在属性管理器(Motion Manager)中的选项下选择在外剪除图 (2.2.147)。

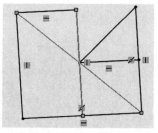

图 2.2.146 剪裁草图

(4) 选择两个边界草图实体(图 2.2.148)。

(5) 选择要剪裁的草图实体(图 2.2.149)。

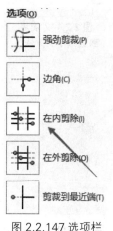
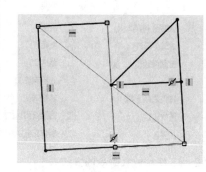
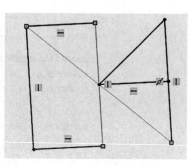

图 2.2.147 选项栏　　　　图 2.2.148 选择草图　　　　图 2.2.149 剪裁草图

2.2.15.6 使用剪裁到最近端选项进行剪裁

(1) 右键单击草图，然后选择编辑草图。

(2) 在"草图"工具栏，单击"剪裁实体"按钮 ▓ (图 2.2.134)；或选择菜单栏中的"工具"选项，选中"草图工具"一栏，单击"裁剪"按钮 (图 2.2.135)。

(3) 在属性管理器 (Motion Manager) 中的选项下单击剪裁到最近端 ·十，指针形状将变为 ▓ (图 2.2.150)。

(4) 选择每个想剪裁或延伸到最近交叉点的草图实体 (图 2.2.151)：

①若想延伸，选择实体然后拖动到交叉点。

②若想剪裁，选择草图实体。

(5) 单击 ✔。

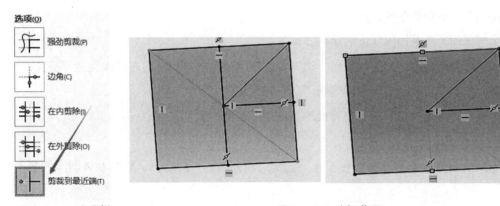

图 2.2.150 选项栏　　　　　　　　　图 2.2.151 选择草图

2.2.15.7 剪裁 3D 草图

如果想剪裁 3D 草图，依次进行如下操作：

(1) 在 2D 基准面上开始 3D 草图。

(2) 执行以下操作之一：右键单击并选取基准面上的 3D 草图、双击基准面或草图实体。可使用下列任何剪裁选项：强劲剪裁、边角、在内剪除、在外剪除、剪裁到最近端。

2.2.15.8 剪裁属性管理器 (Motion Manager)

可以使用剪裁属性管理器 (Motion Manager) 选择剪裁类型并控制其他剪裁选项。可剪裁任何 2D 草图。要打开剪裁属性管理器 (Motion Manager)：

①右键单击草图，然后选择编辑草图。

②在"草图"工具栏，单击"剪裁实体"按钮 ▓；或选择菜单栏中的"工具"选项，选中"草图工具"一栏，单击"裁剪"按钮。

剪裁属性管理器 (Motion Manager) 包括以下选项：强劲剪裁、边角、内在剪除、在外剪除、剪裁到最近端。

(1) 强劲剪裁。

选择强劲剪裁执行以下操作：延伸草图实体、拖动指针时，剪裁单一草图实体到最近的交叉实体、拖动指针时，剪裁一个或多个草图实体到最近的交叉实体并与该实体交叉。

(2) 边角。

选择边角┾修改两个所选实体，直到它们以虚拟边角交叉。控制边角剪裁选项的因素包括：草图实体可以不同、剪裁操作可以延伸一个草图实体而缩短另一个实体，或者同时延伸两个草图实体、行为受选择草图实体的末端影响、行为不受选择草图实体的顺序影响。

(3) 在内剪除。

选择在内剪除┾以剪裁满足以下条件的开放实体：交叉两个所选边界；存在于两个所选边界之间；存在于闭合草图实体内。

控制向外剪裁的条件包括：

①选择作为两个边界实体的草图实体不同。

②选择要剪裁的草图实体与每个边界实体交叉一次或与两个边界实体完全不交叉。

③剪裁操作会删除所选边界内部所有有效草图实体。

④只有开环草图线段才是要剪裁的有效草图实体。

(4) 在外剪除。

选择在外剪除┾以剪裁存在于两个选定边界外部的开放实体。控制在外剪除的条件包括：

①选择作为两个边界实体的草图实体不同。

②边界不受所选草图实体端点的限制。

③剪裁操作将会删除所选边界外部所有有效草图实体。

④如果要剪裁的草图实体与边界实体之一只交叉一次：它会剪裁边界实体外的截面或将边界实体内的截面延伸到下一实体。

⑤只有开环草图线段才是要剪裁的有效实体。

(5) 剪裁到最近端。

选择剪裁到最近端┾以剪裁或延伸选定草图实体。控制剪裁到最近端的条件：删除所选草图实体，直到与其他草图实体的最近交叉点处延伸所选实体。实体延伸的方向取决于拖动指针的方向。

将剪裁实体保留为构造几何体：将剪裁实体转换为构造几何体。

忽略构造几何体的剪裁：剪裁实体使构造几何体不受影响。

这些选项将保持与剪裁实体的尺寸关系。根据剪裁条件，它们可能会保持几何关系。如果选择两个选项，则软件会将实体转换为构造几何体且现有构造几何体不受影响。

2.2.16 延伸实体

可增加草图实体 (直线、中心线或圆弧) 的长度。使用延伸实体将草图实体延伸以与另一个草图实体相遇。如果想延伸草图实体：

(1) 在打开的草图中，单击"草图"工具栏上的"延伸实体"按钮┬，或选择菜单栏中的"工具"选项，选中"草图工具"一栏，单击"延伸"按钮。指针形状将变为┬。

(2) 将指针移到草图实体上，延伸预览按延伸实体的方向出现。

(3) 如果预览以错误方向延伸，将指针移到直线或圆弧另一半上。

(4) 单击草图实体接受预览。

若想将草图实体延伸到最近端实体之外，单击以放置第一个草图延伸，拖向下一个草图实体，然后单击来放置第二个延伸，下面以这个类推。

2.3 草图辅助工具命令

2.3.1 构造线和中心线工具

可以在矩形中将线段转换为构造线。 在绘制矩形草图时，可以添加中心线。在 Property Manager 中，可通过选择 Property Manager 中的选项名称作为构造线，转换实线段为构造线。要在矩形中添加中心线，选择添加构造线工具，并在 Property Manager 中选择从边角或从中点选项。

要绘制构造线或中心线

(1) 点击"中心线"(图 2.3.1)。

(2) 勾选"构造线"(图 2.3.2)。

(3) 绘制"构造线"/"中心线"

构造线 (图 2.3.3)：

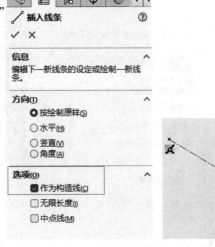

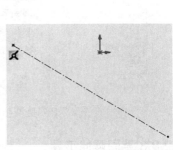

图 2.3.1 点击中心线　　　图 2.3.2 编辑插入线条属性管理器　　　图 2.3.3 绘制构造线

中心线 (图 2.3.4)：

图 2.3.4 绘制中心线

2.3.2 网格线工具

网格系统工具一般工作中不经常用，它主要用在大型结构布置上。在绘制焊接中的结构构件时，网格系统很有用。可以类似于 word 里的"插入表格"，能快速的生成 3D 网格。

示例：首先找到"工具"，依次点击"选项"、"文档属性"、"网格线 / 捕捉"、勾选"显示网格线"，然后点击完成。具体操作如图 2.3.5~ 图 2.3.10 所示。

图 2.3.5 点击三角符号

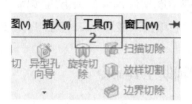

图 2.3.6 点击工具

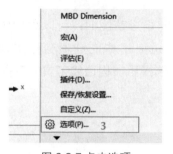

图 2.3.7 点击选项

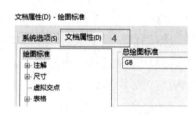

图 2.3.8 点击文件属性

图 2.3.9 勾选网格线

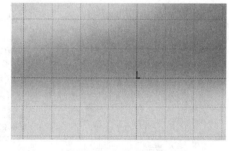

图 2.3.10 点击完成

2.3.3 草图延伸工具

首先绘制两条直线，找到"工具选项"，依次点击"草图工具""延伸"然后用鼠标点击要延伸的线。选取基准点然后拖动或者使用 X 和 Y 目标坐标来伸展实体。打开伸展属性管理器(Motion Manager)：在编辑草图模式中，在"草图"工具栏，单击"伸展实体"按钮 $\square$ ；或选择菜单栏中的"工具"选项，选中"草图工具"一栏，单击"伸展实体"按钮。

(1) 伸展的实体。

$\square$ ：草图项目或注解。

(2) 参数。

从 / 到：为伸展设置基准点 $\blacksquare$ 。

X/Y：为伸展设定目标坐标。

重复：按相同距离再次伸展实体。

示例 (图 2.3.11~ 图 2.3.14)。

草图剪裁工具同 2.2.15 剪裁实体。

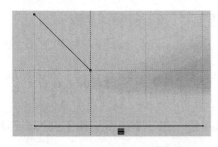

图 2.3.11 绘制草图 　　　　　　图 2.3.12 使用延伸的方法

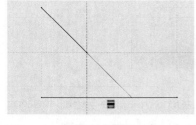 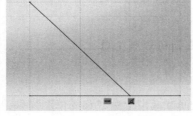 

图 2.3.13 绘制草图 　　　图 2.3.14 延伸草图 　　　图 2.3.15 圆柱体模型

2.3.4 切换实体引用与等距实体工具

切换实体引用：将实体的轮廓线转换至当前草图，使其成为当前草图的元实体引用能够加快草图绘制过程，并与引用部分保持一致。例如，想要在图 2.3.15 所示的圆柱体 A 面拉伸一个圆柱也可以是其他形状，那么可以选取 A 面作为绘图平面，将实体转换为平面，然后进行的绘图操作 (图 2.3.16、图 2.3.17)。

等距实体

等距距离：设定数值以特定距离来等距草图曲线。

添加尺寸：选中次复选框，等距曲线后将显示尺寸约束。

反向：选中复选框，将反转偏移距离方向。

选择链：选中复选框，将自动选择曲线链作为等距对象。

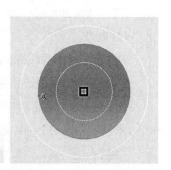

图 2.3.16 切换实体引用　　　　　　　　　图 2.3.17 等距实体属性管理器

双向：选中复选框，可双向生成等距曲线。

构造几何体：里面选中基本几何体，将要等距的曲线对象变成构造曲线，选中偏移几何体，则偏移的曲线对象变成构造曲线。

顶端加盖：为【双向】的等距曲线生成封闭端曲线。包括【圆弧】和【直线】两种封闭形式。

以上就是等距实体的详细面板的含义。

2.3.5 草图圆周、线性阵列与复制工具

2.3.5.1 草图圆周

使用草图实体在基准面或模型上生成圆周草图阵列或者模型边线以定义阵列。要打开圆周草图阵列属性管理器(Motion Manager)：在打开的草图中，在"草图"工具栏，单击"圆周草图阵列"按钮。或选择菜单栏中的"工具"选项，选中"草图工具"一栏，单击"圆周阵列"按钮。

2.3.5.1.1 参数

：反向

草图原点：使用草图原点 (默认) (图 2.3.18)。

中心点 X ：沿 X 轴定义阵列中心 (图 2.3.19)。

中心点 Y ：沿 Y 轴定义阵列中心 (图 2.3.19)。

为阵列选取一中心：

间距：指定阵列中包括总度数的数量。

等间距：指定阵列实例这个间距相等。

标注半径：显示圆周阵列的半径。

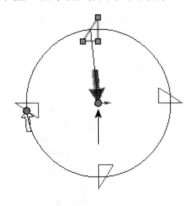 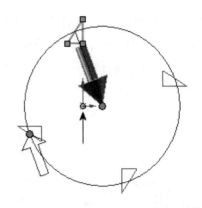

图 2.3.18 阵列中心位于草图原点　　　图 2.3.19 阵列中心沿 X 和 Y 轴设定

标注角间距：显示阵列实例之间的尺寸。

实例数 ✳：指定阵列实例的数量。

显示实例记数：显示阵列中的实例数。

半径 ✗：指定阵列的半径。

圆弧角度 ⟲²：指定从所选实体的中心到阵列的中心点或顶点的夹角（图 2.3.20~ 图 2.3.21）。

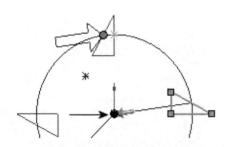 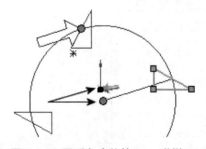

图 2.3.20 圆弧角度值为默认　　　图 2.3.21 圆弧角度值按 20° 递增

2.3.5.1.2　要阵列的实体

要阵列的实体 ⊡：在图形区域中选取草图实体。

2.3.5.1.3　可跳过的实例

单击要跳过的实例 ✳ 并使用指针 ☞ 在图形区域中选择不希望包括在阵列中的实例。操作步骤如图 2.3.22~ 图 2.3.25 所示。

2.3.5.2 线性阵列

使用基准面或模型上的草图实体生成线性草图阵列。打开线性草图阵列属性管理器 (Motion Manager) 的方法：在打开的草图中，在"草图"工具栏单击"线性草图阵列"按钮；或选择菜单栏中的"工具"选项，选中"草图工具"一栏，单击"线性阵列"按钮。

一般准则包括：

(1) 预选要阵列的实体，可通过为实例数 设置一个值来选择沿任一轴进行阵列。

(2) 选取 X 轴、线性实体或模型边线来定义方向 1。

(3) 为方向 2 进行重复 (Y 轴)，这在选取方向 1 时会激活。

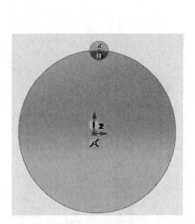

图 2.3.22 绘制草图

图 2.3.23 使用圆周阵列的方法

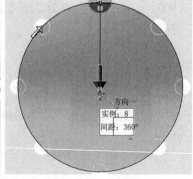

图 2.3.24 编辑圆周阵列属性管理器

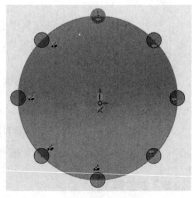

图 2.3.25 完成阵列

2.3.5.2.1 方向 1

⤢：反向

间距🔧：设定阵列实例间的距离。

标注 X 间距：显示阵列实例之间的尺寸。

实例数🔳：设定阵列实例的数量。

显示实例记数：显示阵列中的实例数。

角度📐：水平设定角度方向 (X 轴)。

固定 X 轴方向：应用约束以固定实例沿 X 轴的旋转。

2.3.5.2.2 方向 2

在为方向 2 设定值时激活方向 2 🔳。

在轴之间标注角度：为阵列之间的角度显示尺寸。

沿 Y 轴的角度值取决于阵列沿 Y 轴的方向以及为沿 X 轴的角度所设置的值。

沿 X 和 Y 轴的线性阵列，离 Y 轴有 100°。

2.3.5.2.3 要阵列的实体

要阵列的实体🔳：在图形区域中选取草图实体。

2.3.5.2.4 可跳过的实例

单击要跳过的实例并使用指针👆在图形区域中选择不想包括在阵列中的实例。

2.3.5.3 复制工具

(1) 如果想移动或复制实体，在草图绘制模式下，执行下列操作之一：

①单击移动实体🔳 (草图工具栏)，或者依次单击工具 > 草图绘制工具 > 移动。

②单击复制实体🔳 (草图工具栏)，或者依次单击工具 > 草图绘制工具 > 复制。

③右键单击以显示"草图"快捷菜单，单击草图工具，然后单击移动实体或复制实体。

(2) 在属性管理器 (Motion Manager) 中的要移动的实体或要复制的实体下：

①为草图项目或注解选择草图实体。

②选择保留几何关系以保留草图实体之间的几何关系。当被清除选择时，只有在所选项目和那些未被选择的项目之间的几何关系才被断开；所选实体之间的几何关系会被保留。

(3) 在参数下，2D 草图基准面上的 3D 草图修改参数可执行以下一项操作：

①选择从 / 到，单击起点来设定基点，然后拖动将草图实体定位。

②选择 X/Y，然后为 DeltaX$^{\Delta X}$ 和 DeltaY$^{\Delta Y}$ 设定值以将草图实体定位。单击重复按相同距离再次修改草图实体的位置。

(4) 3D 草图修改参数可执行以下一项操作：

①使用 3D 三重轴：使用 3D 移动箭头拖动草图实体。

②使用数值在平移下，指定 DeltaX$^{\Delta X}$、DeltaY$^{\Delta Y}$ 和 DeltaZ$^{\Delta Z}$。单击重复按相同距离再次修改草图实体的位置。

(5) 单击。

2.3.6 草图镜向工具

在将实体添加到草图后，可以创建草图实体的镜向。如果想镜向现有草图实体：

(1) 在"草图"工具栏，单击"镜向实体"按钮蚰；或选择菜单栏中的"工具"选项，选中"草图工具"一栏，单击"镜向"按钮。

(2) 在属性管理器(Motion Manager)中：

①选择要镜向的实体蚰的草图实体；如图 2.3.29 所示。

②执行以下操作之一：

a) 消除复制来添加所选实体的镜向复件并移除原有草图实体 (表 2.3.1)。

b) 选择复制以包括镜向复件和原始草图实体 (表 2.3.1)。

③为镜向点选择边线或直线，如图 2.3.30 所示。

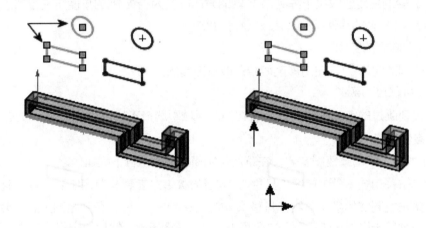

图 2.3.29 选择要镜向的实体　　　　　　图 2.3.30 选择边线

④单击✔。

表 2.3.1　最终结果

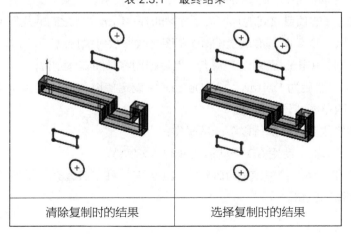

清除复制时的结果	选择复制时的结果

2.4 草图的编辑

SolidWorks 中的草图绘制是生成特征的基础。特征是生成零件的基础，零件可放置在装配体中。草图实体也可添加到工程图。

SolidWorks 特征包含智能，这样它们可以被编辑。设计意图在生成 SolidWorks 模型时是重要的因素，因此绘制草图时做计划很重要。绘制草图一般过程是：

(1) 在零件文档中选取一个草图基准面或平面（可在步骤 2 之前或之后进行这个操作）。

(2) 通过以下操作之一进入草图模式：

①单击草图绘制工具栏上的草图绘制 ▦。

②在草图工具栏上选取一个草图工具（如矩形 ▭ ）。

③单击"特征"工具栏中的"拉伸凸台／基体"按钮 ▦或"旋转凸台／基体"按钮 ▦。

④在特征管理器 (Feature Manager) 设计树中，右键单击一个现有草图，然后选择编辑草图。

(3) 生成草图（如直线、矩形、圆、样条曲线等之类的草图实体）。

(4) 添加尺寸和几何关系（可大致绘制，然后准确标注尺寸）。

(5) 生成特征（这将关闭草图）。

一般而言，最好是使用不太复杂的草图几何体和更多的特征。较简单的草图更容易生成、标注尺寸、护理、修改以及理解。带较简单草图的模型重建更快。

在表 2.4.1 中比较设计草图绘制概念。

表 2.4.1 设计草图绘制概念

	2DCAD 体系	SolidWorks
尺寸标注	几何驱动尺寸；尺寸可以与几何无关	尺寸定义几何体
捕捉	对象捕捉，"Auto Snap"	捕捉到网格线、几何关系、草图捕捉、快速捕捉
几何关系	无几何关系	几何关系（自动或手工添加）定义草图并将设计意图建造到模型中；它们为定义几何体的另一种方法
推理	无推理	几何关系由推理线和指针更改显示，并且几何关系自动添加
修剪 (T)	剪裁，延伸	剪裁，延伸
草图状态	无定义	基准面可以欠定义、完全定义或过定义
自动操作	Auto Snap	自动尺寸和自动过渡
构造性实体	构造性实体	任何草图实体可称为构造性实体；点和中心线总是构造性实体

2.4.1 自动添加几何关系 (约束等)

可在生成草图实体时选择是否自动生成几何关系。根据草图实体和指针的位置，同时可显示一个以上草图几何关系。要选择或消除自动添加几何关系，执行以下操作之一：

(1) 选择菜单栏中的"工具"选项，选中"草图设置"一栏，单击"自动添加几何关系"按钮。

(2) 选择菜单栏中的"工具"选项，单击选项⚙，此时系统会弹出系统选项对话框，单击几何关系 / 捕捉，然后勾选自动添加几何关系。

绘制草图时，指针更改形状为显示可生成哪些几何关系。选择自动添加几何关系表2.4.2后，将添加几何关系。

表 2.4.2 自动添加几何关系

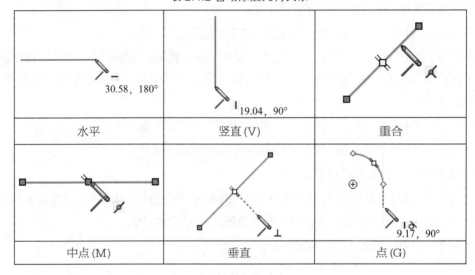

水平	竖直 (V)	重合
中点 (M)	垂直	点 (G)

2.4.2 手动添加几何关系

可在草图实体之间或在草图实体和基准面、基准轴、边线或顶点之间生成几何关系。要打开添加几何关系属性管理器 (Motion Manager)：在尺寸 / 几何关系工具栏中，单击添加几何关系⊥。要打开显示 / 删除几何关系属性管理器 (Motion Manager)：在"尺寸 / 几何关系"工具栏，单击"显示 / 删除几何关系"按钮👁，或选择菜单栏中的"工具"选项，选中"几何关系"一栏，单击"显示 / 删除"按钮。

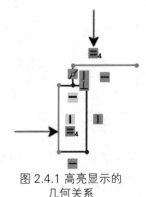

图 2.4.1 高亮显示的几何关系

2.4.2.1 几何关系

当从清单中选择一几何关系时，适当的草图实体随同代表这个几何关系的图标一起在图形区域中高亮显示。如果草图几何关系被选中，则所有图标将被显示，但高亮显示的几何关系的图标以不同颜色出现。高亮显示的几何关系范例如图 2.4.1 所示。几何关系栏如表 2.4.3 所示。

表 2.4.3　几何关系栏

	过滤器	指定显示哪些几何关系。选取以下选项之一：全部在这个草图；悬空；过定义 / 无解；外部；在关联中定义；锁定；断开 已选择对象：显示在草图中所选择的实体的名称
⊥	几何关系	显示基于所选过滤器的现有几何关系。当从清单中选择一几何关系时，相关实体的名称显示在实体之下，草图实体在图形区域中高亮显示。外部参考引用的状态显示与特征管理器 (Feature Manager) 设计树中一样
ⓘ	信息	显示所选草图实体的状态。如果几何关系在装配体关联内生成，状态可以是断裂或锁定
	压缩	为当前的配置压缩几何关系。几何关系的名称变成灰暗色，信息状态更改 (如从满足到从动)
↰	撤销上次几何关系更改	删除或替换上一操作
	删除和删除所有	删除所选几何关系，或删除所有几何关系

2.4.2.2 对象 (表 2.4.4)

2.4.2.3 配置

对于有多个配置的模型，可选择将所选几何关系应用到这个配置、所有配置或指定配置。如果选择指定配置，从配置清单中选择配置。单击所有选择清单中的所有配置。单击重设将选择重新设定到原状。

2.4.2.3 选项

当草图过定义或无法解出时显示属性管理器 (Motion Manager)：显示合适属性管理器 (Motion Manager)，以便用户可以编辑草图。

表 2.4.4　对象栏

	用于所选几何关系中的实体	装配体中内部实体的信息	
		对象	在几何关系中列举每个所选草图实体
		状态	显示所选草图实体的状态，如完全定义、欠定义等
		定义在	显示实体被定义的地方，如当前草图、相同模型或外部模型
		装配体中外部实体的信息：	
		对象	在相同模型或外部模型中显示草图实体的实体名称
		户主	显示草图实体所属的零件
		拥有者和装配体	为外部模型中的草图实体显示几何关系所生成于的顶层装配体名称
	替换	以另一实体替换所选实体。在图形区域中，为替换以上所选实体的实体选择一实体，然后单击替换。如果替换不适当，状态为无效	
↰	撤销上次几何关系更改	撤销上次替换操作	

2.4.3 尺寸标注的形式

如果想给草图或工程图添加尺寸：在"尺寸 / 几何关系"工具栏中，单击"智能尺寸"按钮，或选择菜单栏中的"工具"选项，选中"尺寸"一栏，单击"智能尺寸"按钮。默认为平行尺寸。

此外，可从快捷键菜单上选择不同的尺寸标注类型。右键单击草图，然后选择更多尺寸，可从水平尺寸、竖直尺寸、尺寸链、水平尺寸链或竖直尺寸链中选择。如果是编辑工程视图，则会有基准尺寸和倒角尺寸额外选项。

可生成特征而不给草图添加尺寸，但是给草图标注尺寸是好的做法。根据模型的设计意图标注尺寸，例如，可能想离边线远一点来给孔标注尺寸，或相互间留一点距离。若想将孔放置于离块的边线有一段距离，给圆的直径标注尺寸，然后在其中心和块的每条边线之间标注距离的尺寸。圆默认从中心测量，如图 2.4.2 所示。

若想将孔放置于离另一孔有一段距离的地方，可在孔的中心之间标注距离的尺寸，也可将尺寸指定到圆上的最小或最大点，如图 2.4.3 所示。

大部分尺寸 (线性、圆周、角度) 可使用尺寸 / 几何关系工具栏上的智能尺寸工具而插入，如图 2.4.4 所示。

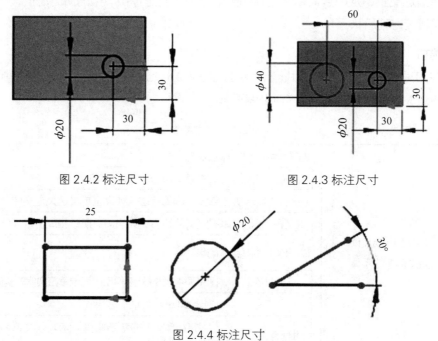

图 2.4.2 标注尺寸   图 2.4.3 标注尺寸

图 2.4.4 标注尺寸

其他尺寸工具 (基准尺寸、尺寸链、倒角) 可在尺寸 / 几何关系工具栏上使用，可使用完全定义草图以单一操作标注草图中所有实体的尺寸。

要更改尺寸，双击尺寸然后在修改对话框中编辑数值，或拖动草图实体 (图 2.4.5)。

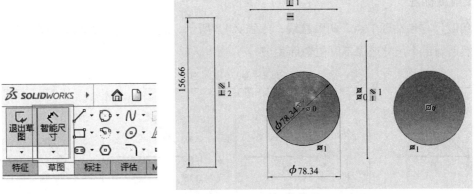

图 2.4.5 使用智能尺寸标注草图

2.4.4 自动尺寸

自动排列尺寸⊟工具自动定位选定的尺寸。在使用自动排列标注时，尺寸标注按以下方法放置：

①从最小到最大隔开。

②如有可能，对齐并居中。

③按照文档属性 / 标注中定义的偏移距离隔开。

④适当调整以避免重叠。

⑤必要时交错。

要使用自动排列尺寸：

①框选尺寸。

②将指针移动到尺寸调色板翻转按钮 上以显示尺寸调色板。

③单击自动排列尺寸⊟。

自动排列尺寸可用于线性、径向、直径和倒角尺寸。它不支持尺寸链或诸如注释和孔标注之类的注解，或者工程图中的尺寸，如图 2.4.6 所示。

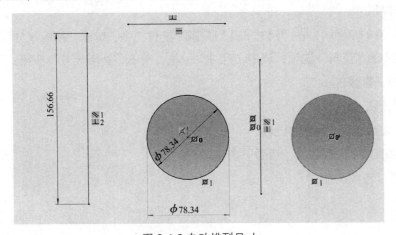

图 2.4.6 自动排列尺寸

2.4.5 角度标注

角度尺寸包括三个点、两条直线，如表 2.4.5 所示。这些角度尺寸通过选择两根草图直线，然后为每个尺寸选择不同位置而生成。

表 2.4.5　角度尺寸

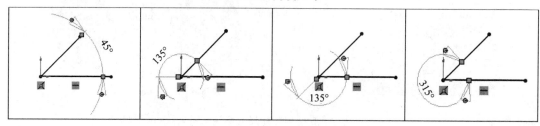

2.4.5.1 生成三个点之间的角度尺寸

可以在三个草图点、草图线段终点或模型顶点之间放置一角度尺寸，也可使用模型原点作为这三个点之一。如果想生成三个点之间的角度尺寸：

(1) 在打开的草图中，在"尺寸／几何关系"工具栏中，单击"智能尺寸"按钮，或选择菜单栏中的"工具"选项，选中"尺寸"一栏，单击"智能尺寸"按钮。

(2) 单击用作角顶点的点。

(3) 单击其他两个点。

(4) 移动指针显示角度尺寸预览。

(5) 在修改框中设置数值，然后单击 ✔。

(6) 单击以放置角度尺寸。

2.4.5.2 生成两条直线之间的角度尺寸

可以在两条直线或一根直线和模型边线之间放置角度尺寸。选择两个实体，然后移动指针来观察尺寸标注之预览。要标注尺寸的角度基于光标位置而改变。如果想生成两条直线之间的角度尺寸：

(1) 在打开的草图中，在"尺寸／几何关系"工具栏中，单击"智能尺寸"按钮，或选择菜单栏中的"工具"选项，选中"尺寸"一栏，单击"智能尺寸"按钮。

(2) 单击一直线。

(3) 单击第二条直线。

(4) 移动指针显示角度尺寸预览。

(5) 在修改框中设置数值，然后单击 ✔。

(6) 单击以放置尺寸。

2.4.5.3 使用假想线创建角度尺寸

可以使用智能尺寸工具在线和假想水平／竖直线之间创建角度尺寸。要在线和假想水平／竖直线之间创建角度尺寸：

(1) 在打开的草图中，在"尺寸／几何关系"工具栏中，单击"智能尺寸"按钮，或选择菜单栏中的"工具"选项，选中"尺寸"一栏，单击"智能尺寸"按钮。

(2) 在工程图视图中，选择边线 (图 2.4.7)。

(3) 选择共线顶点 (图 2.4.8)。

(4) 显示十字标线时，选择其中一个线段 (图 2.4.9)。

(5) 预览显示的边线和线段之间的角度尺寸。单击以放置尺寸 (图 2.4.10)。

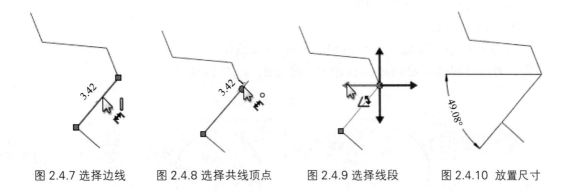

图 2.4.7 选择边线　　　图 2.4.8 选择共线顶点　　　图 2.4.9 选择线段　　　图 2.4.10 放置尺寸

2.4.5.4 创建对称角度尺寸

可以创建多个半对称和全对称角度尺寸 (图 2.4.11)，而无需每次都选择中心线。这个类尺寸标注方式在为需要多个角度尺寸或全角度尺寸显示的旋转几何图形创建草图时非常有用。

要创建对称角度尺寸：

(1) 在具有中心线以及直线或点的草图中，在"尺寸／几何关系"工具栏中，单击"智能尺寸"按钮，或选择菜单栏中的"工具"选项，选中"尺寸"一栏，单击"智能尺寸"按钮。

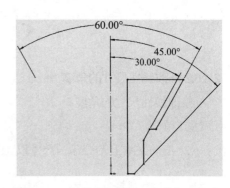

图 2.4.11 多个半角度和一个全角度尺寸

(2) 选择中心线和非平行线。

(3) 要创建半角度尺寸，可将指针移至所需位置。要创建全角度尺寸，可按住 Shift 键。指针会发生变化以指示能够使用中心线放置多个角度尺寸。

2.4.6 生成圆形尺寸

要生成圆形尺寸，然后环绕圆形旋转尺寸：

(1) 在"尺寸／几何关系"工具栏中，单击"智能尺寸"按钮🖋，或选择菜单栏中的"工具"选项，选中"尺寸"一栏，单击"智能尺寸"按钮。

(2) 选择这个圆。

(3) 拖动尺寸，然后单击将之放置。

(4) 在修改框中设置数值，然后单击✔。

如果修改对话框未出现，双击尺寸或者在工具选项栏中选取输入尺寸值。

2.4.6.1 更改圆形尺寸的放置

如果想更改圆形尺寸的放置：

(1) 右键单击尺寸。

(2) 在尺寸属性管理器 (Motion Manager) 中，选择引线选项卡。

(3) 在尺寸界线／引线显示下选取一放置选项，如表 2.4.6 所示。

表 2.4.6　半径和直径

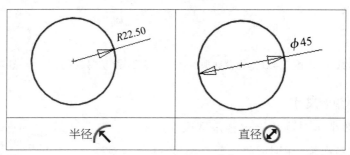

2.4.6.2 修改线性尺寸的角度

修改线性尺寸的角度：

(1) 单击尺寸。

(2) 拖动文本上的控标。尺寸以 15° 增量捕捉。

2.4.7 生成圆弧尺寸

可标注圆弧的实际长度。由于圆弧的默认尺寸类型为半径，因此只需为该尺寸类型选取圆弧。要创建圆弧尺寸：

(1) 在打开的草图中，单击智能尺寸🖋（尺寸／几何关系工具栏）或工具 > 尺寸 > 智能。

(2) 选择圆弧。

(3) 按 Ctrl 并选择两个圆弧端点 (图 2.4.12)。

(4) 移动指针以显示尺寸预览 (图 2.4.13)。

(5) 在修改对话框中设置值，然后单击 ✔。

(6) 单击以放置尺寸 (图 2.4.14)。

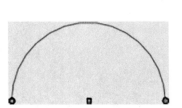

图 2.4.12 选择圆弧端点

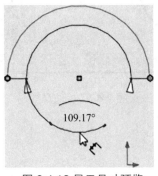

图 2.4.13 显示尺寸预览

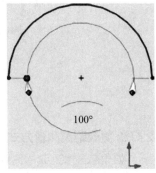

图 2.4.14 放置尺寸

2.4.8 圆弧或圆之间的尺寸

按照系统默认，按圆或圆弧的圆心测量距离。基于智能尺寸 🔧 工具可生成：圆弧或圆边线之间的尺寸、同心圆之间的尺寸、圆弧之间或者直线或点和圆弧之间的最小、中心及最大圆弧范围的尺寸链。

2.4.8.1 生成两个圆弧之间的尺寸

如果想在两个圆弧之间标注尺寸：

(1) 在"尺寸 / 几何关系"工具栏中，单击"智能尺寸"按钮 🔧，或选择菜单栏中的"工具"选项，选中"尺寸"一栏，单击"智能尺寸"按钮。

(2) 执行以下一项操作：

之一：①选取第一个圆弧的边线，然后选取第二个圆弧的边线；②在第一个和第二个圆弧中心之间应用最小尺寸 (图 2.4.15)。

之二：①按住 Shift 键，然后单击以在两条边线之间应用尺寸；②在第一个和第二个圆弧边线之间应用最小尺寸 (图 2.4.16)。

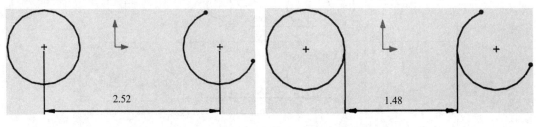

图 2.4.15 标注尺寸   图 2.4.16 标注尺寸

之三：①选取第一个圆弧的边线，按住 Shift 键，然后选取第二个圆弧的边线；②在第一个圆弧的中心和第二个圆弧的边线之间应用最小尺寸 (图 2.4.17)。

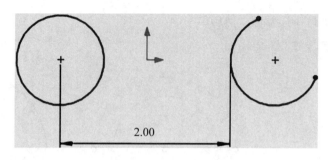

图 2.4.17 标注尺寸

2.4.8.2 更改距离测量方式

如果想改变距离测量方式：

(1) 单击圆弧之间的尺寸。要在第一圆弧条件属性管理器 (Motion Manager) 中显示第一圆弧条件和第二圆弧条件，以智能尺寸🖝工具选取两个圆弧的边线，如表 2.4.7 所示。

(2) 在尺寸属性管理器 (Motion Manager) 中，选择引线选项卡。

(3) 在圆弧条件下：为第一圆弧条件设定一个值；为第二圆弧条件设定一个值。

(4) 单击✔。

2.4.8.3 在同心圆之间生成尺寸并显示延伸线

如果想在同心圆之间标注尺寸并显示延伸线：

(1) 在打开的草图中，在"尺寸 / 几何关系"工具栏中，单击"智能尺寸"按钮🖝，或选择菜单栏中的"工具"选项，选中"尺寸"一栏，单击"智能尺寸"按钮。

(2) 单击一同心圆的边线，然后单击第二个同心圆的边线。

(3) 单击以放置尺寸，如图 2.4.18 所示。

(4) 单击✔。

表 2.4.7 更改距离测量方式

第一圆弧条件		第二圆弧条件
中	72.40	中
中	62.28	最小值
中	82.53	最大

2.4.8.4 在放置尺寸后显示延伸线

要在放置尺寸后显示延伸线：右键单击尺寸，然后选择显示选项 > 显示延伸线（图 2.4.19）。

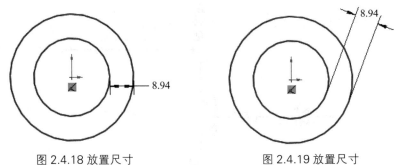

图 2.4.18 放置尺寸   图 2.4.19 放置尺寸

2.4.8.5 更改径向尺寸位置

拖动圆弧径向尺寸以圆弧在外侧或内测定位尺寸位置，如表 2.4.8 所示。

表 2.4.8 更改径向尺寸位置

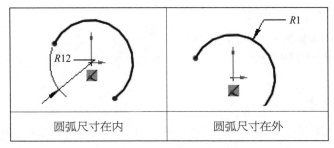

圆弧尺寸在内	圆弧尺寸在外

2.4.8.6 拖动尺寸附加位置

将延伸线拖动到圆和圆弧中的新附加点，尺寸会自动更新，如表 2.4.9 所示。

表 2.4.9 拖动尺寸附加位置

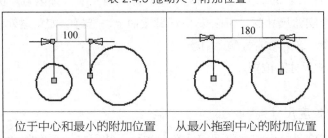

位于中心和最小的附加位置	从最小拖到中心的附加位置

2.4.8.7 生成水平尺寸

可在两个实体之间指定水平尺寸。水平方向以当前草图的方向来定义。如果想指定一个水平尺寸：

(1) 在打开的草图中，在尺寸、几何关系工具栏中，单击"水平尺寸" 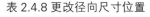，或选择菜

单栏中的"工具"选项,选中"尺寸"一栏,单击"水平"按钮。指针形状将变为 (图2.4.20)。

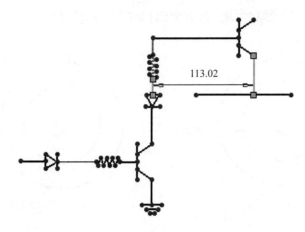

图2.4.20 生成水平尺寸

(2) 选择要标注尺寸的两个实体。可通过按 Esc 键撤销先前选择内容。例如,在使用水平尺寸工具标注多个实体尺寸时,可以按 Esc 键撤销上一选择。如果意外选中了一个并不想要标注尺寸的实体,这个功能可派上用场。

(3) 在修改框中设置数值,然后单击 ✔ 。

(4) 单击要摆放尺寸的位置。

2.4.9 生成竖直尺寸

可在两点之间生成一竖直尺寸。竖直方向由当前草图的方向定义。如果想生成一竖直尺寸:

(1) 在"尺寸/几何关系"工具栏中,单击"竖直尺寸"按钮 ,或选择菜单栏中的"工具"选项,选中"尺寸"一栏,单击"竖直尺寸"按钮。指针形状将变为 。

(2) 单击要标注尺寸的二个点。可按住 Esc 键撤销先前选择内容。例如,使用竖直尺寸 工具标注多个实体尺寸时,可以按 Esc 键撤销上一选择。如果意外选中了一个并不想要标注尺寸的实体,这个功能可派上用场。

(3) 单击要摆放尺寸的位置。

2.4.10 生成路径长度尺寸

可以将路径长度尺寸设置为草图实体链,也可以将尺寸设置为驱动尺寸,以便在拖动实体时路径长度会不断调整大小。要生成路径长度尺寸:

(1) 右键单击相关草图,然后单击尺寸,再选中路径长度 。

(2) 在图形区域中选择端点与端点重合的草图实体,然后形成单一链。

(3) 单击 ✔ 。半径样式尺寸将会出现,并附加到路径(图2.4.21)。

(4) 要更改路径长度尺寸，可双击尺寸并在修改对话框中指定新值。

可在自定义属性、配置、方程式或表 (包括设计表和材料明细表) 中参考该尺寸。

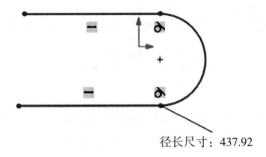

径长尺寸: 437.92

图 2.4.21 生成路径长度尺寸

2.4.11 生成两个点之间的尺寸

可以在两个草图点、草图线段终点或模型顶点之间放置水平、竖直或线性尺寸，也可使用模型原点作为点。选择两个点，然后在周围移动指针来观察尺寸标注之预览。如果想生成两个点之间的尺寸标注:

(1) 在"尺寸 / 几何关系"工具栏中，单击"智能尺寸"按钮✎，或选择菜单栏中的"工具"选项，选中"尺寸"一栏，单击"智能尺寸"按钮。

(2) 单击一个点。

(3) 单击另一个点。

(4) 移动指针以显示尺寸预览。

(5) 在修改框中设置数值，然后单击✔。

(6) 单击以放置所需尺寸。

2.4.12 锁住尺寸

使用智能尺寸✎选择的图列于表 2.4.10。

表 2.4.10 使用智能尺寸选择

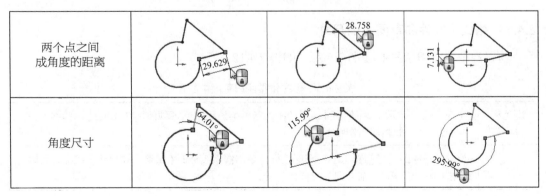

使用指针来控制定位，如表 2.4.11 所示。

表 2.4.11 使用指针控制定位

	指针解除锁定。更改尺寸的测量和位置
	指针锁定。测量被锁住；尺寸位置可供使用

如果想锁住尺寸：

(1) 在打开的草图中，在"尺寸／几何关系"工具栏中，单击"智能尺寸"按钮，或选择菜单栏中的"工具"选项，选中"尺寸"一栏，单击"智能尺寸"按钮。

(2) 单击要标注尺寸的项目。

(3) 移动指针，直到预览表示所需的尺寸类型。

(4) 右键单击以锁住该尺寸类型。

(5) 在周围移动指针，直到正确找出尺寸为止。

(6) 单击以放置尺寸。

(7) 在修改框中设置数值，然后单击 ✔ 。

2.4.13 插入从动尺寸

在生成草图实体时，可以插入从动（参考）尺寸。如果想要在插入驱动尺寸和从动尺寸之间切换，该功能可派上用场。该功能可用于直线、矩形、圆和圆弧。

(1) 单击一个草图工具。

(2) 在图形区域中单击右键，然后单击草图数字输入。

(3) 在图形区域中单击右键，然后单击草图尺寸驱动。

(4) 在图形区域中单击右键，然后单击添加尺寸。

(5) 绘制一个实体。生成草图实体时，就插入了从动尺寸（图 2.4.22)。

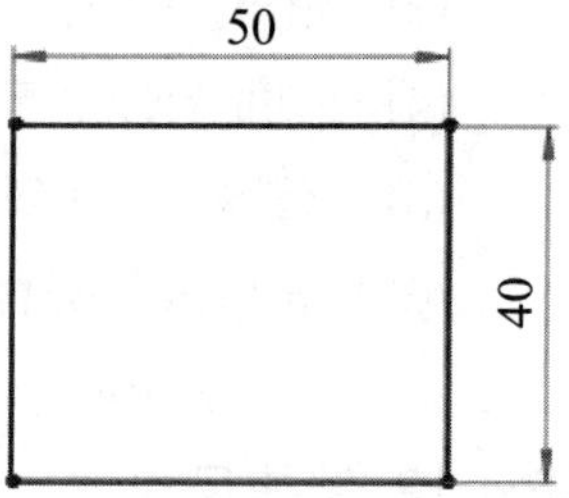

图 2.4.22　插入从动尺寸

2.4.14 格式化零件和草图中的尺寸

可以更改零件和草图中尺寸的外观，如表 2.4.12 所示。

表 2.4.12 格式化零件和草图中的尺寸

颜色和括号	可在工具 > 选项 > 系统选项 > 颜色中为各种类型尺寸指定颜色，并在工具 > 选项 > 文档属性 > 尺寸中指定添加默认括号
箭头	尺寸被选中时尺寸箭头上出现圆形控标。单击箭头控标时（如果尺寸有两个控标，可以单击任一个控标），箭头向外或向内反转

隐藏和显示直线	若要隐藏一尺寸线或延伸线，右键单击直线，然后选择隐藏尺寸线或隐藏延伸线。要显示隐藏线，右键单击尺寸或可见直线，然后选择显示尺寸线或显示延伸线	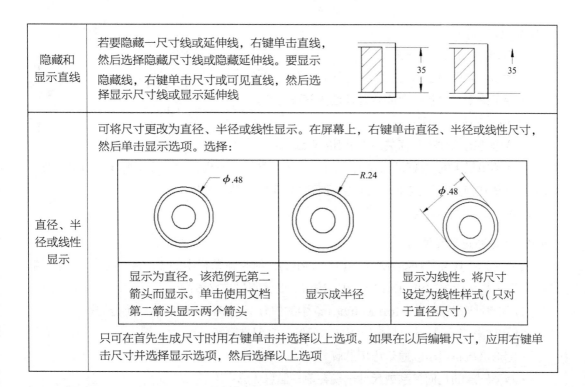

可将尺寸更改为直径、半径或线性显示。在屏幕上，右键单击直径、半径或线性尺寸，然后单击显示选项。选择：

直径、半径或线性显示	显示为直径。该范例无第二箭头而显示。单击使用文档第二箭头显示两个箭头	显示成半径	显示为线性。将尺寸设定为线性样式（只对于直径尺寸）

只可在首先生成尺寸时用右键单击并选择以上选项。如果在以后编辑尺寸，应用右键单击尺寸并选择显示选项，然后选择以上选项

2.4.15 解出过定义草图

2.4.15.1 自动切换为从动尺寸

如果标注一个可能导致过定义草图的封闭轮廓草图，则尺寸自动切换为从动尺寸。绘制上一个实体以生成封闭轮廓的草图时，可能与根据其他草图实体的几何关系冲突。在这个情况下，上一个草图实体的尺寸会造成草图被过定义。冲突的尺寸自动切换为从动尺寸，如表 2.4.13 所示。

表 2.4.13 自动切换从动尺寸

左侧竖直线的尺寸使草图被过定义	左侧竖直线的尺寸使过定义的草图被更改为从动尺寸

2.4.15.2 Sketch Xpert

如果选择发生草图错误时始终打开该对话，则只要过定义 2D 或 3D 草图，Sketch Xpert Property Manager 就会出现。对于现有的过定义草图（图 2.4.23)，可以单击状态

栏中的过定义 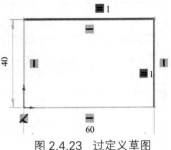 。

　　使用 Sketch Xpert 进行：

　　· 诊断。循环显示可能的解决办法。

　　· 手工修复。显示所有冲突并让选择解决方案。

Sketch Xpert 显示：

　　· 要删除的尺寸和几何关系 (使用内划线)。

　　选择菜单栏中的"视图"选项，选中"隐藏 / 显示"一栏，单击"草图几何关系"按钮，以分色显示草图几何关系：■项目无法解出或■项目冲突。

图 2.4.23　过定义草图

2.4.15.2.1 诊断过定义草图

　　要打开这个属性管理器 (Motion Manager)，选择菜单栏中的"工具"选项，选中"草图工具"一栏，单击"Sketch Xpert"按钮。要诊断过定义草图：

　　(1) 在属性管理器 (Motion Manager) 中的信息下，单击诊断以生成可能的解。

　　(2) 在结果下，单击 <<或>> 以循环显示解。利用每个解：

　　· 图形区域将更新以显示应用的解。

　　· 将要删除的几何关系或尺寸出现在更多信息 / 选项下。

　　表 2.4.14 为有效解法的示例。箭头显示几何体的原有位置。

表 2.4.14 删除几何关系

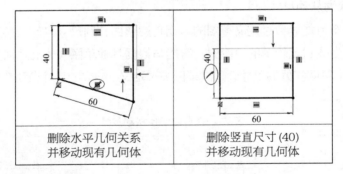

| 删除水平几何关系
并移动现有几何体 | 删除竖直尺寸 (40)
并移动现有几何体 |

2.4.15.2.2 手工修复过定义草图

　　要手工修复过定义的草图：

　　(1) 在属性管理器 (Motion Manager) 中的信息下，单击手工修复。草图中的所有几何关系和尺寸出现在有冲突的几何关系 / 尺寸下。

　　(2) 选择每个几何关系或尺寸以在图形区域中高亮显示，如图 2.4.24 所示。

　　①单击删除。

　　②如果删除有冲突的几何关系 / 尺寸下的一个或多个项目，可以单击撤销 ↺ 每个操作并重新增添列表。

　　③单击 ✔ 。

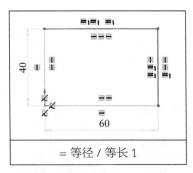

= 等径 / 等长 1

图 2.4.24 手工修复过定义的草图

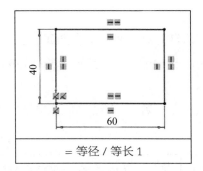

= 等径 / 等长 1

图 2.4.25 找到有效解

2.5 参考几何体

可以使用所选参考几何体来应用约束。参考可以是基准面、轴、边线或面。使用这个选项可以规定对顶点、边线、面及横梁铰接的约束。参考几何体定义曲面或实体的形状或组成。参考几何体包括基准面、基准轴、坐标系和点。可以使用参考几何体生成数种类型特征，例如：基准面用于放样和扫描中；基准轴用于圆周阵列中。

2.5.1 基准面

2.5.1.1 生成基准面

可以在零件或装配体文档中生成基准面；可以使用基准面来绘制草图，生成模型的剖面视图，以用于拔模特征中的中性面；等等。

(1) 在"几何体"工具栏中，单击"基准面"按钮，或选择菜单栏中的"插入"选项，选中"参考几何体"一栏，单击"基准面"按钮。

(2) 在属性管理器 (Motion Manager) 中，为第一参考选择一个实体，软件会根据选择的对象生成最可能的基准面。可以在第一参考下选择平行、垂直等选项来修改基准面。要清除参考，在第一参考中右键单击所需条目，然后单击删除。

(3) 根据需要选择第二参考和第三参考来定义基准面。

信息框会报告基准面的状态。基准面状态必须是完全定义才能生成基准面。

(4) 单击✔。

2.5.1.2 基准面属性管理器 (Motion Manager)

可以选择几何体，并对几何体应用约束以定义参考基准面。要显示这个属性管理器 (Motion Manager)：单击基准面（"参考几何体"工具栏）。

(1) 信息。

按照信息的说明来生成基准面并查看基准面状态。信息框颜色、基准面颜色和属性管理器 (Motion Manager) 信息可帮助完成选择。基准面状态必须是完全定义，才能生成基准面。

(2) 第一 (比如点、顶点、原点或坐标系) 投影到空间曲面上 (表 2.5.1)。

表 2.5.1 第一参考栏

第一参考	📦	选择第一参考来定义基准面。根据选择，系统会显示其他约束类型
重合	⚒	生成一个穿过选定参考的基准面
平行	⫽	生成一个与选定基准面平行的基准面。例如，为一个参考选择一个面，为另一个参考选择一个点，软件会生成一个与这个面平行并与这个点重合的基准面
垂直	⊥	生成一个与选定参考垂直的基准面。例如，为一个参考选择一条边线或曲线，为另一个参考选择一个点或顶点，软件则会生成一个与穿过这个点的曲线垂直的基准面。将原点设在曲线上则基准面的原点也会放在曲线上。如果清除这个选项，原点就会位于顶点或点上
投影	🎯	将单个对象 (比如点、顶点、原点或坐标系) 投影到空间曲面上
平行于屏幕	🖥	在平行于当前视图定向的选定顶点创建平面
相切	⌀	生成一个与圆柱面、圆锥面、非圆柱面以及空间面相切的基准面
两面夹角	∡ᴬ	生成一个基准面，它通过一条边线、轴线或草图线，并与一个圆柱面或基准面成一定角度。可以指定要生成的基准面数
偏移距离	📐	生成一个与某个基准面或面平行，并偏移指定距离的基准面。可以指定要生成的基准面数
反转法线	↕	翻转基准面的正交向量
两侧对称	☰	在平面、参考基准面以及 3D 草图基准面之间生成一个两侧对称的基准面。对两个参考都选择两侧对称

(3) 第二参考和第三参考。

这两部分包含与第一参考相同的选项，具体情况取决于选择的模型和几何体。根据需要设置这两个参考来生成所需的基准面。

(4) 范例。

①平行：如图 2.5.1 所示。

②垂直：将原点设在曲线上已选定 (图 2.5.2)。

③垂直：将原点设在曲线上已清除 (图 2.5.3)。

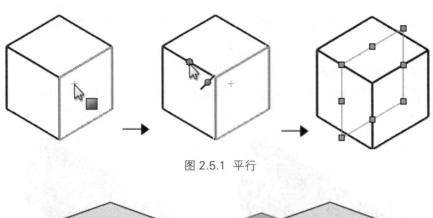

图 2.5.1 平行

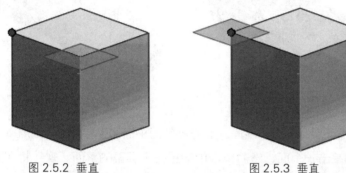

图 2.5.2 垂直　　　　　　　　　图 2.5.3 垂直

④投影：选择草图点和模型曲面。有两个选项显示在属性管理器 (Motion Manager) 中：曲面上最近端位置和沿草图法线 (图 2.5.4)。

⑤相切：选择一个曲面和该曲面上的一个草图点。软件便会生成一个与该曲面相切并与该草图点重合的基准面 (图 2.5.5)。

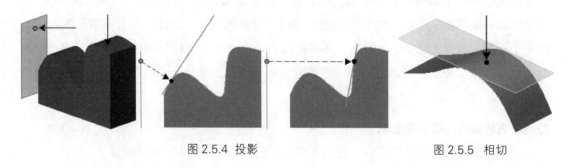

图 2.5.4 投影　　　　　　　　　　　图 2.5.5 相切

2.5.1.3 创建与视图垂直的基准面

创建与当前视图方位垂直的基准面：

(1) 根据需要调整模型的视图方位。

(2) 在"几何体"工具栏中，单击"基准面"按钮▯，或选择菜单栏中的"插入"选项，选中"参考几何体"一栏，单击"基准面"按钮。

(3) 对于第一参考▯，选择图形区域中的顶点 (图 2.5.6)。

(4) 在属性管理器(Motion Manager)(图 2.5.7) 中，在第一参考下面单击平行于屏幕 。

(5) 可输入一个使基准面与参考顶点偏移的距离值。

(6) 单击 ✔ 。要更改基准面的位置，可旋转模型并单击属性管理器 (Motion Manager) 中的更新基准面。

图 2.5.6 选择顶点　　　　　图 2.5.7 单击平行于屏幕

(7) 可创建垂直于视图的参考平面，而无需使用平面属性管理器 (Motion Manager)。在图形区域中右键单击一个面，然后单击创建平行于屏幕的平面。软件将在右键单击的位置添加一个平面上或曲面上 3D 草图点，并将在该点处定位一个平行于屏幕的参考平面。如果曲面移动，该草图点也可能会移动。若要确保该草图点不移动，则相对于其他几何图形设置其位置。

2.5.1.4 平行于屏幕的平面

可创建平行于屏幕的参考平面，而无需使用平面属性管理器 (Motion Manager)。在图形区域右键单击一个面，然后单击创建平行于屏幕的平面。软件将在右键单击的位置添加一个平面上或曲面上 3D 草图点，并将在该点处定位一个平行于屏幕的参考平面。如果曲面移动，该草图点也可能会移动。若要确保该草图点不移动，则相对于其他几何图形设置其位置。

2.5.1.5 文档属性：基准面显示

可以为基准面显示指定颜色、透明度和交叉选项，可用于零件和装配体。

(1) 面。

必须激活显示上色平面选项才能显示上色的平面。要设置基准面显示选项：当零件或装配体打开时，选择菜单栏中的"工具"选项，选中"选项"一栏，单击"文档属性"，勾选基准面显示，表 2.5.2 所示。

表 2.5.2 面

正面颜色	显示用来设定基准面的正面颜色的颜色对话框
	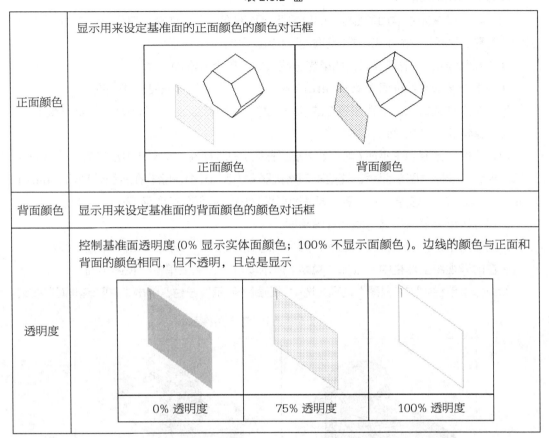
	正面颜色	背面颜色
背面颜色	显示用来设定基准面的背面颜色的颜色对话框
透明度	控制基准面透明度 (0% 显示实体面颜色；100% 不显示面颜色)。边线的颜色与正面和背面的颜色相同，但不透明，且总是显示
	0% 透明度　　　　75% 透明度　　　　100% 透明度

(2) 交叉点 (表 2.5.3)。

表 2.5.3 交叉点

显示交叉线	选择或清除显示交叉线复选框来显示或隐藏基准面的交叉线
	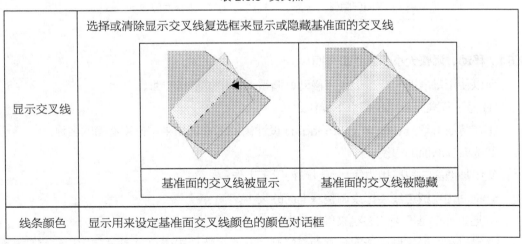
	基准面的交叉线被显示	基准面的交叉线被隐藏
线条颜色	显示用来设定基准面交叉线颜色的颜色对话框

2.5.1.6 隐藏或显示基准面

可以打开或关闭基准面的显示。如果想切换基准面显示：选择菜单栏中的"视图"选项，选中"隐藏／显示"一栏，单击"基准面"按钮。

(1) 隐藏或显示单个基准面，如果想隐藏或显示单个基准面：

①在图形区域或特征管理器 (Feature Manager) 设计树中右键单击基准面。

②单击隐藏或显示。当选取单个的基准面时，它们总是被高亮显示 (即使被隐藏)。

(2) 隐藏和显示主平面

可切换图形区域中主平面 (前视、上视、右视) 的可视性。在模型中创建第一个草图时，显示主平面。选择草图平面后，这些平面将被隐藏 (表 2.5.4)，除非在特征管理器 (Feature Manager) 设计树中选择一个平面。要在图形区域中显示所有三个平面：

①通过执行以下操作之一激活视图平面。

·选择菜单栏中的"视图"选项，选中"隐藏／显示"一栏，单击"平面"按钮。

·在前导视图工具栏中，选择"隐藏／显示项目"，然后单击"视图平面"。

②选择菜单栏中的"视图"选项，选中"隐藏／显示"一栏，单击"主要基准面"按钮。

表 2.5.4 显示／隐藏主平面

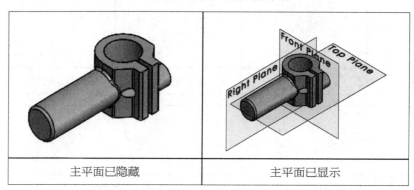

主平面已隐藏	主平面已显示

2.5.1.7 移动、调整大小和复制基准面

可以使用基准面控标和边线来移动、调整大小和复制基准面。

(1) 显示基准面控标执行以下操作之一：

①在特征管理器 (Feature Manager) 设计树或图形区域中单击基准面的名称。

②选取基准面的边线。

使用基准面的控标和边线，可以进行以下工作：

a) 拖动边角或边线控标来调整基准面的大小。

b) 通过拖动基准面的边线来移动基准面。

c) 通过在图形区域中选取基准面来复制基准面，然后按住 Ctrl 键并使用边线将基准面拖动至新的位置，生成等距基准面。

(2) 修改基准面之间的等距距离、角度或距离：

①单击基准面，显示等距距离或角度。

②执行以下操作之一：

a) 单击尺寸或角度进入快速编辑模式，然后键入新的值。

b) 使用 Instant3D 标尺拖动尺寸线末尾的操纵杆来设定等距距离。

· 在特征管理器 (Feature Manager) 设计树中，右键单击基准面的名称。

· 选取编辑特征。

· 在属性管理器 (Motion Manager) 中输入新的值来定义基准面，然后单击 ✔ 。

2.5.1.8 自动调整基准面和基准轴的大小

根据所生成几何体或模型几何体边界框的大小，自动调整生成的基准面和基准轴大小。更改几何体大小时，基准面和基准轴就会相应地进行更新。也可以不使用自动调整大小功能，手动更改基准面或基准轴的大小，这将关闭自动调整该实体大小的功能。可从快捷菜单中选择自动调整大小，重新激活自动调整大小功能。

要查看自动调整基准面大小的示例：

(1) 选择一基准面然后生成一等距基准面，出现等距基准面 1，并将大小自动调整为生成时所在面的几何体的大小 (图 2.5.8)。

(2) 选择菜单栏中的"视图"选项，选中"隐藏 / 显示"一栏，单击"基准面"按钮。

(3) 编辑草图来加倍模型底部边线的尺寸，然后退出草图。更改生成时所在的面几何体时，会自动更新平面 1 尺寸 (图 2.5.9)。

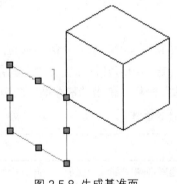
图 2.5.8 生成基准面

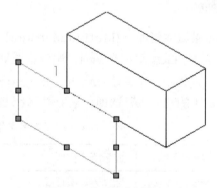
图 2.5.9 自动更新平面尺寸

(4) 向上拖动以便手动调整基准面 1 顶边的大小。自动调整大小功能被关闭。

(5) 再次编辑草图将底部边线尺寸更改回到原来大小，然后退出草图。基准面 1 不会自动调整大小，因为自动调整大小已被禁用。如图 2.5.10 所示。

(6) 右键单击图形区域中的基准面 1，然后选择自动调整大小，就会重新激活自动调整大小功能。基准面 1 自动调整大小到更新的模型几何体 (图 2.5.11)。

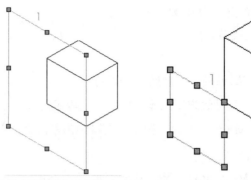

图 2.5.10 禁用自动调整大小 　　　　 图 2.5.11 自动调整大小

2.5.2 轴

可以在生成草图几何体时或在圆周阵列中使用基准轴。

2.5.2.1 生成参考轴

可生成一参考轴，也称为构造轴。如果想生成一参考轴：

(1) 单击参考几何体工具栏上的基准轴 ✏️，选择菜单栏中的"插入"选项，选中"参考几何体"一栏，单击"基准轴"按钮。

(2) 在基准轴属性管理器 (Motion Manager) 中选择轴类型，然后为这个类型选择所需实体。

(3) 验证参考实体 📦 中列出的项目是否与选择的相对应。

(4) 单击 ✔。

(5) 选择菜单栏中的"视图"选项，选中"隐藏 / 显示"一栏，单击"基准轴"按钮，可以看到新的轴。

2.5.2.2 参考轴属性管理器 (Motion Manager)

当生成新轴或编辑现有轴时，出现基准轴属性管理器 (Motion Manager)，如表 2.5.5 所示。要打开该属性管理器 (Motion Manager)：单击参考几何体工具栏上的基准轴 ✏️，选择菜单栏中的"插入"选项，选中"参考几何体"一栏，单击"基准轴"按钮。

表 2.5.5 参考轴属性管理器

📦	参考实体	显示所选实体
✏️	一条直线 / 边线 / 轴	选择一草图直线、边线，或选择视图 > 隐藏 / 显示 > 临时轴，然后选择所显示的轴
🔀	两平面	选择两个平面，或选择视图 > 隐藏 / 显示 > 基准面，然后选择两个平面，最后选择所显示的轴
⠶	两点 / 顶点	选择两个顶点、点或中点
🛢	圆柱面 / 圆锥面	选择一圆柱或圆锥面
⚲	点和面 / 基准面	选择一曲面或基准面及顶点或中点。所产生的轴通过所选顶点、点或中点而垂直于所选曲面或基准面。如果曲面为非平面，点必须位于曲面上

2.5.2.3 打开或关闭基准轴的显示

如果想打开或关闭基准轴的显示：选择菜单栏中的"视图"选项，选中"隐藏/显示"一栏，单击"临时轴"按钮。

2.5.2.4 隐藏或显示个别的基准轴

如果想隐藏或显示个别的基准轴：

(1) 在图形区域或特征管理器 (Feature Manager) 设计树中右键单击轴。

(2) 单击隐藏或显示。

2.5.2.5 显示临时轴

每一个圆柱和圆锥面都有一条轴线。临时轴是由模型中的圆锥和圆柱隐含生成的。可以设置默认为隐藏或显示所有临时轴。如果想显示临时轴：

选择菜单栏中的"视图"选项，选中"隐藏/显示"一栏，单击"临时轴"按钮，如图 2.5.12 所示。

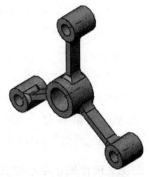

图 2.5.12 显示临时轴

2.5.3 质量中心点

可以向零件和装配体添加质量中心 (COM) 点。在包含 COM 点的零件或装配体工程图中，可以显示和参考 COM 点。可以通过选择菜单栏中的"插入"选项，选中"参考几何体"一栏，单击"质量中心"按钮，来添加 COM 点。在图形区域中，⊕将出现在模型的质量中心处。在特征管理器 (Feature Manager) 设计树中，质量中心⊕将出现在原点⌐正下方。当模型的质量中心更改时，COM 点的位置将更新。例如，添加、移动和删除零件中的特征时，COM 点的位置相应更新，如图 2.5.13 所示。

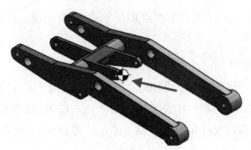

图 2.5.13 质量中心点

可以测量 COM 点和实体（例如，顶点、边线和面）之间的距离和添加参考尺寸，但不能创建 COM 点的驱动尺寸。然而，可以创建质量中心参考 (COMR) 点，并将该点用于定义驱动尺寸。可以创建参考 COM 和 COMR 点的测量传感器。可以通过选择菜单栏中的"工具"选项，选中"评估"一栏，单击"性能评估"按钮，来检查 COM 和 COMR 点对模型重建时间的影响。

2.5.3.1 将质量中心点添加到零件和装配体

可以在零件和装配体中添加质量中心(COM)点。要添加COM点：

(1) 单击参考几何体工具栏上的"质量中心"按钮✦，选择菜单栏中的"插入"选项，选中"参考几何体"一栏，单击"质量中心"按钮。

(2) 如果COM点不可见，可单击查看质量中心✤(视图工具栏)或单击视图＞隐藏/显示＞质量中心。在图形区域中，将出现在模型的质量中心处。在特征管理器(Feature Manager)设计树中，质量中心✦显示在原点↳正下方。这个COM点为整个文档的整体质量中心。更改模型的质量中心时，COM点的位置将更新。例如，添加、移动和删除零件中的特征时，COM点的位置会相应进行更新。此外，还可从质量属性对话框中添加COM点，具体为：选择菜单栏中的"工具"，选中"评估"栏，单击"质量属性"按钮，然后选择创建质量中心特征。

2.5.3.2 覆盖质量中心位置

可为质量中心(COM)点的坐标分派值以覆盖已计算的值。在创建模型的简化表述或想要显示质量中心的正确位置时，这个选项非常有用。要覆盖COM点坐标：

(1) 单击"工具"工具栏上的质量属性按钮⚖，选择菜单栏中的"工具"选项，选中"评估"一栏，单击"质量属性"按钮。

(2) 在质量属性对话框中，单击覆盖质量属性。

(3) 在覆盖质量属性对话框中：

①选择覆盖质量中心。

②为坐标X、Y和Z输入值。

③对于"定义于"，请选择之前定义的坐标系。

④单击确定。

(4) 关闭质量属性对话框。将COM点移动到指定的位置。图标更改为⚖，以指示点为用户覆盖。

2.5.3.3 创建质量中心参考点

不能创建COM点的驱动尺寸。但是，可以创建质量中心参考(COMRP)点，并使用这些点定义从动尺寸。仅可在零件中创建COMR点。COMR是创建在零件当前质量中心的参考点。它表示特征管理器(Feature Manager)设计树中所有特征的质量中心。关于COMR点的注意事项：

(1) 将更多特征添加到零件时，全局COM点将移动，但是COMR点保持在将其创建的位置坐标处。

(2) 如果在特征管理器(Feature Manager)设计树中的COMR点之上修改特征，则COMR点将移动到所有特征质量中心的新位置。

(3) 可以在特征管理器(Feature Manager)设计树中将COMR点拖动到不同的位置。

在图形区域中，质量中心的参考点-◑-将移动到其对应的新位置。

(4) 可以创建参考 COM 和 COMR 点的测量传感器。

(5) 可以通过右键单击点和单击父 / 子关系检查 COMR 点的父 / 子关系。

(6) 可以通过选择菜单栏中的"工具"选项，选中"评估"一栏，单击"性能评估"按钮，来检查 COM 和 COMR 点对模型重建时间的影响。

要创建 COMR 点：在特征管理器 (Feature Manager) 设计树或图形区域右键单击质量中心，然后单击质量中心参考点◑。在特征管理器 (Feature Manager) 设计树中，将质量中心参考点◑作为下一个特征添加在树中。在图形区域，在当前质量中心将出现质量中心参考点-◑-。最初，质量中心◑图标隐藏。如果将更多的特征添加到零件，则质量中心◑移动，并且变为可见-◑-。

2.5.3.4 抑制 / 解除抑制质量中心点

可以抑制质量中心 (COM) 点和质量中心参考 (COMR) 点。可以配置 COM 和 COMR 点的抑制状态。

2.5.3.4.1 抑制 COM 或 COMR 点

要抑制 COM 或 COMR 点，请执行以下操作：右键单击以下其中一项或多项，然后单击抑制↓🗒。

(1) 图形区域中的质量中心◑。

(2) 特征管理器 (Feature Manager) 设计树中的质量中心◑。

(3) 图形区域中的质量中心参考点-◑-。

(4) 特征管理器 (Feature Manager) 设计树中的质量中心参考点-◑-。

2.5.3.4.2 取消抑制 COM 或 COMR 点

要取消抑制 COM 或 COMR 点，请执行以下操作：右键单击特征管理器 (Feature Manager) 设计树中的以下一项或多项，然后单击↑🗒取消抑制。

(1) 质量中心◑。

(2) 质量中心参考点-◑-。

2.5.3.4.3 配置 COM 或 COMR 点的抑制状态

要配置抑制状态，请执行以下操作：执行以下一项操作：

(1) 右键单击一个或多个 COM 或 COMR 点特征，并单击配置特征🖉。在修改配置对话框中，为每个配置选择或清除抑制。

(2) 使用语法 $ 状态 @ 特征名称将特征添加到设计表中。例如：$ 状态 @ 质量中心。在表格单元格中，键入抑制 (或 S) 或取消抑制 (或 U)。

(3) 选择一个或多个 COM 或 COMR 点特征，并单击编辑 > 抑制或编辑 > 取消抑制。然后选择这个配置、所有配置或指定配置。

2.5.3.5 质量中心图标

各种图标可指示图形区域和特征管理器 (Feature Manager) 设计树中模型的质量中心

和相关点。

(1) 图形区域，图形区域的图标列于表 2.5.6。

表 2.5.6 图形区域

	质量中心	指示整个模型的全局质量中心
	质量中心，零件	在装配体中指示作为零件的零部件的质量中心。在零件文档中定义
	质量中心，子装配体	在装配体中指示作为子装配体的零部件的质量中心。在子装配体文档中定义
	质量中心，用户定义	按照覆盖质量属性对话框 (具有用户定义的坐标) 中定义，指示整个模型的全局质量中心
	质量中心，零件，用户定义	在装配体中，指示作为零件的零部件其用户定义的质量中心。在覆盖质量属性对话框的零件文档中定义
	质量中心，子装配体，用户定义	在装配体中，指示作为子装配体的零部件其用户定义的质量中心。在覆盖质量属性对话框的子装配体文档中定义
	质量中心参考点	指示在特征管理器 (Feature Manager) 设计树中的点之上的特征的质量中心

(2) 特征管理器 (Feature Manager) 设计树 (表 2.5.7)

表 2.5.7 特征管理器 (Feature Manager) 设计树

	质量中心	指示整个模型的全局质量中心。正好位于特征管理器 (Feature Manager) 设计树中的原点 ⌞ 之下
	质量中心参考点	指示在特征管理器 (Feature Manager) 设计树中的点之上的特征的质量中心

2.5.3.6 装配体中的质量中心点

可以在装配体中添加一个质量中心 (COM) 点。添加到装配体文件中的 COM 点也将显示在装配体中。当模型的质量中心发生变化时，COM 点的位置也将更新。例如，当添加、修改、删除或压缩零部件三维模型时，或者添加或删除装配体特征时，COM 点的位置将会更新。在设计需要平衡质量 (例如为避免过度振动) 的装配体时，COM 点将非常有用。

在活动装配体中，已链接到质量属性的重心和方程式操作仅在将花费 0.5 s 或更少时间时更新。如果更新花费时间超过 0.5 s，则重心和方程式将标有 █ ，并且直到手动初始重建时才会更新。

质量中心的计算包括：

(1) 隐藏的零部件三维模型。

(2) 轻化零部件。但在轻化零部件的零部件文件中创建的 COM 和 COMR 点在父装配体中不可见。

可在距离、重合以及同轴心等方面对装配体零部件的 COM 点进行配合，但不能配合到装配体的 COM 点本身。如果将 COM 点或质量中心参考 (COMR) 点加入零部件文件中，这些点将显示在父装配体中。

质量中心的图标列于表 2.5.8。

表 2.5.8 质量中心图标

	质量中心，零件	指示作为零件的零部件的质量中心。在零件文档中定义
	质量中心，零件	指示作为子装配体的零部件的质量中心。在子装配体文档中定义
	质量中心，零件，用户定义	在装配体中，指示作为零件的零部件其用户定义的质量中心。在覆盖质量属性对话框的零件文档中定义
	质量中心，子装配体，用户定义	在装配体中，指示作为子装配体的零部件其用户定义的质量中心。在覆盖质量属性对话框的子装配体文档中定义
	质量中心参考点	指示在零件的特征管理器 (Feature Manager) 设计树中的点之上的特征的质量中心

例如，在这个装配体中，⊕表示装配体的质量中心，而🔩则表示三个零部件零件的质量中心 (图 2.5.14)。

2.5.4 坐标系

可以定义零件或装配体的坐标系。坐标系可用于以下情况：

· 与测量和质量属性工具配合使用。

· 将 SolidWorks 文档输出为 IGES、STL、ACIS、STEP、Parasolid、VRML 和 VDA。

· 应用装配体进行配合时。

图 2.5.14 质量中心

2.5.4.1 建立坐标系

要建立坐标系：

(1) 单击"参考几何体"工具栏上的坐标系按钮↳，选择菜单栏中的"插入"选项，选中"参考几何体"一栏，单击"坐标系"按钮。

(2) 使用坐标系属性管理器 (Motion Manager) 建立坐标系。如要更改选择，右键单击图形区域，然后选取消除选择。若想反转轴的方向，单击属性管理器 (Motion Manager) 中的反转轴方向按钮↗。

(3) 单击✔。

2.5.4.2 创建一个无足够实体的坐标系

可在提供了所需实体的零件或装配体的某个位置定义坐标系，移动新原点至目标位置。新位置必须至少包含一个点或顶点。要将坐标系平移到新的位置：

(1) 单击"参考几何体"工具栏上的坐标系按钮↳，选择菜单栏中的"插入"选项，选中"参考几何体"一栏，单击"坐标系"按钮。

(2) 在提供所需实体的零件或装配体的某个位置定义坐标系，以控制每个坐标轴的角度和方向。

(3) 在原点处单击，然后选择想将原点平移至的点或顶点。

(4) 单击✔。原点移动到所选择的位置。

2.5.4.3 隐藏和显示坐标系

可以同时隐藏或显示所选坐标系或所有坐标系，如表2.5.9所示。

表2.5.9 隐藏和显示坐标系

如果想切换所有坐标系的显示	单击以下之一： ·隐藏/显示项目⚉（前导视图工具栏），然后观阅坐标系 ·观阅坐标系🡕（视图工具栏） ·观阅 > 隐藏/显示 > 坐标系
要隐藏或显示单个坐标系	右键单击这个坐标系，然后单击隐藏或显示，单个坐标系被高亮显示（即使被隐藏）

2.5.5 构造几何线

2.5.5.1 将草图直线转换为构造几何线

可以将绘制的实体转换为生成模型几何体时所用的构造几何线。

2.5.5.2 将一个或多个草图绘制实体转换为构造几何线

如果想将一个或多个草图实体转换为构造几何线：

(1) 在打开的草图中选择要转换的草图实体。

(2) 执行以下操作之一：

①单击草图工具栏上的构造几何线┇↕。

②在属性管理器 (Motion Manager) 中选择作为构造线复选框。

2.5.5.3 将工程图中的草图绘制实体转换为构造几何线

如果想将工程图中的草图实体转换为构造几何线，选择要转换的草图实体，并使用以下方法之一：

(1) 单击草图工具栏上的构造几何线┇↕。

(2) 选择菜单栏中的"工具"选项，选中"草图工具"一栏，单击"构造几何线"按钮。

(3) 在属性管理器 (Motion Manager) 中选择作为构造线复选框。

(4) 右键单击任何所选草图实体并选择构造几何线。

2.5.6 参考点

可生成数种类型的参考点来用作构造对象，还可在以指定距离分割的曲线上生成多个参考点。选择菜单栏中的"视图"选项，选中"隐藏／显示"一栏，单击"切换参考点"按钮。选择项目时，SolidWorks 软件尝试选择适当的点构造方法。例如，如果选择一个面，SolidWorks 将在属性管理器 (Motion Manager) 中选择面中心 🔳 构造方法。总可以选择不同类型的点构造方法。

2.5.6.1 生成单一参考点

如果想生成一单一参考点：

(1) 单击参考几何体工具栏上的点 ■ ，或选择菜单栏中的"插入"选项，选中"参考几何体"一栏，单击"点"按钮。

(2) 在属性管理器 (Motion Manager) 中选择要生成的参考点类型。

(3) 在图形区域中选择用来生成参考点的实体。可在下列实体的交点处创建参考点：

①轴和平面

②轴和曲面，包括平面和非平面

③两个轴

(4) 单击 ✔。

2.5.6.2 沿曲线生成多个参考点

如果想沿曲线生成多个参考点：

(1) 在带曲线的模型中，单击参考几何体工具栏上的点 ■ ，或选择菜单栏中的"插入"选项，选中"参考几何体"一栏，单击"点"按钮。

(2) 在属性管理器 (Motion Manager) 中：

①选择沿曲线距离或多个参考点 ✦ 。

②选择想沿着生成参考点的曲线。

③选择一分布类型：距离、百分比或均匀分布。

④为输入要沿所选实体所生成的参考点数 ◌ 和根据距离输入距离或百分比数值设定数值。

(3) 单击 ✔ 。

2.5.6.3 点属性管理器 (Motion Manager)

生成新参考点或编辑现有参考点时，点属性管理器 (Motion Manager)(表 2.5.10)会出现。当选择项目时，SolidWorks 软件会尝试选择适当的点构造方法。例如，如果选择一个面，SolidWorks 将在属性管理器 (Motion Manager) 中选择面中心 🔳 构造方法，可以选择不同类型的点构造方法。要打开该属性管理器 (Motion Manager)：单击参考几何体工具栏上的点 ■ ，或选择菜单栏中的"插入"选项，选中"参考几何体"一栏，单击"点"按钮。

表 2.5.10　点属性管理器

🔲	参考实体	显示用来生成参考点的所选实体。 可在下列实体的交点处创建参考点： ·轴和平面 ·轴和曲面，包括平面和非平面 ·两个轴
🝊	圆弧中心	在所选圆弧或圆的中心生成参考点
🔳	面中心	在所选面的质量中心生成参考点。可选择平面或非平面
✕	交点	在两个所选实体的交点处生成一参考点。可选择边线、曲线及草图线段
🎯	投影	生成一个从一实体投影到另一实体的参考点。选择两个实体：投影的实体及投影到的实体。可将点、曲线的端点及草图线段、实体的顶点及曲面投影到基准面和平面或非平面。点将垂直于基准面或面而被投影
📏	在点上	可以在草图点和草图区域末端上生成参考点

🔷	沿曲线距离或多个参考点	沿边线、曲线或草图线段生成一组参考点。选择实体然后使用这些选项生成参考点：	
		根据距离输入距离 / 百分比数值	设定用来生成参考点的距离或百分比数值。如果数值对于生成所指定的参考点数太大，会警告设定较小的数值
		距离	按设定的距离生成参考点数。第一个参考点以这个从端点的距离生成，而非在端点上生成
		百分比	按设定的百分比生成参考点数。百分比指的是所选实体的长度的百分比。例如，选择一个 100mm 长的实体。如果将参考点数设定为 5，百分比为 10，则 5 个参考点将以实体总长度的百分之十 (或 10mm) 相隔生成
		均匀分布	在实体上均匀分布的参考点数。如果编辑参考点数，则参考点将相对于起始端点而更新其位置
		▪▪#参考点数	设定要沿所选实体生成的参考点数。参考点使用选中的距离、百分比或均匀分布选项而生成

2.5.7　在文件模板中更新参考几何体

可以在文件模板中控制参考几何体和默认基准面名称的显示状态。要更新文档模板：

(1) 单击打开🗁或文件 > 打开。

(2) 在保存类型清单中选择模板 (*.prtdot；*.asmdot；*.drwdot)。

(3) 浏览到所需的文件，然后单击打开。

(4) 根据需要对文档模板进行以下更改：

①重新命名基准面。

②切换参考几何图形的显示状态 (例如，选择菜单栏中的"视图"选项，选中"隐藏 / 显示"一栏，单击"原点"按钮)。

(5) 单击保存📙更新现有的文档模板。单击文件，然后选择另存为也可以更新文档模板的名称。

2.6 练习

本章节通过运用基本的命令工具，向读者讲解基本的草图绘制过程，其中很重要的内容是如何运用几何尺寸与几何关系调动草图的整体结构。

(1) 根据图示的参数，使用草图绘制工具绘制草图 (图 2.6.1)。

(2) 根据图示的参数，使用草图绘制中的镜向工具绘制草图 (图 2.6.2)。

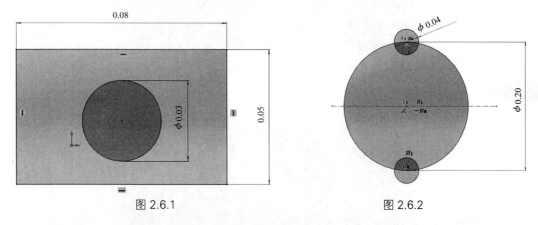

图 2.6.1   图 2.6.2

(3) 根据图示的参数，使用草图绘制中的圆周阵列工具绘制草图 (图 2.6.3)。

(4) 根据图示的参数，使用草图绘制中的椭圆工具绘制草图 (图 2.6.4)。

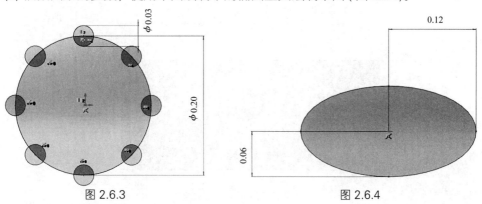

图 2.6.3   图 2.6.4

(5) 根据图示的参数，使用草图绘制中的方程式驱动的曲线工具绘制正弦函数和余弦函数 (图 2.6.5)。

图 2.6.5

(6) 根据图示的参数，使用草图绘制工具绘制草图。首先创建矩形和一个圆，然后使用约束使圆与矩形的两条边分别相切，绘制两条构造线，使用镜向工具创造另外三个圆，最后使用剪裁工具，对草图进行剪裁 (图 2.6.6~ 图 2.6.9)。

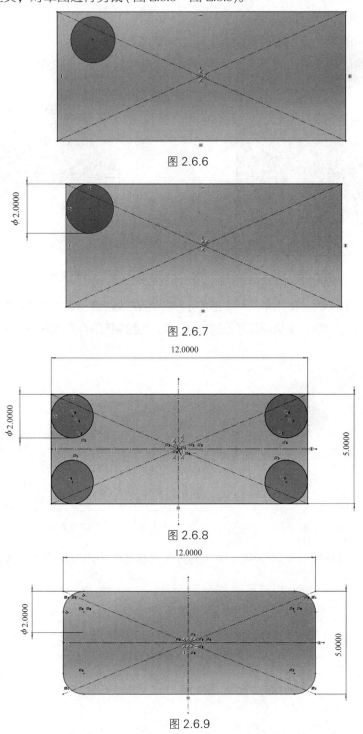

图 2.6.6

图 2.6.7

图 2.6.8

图 2.6.9

第3章 零件设计

3.1 基础特征

学习了前两章的知识后，本章将介绍基础特征的创建。基础特征是 SolidWorks 建模过程中最主要的特征。零件的基础特征是指二维截面经过拉伸、旋转、扫描和放样等方式形成的一类实体特征。在创建基础特征时，必须选取合适的草绘平面和参照平面，其中参照平面必须垂直于草绘平面。通常选取基准平面或零件表面作为草绘平面和参考平面。

本章重点内容如下：拉伸特征；旋转特征；扫描特征；放样特征

3.1.1 基础特征概述

零件建模的基础特征在 SolidWorks 2021 中非常重要，它不仅是放置基准特征产生的基础，并且创建基础特征的基本方法对于创建其他特征有很好的指导作用。特征是设计与操作的基本单元，因此全面掌握三维实体特征的创建方法是熟练使用 SolidWorks 2021 进行工程设计的最基本要求。实体的基础特征包括拉伸、旋转、扫描和放样特征。

启动 SolidWorks 2021，单击新建按钮，弹出如图 3.1.1 所示的新建 SolidWorks 文件对话框，单击确定按钮，系统进入如图 3.1.2 所示的实体建模界面。

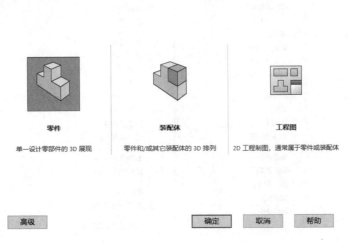

图 3.1.1 新建 SolidWorks 文件对话框

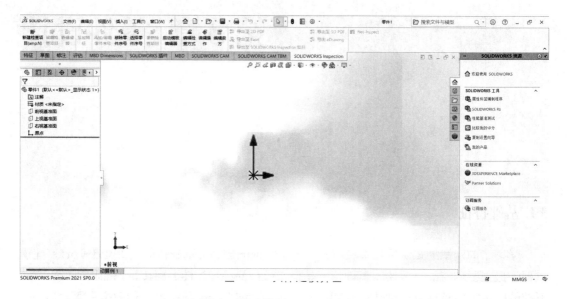

SolidWorks 2021 实体建模界面的【特征】工具栏中列出了一些常用的实体建模按钮，如图 3.1.3 所示。用户可以单击【特征】工具栏中的按钮选择相应的命令。此外，所有的实体建模命令都存放于【插入】菜单中，【特征】工具栏中没有的实体建模命令，可以通过【插入】菜单中的命令来调用，如图 3.1.4 所示。

图 3.1.3 【特征】工具栏

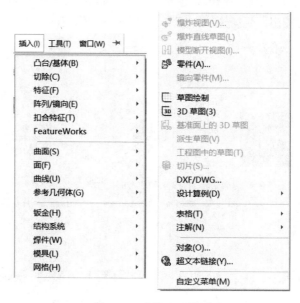

图 3.1.4 建模工具菜单

3.1.2 拉伸特征

SolidWorks 既可以对闭环草图进行实体拉伸，也可以对开环草图进行实体拉伸。所不同的是，如果草图本身是一个开环图形，则拉伸凸台 / 基体工具只能将其拉伸为薄壁；如果草图是一个闭环图形，则既可以选择将其拉伸为薄壁特征，也可以将其拉伸为实体特征。

3.1.2.1 拉伸凸台 / 基体特征

拉伸特征是由截面轮廓草图通过拉伸得到的。拉伸 1 个轮廓时，需要选择拉伸类型，可在拉伸属性管理器定义拉伸特征的特点。使用【拉伸凸台 / 基体】命令，主要有如下 2 种调用方法：

(1) 单击【特征】工具栏中的【拉伸凸台 / 基体】按钮。

(2) 选择菜单栏中的【插入】选项，选中【凸台 / 基体】一栏，单击【拉伸】按钮，如图 3.1.5 所示。

使用上述命令后系统会弹出【凸台 – 拉伸】属性管理器，如图 3.1.6 所示。

图 3.1.5 使用【拉伸凸台 / 基体】命令的方法　　图 3.1.6 【凸台 – 拉伸】属性管理器

【凸台 – 拉伸】属性管理器中一些选项的含义如下：

3.1.2.1.1 【从】栏

该栏用来设置特征拉伸的开始条件，其选项包括【草图基准面】、【曲面 / 面 / 基准面】、【顶点】和【等距】。

草图基准面：从草图所在的基准面开始拉伸。

曲面 / 面 / 基准面：从这些实体之一开始拉伸，为曲面 / 面 / 基准面选择有效的实体。实体可以是平面或非平面，其中平面实体不必与草图基准面平行。草图必须完全包含在非平面曲面或面的边界内。草图在开始曲面或面处依从非平面实体的形状。

顶点：从选择的顶点开始拉伸。

偏移：从与当前草图基准面等距的基准面上开始拉伸，在输入等距值中设定等距距离。

3.1.2.1.2 【方向 1】栏

(1) 决定特征延伸的方式，并设定终止条件类型。单击【反向】按钮可以沿与预览中所示方向相反的方向延伸特征。

(2) 终止条件 (图 3.1.7)：该下拉列表框中列出了如下几种拉伸方法。

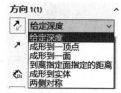

图 3.1.7【终止条件】

①给定深度：设定深度 ⟡，从草图的基准面以指定的距离延伸特征。

②成形到一顶点：在绘图区选择一个顶点 ⬡ ，从草图基准面拉伸特征到一个平面，这个平面将平行于草图基准面且穿越指定的顶点。

③成形到一面：在绘图区选择一个要延伸到的面或基准面作为【面 / 基准面】◈，双击曲面将【终止条件】更改为【成形到面】，以所选曲面作为终止曲面。如果拉伸的草图超出所选面或曲面实体，【成形到面】可以执行一个分析面的自动延伸，以终止拉伸。

④到离指定面指定的距离：在绘图区选择一个面或基准面作为【面 / 基准面】◈，然后输入等距距离。选择【转化曲面】可以使拉伸结束在参考曲面转化处，而非实际的等距。必要时，选择【反向等距】以便以反方向等距移动。

⑤成形到实体：在绘图区选择要拉伸的实体作为【实体 / 曲面实体】⬡。在装配件中拉伸时可以使用【成形到实体】，以延伸草图到所选的实体。在模具零件中，如果要拉伸至的实体有不平的曲面，【成形到实体】也是很有用的。

⑥两侧对称：设定深度 ⟡，从草图基准面向两个方向对称拉伸特征。

(3) 拉伸方向 ↗：表示在绘图区选择方向向量以垂直于草图轮廓的方向拉伸草图。可通过选择不同的平面产生不同的拉伸方向。

(4) 拔模开 / 关 ⬡：新增拔模到拉伸特征，可设置拔模角。如必要，选择向外拔模。

3.1.2.1.3【方向 2】栏

该栏中的参数用来设置同时从草图基准面向两个方向拉伸的相关参数，用法和【方向 1】栏基本相同。

3.1.2.1.4【薄壁特征】栏

该选栏中的参数可以控制拉伸的 ⟡ (厚度) 数值，注意此数值并不是 ⟡ (深度) 数值。薄壁特征基体是做钣金零件的基础。定义【薄壁特征】拉伸的类型，包括如下选项：

(1) 单向：以同一 ⟡ (厚度) 数值，沿一个方向拉伸草图。

(2) 两侧对称：以同一 ⟡ (厚度) 数值，沿相反方向拉伸草图。

(3) 双向：以不同 ⟡ (方向 1 厚度)、⟡ (方向 2 厚度) 数值，沿相反方向拉伸草图。

3.1.2.1.5【所选轮廓】栏

所选轮廓 ◇：允许使用部分草图生成拉伸特征，在图形区域可以选择草图轮廓和模型边线。

3.1.2.2 拉伸切除特征

切除是从零件或装配体上移除材料的特征。对于多实体零件，可使用切除来生成脱节零件。使用【拉伸切除】命令，主要有如下 2 种调用方法：

(1) 单击【特征】工具栏中的【拉伸切除】按钮 。

(2) 选择菜单栏中的【插入】选项，选中【凸台 / 基体】一栏，单击【拉伸】按钮 ，如图 3.1.8 所示。

使用上述命令后系统会弹出【切除 – 拉伸】属性管理器，如图 3.1.9 所示。

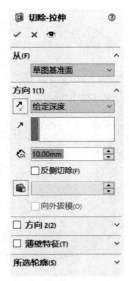

图 3.1.8 使用【拉伸切除】命令的方法　　　图 3.1.9 【切除 – 拉伸】属性管理器

【切除 – 拉伸】属性管理器设置与【凸台 – 拉伸】属性管理器基本一致。不同之处有两个：一是在【方向 1】栏中多了【反侧切除】复选框，反侧切除是指移除轮廓外的所有部分；二是在终止条件栏中多了【完全贯穿】和【完全贯穿 – 两者】这两个选项 (图 3.1.10)。

完全贯穿：从草图的基准面拉伸特征直到贯穿所有现有的几何体。

完全贯穿—两者：从草图的基准面拉伸特征直到贯穿【方向 1】和【方向 2】的所有现有几何体。

图 3.1.10【终止条件】

3.1.2.3 实战操作

3.1.2.3.1 创建普通拉伸模型

(1) 新建一个零件文件。单击快速访问工具栏中的【新建】按钮 ，在弹出的【新建 SolidWorks 文件】对话框中单击【零件】按钮 ，然后单击【确定】按钮，创建一个新的零件文件。

(2) 绘制草图。在左侧的【Feature Manager 设计树】中选择【前视基准面】作为绘制图形的基准面。点击【草图】绘制如图 3.1.11 所示的草图 。随后单击【草图】工具栏中的【智能尺寸】按钮 ，标注草图的尺寸。绘制完成后，点击【退出草图】 。

(3) 拉伸实体。选择菜单栏中的【插入】选项，选中【凸台 / 基体】一栏，单击【拉伸】按钮 。此时系统会弹出【凸台 – 拉伸】属性管理器，在深度输入框中输入指定的数值 10 mm，其他采用默认设置。结果如图 3.1.12 所示。

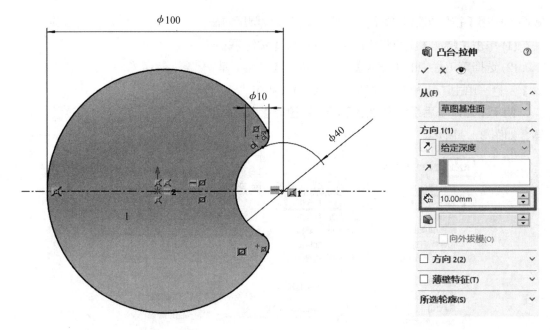

图 3.1.11 裁剪的草图以及尺寸标注   图 3.1.12 【凸台 – 拉伸】属性管理器

点击【确定】按钮。此时生成的模型如图 3.1.13 所示。

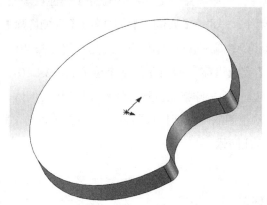

图 3.1.13 拉伸后的图形

(4) 在前 3 步的基础上，点击【拔模】按钮 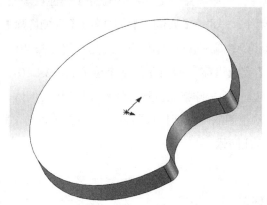，输入拔模角度 10°，可以看到是否勾选向外拔模的区别。为了更清楚地看清向内拔模与向外拔模的区别，勾选方向 2。然后单击【确定】按钮。【凸台 – 拉伸】属性管理器和实体模型预览如图 3.1.14(a) 和 3.1.14(b) 所示。

3.1.2.3.2 创建薄壁拉伸模型

(1) 在例子一中创建普通拉伸模型前 3 步的基础上，勾选【薄壁特征】，默认系统厚度 10 mm，然后单击【确定】按钮。【凸台 – 拉伸】属性管理器和实体模型预览如图 3.1.15 所示。

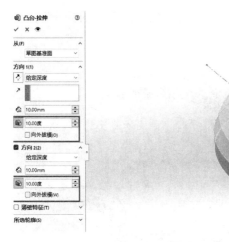

图 3.1.14(a) 设置向内拔模及模型预览

图 3.1.14(b) 设置向外拔模及模型预览

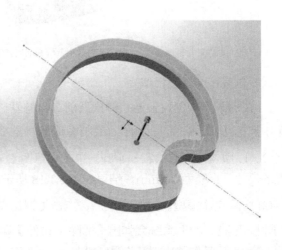

图 3.1.15 设置薄壁特征及模型预览

(2) 在此基础上选中顶端加盖，厚度为 1 mm。最终效果如图 3.1.16 所示。

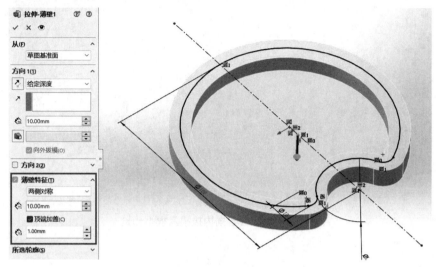

图 3.1.16 设置顶端加盖及模型预览

(3) 点击【确定】按钮。最终的模型如图 3.1.17 所示。注意，此时模型是中空的。

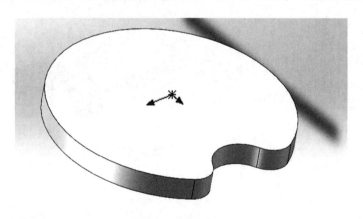

图 3.1.17 拉伸后的模型

3.1.2.3.3 创建拉伸切除模型

(1) 在例子一中创建普通拉伸模型前 3 步的基础上，在左侧【Feature Manager 设计树】中选择【前视基准面】作为绘制图形的基准面。单击【草图】工具栏中的【圆】按钮 ⊙ ，以原点为圆心绘制一个圆。单击【草图】工具栏中的【智能尺寸】按钮 ⬌ ，标注草图的尺寸，直径为 30 mm。结果如图 3.1.18 所示。

(2) 切除实体模型。绘制完成后，点击【退出草图】 ⬐ 。单击【特征】工具栏中的拉伸切除按钮 ▣ ，此时系统会弹出【切除 – 拉伸】属性管理器，在深度输入框中输入指定的数值 10 mm，其他采用默认设置。然后点击确定按钮，【切除 – 拉伸】属性管理器和实体模型预览如图 3.1.19 所示。

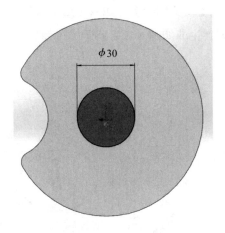

图 3.1.18 草图以及尺寸标注

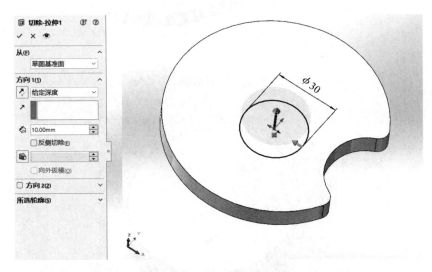

图 3.1.19 设置【切除－拉伸】属性管理器和实体模型预览

(3) 最终生成如图 3.1.20 所示的模型。

图 3.1.20 切除后的模型

(4) 如果在第 2 步时勾选【反侧切除】，如图 3.1.21 所示。

点击【确定】按钮，则会生成如图 3.1.22 所示的模型。

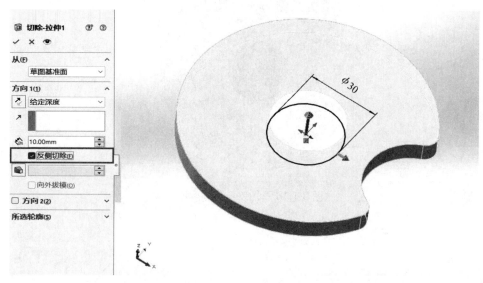

图 3.1.21 反侧切除

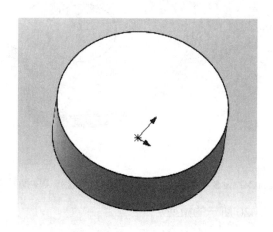

图 3.1.22 反侧切除的模型

3.1.3 旋转特征

旋转特征是由特征截面绕中心线旋转而成的一类特征，适用于构造回转体零件。旋转特征应用比较广泛，是比较常用的特征建模工具，主要应用在环形、球形、轴类和形状规则的轮毂类等零件的建模中。旋转工具通过绕中心线旋转一个或多个轮廓来添加或移除材料，可以生成凸台 / 基体、旋转切除或旋转曲面。旋转特征可以是实体、薄壁特征或曲面。

生成旋转特征有以下 6 点注意事项：

(1) 实体旋转特征的草图可以包含多个相交轮廓。可使用已选择轮廓指针 (在属性管理器中单击已选择轮廓时可用) 选择一个或多个相交或非相交草图生成旋转。

(2) 薄壁或曲面旋转特征的草图可包含多个开环的或闭环的相交轮廓。

(3) 轮廓草图必须是 2D 草图，旋转轴可以是 3D 草图。

(4) 轮廓不能与中心线交叉。如果草图包含一条以上的中心线，可请选择想要用作旋转轴的中心线。对于旋转曲面和旋转薄壁特征而言，草图不能位于中心线上。

(5) 可以生成多个半径或直径尺寸，不用每次都选择中心线。

(6) 当在中心线内为旋转特征标注尺寸时，将生成旋转特征的半径尺寸；当穿越中心线标注尺寸时，生成旋转特征的直径尺寸。

3.1.3.1 旋转凸台 / 基体特征

使用【旋转凸台 / 基体】命令，主要有以下 2 种调用方法：

(1) 单击【特征】工具栏中的【旋转凸台 / 基体】按钮  。

(2) 选择菜单栏中的【插入】选项，选中【凸台 / 基体】一栏，单击【旋转】按钮，如图 3.1.23 所示。

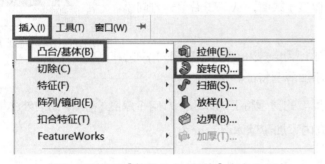

图 3.1.23 使用【旋转凸台 / 基体】命令的方法

图 3.1.24 【旋转】属性管理器

使用上述命令后系统会弹出【旋转】属性管理器，如图 3.1.24 所示。

【旋转】属性管理器中一些选项的含义如下：

3.1.3.1.1 【旋转轴】栏

用于选择特征旋转所绕的轴。根据生成的旋转特征类型，旋转轴可能是中心线、直线或一条边线。

3.1.3.1.2 【方向 1】栏

旋转类型：

相对于草图基准面设定旋转特征的终止条件。如有必要，单击【反向】按钮 来反转旋转方向。【旋转】属性管理器如下图 3.1.25 所示。

给定深度：从草图以单一方向生成旋转。在【方向 1 角度】

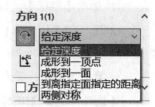

图 3.1.25 【旋转】
属性管理器

选项 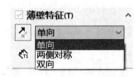中设定旋转所包容的角度。

成形到一顶点：从草图基准面生成旋转到【顶点】中指定的顶点。

成形到一面：从草图基准面生成旋转到【面 / 基准面】中指定的曲面。

到离指定面指定的距离：从草图基准面生成旋转到中指定曲面的指定等距，可在【等距距离】选项中设定距离。必要时，可选择反向等距以便以反方向等距移动。

两侧对称：从草图基准面以顺时针和逆时针方向生成旋转。位于旋转方向 1 角度的中央。

【角度】 定义旋转的角度。系统默认的旋转角度为 360°。角度以顺时针方向从所选草图开始测量。

3.1.3.1.3【方向 2】栏

该栏中的参数用来设置同时从草图基准面向两个方向旋转的相关参数，用法和【方向 1】栏基本相同。

3.1.3.1.4【薄壁特征】栏

定义厚度的方向，如下图 3.1.26 所示。包括以下选项：

单向：以同一（方向 1 厚度）数值，从草图沿单一方向添加薄壁特征的体积。

图 3.1.26【薄壁特征】栏

两侧对称：以同一（方向 1 厚度）数值，并以草图为中心，在草图两侧使用均等厚度的体积添加薄壁特征。

双向：在草图两侧添加不同厚度的薄壁特征的体积。方向 1 厚度从草图向外添加薄壁体积；方向 2 厚度从草图向内添加薄壁体积。

3.1.3.1.5【所选轮廓】栏

单击（所选轮廓）选择框，拖动鼠标，在图形区域选择适当轮廓，此时显示旋转特征的预览图，可以选择任何轮廓生成单一或者多实体零件，单击确定按钮，生成旋转特征。

3.1.3.2 旋转切除特征

【旋转切除】特征用来产生切除特征，也就是用来去除材料。使用【旋转切除】命令，主要有以下 2 种调用方法：

(1) 单击【特征】工具栏中的【旋转切除】按钮。

(2) 选择菜单栏中的【插入】选项，选中【切除】一栏，单击【旋转】按钮，如图 3.1.27 所示。

使用上述命令后系统会弹出【切除 – 旋转】属性管理器，如图 3.1.28 所示。

【切除 – 旋转】属性管理器的设置与【旋转】属性管理器基本一致。此处不再赘述。

图 3.1.27 使用【旋转切除】命令的方法

图 3.1.28 【切除 – 旋转】属性管理器

3.1.3.3 实战操作

3.1.3.3.1 创建普通旋转模型

(1) 新建一个零件文件。单击快速访问工具栏中的【新建】按钮 📄 ，在弹出的【新建 SolidWorks 文件】对话框中单击【零件】按钮 🎁 ，然后单击【确定】按钮，创建一个新的零件文件。

(2) 绘制草图。在左侧的【Feature Manager 设计树】中选择【前视基准面】作为绘制图形的基准面。点击【草图】绘制如图 3.1.29 所示的草图。随后单击【草图】工具栏中的【智能尺寸】按钮 🖉，标注草图的尺寸，结果如图 3.1.29 所示。

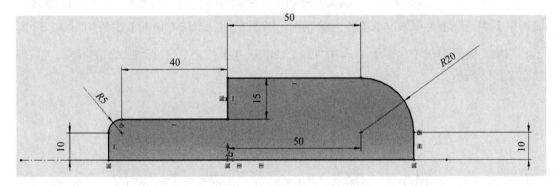
图 3.1.29 草图以及尺寸标注

绘制完成后，点击【退出草图】 ↳。

(3) 旋转实体。单击【特征】工具栏中的【旋转】按钮 🌂，此时系统会弹出【旋转】属性管理器，旋转轴栏选择直线 1，方向 1 栏中的旋转角度设置为 360°，其余采用默认设置，结果如图 3.1.30 所示。

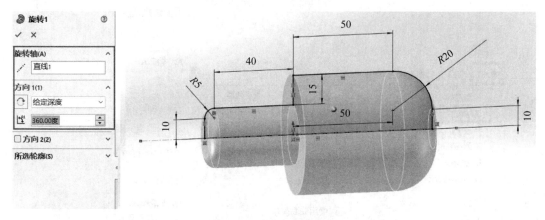

图 3.1.30 设置【切除－旋转】属性管理器及模型预览

点击【确定】按钮。最终生成的模型如图 3.1.31 所示。

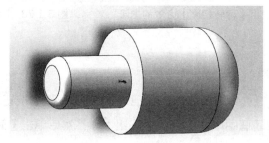

图 3.1.31 旋转后的模型

3.1.3.3.2 创建旋转切除模型

(1) 在例子一中创建普通旋转模型的基础上，绘制草图。在左侧的【Feature Manager 设计树】中选择【上视基准面】作为绘制图形的基准面。点击【草图】绘制如图 3.1.32 所示的草图。随后单击【草图】工具栏中的【智能尺寸】按钮，标注草图的尺寸，结果如图 3.1.32 所示。

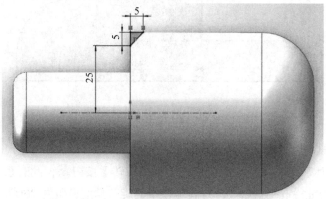

图 3.1.32 草图以及尺寸标注

(2) 旋转切除实体。单击【特征】工具栏中的【旋转切除】按钮🔟，此时系统会弹出【切除 – 旋转】属性管理器，采用默认设置，如图 3.1.33 所示。

点击【确定】按钮。最终生成的模型如图 3.1.34 所示。

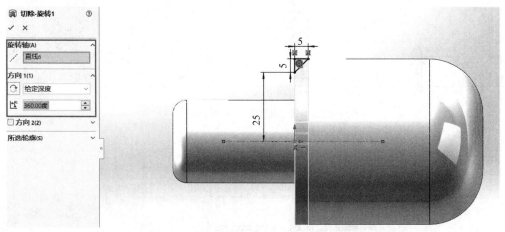

图 3.1.33 设置【切除 – 旋转】属性管理器

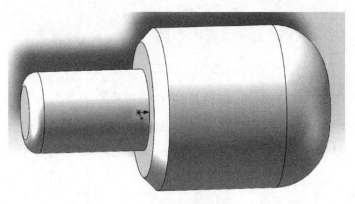

图 3.1.34 旋转切除模型

3.1.3.3.3 创建薄壁旋转模型

(1) 新建一个零件文件。单击快速访问工具栏中的【新建】按钮 📄 ，在弹出的【新建 SolidWorks 文件】对话框中单击【零件】按钮 🔧 ，然后单击【确定】按钮，创建一个新的零件文件。

(2) 绘制草图。在左侧的【Feature Manager 设计树】中选择【前视基准面】作为绘制图形的基准面。点击【草图】绘制如图 3.1.35 所示的草绘。单击【草图】工具栏中的【智能尺寸】按钮 ⬆ ，标注草图的尺寸， 如图 3.1.35 所示。

绘制完成后，点击【退出草图】⤶ 。

(3) 旋转实体。选择草绘，单击【特征】工具栏中的【旋转切除】按钮🔟，此时系统会出现如图 3.1.36 所示的提示。单击【否】按钮。

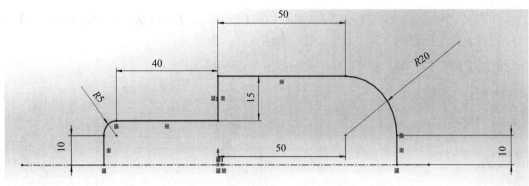

图 3.1.35 草图以及尺寸标注

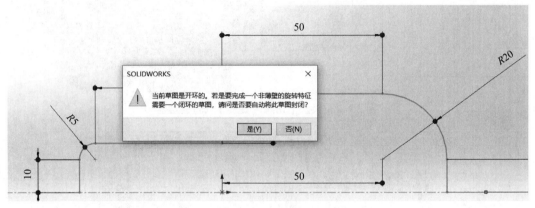

图 3.1.36 SolidWorks 对话框

(4) 设置参数。此时系统会弹出【旋转】属性管理器，在方向 1 栏中选择给定深度，角度输入 270°，勾选薄壁特征，厚度输入 4 mm，其余选项采用默认设置，结果如图 3.1.37 所示。

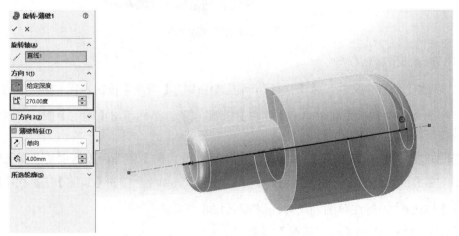

图 3.1.37 设置【旋转】属性管理器

点击【确定】按钮，完成建模。最终生成的模型如图 3.1.38 所示。

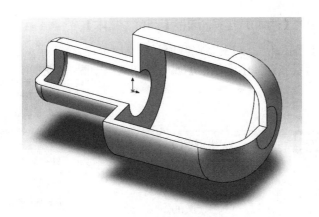

图 3.1.38 薄壁旋转模型

3.1.4 扫描特征

扫描工具沿某一路径移动一个轮廓（剖面）来生成基体、凸台、切除或曲面。扫描可简单也可复杂。

要生成扫描几何体，通过沿路径不同位置复制轮廓从而创建一系列中间截面，然后将中间截面混合到一起。其他参数可包含在扫描特征中，如以创建各种形状的引导线的选取、轮廓方向选项和扭转。

可在生成扫描时使用斑马条纹来观阅扫描。将指针放在扫描上，打开快捷键菜单，然后选择斑马条纹预览。如果应用了斑马条纹，在生成另一扫描、放样或添加一放样截面时，将显示斑马条纹。使用快捷键菜单消除斑马条纹预览。

3.1.4.1 扫描

扫描操作应满足以下规则：

(1) 基体或凸台的扫描特征轮廓必须是闭环的；曲面的扫描特征则轮廓可以闭环也可以开环。

(2) 路径可以为开环或闭环。

(3) 路径可以是一张草图、一条曲线或一组模型边线中包含的一组草图曲线。

(4) 路径必须与轮廓的平面交叉。

(5) 截面、路径或实体都不能出现自相交叉的情况。

(6) 引导线必须与轮廓或轮廓草图中的点重合。

只有切除扫描可通过沿路径移动工具实体来生成实体扫描。路径必须与其本身相切，并从工具实体轮廓之上或之内的点开始。

使用【扫描凸台 / 基体】命令，主要有以下 2 种调用方法：

①单击【特征】工具栏中的【扫描凸台 / 基体】按钮 。

②选择菜单栏中的【插入】选项，选中【凸台／基体】一栏，单击【扫描】按钮 ，如图 3.1.39 所示。

使用上述命令后系统会弹出【扫描】属性管理器，如图 3.1.40 所示。

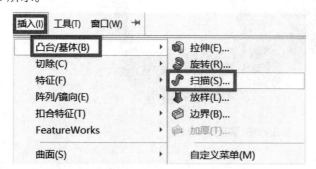

图 3.1.39 使用【扫描凸台／基体】命令的方法　　图 3.1.40 【扫描】属性管理器

【扫描】属性管理器中一些选项的含义如下：

3.1.4.1.1【轮廓和路径】栏

(1) 草图轮廓：沿 2D 或 3D 草图路径移动 2D 轮廓创建扫描，如图 3.1.41 所示。

轮廓 ：设置用来生成扫描的草图轮廓。在图形区域中或通过 Feature Manager 设计树选取轮廓。可从模型中直接选择面、边线和曲线作为扫描轮廓。基体或凸台扫描特征的轮廓应为闭环。

路径 ：设置轮廓扫描的路径。在图形区域中或 Feature Manager 设计树选取路径。路径的起点必须位于轮廓的基准面上。

方向 1 ：为路径一侧创建扫描。

双向 ：从草图轮廓创建的路径的两个方向延伸进行扫描。注意，双向扫描不能使用引导线或设置起始和发送相切。

方向 2 ：为路径的另一个方向创建扫描。可以单独控制每个扫描方向上的路径的扭转值并将该扭转值应用到整个长度。

(2) 圆形轮廓：直接在模型上沿草图直线、边线或曲线创建实体杆或空心管筒。如图 3.1.42 所示。

轮廓 ：设定用来生成扫描的轮廓 (截面)。在图形区域中或通过 Feature Manager 设计树选取轮廓。基体或凸台扫描特征的轮廓应为闭环。

直径 ：指定轮廓的直径。

3.1.4.1.2【引导线】栏

引导线 (图 3.1.43)：在轮廓沿路径扫描时加以引导以生成特征。

上移和下移 ：调整引导线的顺序。选择一引导线并调整轮廓顺序。

合并平滑的面：消除以改进带引导线扫描的性能，并在引导线或路径不是曲率连续的所有点处分割扫描。如此，引导线中的直线和圆弧会更精确地匹配。

显示截面 ：显示扫描的截面。 选择箭头 按【截面数】观看轮廓并解疑。

图 3.1.41 【草图轮廓】

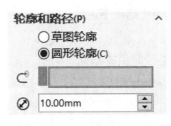

图 3.1.42 【圆形轮廓】

图 3.1.43 【引导线】栏

3.1.4.1.3【选项】栏

(1) 轮廓方位：控制【轮廓】 沿【路径】 扫描时的方向，如图 3.1.44 所示。

图 3.1.44 【选项】栏

随路径变化：轮廓相对于路径时刻保持同一角度。注意，当选择随路径变化时，在小型波动和不均匀曲率沿路径波动引起轮廓不能对齐的情况下，该选项可使轮廓稳定。

保持法线不变：使轮廓总是与起始轮廓保持平行。注意，如果存在多个轮廓，则截面时刻与开始截面平行。

(2) 轮廓扭转：沿路径应用扭转。选择以下选项之一：

无：仅限于 2D 路径；将轮廓的法线方向与路径对齐；不进行纠正。

最小扭转：仅限于 3D 路径；应用纠正以沿路径最小化轮廓扭转。

随路径和第一引导线变化：选择【随路径和第一引导线变化】，中间截面的扭转由路径到第一条引导线的向量决定。 在所有中间截面的草图基准面中，该向量与水平基准面之间的角度保持不变。 当选定一条或多条引导线时可用该选项。

随第一和第二引导线变化：选择【随第一和第二引导线变化】，中间截面的扭转由第一条引导线到第二条引导线的向量决定。 在所有中间截面的草图基准面中，该向量与水平基准面之间的角度保持不变。

指定扭转角度：沿路径定义轮廓扭转。 选择【度】、【弧度】或【圈数】。

指定方向向量 ：选择一基准面、平面、直线、边线、圆柱、轴、特征上的顶点组等来设定方向向量。 不可用于【保持法向不变】。

与相邻面相切：将扫描附加到现有几何体时可用，作用是使相邻面在轮廓上相切。

自然：仅限于 3D 路径。当轮廓沿路径扫描时，在路径中轮廓可绕轴转动以相对于曲率保持同一角度 (可能产生意想不到的结果)。

(3) 合并相切面：如果扫描轮廓具有相切线段，可以使所产生的扫描中的相应曲面相切，保持相切的面可以是基准面、圆柱面或者锥面。其他相邻面被合并，轮廓被近似处理。 草图圆弧可能转换为样条曲线。 使用引导线时不会产生效果。

(4) 显示预览：显示扫描的上色预览；取消选择此选项，则只显示轮廓和路径。

3.1.4.1.4【起始处和结束处相切】栏 (图 3.1.45)

(1) 起始处相切类型：其选项包括以下内容：

无：不应用相切。

路径相切：垂直于起始点路径而生成扫描。

(2) 结束处相切类型：与起始处相切类型的选项相同，其选项包括如下内容。

无：不应用相切。

路径相切：垂直于起始点路径而生成扫描。

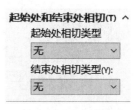

图 3.1.45 【起始处和结束处相切】栏

3.1.4.1.5【薄壁特征】栏 (图 3.1.46)

定义厚度的方向。选择以下选项之一：

单向：以同一 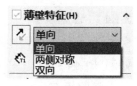 (方向 1 厚度) 数值，从草图沿单一方向添加薄壁特征的体积。

图 3.1.46 【薄壁特征】栏

两侧对称：以同一 🔧 (方向 1 厚度) 数值，并以草图为中心，在草图两侧使用均等厚度的体积添加薄壁特征。

双向：在草图两侧添加不同厚度的薄壁特征的体积；方向 1 厚度🔧 从草图向外添加薄壁体积，方向 2 厚度 🔧 从草图向内添加薄壁体积。

3.1.4.1.6【曲率显示】栏 (图 3.1.47)

网格预览：在已选面上应用预览网格，以更直观地显示曲面。

网格密度：选择【网格预览】时可用，用于调整网格的行数。

斑马条纹：显示斑马条纹，以便更容易看到曲面褶皱或缺陷。

曲率检查梳形图：激活曲率检查梳形图显示。有以下两种选项可以选择：

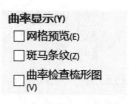

图 3.1.47 【曲率显示】栏

方向 1：切换沿【方向 1】的曲率检查梳形图显示。

方向 2：切换沿【方向 2】的曲率检查梳形图显示。

对于任一方向，选择【编辑颜色】，以修改梳形图颜色。

缩放：调整曲率检查梳形图的大小。

密度：调整曲率检查梳形图的显示行数。

3.1.4.2 扫描切除

使用【扫描切除】命令，主要有以下 2 种调用方法：

(1) 单击【特征】工具栏中的【扫描切除】按钮🦃。

(2) 选择菜单栏中的【插入】选项，选中【切除】一栏，单击【扫描】按钮🦃，如图 3.1.48

所示。

图 3.1.48 使用【扫描切除】命令的方法

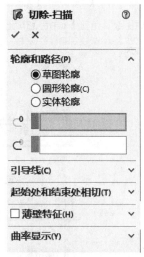

图 3.1.49 【切除 – 扫描】
属性管理器

使用上述命令后系统会弹出【切除 – 扫描】属性管
理器，如图 3.1.49 所示。

【切除 – 扫描】属性管理器设置与【扫描】属性管
理器基本一致。在此只介绍两种命令用法的不同之处。

【实体轮廓】栏

其最常见的用途是绕圆柱实体创建切除。 此选项
对于棒铣刀模拟也很有用。选择实体扫描时，路径必须
在自身内相切（无尖角），并从点上或工具实体轮廓内
部开始。实体轮廓对装配体特征不可用。

工具实体：工具实体必须凸起，不与主实体合并，
并由以下两个选项组成：一是只有分析几何体（如直线
和圆弧）组成的旋转特征；二是圆柱拉伸特征。

3.1.4.3 实战操作

3.1.4.3.1 创建花瓶模型

新建一个零件文件。单击快速访问工具栏中的【新
建】按钮 📄 ，在弹出的【新建 SolidWorks 文件】对
话框中单击【零件】按钮 🧊，然后单击【确定】按钮，
创建一个新的零件文件。

绘制草图 1。在左侧的【Feature Manager 设计树】
中选择【前视基准面】作为绘制图形的基准面。点击【草
图】绘制如图 3.1.50 所示的草图。随后单击【草图】工具
栏中的【智能尺寸】按钮 ✦，标注草图的尺寸， 结果如
图 3.1.50 所示。绘制完成后，点击【退出草图】 ↳。

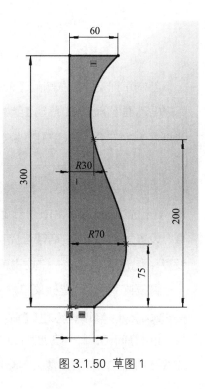

图 3.1.50 草图 1

旋转实体。单击【特征】工具栏中的【旋转】按钮🌀，此时系统会弹出【旋转】属性管理器，【旋转轴】栏选择直线1，【方向1】栏中的旋转角度设置为360°，其余采用默认设置。点击【确定】按钮，完成旋转实体。【旋转1】属性管理器和实体模型预览如图3.1.51所示。

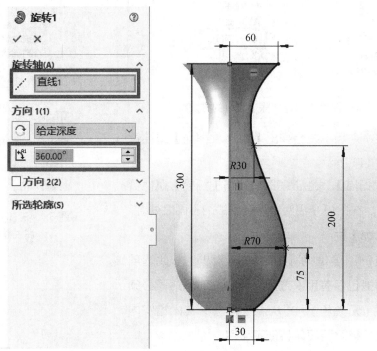

图3.1.51 设置【旋转】属性管理器及模型预览

绘制草图2。在左侧的【Feature Manager 设计树】中选择【前视基准面】作为绘制图形的基准面。点击【草图】绘制如图3.1.52所示的草图。随后单击【草图】工具栏中的【智能尺寸】按钮✎，标注草图的尺寸，结果如图3.1.52所示。绘制完成后，点击【退出草图】↳。

扫描实体。在【特征】工具栏中选中扫描🖊按钮。此时系统会弹出【扫描】属性管理器，在扫描属性管理器中进行如图3.1.53所示的设置。【轮廓和路径】栏中，选择圆形轮廓，直径设置为40 mm，路径选择草图2；【选项】栏中勾选与结束断面对齐。其余采用默认设置。点击确定按钮，完成扫描特征。【扫描】模型预览如图3.1.53所示。

圆周阵列特征。选择菜单栏中的【插入】选项，选中【阵列/镜向】一栏，单击【圆周阵列】按钮🔁。此时系统会弹出【阵列(圆周)1】属性管理器，【方向1】栏中阵列轴选择边线1，使用等间距，阵列角度为360°，阵列实例数为12个。【特征和面】栏中，要阵列的特征选择扫描1。其余设置采用默认设置，最终结果如图3.1.54所示。

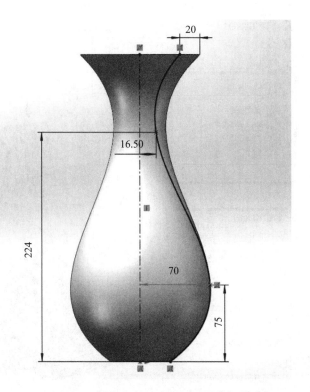

图 3.1.52 草图 3 以及尺寸标注

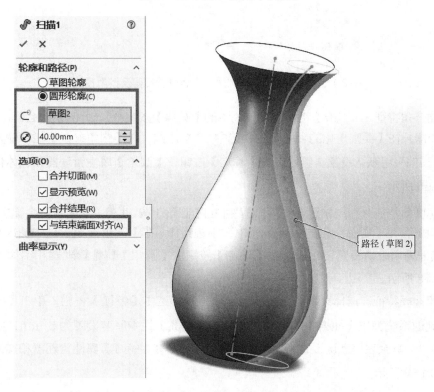

图 3.1.53 设置【扫描】属性管理器及模型预览

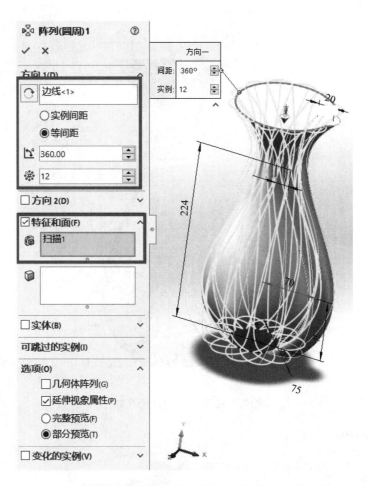

图 3.1.54 设置【阵列（圆周）1】属性管理器及模型预览

创建圆角特征 1。单击【特征】工具栏中的【圆角】按钮，此时系统会弹出【圆角】属性管理器，在【要圆角化的项目】栏中选中 12 个边线，在【圆角参数】栏中输入半径为 2 mm，其他采用默认设置。然后单击【确定】按钮，【圆角】属性管理器和实体模型预览如图 3.1.55 所示。

创建圆角特征 2。单击【特征】工具栏中的【圆角】按钮，此时系统会弹出【圆角】属性管理器，在【要圆角化的项目】栏中选中边线 1，在【圆角参数】栏中输入半径为 5 mm，其他采用默认设置，然后单击【确定】按钮。【圆角】属性管理器和实体模型预览如图 3.1.56 所示。

创建抽壳特征。选择菜单栏中的【插入】选项，选中【特征】一栏，单击【抽壳】按钮。此时系统弹出【抽壳】属性管理器。在【参数】栏中厚度设置为 5 mm，要移除的面选择面 1，其余采用默认设置。然后点击确定按钮。【抽壳 1】属性管理器和实体模型预览如图 3.1.57 所示。

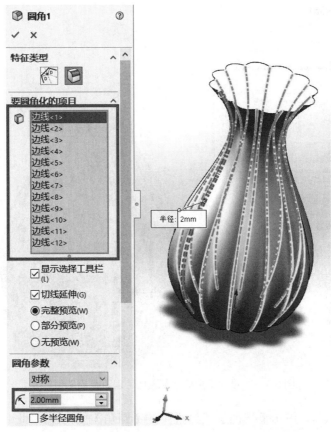

图 3.1.55 设置【圆角 1】属性管理器及模型预览

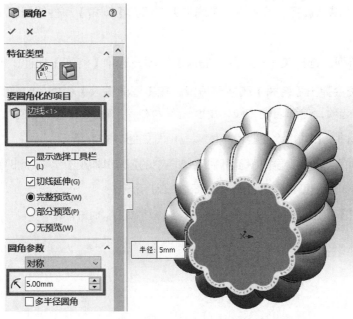

图 3.1.56 设置【圆角 2】属性管理器及模型预览

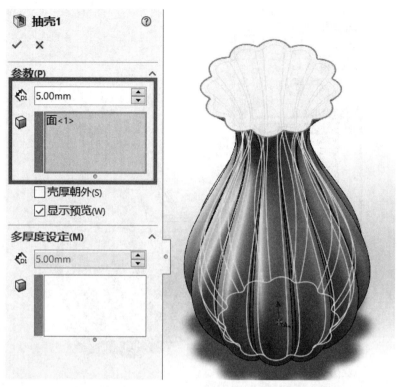

图 3.1.57 设置【抽壳 1】属性管理器及模型预览

创建圆角特征 3。单击【特征】工具栏中的【圆角】按钮，此时系统会弹出【圆角】属性管理器，在【要圆角化的项目】栏中选中面 1，在【圆角参数】栏中输入半径为 2 mm，其他采用默认设置。然后单击【确定】按钮。【圆角】属性管理器和实体模型预览如图 3.1.58 所示。

创建弯曲特征。选择菜单栏中的【插入】选项，选中【特征】一栏，单击【弯曲】按钮。此时系统会弹出【弯曲】属性管理器。在【弯曲输入】栏中，要弯曲的实体选择圆角 3，选中扭曲选项，勾选粗硬边线，角度设置为 90°，其余采用默认设置。然后单击【确定】按钮。【弯曲 1】属性管理器和实体模型预览如图 3.1.59 所示。

设置模型颜色。选择前导视图工具栏菜单栏中的【编辑外观】选项，此时系统会弹出【颜色】属性管理器。将模型设置为红色，如图 3.1.60 所示。

点击【确定】按钮，完成花瓶的创建，最终模型如图 3.1.61 所示。

图 3.1.58 设置【圆角 3】属性管理器及模型预览

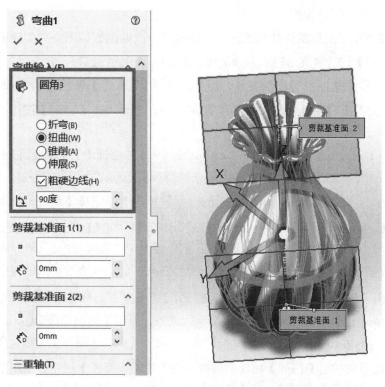

图 3.1.59 设置【弯曲 1】属性管理器及模型预览

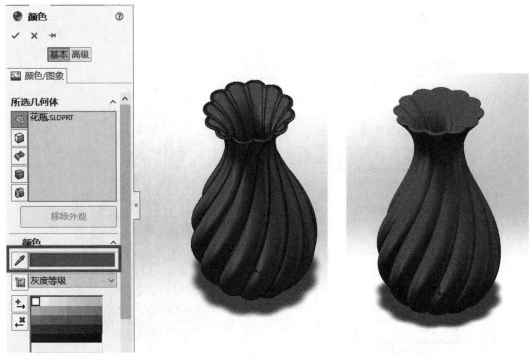

图 3.1.60 设置【颜色】属性管理器及模型预览　　　　图 3.1.61　花瓶

3.1.4.3.2 创建莫比乌斯环模型

该模型使用草图交集旋转建模的方式，即通过一次性画好草图交集旋转所用的轮廓，利用【所选轮廓】的特性挑选轮廓来做旋转。随后执行沿线扫描特征命令。

新建一个零件文件。单击快速访问工具栏中的【新建】按钮📄，在弹出的【新建SolidWorks 文件】对话框中单击【零件】按钮🧊，然后单击【确定】按钮，创建一个新的零件文件。

绘制草图 1。在左侧的【Feature Manager 设计树】中选择【上视基准面】作为绘制图形的基准面。点击【草图】绘制如图 3.1.62 所示的草图。绘制完成后，点击退出草图↳。

绘制草图 2。在左侧的【Feature Manager 设计树】中选择【前视基准面】作为绘制图形的基准面。点击【草图】绘制，选中【草图】工具栏中的【多边形】按钮⬡，此时系统会弹出【多边形】属性管理器，边数设置为 3，选中内切圆。定义三角形内切圆的圆心与上一步绘制的圆形相互穿透，且在草图 1 的最低点。定义等边三角形的底边，保持水平状态。随后单击【草图】工具栏中的【智能尺寸】按钮✏️，标注草图的尺寸，三角形的边长为 20 mm。结果如图 3.1.63 所示。绘制完成后，点击【退出草图】↳。

扫描实体 1。选择菜单栏中的【插入】选项，选中【凸台 / 基体】一栏，单击【扫描】按钮🐛。此时系统弹出【扫描】属性管理器。在【轮廓和路径】栏中，使用草图轮廓，轮廓选择草图 2，路径选择草图 1。在【选项】栏中，轮廓方位使用随路径变化，轮廓扭转使用指定扭转值，扭转控制使用度数，角度设置为360°。单击【确定】按钮，扫描生成实体，【扫描1】属性管理器和实体模型预览如图3.1.64所示。

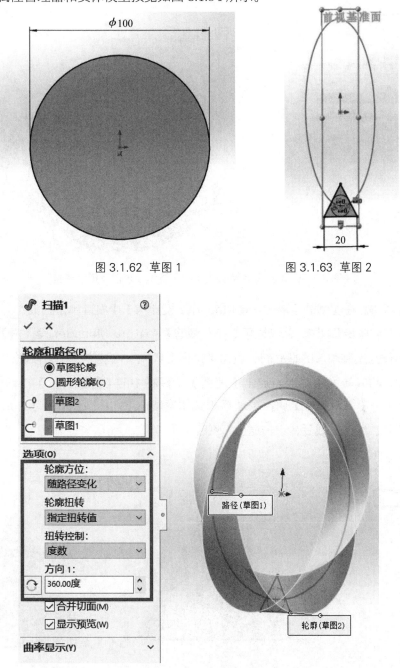

图 3.1.62 草图 1　　　　　　　　图 3.1.63 草图 2

图 3.1.64 设置【扫描 1】属性管理器及模型预览

绘制 3D 草图 1。单击草图工具栏，选中 3D 草图 **3D**。点击【转换实体】按钮 🗔，此时系统会弹出【转换实体引用】属性管理器，在要转换的实体一栏中选择刚创建好的三条边线。点击【确定】按钮。【转换实体引用】属性管理器和实体模型预览如图 3.1.65 所示。

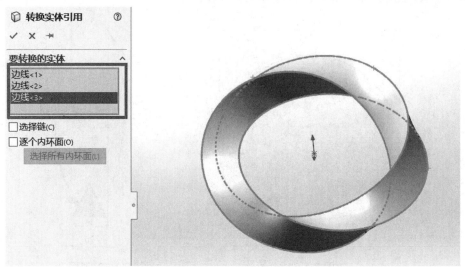

图 3.1.65 设置【转换实体引用】属性管理器及模型预览

绘制草图 3。在左侧的【Feature Manager 设计树】中右键单击扫描 1、3D 草图 1，使其隐藏；右键单击草图 2，使其显示。在左侧的【Feature Manager 设计树】中选择【前视基准面】作为绘制图形的基准面。点击【草图】绘制，然后点击【转换实体】按钮，选择草图 2，将其转换为草图。点击【草图】工具栏中的【等距实体】按钮，距离设置为 0.5 mm。【等距实体】属性管理器和实体模型预览如图 3.1.66 所示。最终草图 3 如图 3.1.67 所示。绘制完成后，点击退出草图。

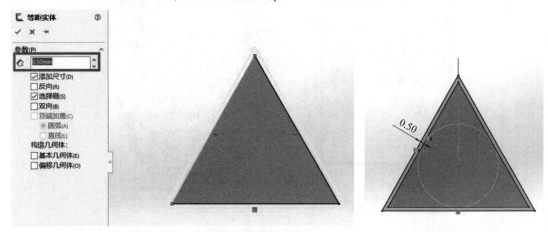

图 3.1.66 设置【等距实体】属性管理器及模型预览　　　　　图 3.1.67 草图 3

拉伸实体 1。选择菜单栏中的【插入】选项，选中【凸台/基体】一栏，单击【拉伸】按钮。此时系统会弹出【凸台－拉伸】属性管理器，拉伸方向使用两侧对称，在深度输入框中输入指定的数值 0.5 mm，其他采用默认设置。【凸台 – 拉伸 1】属性管理器和实体模型预览如图 3.1.68 所示。

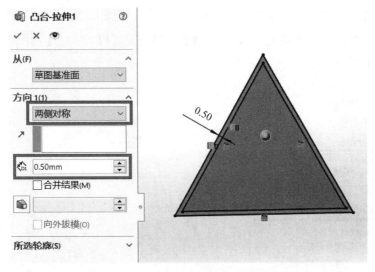

图 3.1.68 设置【凸台 – 拉伸 1】属性管理器及模型预览

创建圆角特征 1。单击【特征】工具栏中的【圆角】按钮 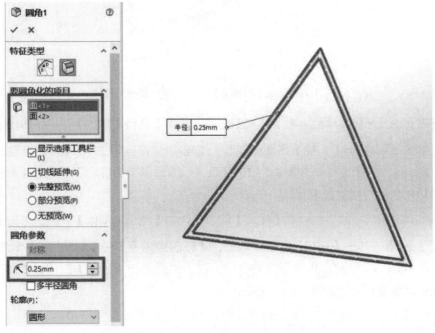，此时系统会弹出【圆角】属性管理器，在要圆角化的项目中选中如图 3.1.69 所示的 2 个面，在圆角参数栏中输入半径为 0.25 mm，其他采用默认设置。然后单击【确定】按钮。【圆角】属性管理器和实体模型预览如图 3.1.69 所示。

图 3.1.69 设置【圆角 1】属性管理器及模型预览

扫描实体 2。在左侧的【Feature Manager 设计树】中右键单击 3D 草图 1，使其显示；选择菜单栏中的【插入】选项，选中【凸台 / 基体】一栏，单击【扫描】按钮 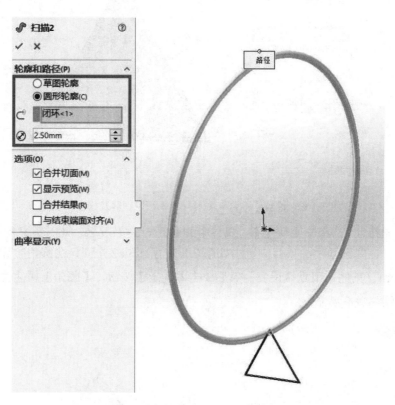。此时系统弹出【扫描】属性管理器。【轮廓和路径】栏中，使用圆形轮廓，直径设置为 2.5 mm，路径选择 3D 草图 1 中的闭环 1。然后单击【确定】按钮。【扫描 2】属性管理器和实体模型预览如图 3.1.70 所示。

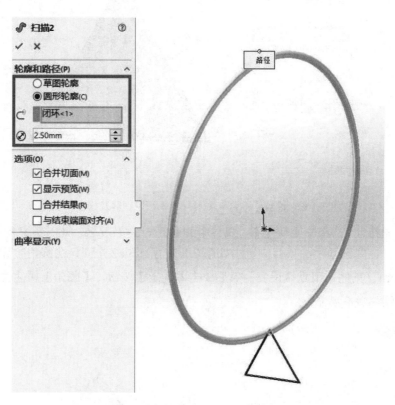

图 3.1.70 设置【扫描 2】属性管理器及模型预览

　　扫描实体 3。选择菜单栏中的【插入】选项，选中【凸台 / 基体】一栏，单击【扫描】按钮 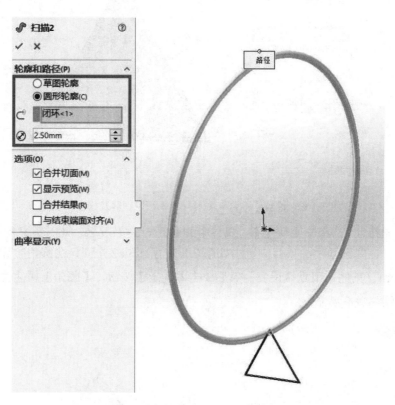。此时系统弹出【扫描】属性管理器。【轮廓和路径】栏中，使用圆形轮廓，直径设置为 2.5 mm，路径选择 3D 草图 1 中的闭环 1。然后单击【确定】按钮。【扫描 3】属性管理器和实体模型预览如图 3.1.71 所示。

　　扫描实体 4。选择菜单栏中的【插入】选项，选中【凸台 / 基体】一栏，单击【扫描】按钮 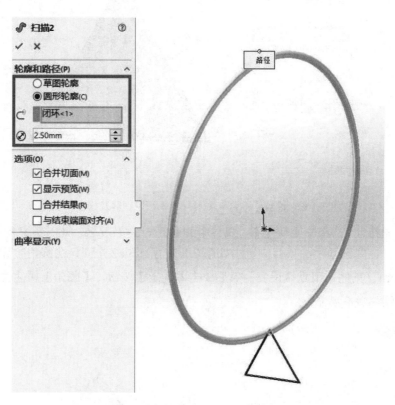。此时系统弹出【扫描】属性管理器。【轮廓和路径】栏中，使用圆形轮廓，直径设置为 2.5 mm，路径选择 3D 草图 1 中的闭环 1。然后单击【确定】按钮，【扫描 4】属性管理器和实体模型预览如图 3.1.72 所示。

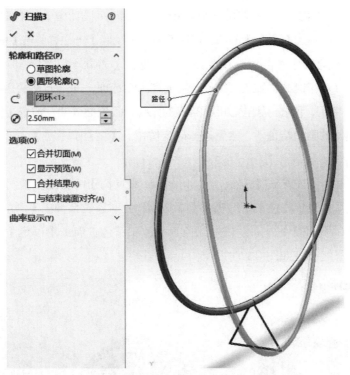

图 3.1.71 设置【扫描 3】属性管理器及模型预览

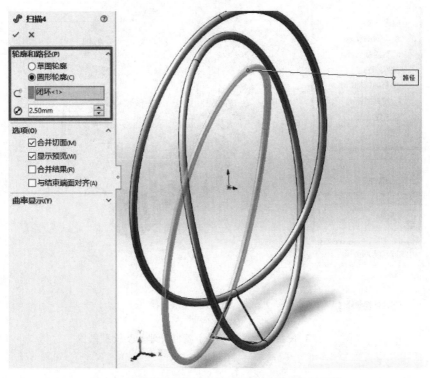

图 3.1.72 设置【扫描 4】属性管理器及模型预览

创建曲线驱动的阵列。在左侧的【Feature Manager 设计树】中右键单击扫描 1，使其显示；选择菜单栏中的【插入】选项，选中【阵列 / 镜向】一栏，单击【曲线驱动的阵列】按钮 ❖。此时系统会弹出【曲线阵列】属性管理器。【方向 1】栏中，阵列方向选中样条曲线 5@3D 草图 1，实例数设置为 40 个，勾选等间距选项，曲线方法使用转换曲线，对齐方法选择与曲线相切，面发现选择如图 3.1.73 所示的蓝色曲面 1。勾选【实体】栏，要阵列的实体选中创建的圆角特征 1。然后点击确定按钮。【曲线阵列 1】属性管理器和实体模型预览如图 3.1.73 所示。

设置模型颜色。在左侧的【Feature Manager 设计树】中右键单击扫描 1，使其隐藏。选择前导视图工具栏菜单栏中的【编辑外观】选项，此时系统会弹出【颜色】属性管理器。将扫描 2、扫描 3 和扫描 4 分别设置为红色、蓝色和黄色。点击【确定】按钮，完成莫比乌斯环的创建。最终模型如图 3.1.74 所示。

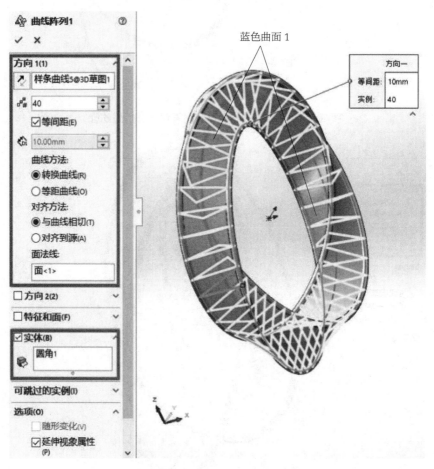

图 3.1.73 设置【曲线阵列 1】属性管理器及模型预览

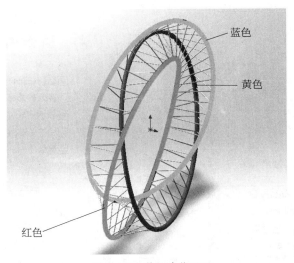

图 3.1.74 莫比乌斯环

3.1.5 放样特征

放样通过在轮廓之间进行过渡生成特征。放样可以是基体、凸台、切除或曲面，可以使用两个或多个轮廓生成放样；仅第一个或最后一个轮廓可以是点，也可以这两个轮廓均为点。单一 3D 草图中可以包含所有草图实体（包括引导线和轮廓）。

注意，对于实体放样，第一个和最后一个轮廓必须是由分割线生成的模型面或面、或是平面轮廓或曲面。

3.1.5.1 放样凸台 / 基体

所谓放样是指连接多个平面或轮廓形成的基体、凸台切除或曲面，通过在轮廓之间进行过渡来生成特征，使用【放样凸台 / 基体】命令，主要有以下 2 种调用方法：

(1) 单击【特征】工具栏中的【放样凸台 / 基体】按钮 🔩。

(2) 选择菜单栏中的【插入】选项，选中【凸台 / 基体】一栏，单击【放样】按钮 🔩，如图 3.1.75 所示。

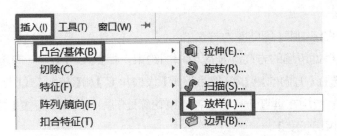

图 3.1.75 使用【放样凸台 / 基体】命令的方法

使用上述命令，此时系统会弹出【放样】属性管理器，如图 3.1.76 所示。

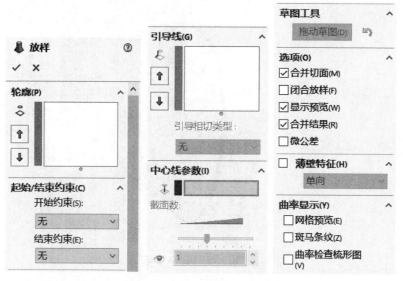

图 3.1.76 【放样】属性管理器

【放样】属性管理器中一些选项的含义如下：

3.1.5.1.1 【轮廓】栏

该栏决定用来生成放样的轮廓。

轮廓 ：选择要连接的草图轮廓、面或边线，放样根据轮廓选择的顺序而生成，每个轮廓都需要选择想要放样路径经过的点。

上移和下移 ：其中的【上移】按钮或【下移】按钮用来调整【轮廓】 的顺序。放样时选择一个轮廓并调整轮廓顺序，如果放样预览显示不理想，可以重新选择或组序草图以在轮廓上连接不同的点。

3.1.5.1.2 【起始 / 结束约束】栏

【开始约束】、【结束约束】：应用约束以控制开始和结束轮廓的相切，包括以下选项：

默认：在最少有三个轮廓时可供使用。 近似在第一个和最后一个轮廓之间刻画的抛物线。 该抛物线中的相切驱动放样曲面，在未指定匹配条件时，所产生的放样曲面更具可预测性，且更自然。

无：不应用相切约束 (即曲率为零)。

方向向量：根据所选的方向向量应用相切约束。根据用为【方向向量】的所选实体而应用相切约束。选择【方向向量】 ，然后设置【拔模角度】和【起始】或【结束处相切长度】。

垂直于轮廓：应用在垂直于开始或者结束轮廓处的相切约束。设置【拔模角度】和【起始】或【结束处相切长度】。

无：不应用相切约束 (即曲率为零)。

与面相切：在将放样附加到现有几何体时可用。使相邻面在所选开始或结束轮廓处相切。

与面的曲率：在将放样附加到现有几何体时可用。 在所选开始或结束轮廓处应用平滑、具有美感的曲率连续放样。

下一个面：在可用的面之间切换放样。

方向向量：根据用为方向向量的所选实体而应用相切约束。放样与所选线性边线或轴相切，或与所选面或基准面的法线相切。也可以选择一对顶点以设置方向向量。

拔模角度：给开始或结束轮廓应用拔模角度。如果需要，可单击【反向】↻，也沿引导线应用拔模角度。

起始和结束处相切长度：控制对放样的影响量。相切长度的效果限制到下一部分。如果需要，请单击【反转相切方向】↗。

应用到所有：显示一个用于为整个轮廓控制约束的控标。取消选择此选项，可显示多个控标，从而能够对单个线段进行控制。通过拖动控标来修改相切长度。

3.1.5.1.3 【引导线】栏

引导线感应类型：控制引导线对放样的影响力。包括如下选项：

到下一引线：只将引导线延伸到下一引导线。

到下一尖角：只将引导线延伸到下一尖角。尖角为轮廓的硬边角。利用任何两个相互之间没有共同相切或曲率关系的连续草图实体定义尖角。

到下一边线：只将引导线延伸到下一边线。

全局：将引导线影响力延伸到整个放样。

引导线 ↗：选择引导线来控制放样。

上移、下移 ↑↓：调整引导线的顺序。选择【引导线】↗ 并调整轮廓顺序。

引导线相切类型：控制放样与引导线相遇处的相切。有以下 4 种选项可供选择：

无：不应用相切约束。

垂直于轮廓：垂直于引导线的基准面应用相切约束。设定【拔模角度】。

方向向量：根据所选的方向向量应用相切约束。选择【方向向量】↗，然后设置【拔模角度】。

与面相切：在位于引导线路径上的相邻面之间添加边侧相切，从而在相邻面之间生成更平滑的过渡。注意，为获得最佳结果，在每个轮廓与引导线相交处，轮廓还应与相切面相切。理想的公差是 2° 或小于 2°。可以使用连接点离相切小于 30° 的轮廓，角度再大则放样会失败。

方向向量：根据所选的方向向量应用相切约束。放样与所选线性边线或轴相切，或与所选面或基准面的法线相切。

拔模角度：只要几何关系成立，将拔模角度沿引导线应用到放样。

3.1.5.1.4 【中心线参数】栏

中心线 ↓：使用中心线引导放样形状。在图形区域中选择一个草图。注意，中心线可与引导线同时存在。

截面数：在轮廓之间并围绕中心线添加截面。移动滑块来调整截面数。

显示截面 👁：显示放样截面。可单击箭头显示截面；也可输入截面编号，然后单击【显示截面】👁以跳到该截面。

3.1.5.1.5【草图工具】栏

拖动草图：激活拖动模式。编辑放样特征时，可从任何已为放样定义了轮廓线的 3D 草图中拖动任何 3D 草图线段、点或基准面。3D 草图在拖动时更新。也可编辑 3D 草图以使用尺寸标注工具来标注轮廓线的尺寸。放样预览在拖动结束时或在编辑 3D 草图尺寸时更新。若想退出拖动模式，再次单击【拖动草图】或单击 Property Manager 中的另一个截面列表。

撤销草图拖动 ↩：撤销先前的草图拖曳，并将预览返回到其先前状态。

3.1.5.1.6【选项】栏

合并切面：如果对应的放样线段相切，则使在所生成的放样中的对应曲面保持相切。保持相切的面可以是基准面、圆柱面或锥面。其他相邻的面被合并，截面被近似处理。草图圆弧可以转换为样条曲线。

封闭放样：沿放样方向生成闭合实体，选择此选项会自动连接最后 1 个和第 1 个草图实体。

显示预览：显示放样的上色预览；取消选择此选项，则只能查看路径和引导线。还可以用右键单击并在快捷菜单上的【透明预览】和【不透明预览】之间切换。

合并结果：合并所有放样要素。消除此选项则不合并所有放样要素。

微公差：使用微小的几何图形为零件创建放样。严格容差适用于边缘较小的零件。

3.1.5.1.7【薄壁特征】栏

定义厚度的方向。有 3 个选项可供选择：

单向：以同一 ⟲（方向 1 厚度）数值，从草图沿单一方向添加薄壁特征的体积。

两侧对称：以同一 ⟲（方向 1 厚度）数值，并以草图为中心，在草图两侧使用均等厚度的体积添加薄壁特征。

双向：在草图两侧添加不同厚度的薄壁特征的体积。方向 1 厚度 ⟲ 从草图向外添加薄壁体积：方向 2 厚度 ⟲ 从草图向内添加薄壁体积。

3.1.5.1.8【曲率显示】栏

网格预览：在已选面上应用预览网格，以更直观地显示曲面。

网格密度：当选择【网格预览】时可用。调整网格的行数。

斑马条纹：显示斑马条纹，以便更容易看到曲面褶皱或缺陷。

曲率检查梳形图：激活曲率检查梳形图显示。有以下两种选项可以选择。

方向 1：切换沿【方向 1】的曲率检查梳形图显示。

方向 2：切换沿【方向 2】的曲率检查梳形图显示。

对于任一方向，选择【编辑颜色】，以修改梳形图颜色。

缩放：调整曲率检查梳形图的大小。

密度：调整曲率检查梳形图的显示行数。

注意事项：当使用引导线生成放样时，请考虑以下信息。

①引导线必须与所有轮廓相交。

②可以使用任意数量的引导线。

③引导线可以相交于点。

④可以使用任何草图曲线、模型边线或是曲线作为引导线。

⑤如果软件在选择一引导线时将之报告为无效：右键单击图形区域，选取 SelectionManager，然后选择引导线；或者，将每条引导线放置在其单个草图中。

⑥如果放样失败或扭曲：使用放样同步来修改放样轮廓之间的同步行为。可以通过更改轮廓之间的对齐来调整同步。要调整对齐，则应操纵图形区域中出现的控标（它是连接线的一部分）。连接线是在两个方向上连接对应点的曲线。

添加通过参考点的曲线作为引导线，选择适当的轮廓顶点以生成曲线。

⑦引导线可以比生成的放样长，而放样终止于最短引导线的末端。

⑧可以通过在所有引导线上生成同样数量的线段，进一步控制放样的行为。每一条线段的端点表示对应的轮廓转换点。

3.1.5.2 放样切除

放样切除指的是在两个或多个轮廓之间通过移除材质来切除实体模型。使用【放样切除】命令，主要有以下 2 种调用方法：

(1) 单击【特征】工具栏中的【放样切割除】按钮 🟦。

(2) 选择菜单栏中的【插入】选项，选中【切除】一栏，单击【放样】按钮 🟦，如图 3.1.77 所示。

使用上述命令后系统会弹出【切除 – 放样】属性管理器，如图 3.1.78 所示。

图 3.1.78 【切除 – 放样】属性管理器

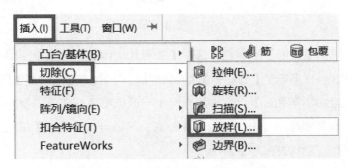

图 3.1.77 使用【放样切除】命令的方法

【切除－放样】属性管理器设置与【放样】属性管理器基本一致。此处不再赘述。

3.1.5.3 实战操作

放样是指在轮廓之间进行过渡生成特征。它和扫描非常相似，都是用一条或多条引导线来控制轮廓的走向。

3.1.5.3.1 创建机械吊钩

本节通过放样等命令创建一个吊钩，最后生成的文件如图 3.1.79 所示

(1) 新建一个零件文件。单击快速访问工具栏中的【新建】按钮 ▯，在弹出的【新建 SolidWorks 文件】对话框中单击【零件】按钮 ▩，然后单击【确定】按钮，创建一个新的零件文件。

(2) 绘制草图 1。在左侧的【Feature Manager 设计树】中选择【上视基准面】作为绘制图形的基准面。点击【草图】，绘制如图 3.1.80 所示的草图。随后单击【草图】工具栏中的【智能尺寸】按钮 ⚡，标注草图尺寸。

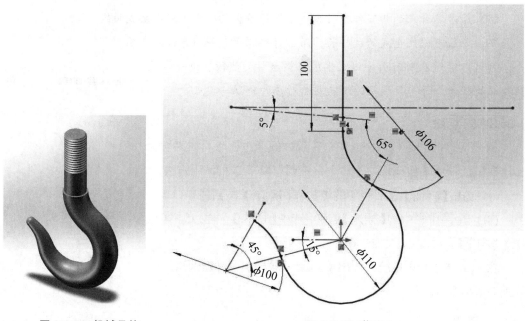

图 3.1.79 机械吊钩　　　　　　　图 3.1.80 草图 1

(3) 创建基准平面 1。单击【特征】工具栏，选中【参考几何体】下拉菜单，单击基准面 ▯。此时系统会弹出如图 3.1.81 所示的【基准面】属性管理器。设置【基准面】属性管理器，在第一参考栏里，选中【点 14@ 草图 1】，设置基准面 1 与该点重合；在第二参考栏中，选中【直线 8@ 草图 1】，设置基准面 1 与该条直线相垂直。然后点击【确定】按钮。【基准面】属性管理器和实体模型预览如图 3.1.81 所示。

(4) 绘制草图 2。选择第③步中创建的基准面 1。点击【草图】绘制，选中【草图】工

具栏中的【圆】按钮⊙，以原点为圆心绘制一个圆。随后单击【草图】工具栏中的【智能尺寸】按钮，标注圆的直径为 40 mm。点击【确定】按钮。结果如图 3.1.82 所示。绘制完成后，点击【退出草图】。

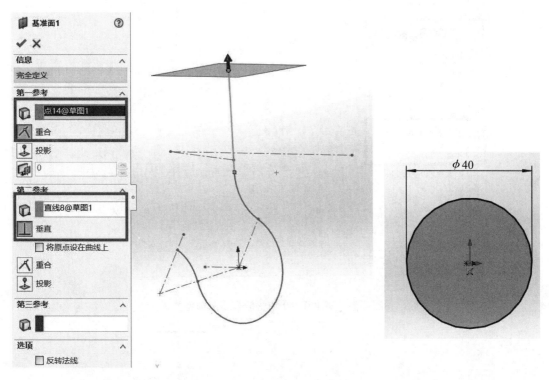

图 3.1.81 设置【基准面 1】属性管理器及模型预览　　　　图 3.1.82 草图 2

(5) 创建基准平面 2。单击【特征】工具栏，选中【参考几何体】下拉菜单，单击基准面。此时系统会弹出如图 3.1.83 所示的【基准面】属性管理器。设置【基准面】属性管理器，在第一参考栏里，选中【点 18@ 草图 1】，设置基准面 2 与该点重合；在第二参考栏中，选中【圆弧 3@ 草图 1】，设置基准面 1 与该条圆弧相垂直。然后点击【确定】按钮。【基准面】实体模型预览如图 3.1.83 所示。

(6) 绘制草图 3。选择第⑤步中创建的基准面 2。点击【草图】绘制，选中【草图】工具栏中的【圆】按钮⊙，以原点为圆心绘制一个圆。随后单击【草图】工具栏中的【智能尺寸】按钮，标注圆的直径为 15 mm。点击【确定】按钮。结果如图 3.1.84 所示。绘制完成后，点击【退出草图】。

(7) 绘制草图 4。在左侧的【Feature Manager 设计树】中选择【右视基准面】作为绘制图形的基准面。点击【草图】绘制，选中【草图】工具栏中的【圆】按钮⊙，以草图 1 的最低点为圆心绘制一个圆，添加几何关系，使圆心与草图 1 保持穿透关系。随后单击【草图】工具栏中的【智能尺寸】按钮，标注圆的直径为 40 mm。点击【确定】按钮。结果如图 3.1.85 所示。绘制完成后，点击【退出草图】。

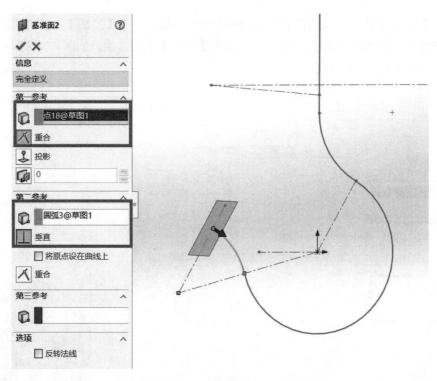

图 3.1.83 设置【基准面 2】属性管理器及模型预览

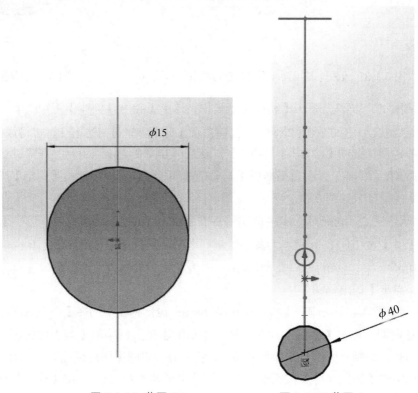

图 3.1.84 草图 3　　　　图 3.1.85 草图 4

　计算机辅助设计（CAD）造型建模技术

(8) 创建放样特征 1。选择菜单栏中的【插入】选项，选中【凸台 / 基体】一栏，单击【放样】按钮▲。此时会弹出【放样】属性管理器，对其进行如下设置：在【轮廓】栏中选择【草图 2】、【草图 3】以及【草图 4】，在【中心线参数】栏中选择【草图 1】，其余采用默认设置。然后点击确定按钮。【放样 1】属性管理器和实体模型预览如图 3.1.86 所示。

(9) 绘制草图 5。选择第⑥步创建的放样实体顶部的面作为绘制草图的基准面。点击【草图】绘制，选中【草图】工具栏中的【圆】按钮⊙。随后单击【草图】工具栏中的【智能尺寸】按钮，标注圆的直径为 35 mm。点击【确定】按钮。结果如图 3.1.87 所示。绘制完成后，点击【退出草图】。

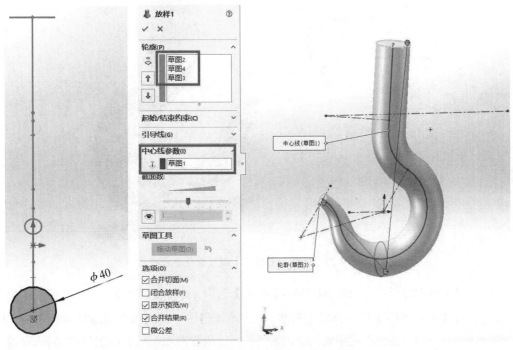

图 3.1.86 设置【放样 1】属性管理器及模型预览 t

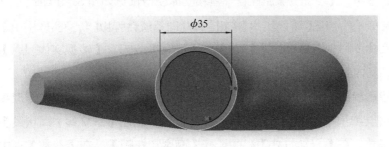

图 3.1.87 草图 5

(10) 拉伸切除实体。选择菜单栏中的【插入】选项，选中【切除】一栏，单击【拉伸】按钮。此时系统会弹出【切除 – 拉伸】属性管理器，在深度输入框中输入指定的数值

100 mm，其他采用默认设置。然后点击确定按钮。【切除 – 拉伸 1】属性管理器和实体模型预览如图 3.1.88 所示。

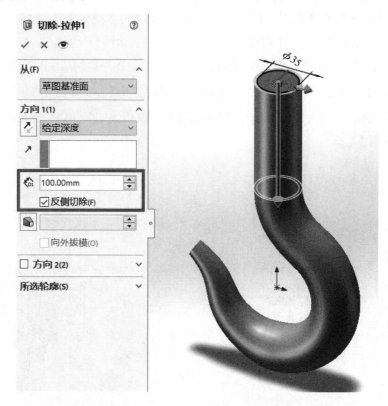

图 3.1.88 设置【切除 – 拉伸 1】属性管理器及模型预览

(11) 创建倒角特征。选择菜单栏中的【插入】选项，选中【特征】一栏，单击【倒角】按钮⬡。在【倒角类型】栏中选择【角度 – 距离倒角】⬈。在【要倒角化的项目】中选中边线 <1>，在【倒角参数】栏中输入距离为 2 mm，角度为 45°。其余设置均为默认设置。然后点击确定按钮。【倒角 1】属性管理器和实体模型预览如图 3.1.89 所示。

(12) 绘制草图 6。点击【转换实体】按钮⬡，此时系统会弹出【转换实体引用】属性管理器，在要转换的实体一栏中选择边线 <1>。点击【确定】按钮。【转换实体引用】属性管理器和实体模型预览如图 3.1.90 所示。

(13) 创建螺旋线 1。单击【特征】工具栏，点击【曲线】，选中【螺旋线 / 涡状线】▤。此时系统会弹出【螺旋线 / 涡状线】属性管理器。在【螺旋线 / 涡状线】属性管理器中进行参数设置：在【定义方式】栏中选择【高度和螺距】，在【参数】栏中选择【恒定螺距】，【高度】输入 60 mm，【螺距】设置为 4 mm，勾选【反向】按钮，【起始角度】设置为 0°，螺旋线设置为顺时针旋转，其他设置均为默认设置。然后点击确定按钮，【螺旋线 / 涡状线 1】属性管理器和实体模型预览如图 3.1.91 所示。

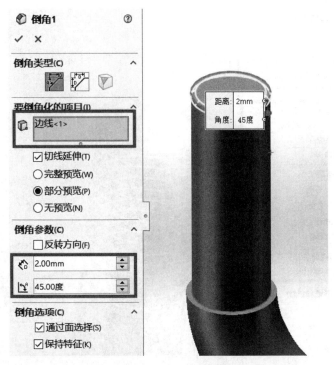

图 3.1.89 设置【倒角 1】属性管理器及模型预览

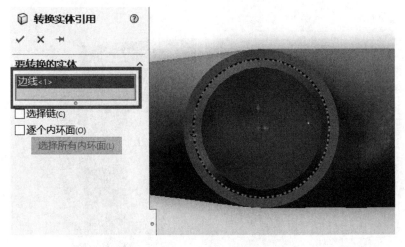

图 3.1.90 设置【转换实体引用】属性管理器及草图预览

(14) 创建基准平面 3。单击【特征】工具栏，选中【参考几何体】下拉菜单，单击基准面 。此时系统会弹出如图所示的【基准面】属性管理器。在【基准面】属性管理器中设置参数：在第一参考栏里，选中【点 <1>】为参考，设置基准面 3 与该点重合；在第二参考栏中，选中【边线 <1>】为参考，设置基准面 1 与该条边线相垂直。然后点击【确定】按钮。【基准面】属性管理器和实体模型预览如图 3.1.92 所示。

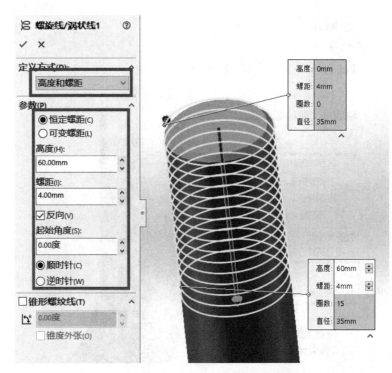

图 3.1.91 设置【螺旋线 / 涡状线 1】属性管理器及模型预览

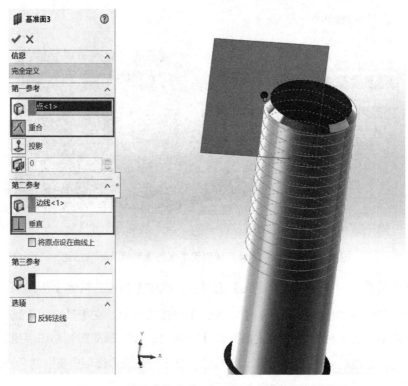

图 3.1.92 设置【基准面 3】属性管理器及模型预览

　计算机辅助设计（CAD）造型建模技术

(15) 创建 3D 草图 1。单击草图工具栏，单击 3D 草图 ⬚3D。点击【转换实体】按钮 ⬚，此时系统会弹出【转换实体引用】属性管理器，在要转换的实体一栏中选择刚创建好的螺旋线即边线 1。点击【确定】按钮。【基准面】属性管理器和实体模型预览如图 3.1.93 所示。

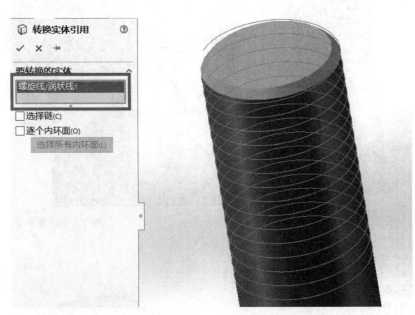

图 3.1.93 设置【转换实体引用】属性管理器及草图预览

(16) 单击【直线】 ✎，在转换好的螺旋线上画一条直线，并使其与螺旋线相切。单击【添加几何关系】按钮 ⊥，此时系统会弹出【添加几何关系】属性管理器，在【所选实体】栏中选择螺旋线和该直线，在【现有几何关系】栏中选择相切。点击【确定】按钮 ✓，完成创建 3D 草图，如图 3.1.94 所示。

(17) 绘制草图 7。在左侧的【Feature Manager 设计树】中选择【上视基准面】作为绘制图形的基准面。点击【草图】绘制，选中【草图】工具栏中的【多边形】按钮 ⊙，此时系统会弹出【多边形】属性管理器，边数设置为 3，选中内切圆。绘制一个等边三角形。随后单击【草图】工具栏中的【智能尺寸】按钮 ✎，标注等边三角形的边长为 3.1 mm。结果如图 3.1.95 所示。绘制完成后，点击【退出草图】 ⤶。

(18) 创建扫描切除特征 1。选中 3D 草图，选择菜单栏中的【插入】选项，选中【切除】一栏，单击【扫描】按钮 ⬚。此时系统会弹出【切除 – 扫描】属性管理器，对其进行如下设置：在【轮廓和路径】中选择【草图轮廓】，轮廓选择【草图 7】，路径选择【3D 草图 1】，其他采用默认设置。然后点击确定按钮，【切除 – 扫描 1】属性管理器和实体模型预览如图 3.1.96 所示。

图 3.1.94 3D 草图 1

图 3.1.95 草图 7

图 3.1.96 设置【切除－扫描 1】属性管理器及模型预览

(19) 创建圆顶特征。选择菜单栏中的【插入】选项，选中【特征】一栏，单击【圆顶】按钮 ⬭。在【参数】栏中，到圆顶的面选择面 <1>，距离设置为 8 mm，其余采用默认设置。然后点击确定按钮，【圆顶 1】属性管理器和实体模型预览如图 3.1.97 所示。

机械吊钩的最终模型如图 3.1.98 所示。

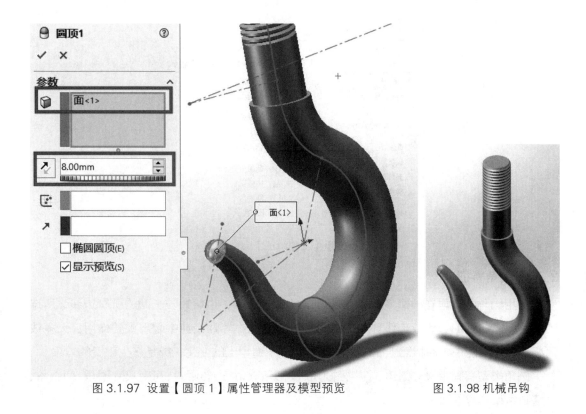

图 3.1.97 设置【圆顶 1】属性管理器及模型预览　　　　图 3.1.98 机械吊钩

3.2　工程特征

为了达到设计要求，在建立基础特征后还要对零件进行打孔、倒角、抽壳、拔模以及倒圆角等操作，这些特征通常被称为工程特征或构造特征。

本节重点内容为孔特征、倒圆角特征、倒角特征、壳特征、筋特征、拔模特征。

3.2.1　工程特征概述

在复杂的建模过程中，前面所学的基本特征命令有时不能完成相应的建模，需要利用一些高级的特征工具来完成模型的绘制或提高绘制的效率和规范性。这些功能使模型创建更加精细化，能更广泛地应用于各行业。

学习了实体基础特征的创建以后，可以应用工程特征对基础特征做进一步加工。工程特征主要包括孔特征、壳特征、筋特征、拔模特征、倒圆角特征以及倒角特征。

选择菜单栏中的【插入】选项，选中【特征】一栏，即可调用工程特征命令，如图 3.2.1所示。

图 3.2.1 使用【工程特征】命令的方法

3.2.2 圆角特征

使用圆角特征可在一个零件上生成内圆角或外圆角，也可为一个面的所有边线、所选的多组面、所选的边线或边线环生成圆角。圆角特征在零件设计中起着重要作用。大多数情况下，如果能在零件特征上加入圆角，则有助于造型上的变化，或是产生平滑的效果。

圆角类型有固定尺寸圆角、多半径圆角、圆形角圆角、逆转圆角、可变尺寸圆角、面圆角、完整圆角和非对称圆角。

一般而言，在生成圆角时最好遵循以下规则：

(1) 在添加小圆角之前添加较大圆角。当有多个圆角会聚于一个顶点时，首先生成较大的圆角。

(2) 在生成圆角前先添加拔模。如果要生成具有多个圆角边线及拔模面的铸模零件，在大多数的情况下，应在添加圆角之前添加拔模特征。

(3) 最后添加装饰用的圆角。在大多数其他几何体定位后尝试添加装饰圆角。越早添加圆角，则系统重建零件时花费的时间越长。

(4) 如要加快零件重建的速度，可使用单一圆角操作来处理需要相同半径圆角的多条边线。然而，如果改变此圆角的半径，则在同一操作中生成的所有圆角都会改变。

3.2.2.1 创建圆角特征

使用【圆角】命令，主要有如下 2 种调用方法：

(1) 单击【特征】工具栏中的【圆角】按钮 。

(2) 选择菜单栏中的【插入】选项，选中【特征】一栏，单击【圆角】按钮 ，如图 3.2.2 所示。

使用上述命令后系统会弹出【圆角】属性管理器，如图 3.2.3 所示。

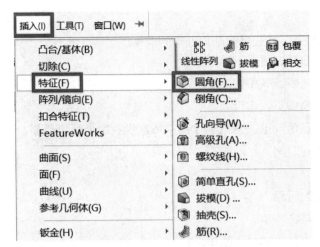

图 3.2.2 使用【圆角】命令的方法

图 3.2.3 【圆角】属性管理器

可以使用两个 Property Manager 选项：

手工：在特征层次保持控制。

Fillet Xpert(仅限对称等半径圆角)：SolidWorks 软件管理基本特征的结构。

【圆角类型】栏共有 4 个选项，分别是【固定尺寸圆角】、可变尺寸圆角、面圆角以及完整圆角。下面分别介绍这 4 种圆角的属性管理器。

3.2.2.1.1 固定尺寸圆角

该圆角类型是指生成整个边线上生成具有固定尺寸的圆角，且这些圆角半径都相同。单击恒定大小圆角按钮，【固定尺寸圆角】属性管理器如下图 3.2.4 所示。

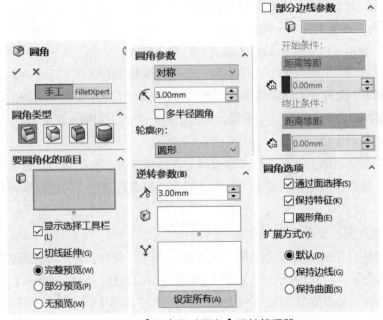

图 3.2.4 【固定尺寸圆角】属性管理器

(1)【要圆角化的项目】栏

边线、面、特征和环 ：在图形区域选择要圆角处理的实体。

显示选择工具栏：显示 / 隐藏选择加速器工具栏。

切线延伸：将圆角延伸到所有与所选面相切的面。

完全预览：显示所有边线的圆角预览。

部分预览：只显示一条边线的圆角预览。 按【A】键来依次观看每个圆角预览。

无预览：可提高复杂模型的重建时间。

(2)【圆角参数】栏

所选的圆角方法决定了哪个参数可用。

对称：创建一个由半径定义的对称圆角。

非对称：创建一个由两个半径定义的非对称圆角。

①圆角参数 – 对称

当在第一个选项栏中选择【对称】时，【圆角参数】栏有以下选项可供选择：

半径 ：设定圆角半径。

多半径圆角：以边线不同的半径值生成圆角。 可使用不同半径的三条边线生成边角。注意，不能为具有共同边线的面或环指定多个半径。

轮廓：设置圆角的轮廓类型。 轮廓定义圆角的横截面形状。

圆形、圆锥 (设置定义曲线重量的比率)、圆锥半径 (设置沿曲线的肩部点的曲率半径)

②圆角参数 – 非对称

当在第一个选项栏中选择【非对称】时，【圆角参数】栏有以下选项可供选择：

距离 1 ：设置圆角一侧的半径。

距离 2 ：设置圆角另一侧的半径。

反向 ：反转【距离 1】和【距离 2】的尺寸。

简档：设置圆角的轮廓类型。 轮廓定义圆角的横截面形状。

椭圆、圆锥 (设置定义曲线重量的比率)、曲率连续 (在相邻曲面之间创建更为连续的曲率，曲率连续圆角比标准圆角更平滑，因为边界处曲线的曲率无跳跃)。

(3)【逆转参数】栏

这些选项在混合曲面之间沿着零件边线进入圆角生成平滑的过渡。选择一顶点和一半径，然后为每条边线指定相同或不同的缩进距离。缩进距离为公共顶点到圆角开始相互混合的距离。

距离 ：从顶点测量而设定圆角的逆转距离。

逆转顶点 ：在图形区域中选择一个或多个顶点。 逆转圆角边线在所选顶点汇合。

逆转距离 ：以相应的逆转【距离】值列举边线数。要将不同的【逆转距离】应用到边线，在逆转距离中选取一条边线。然后设定【距离】并按下回车键。

设定未指定的：将当前的【距离】应用到【逆转距离】下没有指定距离的所有边线。

设定所有：应用当前的【距离】⚓到【逆转距离】⅄下的所有边线。

(4)【部分边线参数】栏

这些选项将沿模型边线创建具有指定长度的部分圆角。

开始条件：选择开始条件，例如无、等距离、等距百分比或选定参考。

终止条件：选择终止条件，例如无、等距离、等距百分比或选定参考。

(5)【圆角选项】栏

通过面选择：启用通过隐藏边线的面选择边线。

保留特征：如果应用一可覆盖特征的圆角半径，则保持切除或凸台特征可见。清除【保持特征】以包含使用圆角的切除或凸台特征。

圆形角：生成带圆形角的固定尺寸圆角。 选择至少两个相邻边线进行圆角化。 圆形角圆角在边线之间有一平滑过渡，可消除边线汇合处的尖锐接合点。

扩展方式：控制单一闭合边线 (如圆、样条曲线、椭圆) 上圆角在与边线汇合时的行为。共有以下 3 个选项可供选择：

默认：应用程序选择保持边线或保持曲面选项。

保持边线：模型边线保持不变，而圆角则调整。

保持曲面：圆角边线调整为连续和平滑，而更改模型边线以使其与圆角边线匹配。

特征附加：控制相交特征之间的边线附加。 在 Feature Manager 设计树中选择特征才能显示此选项。 根据需要，可以选择是否勾选【省略附加边线】选项。

省略附加边线：选择特征时可用，然后单击圆角工具。不应用圆角到有特征相交的边线。 清除此选项将会应用圆角到相交的边线。

3.2.2.1.2 可变尺寸圆角

该圆角类型是指生成带变半径值的圆角。使用控制点来帮助定义圆角。单击变量大小圆角按钮。【可变尺寸圆角】属性管理器如图 3.2.5 所示。

(1)【要圆角化的项目】栏。

要进行圆角处理的边线🔲：在图形区域中选择要进行圆角处理的实体。

(2)【变半径参数】栏。

所选的圆角方法决定了哪个参数可用。

图 3.2.5 【可变尺寸圆角】属性管理器

①变半径参数 – 对称。

当在第一个选项栏中选择【对称】时，【变半径参数】栏有以下选项可供选择。

附加的半径 ：列出在【圆角项目】下为【边线、面、特征和环】选择的边线顶点，并列出在图形区域中选择的控制点。

半径 ：设定圆角半径。在【附加的半径】中选择要应用到半径的顶点。注意，如果对闭合样条曲线进行圆角处理，且圆角的半径在任意一点都大于样条曲线边线的曲率，则可能会生成不希望出现的几何体。

轮廓：设置圆角的轮廓类型。轮廓定义圆角的横截面形状。

圆形、锥形（设置定义曲线重量的比率）、锥形半径（设置沿曲线的肩部点的曲率半径）

曲率连续：在相邻曲面之间创建更为连续的曲率。曲率连续圆角比标准圆角更为平滑，因为边界处曲率无跳跃。

实例数 ：设定边线上的控制点数。

平滑过渡：生成一个圆角，当一个圆角边线接合于一个邻近面时，圆角半径从一个半径平滑地变化为另一个半径。

直线过渡：生成一个圆角，圆角半径从一个半径线性变成另一个半径，但是不将切边与邻近圆角匹配。

②变半径参数 – 非对称。

当在第一个选项栏中选择【对称】时，【变半径参数】栏有以下选项可供选择：

附加的半径 ：列举在【圆角项目】下为【边线、面、特征和环】选择的边线顶点，并列举在图形区域中选择的控制点。连接到带 *V 列表中显示的多个圆角边线的顶点。这些顶点还显示图形区域中的多边线控制点，可在与顶点交叉的一个或多个边线上反转圆角的方向。单击多边线控制点以选择想要为其反转方向的边线。

距离 1 ：为一个圆角方向设置半径。

距离 2 ：为另一个圆角半径设置方向。

设定所有(A)：将当前距离【1】和距离【2】应用到【附加的半径】下的所有项目。

反向 ：反转距离【1】和距离【2】的尺寸。

轮廓：设置圆角的轮廓类型。轮廓定义圆角的横截面形状。

【椭圆】、【锥形】（设置定义曲线重量的比率）

实例数 ：设定边线上的控制点数。

平滑过渡：生成一个圆角，当一个圆角边线接合于一个邻近面时，圆角半径从一个半径平滑地变化为另一个半径。

直线过渡(R)：生成一个圆角，圆角半径从一个半径线性变化成另一个半径，但是不将切边与邻近圆角匹配。

(3)【逆转参数】栏。

这些选项在混合曲面之间沿着零件边线进入圆角生成平滑的过渡。选择一顶点和一半径，然后为每条边线指定相同或不同的缩进距离。缩进距离为沿每条边线的点，圆角在此开始混合到在共同顶点相遇的 3 个面。

3.2.2.1.3 面圆角

该圆角类型是用于混合非相邻、非连续的面。单击面圆角按钮，打开【面圆角】属性管理器，如图 3.2.6 所示。

(1)【要圆角化的项目】栏。

面组 1 ⬡：在图形区域中选择要混合的第一个面或第一组面。

面组 2 ⬡：在图形区域中选择要与【面组 1】混合的面。注意，如果为【面组 1】或【面组 2】选择多个面，则每组面必须平滑连接以使面圆角适当增添到所有面。

(2)【圆角参数】栏

所选的圆角方法决定了哪个参数可用。共有 4 个选项可供选择。

对称：创建一个由半径定义的对称圆角。

弦宽度：创建一个由弦宽度定义的圆角。

非对称：创建一个由两个半径定义的非对称圆角。

包络控制线：创建一个形状取决于零件边线或投影的分割线的面圆角。

①圆角参数 – 对称

当在第一个选项栏中选择【对称】时，可在【圆角参数】栏中设置弦宽度，或者在轮廓选项中选择曲率连续或选择圆形选项。

②圆角参数 – 弦宽度

当在第一个选项栏中选择【弦宽度】时，在【圆角参数】栏进行的操作同上。

弦宽度 ⬡：设置圆角的弦宽度。

轮廓：设置圆角的轮廓类型。轮廓定义圆角的横截面形状，主要有【圆形】和【曲率连续】两个选项。

③圆角参数 – 非对称

当在第一个选项栏中选择【非对称】时，【圆角参数】栏有以下选项可供选择：

距离 1 ⬡：设置圆角一侧的半径。

距离 2 ⬡：设置圆角另一侧的半径。

反向 ⬡：反转距离 1 和距离 2 的尺寸。

④圆角参数 – 包络控制线

当在第一个选项栏中选择【包络控制线】时，【圆角参数】栏有以下选项可供选择：

包络控制线边线：选择零件上一边线或面上一投影分割线作为决定面圆角形状的边界。圆角的半径由控制线和需圆角化的边线之间的距离驱动。

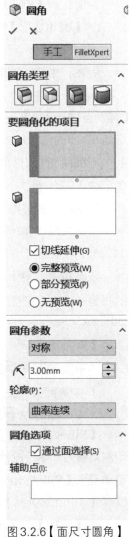

图 3.2.6【面尺寸圆角】
属性管理器

轮廓：有【圆】和【曲率连续】两个选项可供选择。

(3)【圆角选项】栏。

通过面选择：启用通过隐藏边线的面选择边线。

等宽：生成等宽的圆角。

辅助点：在可能不清楚在何处发生面混合时解决模糊选择。在【辅助点顶点】中单击，然后单击要插入面圆角的边侧上的一个顶点。圆角在靠近辅助点的位置处生成。

剪裁曲面（仅曲面）：有【剪裁和附加】和【不剪裁或附加】两个选线可供选择。

剪裁和附加：剪裁圆角的面并将曲面缝合成一个曲面实体。

不剪裁或附加：添加新的圆角曲面，但不剪裁面或缝合曲面。

3.2.2.1.4 完整圆角

该圆角类型用于生成相切于三个相邻面组（一个或多个面相切）的圆角。单击【完整圆角】按钮，打开【完整圆角】属性管理器，如图3.2.7所示。

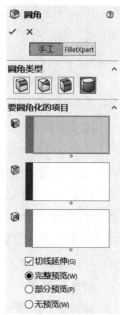

图3.2.7 【完整圆角】属性管理器

【要圆角化的项目】栏有：

· 边侧面组1：选择第一个边侧面。

· 中央面组：选择中央面。

· 边侧面组2：选择面组相反【边侧面组1】。

【Fillet Xpert】属性管理器可以帮助用户管理、组织和重新排序对称等半径圆角，让用户将精力集中于设计意图。【Fillet Xpert】属性管理器主要有如下4种功能：生成多个圆角、自动调用【Fillet Xpert】、在需要时自动重新排序圆角、管理所需的圆角类型。

【Fillet Xpert】属性管理器共有【添加】、【更改】以及【边角】三个选项卡。

(1)【添加】选项卡

【Fillet Xpert】属性管理器中【添加】选项卡如图3.2.8所示，用于生成新的等半径圆角，它的部分选项的含义如下：

①【圆角项目】栏

边线、面、特征和环：在图形区域中选择要进行圆角处理的实体。

半径：设定圆角半径。

②【选项】栏

通过面选择：在上色或HLR显示模式中启用隐藏边线的选择。

切线延伸：将圆角延伸到所有与选面相切的面。

完全预览：显示所有边线的圆角预览。

部分预览：只显示一条边线的圆角预览。按A键来依次观看每个圆角的预览图。

无预览：可提高复杂模型的重建时间。

(2)【更改】选项卡。

【Fillet Xpert】属性管理器中【更改】选项卡如图 3.2.9 所示，用于删除或调整的等半径圆角，它的部分选项的含义如下：

①【要更改的圆角】栏。

边线、面、特征和环 ：选择要调整大小或删除的圆角。可在以下 3 种方法中任选其一：

a) 在图形区域中选择个别边线。

b) 从包含多条圆角边线的圆角特征删除个别边线或调整其大小。

c) 以图形方式编辑圆角，不必知道边线在圆角特征中的组织方式。

半径 ：设定新的圆角半径。

重新安排大小：将所选圆角修改为设定的半径值。

移除：从模型中删除所选的圆角。

②【现有圆角】栏。

按大小排列：按大小过滤所有圆角。 从列表中选择圆角大小以选择模型中包含该值的所有圆角，同时将它们显示在【边线、面、特征和环】  下。 然后可以根据需要删除圆角或调整其大小。

(3)【边角】选项卡。

对于 3 条圆角边汇合在一个顶点的情况，可使用【Fillet Xpert】属性管理器中的【边角】选项卡来创建和管理圆角边角特征。【Fillet Xpert】属性管理器中【边角】选项卡如图 3.2.10 所示。

图 3.2.8【Fillet Xpert】属性管理器中的【添加】选项卡

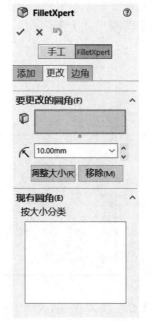

图 3.2.9 【Fillet Xpert】属性管理器中的【更改】选项卡

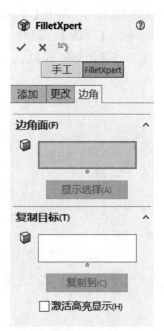

图 3.2.10 【Fillet Xpert】属性管理器中的【边角】选项卡

【Fillet Xpert】属性管理器中【边角】选项卡的一些选项的含义如下：

①【边角面】栏。

边角面⬛：在图形区域中选取圆角。

显示选择：以弹出式样显示交替圆角预览。

②【复制目标】栏。

复制目标：选取目标圆角以复制在边角面下选取的圆角。在复制目标中单击时，如果选取激活高亮显示，兼容的目标圆角将在图形区域中高亮显示。

只可复制到兼容的圆角。例如，可将 2 个凸起圆角和带有比其他边线要大的半径的凹陷圆角相组合的圆角复制到具有相同描述的圆角。相类似的边角存在例外情形。

某些凸形、凹陷及半径组合非常相似，可复制其间的圆角； 还可从简单圆角复制到复杂圆角，反之亦然。

激活高亮显示：在单击【复制目标】⬛时高亮显示所有兼容的目标圆角。

3.2.2.2 创建圆角特征

3.2.2.2.1 创建等半径圆角特征

(1) 新建一个零件文件。单击快速访问工具栏中的【新建】按钮▢，在弹出的【新建 SolidWorks 文件】对话框中单击【零件】按钮🧊，然后单击【确定】按钮，创建一个新的零件文件。

(2) 绘制草图。在左侧的【Feature Manager 设计树】中选择【上视基准面】作为绘制图形的基准面。单击【草图】工具栏中的【中心矩形】按钮▢，以原点为起点绘制一个矩形；单击【草图】工具栏中的【智能尺寸】按钮✎，标注草图的尺寸，结果如图 3.2.11 所示。点击【退出草图】↵。

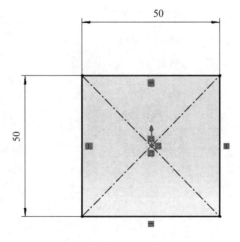

图 3.2.11 草图以及尺寸标注

(3) 拉伸实体。选择菜单栏中的【插入】选项，选中【凸台 / 基体】一栏，单击【拉伸】

按钮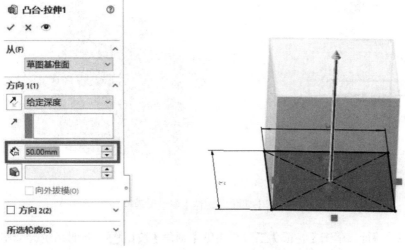。此时系统会弹出【凸台 – 拉伸】属性管理器，在深度输入框中输入指定的数值
10 mm，其他采用默认设置。然后单击【确定】按钮。结果如图 3.2.12 所示。

图 3.2.12 【凸台 – 拉伸】属性管理器

(4) 绘制草图。在左侧的【Feature Manager 设计树】中选择【凸台拉伸面】作为绘
制图形的基准面。单击【草图】工具栏中的【边角矩形】按钮，以原点为起点绘制一个
矩形；单击【草图】工具栏中的【智能尺寸】按钮，标注草图的尺寸，结果如图 3.2.13
所示。点击【退出草图】。

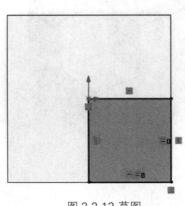

图 3.2.13 草图

(5) 切除实体模型。绘制完成后，绘制完成后，选中上一步绘制好的草图。单击【特征】
工具栏中的【拉伸切除】按钮，此时系统会弹出【切除 – 拉伸】属性管理器，在深度输
入框中输入指定的数值 25 mm，其他采用默认设置。然后单击【确定】按钮，结果如图 3.2.14
所示。

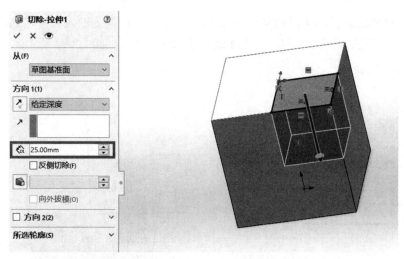

图 3.2.14 【切除－拉伸】属性管理器

(6) 创建圆角特征。单击【特征】工具栏中的【圆角】按钮 🔘 ，此时系统会弹出【圆角】属性管理器，在要圆角化的项目中选中如图 3.2.15 所示的 5 条边线，在圆角参数栏中输入半径为 5 mm，其他采用默认设置。然后单击【确定】按钮，打开【圆角】属性管理器，如图 3.2.15 所示。最终具有等半径圆角的实体模型如图 3.2.16 所示。

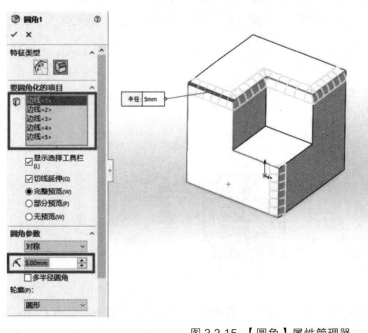

图 3.2.15 【圆角】属性管理器

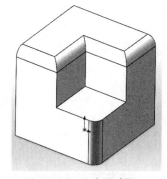

图 3.2.16 具有等半径圆角的实体模型

3.2.2.2.2 创建逆转圆角特征

(1) 新建一个零件文件。单击快速访问工具栏中的【新建】按钮 🗋 ，在弹出的【新建 SolidWorks 文件】对话框中单击【零件】按钮 🧊 ，然后单击【确定】按钮，创建一个新的零件文件。

(2) 绘制草图。在左侧的【Feature Manager 设计树】中选择【上视基准面】作为绘制图形的基准面。单击【草图】工具栏中的【中心矩形】按钮 ▢，以原点为起点绘制一个矩形；单击【草图】工具栏中的【智能尺寸】按钮 🖋，标注草图的尺寸，结果如图 3.2.17 所示。点击【退出草图】 ↵。

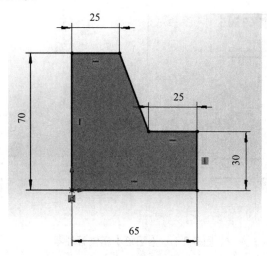

图 3.2.17 草图以及尺寸标注

(3) 拉伸实体。选择菜单栏中的【插入】选项，选中【凸台 / 基体】一栏，单击【拉伸】按钮 🔲。此时系统会弹出【凸台 – 拉伸】属性管理器，在深度输入框中输入指定的数值 20 mm，其他采用默认设置。然后单击【确定】按钮。结果如图 3.2.18 所示。

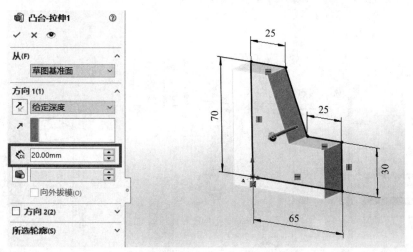

图 3.2.18 【凸台 – 拉伸】属性管理器

(4) 创建逆转圆角特征。单击【特征】工具栏中的【圆角】按钮 🔲，此时系统会弹出【圆角】属性管理器，在【要圆角化的项目】栏中选中如图 3.2.19 所示的 5 条边线，在圆角参数栏中输入半径为 5mm。其他采用默认设置。

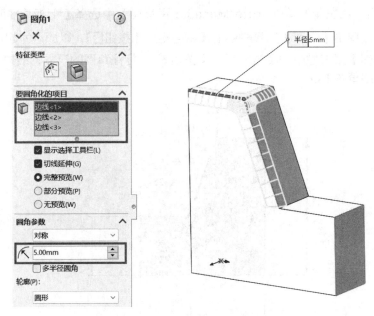

图 3.2.19 【圆角】属性管理器

(5) 点击逆转参数，然后选择图 3.2.20 所指的顶点为逆转顶点。最后在【逆转距离】栏中输入逆转距离，边线 1 为 2.5 mm，边线 2 为 3 mm，边线 3 为 4 mm，其他采用默认设置。【圆角】属性管理器如图 3.2.20 所示。

(6) 点击【确定】按钮。最终逆转圆角建模结果如图 3.2.21 所示。

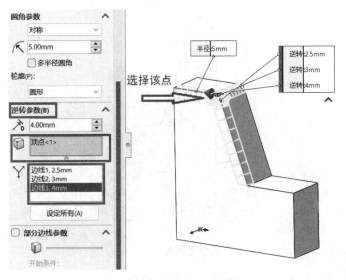

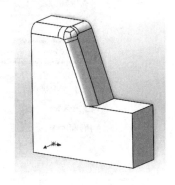

图 3.2.20 【圆角】属性管理器　　　　　　　　　图 3.2.21 逆转圆角特征建模

3.2.3 倒角特征

在 SolidWorks 2021 中可以创建和修改倒角。倒角特征可以对边或者拐角进行斜切削，以避免产品周围棱角过于尖锐，或者是为了配合造型设计的需要。进行倒角的曲面可以是实体模型曲面或者是常规的 SolidWorks 零厚度面组或曲面。

3.2.3.1 创建倒角特征

使用【倒角】命令，主要有以下 2 种调用方法：

(1) 单击【特征】工具栏中的【倒角】按钮 ⬡。

(2) 选择菜单栏中的【插入】选项，选中【特征】一栏，单击【倒角】按钮 ⬡，如图 3.2.22 所示。

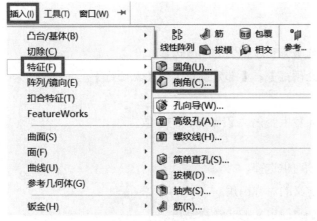

图 3.2.22 使用【倒角】命令的方法

使用上述命令后系统会弹出【倒角】属性管理器，如图 3.2.23 所示。

【倒角】属性管理器中的一些选项的含义如下：

(1)【倒角类型】栏。

角度距离 ⬩：在倒角【Property Manager】或图形区域中设置【距离】和【角度】。将出现一个控标，指向测量距离所在的方向。选择控标以反转方向，或者单击【反转方向】。

距离 ⬩：选择实体的边线或面。在【倒角参数】下，选择【倒角方法】以输入选定倒角边线上每一侧的距离的【非对称】值，或选择【对称】以指定单个值。

顶点 ⬡：在所选顶点每侧输入三个距离值，或单击【相等距离】并指定一个数值。

等距面 ⬩：通过偏移选定边线旁边的面来求解等距面倒角。该软件将计算等距面的交叉点，然后计算从该点到每个面的法向以

图 3.2.23 【倒角】属性管理器

创建倒角。

在非平面之间执行倒角化时，该方法可生成可预测的结果。等距面倒角可根据逐个边线更改方向，并且它们支持倒角化整个特征和曲面几何图形。

面 – 面 ✐：混合非相邻、非连续的面。面 – 面倒角可创建对称、非对称、包络控制线和弦宽度倒角。

(2)【要倒角化的项目】栏。

选项会根据【倒角类型】而发生变化。选择适当的项目来加倒角。

【边线、面和环】以及【边线、面、特征和环】🗊

要倒角化的顶点 🗊

要倒角化的边线 🗊

面组 1 和面组 2 🗊

切线延伸：将倒角延伸到与所选实体相切的面或边线。

选择预览模式：选择【完全预览】、【部分预览】或【无预览】。

(3)【倒角参数】栏。

选项会根据【倒角类型】而发生变化。设置适当的参数。

反向

倒角方法：有以下 4 种选项可供选择。

①对称：创建一个由半径定义的对称倒角。

②非对称：创建一个由两个半径定义的非对称倒角。

③弦宽度：在设置的弦距离处为【宽度】创建【面 – 面倒角】✐。

④包络控制线：创建一个形状取决于零件边线或投影的分割线的面圆角。

距离 ⟨⟩

角度 ⟨⟩

等距：为从顶点的距离应用单一值。设定距离 ⟨⟩。

偏移距离

多距离倒角：适用于带【对称】参数的等距面倒角。选择多个实体，然后编辑【距离】标注以设定值。

(4)【倒角选项】栏。

通过面选择 (S)：启用通过隐藏边线的面选择边线。

保持特征：用于经保留诸如切除或拉伸之类的特征，这些特征在应用倒角时通常被移除。

辅助点：在可能不清楚在何处发生面混合时解决模糊选择。在【辅助点顶点】中单击，然后单击要插入面 – 面倒角的边侧上的一个顶点。倒角在靠近辅助点的位置处生成。

3.2.3.2 实战操作

3.2.3.2.1 创建角度 – 距离倒角特征

(1) 新建一个零件文件。单击快速访问工具栏中的【新建】按钮□，在弹出的【新建 SolidWorks 文件】对话框中单击【零件】按钮🗔，然后单击【确定】按钮，创建一个新的零件文件。

(2) 绘制草图。在左侧的【Feature Manager 设计树】中选择【上视基准面】作为绘制图形的基准面。单击【草图】工具栏中的【直线】按钮✏，以原点为起点绘制一个矩形；单击【草图】工具栏中的【智能尺寸】按钮✷，标注草图的尺寸，结果如图 3.2.24 所示。点击【退出草图】↩。

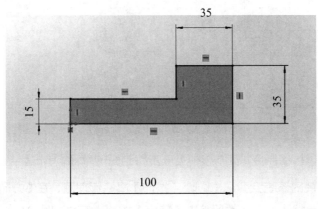

图 3.2.24 草图以及尺寸标注

(3) 拉伸实体。选择菜单栏中的【插入】选项，选中【凸台 / 基体】一栏，单击【拉伸】按钮🗊。此时系统会弹出【凸台 – 拉伸】属性管理器，在深度输入框中输入指定的数值 50 mm，其他采用默认设置。然后单击【确定】按钮。结果如图 3.2.25 所示。

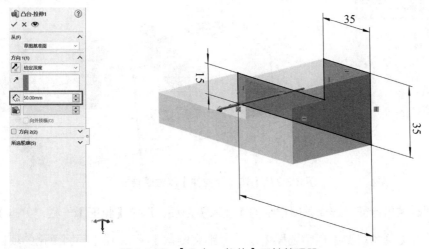

图 3.2.25 【凸台 – 拉伸】属性管理器

(4) 绘制草图。在左侧的【Feature Manager 设计树】中选择【前视基准面】作为绘制图形的基准面。单击【草图】工具栏中的【中心线】按钮✎，以矩形窄边中点为起点绘制一条中心线；单击【草图】工具栏中的【圆形】按钮⊙，以左侧凸台长方形中心为圆心绘制一个圆；单击【草图】工具栏中的【圆形】按钮⊙，以右侧凸台长方形中心为圆心绘制一个圆；单击【草图】工具栏中的【智能尺寸】按钮✎，标注草图的尺寸，结果如图 3.2.26所示。点击【退出草图】↳。

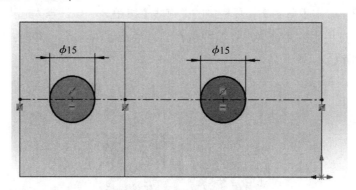

图 3.2.26　草图以及尺寸标注

(5) 切除实体模型。绘制完成后，选中上一步绘制好的草图。单击【特征】工具栏中的【拉伸切除】按钮▣，此时系统会弹出【切除－拉伸】属性管理器，在【方向 1】栏中选择【完全贯穿】，其他采用默认设置。然后单击【确定】按钮，结果如图 3.2.27 所示。

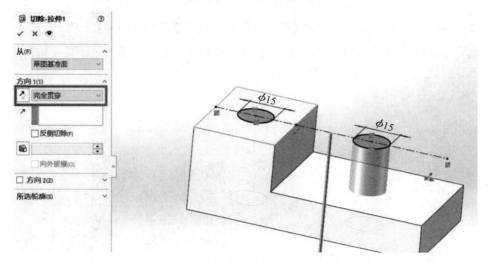

图 3.2.27　【切除－拉伸】属性管理器

(6) 创建倒角特征。选择菜单栏中的【插入】选项，选中【特征】一栏，单击【倒角】按钮◈。在【倒角类型】栏中选择【角度－距离倒角】↗。在【要倒角化的项目】中选中如图 3.2.28 所示的 2 条边线，在【倒角参数】栏中输入距离为 2 mm，角度为 45°，其余设置均为默认设置。结果如图 3.2.28 所示。

点击【确定】按钮。最终建模结果如图 3.2.29 所示。

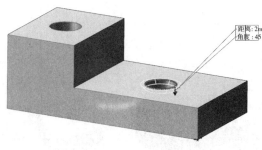

图 3.2.28 【倒角】属性管理器

图 3.2.29 角度－距离倒角特征

3.2.3.2.2 创建距离－距离倒角

(1) 该步骤与例子一创建角度－距离倒角中的前 5 个步骤相同，即重复上述 5 个步骤。

(2) 创建倒角特征。选择菜单栏中的【插入】选项，选中【特征】一栏，单击【倒角】按钮⬡。在【倒角类型】栏中选中【距离－距离倒角】🗡，在【要倒角化的项目】中选中如图 3.2.30 所示的 2 条边线，在【倒角参数】栏中输入【距离 1】为 2 mm，距离 2 为 3 mm。其余设置均为默认设置。结果如图 3.2.30 所示。

(3) 点击【确定】按钮。最终建模结果如图 3.2.31 所示。

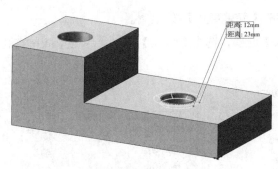

图 3.2.30 【倒角】属性管理器

图 3.2.31 距离－距离倒角特征

3.2.3.2.3 创建顶点倒角特征

(1) 该步骤与例子一创建角度－距离倒角中的前 5 个步骤相同，即重复上述 5 个步骤。

(2) 创建倒角特征。选择菜单栏中的【插入】选项，选中【特征】一栏，单击【倒角】按钮⬡。在【倒角类型】栏中选中【顶点倒角】◹，在【要倒角化的项目】中选中如图 3.2.32 所示的顶点，在【倒角参数】栏中输入【距离 1】为 10 mm，【距离 2】为 10 mm，【距离 3】为 10 mm。其余设置均为默认设置。结果如图 3.2.32 所示。

(3) 点击【确定】按钮。最终建模结果如图 3.2.33 所示。

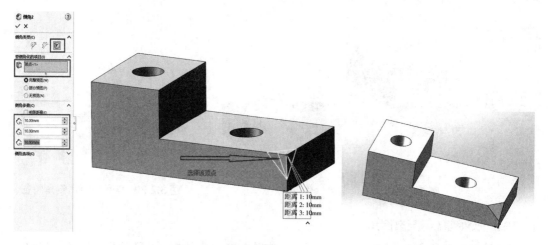

图 3.2.32 【倒角】属性管理器　　　　　　　图 3.2.33 顶点倒角特征

3.2.4 孔特征

钻孔特征是指在已有的零件上生成各种类型的孔特征。在平面上放置孔并设置深度，可以通过标注尺寸的方法定义它的位置。SolidWorks 提供了两大类孔特征：简单直孔和异型孔。

3.2.4.1 创建简单直孔

使用【简单直孔】命令，主要有以下 2 种调用方法：

(1) 单击【特征】工具栏中的【简单直孔】按钮 。

(2) 选择菜单栏中的【插入】选项，选中【特征】一栏，单击【简单直孔】按钮 ，如图 3.2.34 所示。

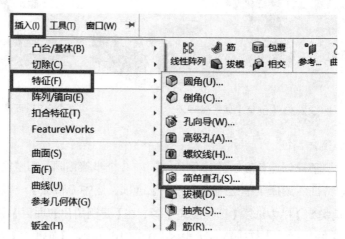

图 3.2.34 使用【简单直孔】命令的方法

使用上述命令后系统会弹出【孔】属性管理器,如图 3.2.35 所示。

【孔】属性管理器中一些选项的含义如下:

(1)【从】栏

为简单直孔特征设定开始条件。

草图基准面:从草图所处的同一基准面开始简单直孔。

曲面/面/基准面:从这些实体之一开始简单直孔。为【曲面/面/基准面】 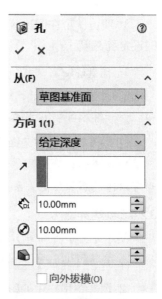 选择有效的实体。

顶点:从为【顶点】 选择的顶点开始简单直孔。

偏移:在从当前草图基准面等距的基准面上开始简单直孔。为【输入偏移值】设定偏移距离。

图 3.2.35 【孔】属性管理器

(2)【方向 1】栏

终止条件:该下拉列表框中包括以下选项。

①给定深度:设定深度 ,从草图的基准面以指定的距离延伸特征。

②完全贯穿:从草图的基准面拉伸特征直到贯穿所有现有的几何体。

③成形到下一面:从草图的基准面延伸特征到下一面以生成特征。

④成形到一顶点:在绘图区选择一个顶点 ,从草图基准面拉伸特征到一个平面,这个平面将平行于草图基准面且穿越指定的顶点。

⑤成形到一面:在绘图区选择一个要延伸到的面或基准面作为【面/基准面】 ,双击曲面将【终止条件】更改为【成形到面】,以所选曲面作为终止曲面。

⑥到离指定面指定的距离:在绘图区选择一个面或基准面作为【面/基准面】 ,然后输入等距距离 。选择【转化曲面】可以使拉伸结束在参考曲面转化处,而非实际的等距。必要时,选择【反向等距】以便以反方向等距移动。

⑦拉伸方向 : 以除了垂直于草图轮廓以外的方向拉伸孔。有以下 10 种选项可供选择,包括圆柱面、圆锥面、平面、草图点、顶点、线性边线、线性草图实体、参考轴、参考基准面以及参考几何体中的点。

⑧面/平面 :在图形区域中选择一个面或基准面,以在选取成形到曲面或到离指定面指定的距离为终止条件时设定孔深度。

等距距离 :当选择【给定深度】或【到离指定面指定的距离】为【终止条件】时,设定孔深度或等距距离。根据需要,有以下两种选项可供选择。

⑨反向等距:以与所选【等距距离】 相反的方向应用指定的【面/基准面】 。

⑩平移曲面:相对于所选曲面或基准面应用指定的【等距距离】 。要使用真实等距,请取消选中【平移曲面】。

⑪ 顶点 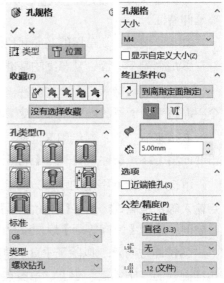：在图形区域中选择一顶点或中点以在用户选择【成形到顶点】为【终止条件】时设定孔深度。

⑫ 孔直径 ：指定孔的直径。

⑬ 拔模开/关 ：添加拔模到孔。设置【拔模角度】以指定拔模度数。根据需要，有以下一种选项可供选择。

⑭ 向外拔模：在选择【拔模打开/关闭】 时生成向外拔模角度。

注意事项：在确定简单孔的位置时，可以通过标注尺寸的方式来确定，对于特殊的图形可以通过添加几何关系来确定。

3.2.4.2 创建异型孔

使用【异型孔向导】命令，主要有以下 2 种调用方法：

(1) 单击【特征】工具栏中的【异型孔向导】按钮 。

(2) 选择菜单栏中的【插入】选项，选中【特征】一栏，单击【孔向导】按钮 ，如图 3.2.36 所示。

使用上述命令后系统会弹出【孔规格】属性管理器，如图 3.2.37 所示。

图 3.2.36 使用【异型孔向导】命令的方法

图 3.2.37 【孔规格】属性管理器

在属性管理器中共有两个选项卡：

(1) 类型 (默认)：设定孔类型参数。

(2) 位置：在平面或非平面上找出异型孔向导孔。使用尺寸、草图工具、草图捕捉和推理线来定位孔中心。

可在这些选项卡之间转换。例如，选择【位置】选项卡并找出孔，然后选择【类型】选项卡并定义孔类型，接着再次选择【位置】选项卡并添加更多孔。

注意事项：

若想添加不同的孔类型，将之添加为单独的异型孔向导特征。

可用的属性管理器选项依赖于在孔规格中所选择的孔类型。

下面分别介绍这两种选项卡：

(1)【类型】选项卡。

①【收藏】栏。

管理可在模型中重新使用的异型孔向导孔的样式清单。

应用默认/无收藏 ：重设到【没有选择收藏】及默认设置。

添加或更新收藏 ：将所选【异型孔向导】孔添加到【收藏夹】列表中。要添加样式，单击按钮 ，输入一个名称，然后单击【确定】按钮。要更新样式，可在【类型】上编辑属性，在【收藏】中选择孔，然后单击 并输入新名称或现有名称。

删除收藏 ：删除所选的样式。

保存收藏 ：保存所选的样式。单击此选项，然后浏览到文件夹。可编辑文件名称。

装入收藏 ：装载样式。单击此选项，浏览到文件夹，然后选择一样式。

②【孔类型】栏。

【孔规格】选项根据【孔类型】而有所不同。使用属性管理器图像和描述性文字来设置选项。

孔类型包括柱形沉头孔 、锥形沉头孔 、孔 、直螺纹孔 、锥形螺纹孔 、旧制孔 、柱形沉头孔槽口 、锥形沉头孔槽口 以及槽口 。其中柱形沉头孔槽口、锥形沉头孔槽口以及槽口是指定长度为【槽口长度】 的槽口孔。

标准：在该下拉列表框中可以选择与柱形沉头孔连接的紧固件的标准，如【ISO】、【AnsiMetric】、【JIS】等。

类型：在该下拉列表框中可以选择与柱形沉头孔对应紧固件的螺栓类型，如六角凹头、六角螺栓、凹肩螺钉、六角螺钉和平盘头十字切槽等。一旦选择了紧固件的螺栓类型，异型孔向导将立即更新对应参数栏中的项目。

③【孔规格】栏。

大小：在该下拉列表框中可以选择柱形沉头孔对应紧固件的尺寸，如 M5、M6 等。

配合：用来为扣件选择套合。该下拉列表框包含【紧密】【正常】【松弛】三个选项，分别表示柱孔与对应的紧固件配合较紧、正常范围、配合较松散。

显示自定义大小：大小调整选项会根据孔类型而发生变化。使用【Property Manager】图像和描述性文字来设置选项(如直径、深度和底部角度)。可以修改框中的值。若想返回到默认值，单击【恢复默认值】。框的背景颜色默认值是白色，修改值是黄色。

④【终止条件】栏。

终止条件选项根据孔类型而有所不同。使用【Property Manager】图像和描述性文字来设置选项。从列表中选择一个终止条件。要反转方向，请单击反向。根据条件和孔类型设置其他的终止条件选项。

盲孔深度(仅适用于给定深度) 📏 ：设定孔深度。对于螺纹孔，可设定螺纹深度和类型。 对于管螺纹孔，可设定螺纹深度。默认情况下选定【自动计算深度】。如果在【大小】下选取不同的孔【孔规格】，终止条件深度将自动更新。 如果消除【自动计算深度】 🔗 ，终止条件在更改【大小】时将不再自动更新。注意，可以修改框中的值。若想返回到默认值，单击【恢复默认值】。框的背景颜色默认值是白色，修改值是黄色。

顶点(仅适用于成形到顶点) 📦 ：选择一个顶点。

面/曲面/基准面(仅适用于成形到曲面和曲面偏移) 📦 ：选择一个面、曲面或基准面。

直至肩部的深度 📏 ：适用于盲孔、成形到顶点、成形到曲面或曲面上偏移。

直至端部的深度 📏 ：适用于盲孔、成形到顶点、成形到曲面或曲面上偏移。

等距距离(仅适用于曲面偏移) 📐 ：从所选面、曲面或基准面设定等距距离。

⑤【选项】栏。

【选项】会根据孔类型而发生变化。 使用【Property Manager】图像和描述性文字来设置选项，有以下三个选项可供选择。

螺钉间隙：对于【柱孔】，设定除【0.00】以外的【头间隙】值将使用文档单位而将该值添加到扣件头上。

近端锥孔、螺钉下锥孔和远端锥孔：设置直径和角度。

装饰螺纹线和螺纹等级：有以下三种螺纹选项可供选择。

螺纹钻孔直径 📏 ：在螺纹钻孔直径处理切割孔。

装饰螺纹线 📏 ：以装饰螺纹线在螺纹钻孔直径处理切割孔。带螺纹标注，且只给工程图添加注解。

移除螺纹线 📏 ：在螺纹直径处理切割孔。

⑥【特征范围】栏。

指定您想要特征影响到哪些实体或零部件。

对于多体零件，参阅多实体零件中的特征范围。

对于装配体，参阅装配体中的特征范围。

⑦【公差/精度】栏。

指定公差和精度的值。此部分还可用于装配体中的异型孔向导特征。公差值将自动拓展至工程图中的孔标注。如果您更改孔标注中的值，则将在零件中更新相应值。也可以为各配置设置不同的公差值。

标注值：选择孔类型的描述，如【通孔直径】和【近端锥形沉头孔直径】等。

公差类型：从列表中选择【无】、【基本】、【双边】、【限制】和【对称】等。

最大变量+：输入数值。

最小变量－：输入数值。

显示括号：选择以在括号中显示公差值。

单位精度：从清单中为第二测量单位的尺寸值选择小数点后的位数。

公差精度：从清单中为第二测量单位的公差值选择小数点后的位数。

(2)【位置】选项卡。

【定位异型孔向导孔】栏

激活【位置】选项卡后，孔的第一个草图点和上色预览后面跟着指针，直到单击。在屏幕上移动指针时，可以利用草图捕捉和推理线来精准确认放置点。

还可以使用尺寸和其他草图工具来定位孔中心。您可连续放置同一类型多个孔。异形孔向导为孔生成【2D 草图】，除非您选择非平面或单击【3D 草图】。

3.2.4.3 实战操作

创建简单直孔

①新建一个零件文件。单击快速访问工具栏中的【新建】按钮📄，在弹出的【新建 SolidWorks 文件】对话框中单击【零件】按钮🍱，然后单击【确定】按钮，创建一个新的零件文件。

②绘制草图。在左侧的【Feature Manager 设计树】中选择【上视基准面】作为绘制图形的基准面。单击【草图】工具栏中的【边角矩形】按钮⬜，以原点为起点绘制一个矩形；单击【草图】工具栏中的【智能尺寸】按钮🖋，标注草图的尺寸，结果如图 3.2.38 所示。点击【退出草图】↳。

③拉伸实体。选择菜单栏中的【插入】选项，选中【凸台/基体】一栏，单击【拉伸】按钮🧊。此时系统会弹出【凸台 – 拉伸】属性管理器，在深度输入框中输入指定的数值 10 mm，其他采用默认设置。然后单击【确定】按钮。结果如图 3.2.39 所示。

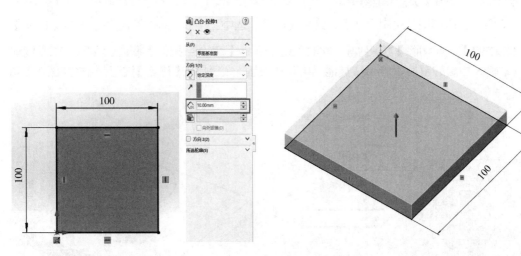

图 3.2.38 草图以及尺寸标注　　　　　　　图 3.2.39 【凸台 – 拉伸】属性管理器

④绘制草图。在左侧的【Feature Manager 设计树】中选择【凸台拉伸面】作为绘制图形的基准面。单击【草图】工具栏中的【圆形】按钮⊙，以凸台正方形中心为圆心绘制

一个圆；单击【草图】工具栏中的【智能尺寸】按钮 🖋，标注草图的尺寸，结果如图 3.2.40 所示。点击【退出草图】🕞。

⑤拉伸实体。选择菜单栏中的【插入】选项，选中【凸台 / 基体】一栏，单击【拉伸】按钮 📦。此时系统会弹出【凸台 – 拉伸】属性管理器，在深度输入框中输入指定的数值 20 mm，其他采用默认设置。然后单击【确定】按钮。结果如图 3.2.41 所示。

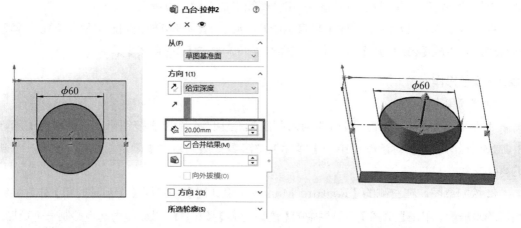

图 3.2.40 草图以及尺寸标注　　　　　　　图 3.2.41 【凸台 – 拉伸】属性管理器

⑥绘制草图。在左侧的【Feature Manager 设计树】中选择【圆形凸台拉伸面】作为绘制图形的基准面。单击【草图】工具栏中的【圆形】按钮 ⊙，以凸台正方形中心为圆心绘制一个圆；单击【草图】工具栏中的【智能尺寸】按钮 🖋，标注草图的尺寸，结果如图 3.2.42 所示。点击【退出草图】🕞。

⑦切除实体模型。绘制完成后，绘制完成后，选中上一步绘制好的草图。单击【特征】工具栏中的【拉伸切除】按钮 📦，此时系统会弹出【切除 – 拉伸】属性管理器，在深度输入框中输入指定的数值 30 mm，其他采用默认设置。然后单击【确定】按钮，结果如图 3.2.43 所示。

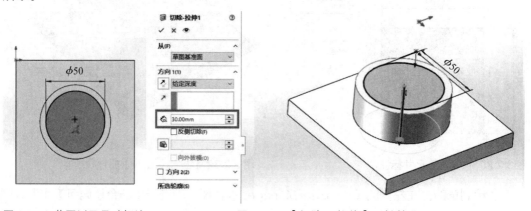

图 3.2.42 草图以及尺寸标注　　　　　　　图 3.2.43 【切除 – 拉伸】属性管理器

⑧创建圆角特征。单击【特征】工具栏中的【圆角】按钮 ⬡，此时系统会弹出【圆角】属性管理器，在要圆角化的项目中选中如图3.2.44所示的5条边线，在圆角参数栏中输入半径为3 mm，其他采用默认设置。然后单击【确定】按钮，【圆角】属性管理器如图3.2.44所示。

⑨编辑孔的位置。然后绘制草图。在左侧的【Feature Manager 设计树】中选择【凸台拉伸面】作为绘制图形的基准面。单击【草图】工具栏中的【中心矩形】按钮 ▢，以圆心为起点绘制一个矩形；单击【草图】工具栏中的【智能尺寸】按钮 ⬈，标注草图的尺寸，结果如图3.2.45所示。点击【退出草图】↩。

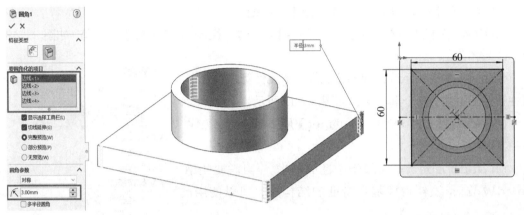

图 3.2.44 【圆角】属性管理器　　　　　　　　图 3.2.45 草图以及尺寸标注

⑩创建简单直孔。选择菜单栏中的【插入】选项，选中【特征】一栏，单击【简单直孔】按钮 ⬡。此时系统会弹出【简单直孔】属性管理器。在深度输入框中输入指定的数值10 mm，孔的直径输入为10 mm，设置孔的圆心与矩形草图的左下角重合，其他设置采用默认设置。然后单击【确定】按钮。结果如图3.2.46所示。

⑪创建其他3个孔。重复 Step10，创建参数相同的其他3个孔，孔的中心与矩形其他三个端点重合。最终生成模型如图3.2.47所示。

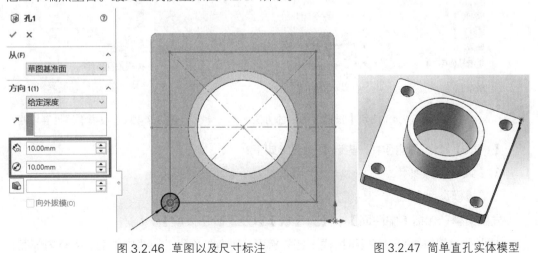

图 3.2.46 草图以及尺寸标注　　　　　　　　图 3.2.47 简单直孔实体模型

3.2.5 拔模特征

拔模是零件模型上常见的特征，是以指定的角度斜削模型中所选的面。经常应用于铸造零件，拔模角度的存在可以使型腔零件更容易脱出模具。SolidWorks 提供了丰富的拔模功能。用户既可以在现有的零件上插入拔模特征，也可以在拉伸特征的同时进行拔模。本节主要介绍在现有的零件上插入拔模特征。

3.2.5.1 创建拔模特征

使用【拔模】命令，主要有以下 2 种调用方法：

(1) 单击【特征】工具栏中的【拔模】按钮📦。

(2) 选择菜单栏中的【插入】选项，选中【特征】一栏，单击【拔模】按钮📦，如图 3.2.48 所示。

使用上述命令后系统会弹出【孔规格】属性管理器。在属性管理器中共有两个选项卡，如图 3.2.49 所示。

(1) 手工：此【Property Manager】用于在特征层级保持控制。

(2) Draft Xpert：仅限于中性面拔模。 当需要使用 SolidWorks 软件管理基本特征的结构时，可以使用此【Property Manager】。

图 3.2.49 【拔模】属性管理器

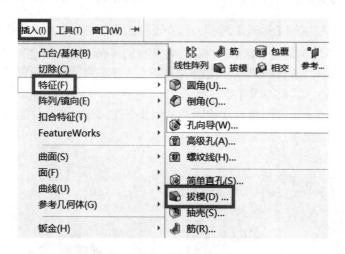

图 3.2.48 使用【拔模】命令的方法

【拔模】属性管理器中一些选项的含义如下：

(1)【类型】选项卡。

①【拔模类型】栏。

拔模类型：包括【中性面】、【分型线】以及【阶梯拔模】。

中性面：使用中性面拔模可拔模一些外部面、所有外部面、一些内部面、所有内部面、相切的面或内部和外部面组合。

分型线：分型线拔模可以对分型线周围的曲面进行拔模，分型线可以是空间的。

阶梯拔模：阶梯拔模为分型线拔模的变体，阶梯拔模即用作拔模方向的基准面旋转而生成一个面。

允许减少角度：在由最大角度所生成的角度总和与【拔模角度】为 90° 或以上时允许生成拔模。

锥形阶梯：使拔模曲面与锥形曲面一样。

垂直阶梯：使拔模曲面垂直于原主要面。

②【拔模角度】栏。

拔模角度：用于输入拔模角度。

③【拔模方向】栏。

拔模方向：在【分型线】和【阶梯拔模】类型下选择，用于确定拔模角度的方向。在图形区域选取边线或面。请注意箭头的方向，如果需要，请单击反向。

④【分型线】栏。

分型线：在图形区域选取分型线。

其他面：让您为分型线的每条线段指定不同的拔模方向。在分型线框中单击边线名称，然后单击其他面。

拔模沿面延伸：该选项的下拉列表框中包含如下 5 个选项。

无：只在所选的面上进行拔模。

沿切面：将拔模延伸到所有与所选面相切的面。

所有面：对所有从中性面拉伸的面进行拔模。

内部的面：对所有从中性面拉伸的内部面进行拔模。

外部的面：对所有在中性面旁边的外部面进行拔模。

注意事项，分型线的定义必须满足以下三个条件：

①在每个拔模面上，至少有一条分型线线段与基准面重合。

②其他所有分型线线段处于基准面的拔模方向上。

③任何一条分型线线段都不能与基准面垂直。

(2)【Draft Xpert】选项卡。

在【Draft Xpert】选项卡中，【添加】栏 (图 3.2.50) 内的部分选项的含义如下：

①【要拔模的项目】栏。

拔模角度：设定拔模角度 (垂直于中性面进行测量)。

中性面：选择一个平面或基准面特征。如有必要，选择反向，向相反的方向倾斜拔模。

拔模面：选择图形区域中要拔模的两个面。

图 3.2.50 【Draft Xpert】
选项卡中的【添加】栏

②【拔模分析】栏。

自动涂刷：启用模型的拔模分析。必须为【中性面】选择一个面。

颜色轮廓映射：通过颜色和数值显示模型中【拔模】的范围，以及带有【正拔模】、【需要拔模】和【负拔模】的面数。黄色面是最可能需要拔模的面。

单击【显示 / 隐藏面】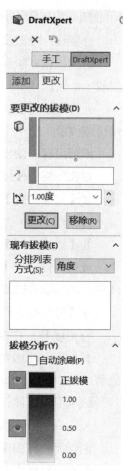以切换包含或需要拔模的面的显示。

在【Draft Xpert】选项卡中，【更改】栏 (图 3.2.51) 中一些选项的含义如下：

①【要拔模的项目】栏。

拔模面：在图形区域中，选择包含要更改或删除的拔模面。

中性面：选择一个平面或基准面。如有必要，选择【反向】，向相反的方向倾斜拔模。 如果只更改【拔模角度】，则无需选择中性面。

拔模角度：设定拔模角度 (垂直于中性面进行测量)。

②【现有拔模】栏。

分排列表方式：按【角度】、【中性面】或【拔模方向】过滤所有拔模。从列表中选择值以选择模型中具有该值的所有拔模，并显示在【拔模面】 下，然后可以根据需要更改或删除这些拔模。

③【拔模分析】栏。

自动涂刷：启用模型的拔模分析。必须为【中性面】选择一个面。

颜色轮廓映射：通过颜色和数值显示模型中【拔模】的范围，以及带有【正拔模】、【需要拔模】和【负拔模】的面数。黄色面是最可能需要拔模的面。

图 3.2.51 【Draft Xpert】选项卡中的【更改】栏

单击【显示 / 隐藏面】以切换包含或需要拔模的面的显示。

3.2.5.2 实战操作

创建中性面拔模特征：

(1) 新建一个零件文件。单击快速访问工具栏中的【新建】按钮，在弹出的【新建 SolidWorks 文件】对话框中单击【零件】按钮，然后单击【确定】按钮，创建一个新的零件文件。

(2) 绘制草图。在左侧的【Feature Manager 设计树】中选择【上视基准面】作为绘制图形的基准面。单击【草图】工具栏中的【中心矩形】按钮，以原点为起点绘制一个矩形；单击【草图】工具栏中的【智能尺寸】按钮，标注草图的尺寸，结果如图 3.2.52 所示。点击【退出草图】。

(3) 拉伸实体。选择菜单栏中的【插入】选项，选中【凸台 / 基体】一栏，单击【拉伸】

按钮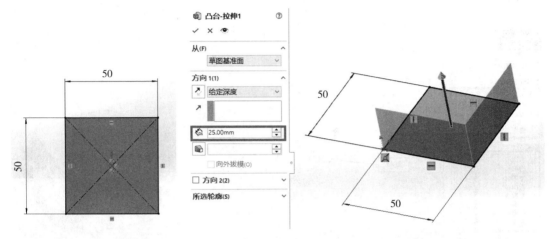。此时系统会弹出【凸台 – 拉伸】属性管理器，在深度输入框中输入指定的数值 25 mm，其他采用默认设置。然后单击【确定】按钮。结果如图 3.2.53 所示。

图 3.2.52　草图以及尺寸标注　　　　　　　图 3.2.53　【凸台 – 拉伸】属性管理器

（4）创建圆角特征。单击【特征】工具栏中的【圆角】按钮，此时系统会弹出【圆角】属性管理器，在要圆角化的项目中选中如图 3.2.54 所示的 4 条边线，在圆角参数栏中输入半径为 10 mm，其他采用默认设置。然后单击【确定】按钮，打开【圆角】属性管理器，如图 3.2.54 所示。

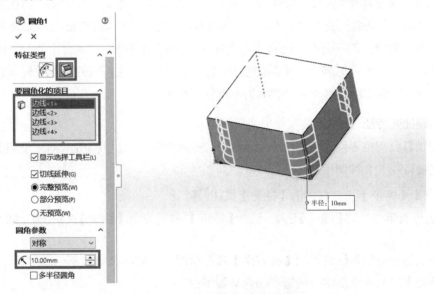

图 3.2.54　【圆角】属性管理器

（5）创建拔模特征。选择菜单栏中的【插入】选项，选中【特征】一栏，单击【拔模】按钮。此时系统会弹出【拔模】属性管理器，如图 3.2.55 所示。【拔模类型】栏中选择中性面，【拔模角度】输入 10°，【中性面】选择零件上表面 1，【拔模面】选择零件侧表面。

(6) 点击【确定】按钮。最终建模结果如图 3.2.56 所示。

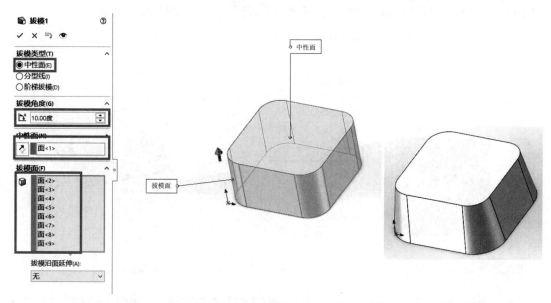

图 3.2.55 【拔模】属性管理器　　　　　　　　图 3.2.56 中性面拔模特征

3.2.6　抽壳特征

抽壳特征是零件建模中的重要特征，它能使一些复杂工作变得简单化。当在零件的一个面上抽壳时，系统会掏空零件的内部，使所选择的面敞开，在剩余的面上生成薄壁特征。如果没有选择模型上的任何面，而直接对实体零件进行抽壳操作，则会生成一个闭合、掏空的模型。通常，抽壳时各个表面的厚度相等，也可以对某些表面的厚度进行单独指定，这样抽壳特征完成之后，零件各个表面的厚度就不相等了。

3.2.6.1 创建抽壳特征

抽壳工具会掏空零件，使所选择的面敞开，在剩余的面上生成薄壁特征。使用【抽壳】命令，主要有以下 2 种调用方法：

(1) 单击【特征】工具栏中的【抽壳】按钮 。

(2) 选择菜单栏中的【插入】选项，选中【特征】一栏，单击【抽壳】按钮 ，如图 3.2.57 所示。

使用上述命令后系统会弹出【孔规格】属性管理器，如图 3.2.58 所示。

【抽壳】属性管理器中一些选项的含义如下：

(1)【参数】栏

厚度 ：设置保留面的厚度。

移除的面 ：在图形区域可以选择一个或者多个面。

壳厚朝外：增加模型的外部尺寸。

显示预览：显示抽壳特征的预览。

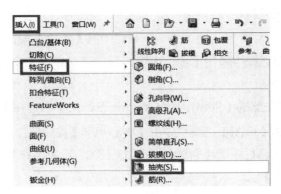

图 3.2.57 使用【抽壳】命令的方法

(2)【多厚度设定】栏

多厚度面：在图形区域选择一个面，为所选面设置（多厚度）数值。

3.2.6.2 抽壳特征诊断

抽壳特征可显示错误消息，并附有工具帮助您确定抽壳特征失败的原因。新的诊断工具【错误诊断】位于抽壳【Property Manager】中。

要运行错误诊断：

(1) 在【错误诊断】下，有以下两种选项可供选择。

①选取【整个实体】来诊断模型的所有区域并报告整个实体中的最小曲率半径。

②选取【失败面】来诊断整个实体并只为抽壳失败的面识别最小曲率半径。

(2) 单击【检查实体 / 面】运行诊断工具。

图 3.2.58 【抽壳】属性管理器

结果会在图形区域中显示，并使用标注来指明模型上需要纠正的特定区域。

例如，抽壳特征可能因为某一点上的【厚度】相对于其中一个所选面太大而失败。此时会出现一条消息，显示最小曲率半径，并表明该点上的抽壳厚度太大。

还可以选择显示【网格】或【显示曲率】。

【显示网格】显示 UV 网格。UV 网格与填充曲面中的预览网格选项相同。

【显示曲率】显示实体的曲率图。

因为与曲面间隙和曲率相关的问题通常与曲面的不一致有关，所以可以单击【转至等距曲面】。这会打开等距曲面【Property Manager】，显示模型中的等距曲面。

3.2.6.3 实战操作

创建不同厚度的抽壳特征：

(1) 新建一个零件文件。单击快速访问工具栏中的【新建】按钮 ，在弹出的【新建 SolidWorks 文件】对话框中单击【零件】按钮 ，然后单击【确定】按钮，创建一个新的零件文件。

(2) 绘制草图。在左侧的【Feature Manager 设计树】中选择【上视基准面】作为绘制图形的基准面。单击【草图】工具栏中的【中心矩形】按钮 ，以原点为起点绘制一个矩形；单击【草图】工具栏中的【智能尺寸】按钮 ，标注草图的尺寸，结果如图 3.2.59 所示。点击【退出草图】 。

(3) 拉伸实体。选择菜单栏中的【插入】选项，选中【凸台/基体】一栏，单击【拉伸】按钮 。此时系统会弹出【凸台 – 拉伸】属性管理器，在深度输入框中输入指定的数值 50 mm，其他采用默认设置。然后单击【确定】按钮。结果如图 3.2.60 所示。

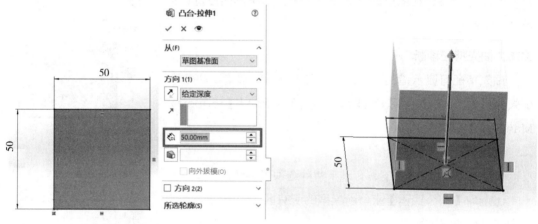

图 3.2.59 草图以及尺寸标注　　　　　　图 3.2.60 【凸台 – 拉伸】属性管理器

(4) 绘制草图。在左侧的【Feature Manager 设计树】中选择【上视基准面】作为绘制图形的基准面。单击【草图】工具栏中的【圆形】按钮 ，以原点为圆心绘制一个圆；单击【草图】工具栏中的【智能尺寸】按钮 ，标注草图的尺寸，结果如图 3.2.61 所示。点击【退出草图】 。

(5) 切除实体模型。绘制完成后，选中上一步绘制好的草图。单击【特征】工具栏中的【拉伸切除】按钮 ，此时系统会弹出【切除 – 拉伸】属性管理器，在【方向 1】栏中选择【给定深度】，深度输入 25 mm，其他采用默认设置。然后单击【确定】按钮，结果如图 3.2.62 所示。

(6) 单击【特征】工具栏中的抽壳 ；此时系统会弹出【抽壳】属性管理器。在【参数】栏中选择零件的上表面面 1，输入壳厚度为 2 mm。点击【多厚度设定】，在【多厚度设定】栏中，选择零件的前视图的面 2 与面 3，设置面 2 的抽壳厚度为 10 mm，设置面 3 的抽壳厚度为 5 mm。结果如图 3.2.63 所示。

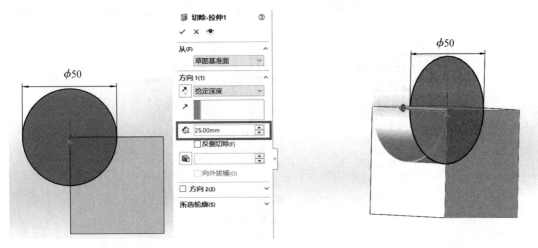

图 3.2.61 草图以及尺寸标注　　　　图 3.2.62 【切除－拉伸】属性管理器

(7) 点击【确定】按钮。最终建模结果如图 3.2.64 所示。

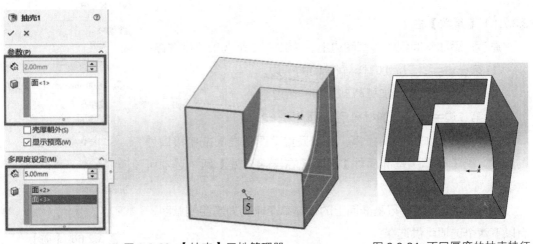

图 3.2.63 【抽壳】属性管理器　　　　图 3.2.64 不同厚度的抽壳特征

3.2.7 筋特征

筋特征是连接到实体曲面的薄板或腹板伸出项，用于提高零件的强度和刚度，避免出现不必要的弯折。筋特征必须建立在其他特征之上，并且草绘剖面必须是开放的。筋特征与拉伸特征类似，因此也可以通过拉伸特征创建。

3.2.7.1 创建抽壳特征

筋是由开环或闭环绘制的轮廓生成的特殊类型拉伸特征。它在轮廓与现有零件之间添加指定方向和厚度的材料。使用【筋】命令，主要有以下 2 种调用方法：

(1) 单击【特征】工具栏中的【筋】按钮 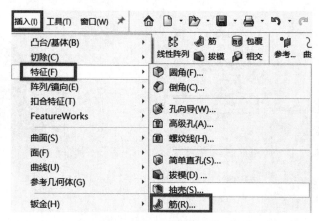。

(2) 选择菜单栏中的【插入】选项，选中【特征】一栏，单击【筋】按钮 ，如图 3.2.65 所示。

图 3.2.65 使用【筋】命令的方法

使用上述命令后系统会弹出【筋】属性管理器，如图 3.2.66 所示。

图 3.2.66 【筋】属性管理器

3.2.7.1.1 【参数】栏

厚度：添加厚度到所选草图边上。有以下 3 个选项可供选择：

(1) 第一边 ：只添加材料到草图的一边。

(2) 两边 ：均等添加材料到草图的两边。

(3) 第二边 ：只添加材料到草图的另一边。

筋厚度 ：如果添加拔模，可以设置草图基准面或壁接口处的厚度。有【在草图基准面处】以及【在壁接口处】两个选项可供选择。

拉伸方向：使用平行基准面上的开环草图轮廓为筋绘制草图。有以下两个选项可供选择：

(1) 平行于草图 ：平行于草图生成筋拉伸。

(2) 垂直于草图 ：垂直于草图生成筋拉伸。

反转材料方向：更改拉伸的方向。

拔模开 / 关 ：添加拔模特征到筋，可以设置【拔模角度】。

向外拔模：生成向外拔模角度。如消除选择，这将生成一个向内拔模角度。

类型：在从基体零件基准面等距的基准面上生成一个草图。有以下两种选项可供选择：

(1) 线性：生成一与草图方向垂直而延伸草图轮廓（直到它们与边界汇合）的筋。

(2) 自然：生成一延伸草图轮廓的筋，以相同轮廓方程式延续，直到筋与边界汇合。

例如，如果草图为圆的圆弧，则【自然】使用圆方程式延伸筋，直到与边界汇合。

3.2.7.1.2【所选轮廓】栏

所选轮廓◇：参数用来列举生成筋特征的草图轮廓。

3.2.7.2 实战操作

创建平行于草图的筋特征：

(1) 新建一个零件文件。单击快速访问工具栏中的【新建】按钮 📄，在弹出的【新建 SolidWorks 文件】对话框中单击【零件】按钮 🍃，然后单击【确定】按钮，创建一个新的零件文件。

(2) 绘制草图。在左侧的【Feature Manager 设计树】中选择【上视基准面】作为绘制图形的基准面。单击【草图】工具栏中的【直线】按钮 ✏，以原点为起点绘制一个图形；单击【草图】工具栏中的【智能尺寸】按钮 ✺，标注草图的尺寸，结果如图 3.2.67 所示。点击【退出草图】↳。

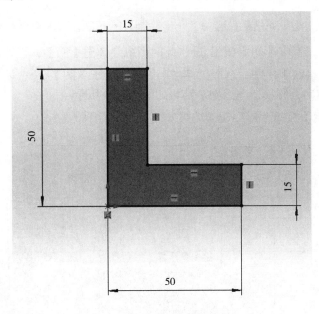

图 3.2.67 草图以及尺寸标注

(3) 拉伸实体。选择菜单栏中的【插入】选项，选中【凸台 / 基体】一栏，单击【拉伸】按钮 🗔。此时系统会弹出【凸台 – 拉伸】属性管理器，在深度输入框中输入指定的数值 50 mm，其他采用默认设置。然后单击【确定】按钮。结果如图 3.2.68 所示。

(4) 绘制草图。在左侧的【Feature Manager 设计树】中选择【上视基准面】作为绘制图形的基准面。单击【草图】工具栏中的【直线】按钮 ✏，以原点为起点绘制一条直线；单击【草图】工具栏中的【智能尺寸】按钮 ✺，标注草图的尺寸，结果如图 3.2.69 所示。点击【退出草图】↳。

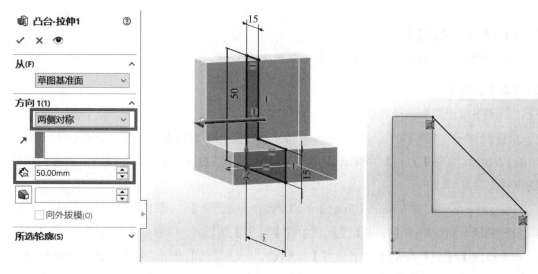

图 3.2.68 【凸台 – 拉伸】属性管理器　　　　图 3.2.69 草图以及尺寸标注

(5) 创建筋特征。绘制完成后，选中上一步绘制好的草图。选择菜单栏中的【插入】选项，选中【特征】一栏，单击【筋】按钮。此时系统会弹出【筋】属性管理器。设置【筋】属性管理器，在【参数】栏中，选择拉伸方向为【平行于草图】，筋厚度设置为默认厚度 1°，调整箭头方向，使其指向底部。结果如图 3.2.70 所示。

(6) 点击【确定】按钮。最终建模结果如图 3.2.71 所示。

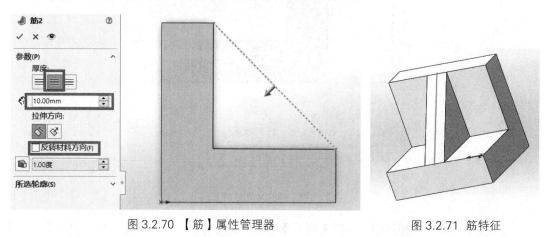

图 3.2.70 【筋】属性管理器　　　　图 3.2.71 筋特征

3.3 特征编辑

前面两节学习的各种特征创建方法可以创建一些简单的零件，但这些零件不一定完全符合用户的设计要求，还需要通过特征编辑命令对所创建的特征进行编辑操作，使之符合用户的要求。本章将介绍实体特征的编辑方法，包括特征镜向和阵列等对零件进行各种编辑的操作方法。本节重点内容为：特征阵列、特征镜向。

3.3.1 特征阵列

在进行零件设计时，有时需要生成多个相同或相似的特征，且特征分布的相对位置有一定的规律性，特征的阵列就是按照一定的排列方式来复制特征。在创建阵列时，通过改变某些指定的尺寸，可以创建选定的特征，得到一个特征阵列。

使用阵列特征具有以下 4 个优点：

(1) 阵列操作是重新生成特征的快捷方式。

(2) 对包含在一个阵列中的多个特征同时执行操作，比操作单个特征更为方便和高效。

(3) 阵列是参数控制的，可通过改变阵列参数 (比如实体数、实体之间的距离和原始特征尺寸) 来修改阵列。

(4) 修改阵列比分别修改单个特征更为高效。在阵列中改变原始特征的尺寸时，系统会自动更新整个阵列。

阵列按线性或圆周阵列复制所选的源特征。可以生成线性阵列▪▪、圆周阵列▪▪、曲线驱动的阵列▪▪、填充阵列▪▪，或使用草图点▪▪或表格坐标▪▪生成阵列。

3.3.2 使用特征线性阵列

线性阵列可以沿一条或两条直线路径以线性阵列的方式，生成一个或多个特征的多个实例。使用【线性阵列】命令，主要有以下 2 种调用方法：

(1) 单击【特征】工具栏中的【线性阵列】按钮▪▪。

(2) 选择菜单栏中的【插入】选项，选中【阵列 / 镜向】一栏，单击【线性阵列】按钮▪▪，如图 3.3.1 所示。使用上述命令后系统会弹出【线性阵列】属性管理器，如图 3.3.2 所示。

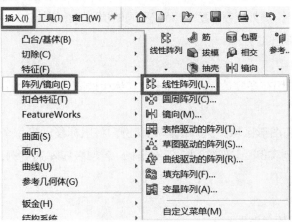

图 3.3.1 使用【线性阵列】命令的方法

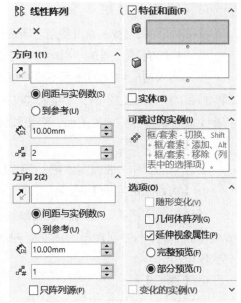

图 3.3.2 【线性阵列】属性管理器

【线性阵列】属性管理器中一些选项的含义如下：

(1)【方向 1】栏。

阵列方向：为【方向 1】阵列设定方向。选择线性边线、直线、轴、尺寸、平面的面和曲面、圆锥面和曲面、圆形边线和参考平面。单击【反转方向】↗来反转阵列方向。

间距与实例：单独设置实例数和间距，有以下两个选项可供选择。

①间距🔧：为【方向 1】设定阵列实例之间的距离。

②实例数🔡：为【方向 1】设定阵列实例数。此数量包括原始特征。

到参考：根据选定参考几何图形设定实例数和间距。有以下 6 个选项可供选择。

①参考几何图形🗐：设定控制阵列的参考几何图形。

②偏移距离：设定参考几何图形到一个阵列实例的距离。

③反转等距方向↗：反转从参考几何图形偏移阵列的方向。

④重心：计算从参考几何图形到阵列特征重心的偏移距离。

⑤所选参考：计算从参考几何图形到选定源特征几何图形参考的偏移距离。

⑥源参考🗐：设定计算偏移距离的源特征几何图形。

(2)【方向 2】栏。

阵列方向：为【方向 1】阵列设定方向。选择线性边线、直线、轴、尺寸、平面的面和曲面、圆锥面和曲面、圆形边线和参考平面。单击【反转方向】↗来反转阵列方向。

只阵列源：通过只使用源特征而不复制【方向 1】的阵列实例来在【方向 2】中生成线性阵列。

(3)【特征和面】栏。

要阵列的特征🗐：通过使用您所选择的特征作为源特征来生成阵列。

要阵列的面🗐：通过使用构成特征的面生成阵列。 在图形区域中选择特征的所有面。这对于只输入构成特征的面而不是特征本身的模型很有用。当使用要阵列的面时，阵列必须保持在同一面或边界内，不能跨越边界。例如，横切整个面或不同的层（如凸起的边线）将会生成一条边界和单独的面，阻止阵列延伸。

(4)【实体】栏。

要阵列的实体 / 曲面实体🗐：通过使用在多实体零件中选择的实体生成阵列。

(5)【可跳过的实例】栏。

可跳过的实例✣：生成阵列时跳过在图形区域中选择的阵列实例。将鼠标移动到每个阵列实例上时，指针变为🖐，单击选择阵列实例，出现阵列实例的坐标。若想恢复阵列实例，再次单击实例。

(6)【选项】栏。

随形变化：允许阵列的各个实例特征随参考图形变化。

几何体阵列：通过只使用特征的几何体（面和边线）来生成阵列，而不是对特征的每个实例进行阵列和求解。 【几何体阵列】可加速阵列的生成和重建。具有与零件其他部分合并的特征时不能生成几何体阵列。

延伸视象属性：将 SolidWorks 的颜色、纹理和装饰螺纹数据延伸给所有阵列实例。

完整预览：在包括起始条件和终止条件的每个阵列实例位置处显示已计算几何体的预览。

部分预览：在每个阵列实例位置处显示源特征几何体的预览。

(7)【变化的实例】栏。

以下选项仅针对阵列实例选择特征。

【方向 1】间距增量✲：累积增量【方向 1】中阵列实例中心之间的距离。

选择方向 1 中要变化的特征尺寸：在表格中显示源特征的尺寸。在图形区域内单击要在表格中显示的源特征尺寸。在【增量】列添加一个值可以增加或减少【方向 1】特征尺寸的大小。

修改于✲：列出被修改的单个实例。通过阵列中的列号和行号识别实例。要修改单个实例，可在图形区域中左键单击实例标记，然后单击【修改实例】。可以输入值以覆盖标注中的间距和尺寸。要移除已修改的实例，可右键单击框中的实例，然后单击【删除】。要移除所有已修改的实例，可在框中右键单击，然后单击【清除所有】。

注意事项：当使用特征来生成线性阵列时，所有阵列的特征都必须在相同的面上。如果要选择多个原始样本特征，在选择特征时，需按住 Ctrl 键。

3.3.3 使用特征圆周阵列

使用特征圆周阵列是将源特征围绕指定的轴线复制多个特征。使用【圆周阵列】命令，主要有以下 2 种调用方法：

(1) 单击【特征】工具栏中的【圆周阵列】按钮✲。

(2) 选择菜单栏中的【插入】选项，选中【阵列 / 镜向】一栏，单击【圆周阵列】按钮✲，如图 3.3.3 所示。

图 3.3.3 使用【圆周阵列】命令的方法

使用上述命令后系统会弹出【阵列（圆周）】属性管理器，如图 3.3.4 所示。

【阵列（圆周）】属性管理器中一些选项的含义如下：

(1)【方向 1】栏。

阵列轴：在图形区域选取一个实体。这个实体可以是【轴】、【圆形边线】、【线性边线或线性草图直线】、【圆柱面或曲面】、【旋转面或曲面】以及【角度尺寸】。

阵列绕阵列轴生成。单击反向以改变圆周阵列的方向。

实例间距：指定实例中心间的距离。

等间距：将【角度】设置为 360°。

角度 (A)：指定每个实例之间的角度。

实例数：指定源特征的实例数。

(2)【方向 2】栏。

方向 2：启用【方向 2】选项。

对称：从源特征创建对称阵列。

(3)【变化的实例】栏。

间距增量：累积增量 阵列实例中心之间的距离。

选择方向 1 中要变化的特征尺寸：在表格中显示源特征的尺寸。请在图形区域内单击要在表格中显示和填入的源特征尺寸。在【增量】列添加一个值可以增加或减少特征尺寸的大小和形状。

修改于：列出修改过的单个实例。要修改单个实例，请在图形区域中左键单击实例标记，选择【修改实例】。您可以输入值以覆盖标注中的间距和尺寸。要移除已修改的实例，请右键单击框中的实例，然后单击【删除】。您可以通过在框中右键单击并单击【清除所有】来移除所有已修改的实例。

图 3.3.4 【阵列（圆周）】
属性管理器

3.3.4 使用镜向特征

如果零件结构是对称的，用户可以只创建零件模型的一半，然后使用镜向特征的方法生成整个零件。如果修改了原始特征，则镜向的特征也随之更改。

利用【镜向特征】工具沿面或基准面镜向，可以生成一个特征（或多个特征）的副本。在 SolidWorks 中，可选择特征或构成特征的面或实体进行镜向，也可在单一模型或多实体零件中选择一个实体来生成一个镜向实体。使用【镜向】命令，主要有以下 2 种调用方法：

(1) 单击【特征】工具栏中的【镜向】按钮。

(2) 选择菜单栏中的【插入】选项，选中【阵列 / 镜向】一栏，单击【镜向】按钮，如图 3.3.5 所示。

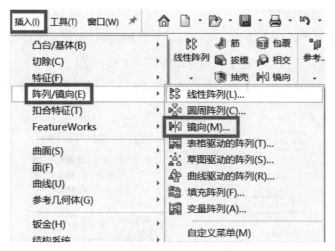

图 3.3.5 使用【镜向】命令的方法

使用上述命令后系统会弹出【镜向】属性管理器，如图 3.3.6 所示。

【镜向】属性管理器中一些选项的含义如下：

(1)【镜向面 / 基准面】栏。

镜向面/基准面：指定绕其镜像的平面。选择基准面或平面。

(2)【要镜向的特征】栏。

要镜向的特征：指定要镜像的特征。选择一个或多个特征。

(3)【要镜向的面】栏。

仅可用于零件。对于只导入构成特征的面而不是特征本身的模型很有用。

要镜向的面：指定要镜像的面。在图形区域选择构成镜像的特征的面。

(4)【要镜向的实体】栏。

要镜向的实体 / 曲面实体：指定要镜像的实体和曲面实体。选择一个或多个实体。

(5)【选项】栏。

图 3.3.6 【镜向】
属性管理器

几何体阵列：仅镜像特征的几何体（面和边线），而非求解整个特征。在多实体零件中将一个实体的特征镜像到另一个实体时必须选中此选项。几何体阵列选项会加速特征的生成和重建。 但是，如某些特征的面与零件的其余部分合并在一起，您不能为这些特征生成几何体阵列。

合并实体 (R)：可用于镜像实体。将源实体和镜像的实体合并为一个实体。

缝合曲面 (K)：可用于镜像曲面实体。将源曲面实体和镜像的曲面实体合并为一个曲面实体。

3.3.5 使用表格驱动的阵列

使用【表格驱动的阵列】命令，主要有以下 2 种调用方法：

(1) 单击【特征】工具栏中的【表格驱动的阵列】按钮  。

(2) 选择菜单栏中的【插入】选项，选中【阵列/镜向】一栏，单击【表格驱动的阵列】按钮 ，如图 3.3.7 所示。

图 3.3.7 使用【表格驱动的阵列】命令的方法

使用上述命令后系统会弹出【表格驱动的阵列】对话框，如图 3.3.8 所示。

【由表格驱动的阵列】对话框中一些选项的含义如下：

读取文件：输入带 X–Y 坐标的阵列表或文字文件。单击【浏览】，然后选择一阵列表 (*.sldptab) 文件或文字 (*.txt) 文件来输入现有的 X–Y 坐标。

注意事项，用于由表格驱动的阵列的文本文件应只包含两个列，左列用于 X 坐标，右列用于 Y 坐标。两个列应由一分隔符分开，如空格、逗号或制表符。可在同一文本文件中使用不同分隔符组合，但不要在文本文件中包括任何其他信息，因为这可能引发输入失败。

参考点：指定放置阵列实例时 X–Y 坐标所适用的点。参考点的 X–Y 坐标在阵列表中显示为点 0。

所选点：将参考点设定到所选顶点或草图点。

重心：将参考点设定到源特征的重心。

坐标系：设定用来生成表格阵列的坐标系，包括原点。从 Feature Manager 设计树中选择生成的坐标系。

图 3.3.8 【由表格驱动的阵列】
对话框

要复制的特征：根据特征生成阵列。可选择多个特征。

要复制的面：根据构成特征的面生成阵列。选择图形区域中的所有面。这对于只输入构成特征的面而不是特征本身的模型很有用。

注意事项，当使用【要复制的面】时，阵列必须保持在同一面或边界内，不能跨越边界。例如，横切整个面或不同的层(如凸起的边线)将会生成一条边界和单独的面，阻止阵列延伸。

要复制的实体：根据多实体零件生成阵列。选择要阵列的实体。

几何体阵列：只对特征的几何体（面和边线）生成阵列，而不对特征的每个实例进行阵列和求解。几何体阵列选项可加速阵列的生成和模型重建。与模型上其他面共用一个面的特征则不能使用几何体阵列选项。不可在【要阵列的实体】中使用【几何体阵列】。

X–Y 坐标表：使用 X–Y 坐标为阵列实例生成位置点。双击【点0】下的区域，以便为表格阵列的每个实例输入 X–Y 坐标。参考点的 X–Y 坐标显示为【点0】。单击撤销⤺坐标表操作。

注意事项，可以使用正或负坐标。要输入负坐标，须在输入的数值前添加 (–) 符号。如果输入的是阵列表或文本文件，则不需要置入 X–Y 坐标。

3.3.6　使用草图驱动的阵列

使用【线性阵列】命令，主要有以下 2 种调用方法：

(1) 单击【特征】工具栏中的【草图驱动的阵列】按钮⚙。

(2) 选择菜单栏中的【插入】选项，选中【阵列/镜向】一栏，单击【草图驱动的阵列】按钮⚙，如图 3.3.9 所示。

使用上述命令后系统会弹出【草图驱动的阵列】属性管理器，如图 3.3.10 所示。

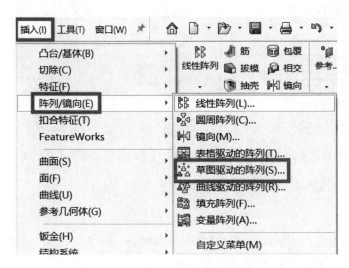

图 3.3.9　使用【草图驱动的阵列】命令的方法

图 3.3.10　【由草图驱动的阵列】属性管理器

【草图驱动的阵列】属性管理器中一些选项的含义如下：

【选择】栏。

参考草图⊞：在【特征管理器设计树】中选择草图用作阵列。

参考点：进行阵列时所需的位置点。有以下两个选项以供选择：

①重心：根据源特征的类型决定重心。

②所选点：在图形区域选择一个点作为参考点。

3.3.7 使用曲线驱动的阵列

【曲线驱动阵列】工具可沿平面或 3D 曲线生成阵列。若想定义阵列，可使用任何草图线段，或沿平面的边线（实体或曲面）。阵列可基于开环曲线或者闭环曲线生成，如圆。像其他如线性或圆周阵列一样，可以跳过阵列实例或者可以从一个或两个方向阵列。使用【线性阵列】命令，主要有以下 2 种调用方法：

(1) 单击【特征】工具栏中的【曲线驱动的阵列】按钮🐦。

(2) 选择菜单栏中的【插入】选项，选中【阵列 / 镜向】一栏，单击【曲线驱动的阵列】按钮🐦，如图 3.3.11 所示。

使用上述命令后系统会弹出【曲线驱动的阵列】属性管理器，如图 3.3.12 所示。

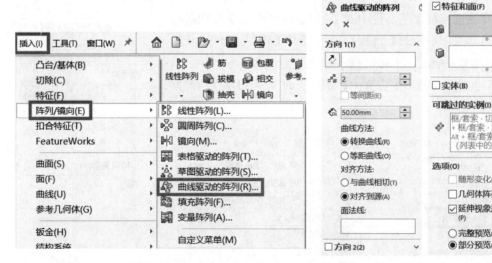

图 3.3.11 使用【曲线驱动的阵列】命令的方法　　图 3.3.12 【曲线驱动的阵列】属性管理器

【曲线驱动的阵列】属性管理器中一些选项的含义如下。

3.3.7.1 【方向 1】栏

阵列方向：选择一曲线、边线、草图实体或从【Feature Manager】中选择一草图用为阵列的路径。如有必要，单击【反向】↗改变阵列的方向。

实例数⊡：为阵列中的源特征的实例数设定一数值。

等间距：设定每个阵列实例之间的等间距。 实例之间的分隔取决于为【阵列方向】选择的曲线以及【曲线方法】。

间距：在未选中【等间距】时可用。沿曲线为阵列实例之间的距离键设定一数值。曲线与【要阵列的特征】之间的距离垂直于曲线而测量。

曲线方法，有以下两种选项可供选择：

(1) 转换曲线：从所选曲线原点到源特征的 Delta X 和 Delta Y 的距离均为每个实例所保留。

(2) 等距曲线：每个实例从所选曲线原点到源特征的垂直距离均得以保留。

对齐方法，有以下两种选项可供选择：

(1) 与曲线相切：阵列方向所选择的每个实例与曲线相切。

(2) 对齐到源：对齐每个实例，以与源特征的原有对齐匹配。

3.3.7.2 【方向2】栏

只阵列源：只复制源阵列，这将在【方向2】下生成一曲线阵列，但不复制【方向1】下所生成的曲线阵列。

3.3.8 使用填充阵列

通过填充阵列特征，可以选择由共有平面的面定义的区域或位于共有平面的面上的草图。该命令使用特征阵列或预定义的切割形状来填充定义的区域。使用【填充阵列】命令，主要有以下 2 种调用方法：

(1) 单击【特征】工具栏中的【填充阵列】按钮。

(2) 选择菜单栏中的【插入】选项，选中【阵列/镜向】栏，单击【填充阵列】按钮，如图 3.3.13 所示。

使用上述命令后系统会弹出【填充阵列】属性管理器，如图 3.3.14 所示。

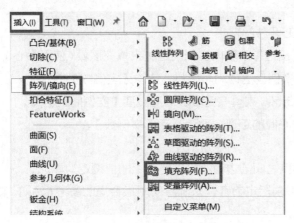

图 3.3.13 使用【填充阵列】命令的方法

图 3.3.14 【填充阵列】属性管理器

【填充阵列】属性管理器中一些选项的含义如下：

3.3.8.1【填充边界】栏

填充边界: 定义要使用阵列填充的区域。选择草图、面上的平面曲线、面或共有平面的面。如果使用草图作为边界，可能需要选择阵列方向。

3.3.8.2【阵列布局】栏

确定填充边界内实例的布局阵列。选择可自定义形状进行阵列，或对特征进行阵列。阵列实例以源特征中心呈同轴心分布。

注意事项，阵列源特征通常位于填充边界面的中心，除非选择了某个顶点或点，将源特征置于【要阵列的特征】下。

【阵列布局】栏共有【穿孔】、【圆形】、【方形】以及【多边形】4个类型

(1)【穿孔】选项。

穿孔: 为钣金穿孔式阵列生成网格。

实例间距: 设定实例中心间的距离。

交错断续角度: 设定各实例行之间的交错断续角度。

边界: 设定填充边界与最远端实例之间的边距。可以将边距的值设定为零。

阵列方向: 设定方向参考。如果未指定参考，系统将使用最合适的参考（例如，选定区域中最长的线性边线）。

实例数: 可根据阵列规格计算阵列中的实例数。此值无法编辑。验证前，该值显示为红色。

验证计数：验证【实例数】计数的每个实例会影响模型几何图形。例如，阵列可能超出【填充边界】，从而创建一些不与模型交叉的实例。验证计数不包括这些额外实例。

(2)【圆形】栏。

圆形: 生成圆周形阵列。

环间距: 设定实例环间的距离（使用中心）。

目标间距：通过使用【环间距】设定每个环内实例间距离来填充区域（使用中心）。每个环的实际间距均可能不同，因此各实例会进行均匀调整。清除【实例数】。

每环的实例：使用【实例数】（每环）来填充区域。取消激活【实例间距】。

实例间距: 设定每个环内实例中心间的距离。取消激活【实例数】。

实例数: 设定每环的实例数。

边界: 设定填充边界与最远端实例之间的边距。可以将边距的值设定为零。

阵列方向: 设定方向参考。如果未指定参考，系统将使用最合适的参考（例如，选定区域中最长的线性边线）。

实例数⚏#：可根据规格计算阵列中的实例数。此值无法编辑。验证前，该值显示为红色。

验证计数：验证【实例数】⚏#计数的每个实例会影响模型几何图形。 例如，阵列可能超出【填充边界】⚏，从而创建一些不与模型交叉的实例。【验证计数】不包括这些额外实例。

(3)【方形】栏。

方形⚏：生成方形阵列。

环间距⚏：设定实例环间的距离 (使用中心)。

目标间距：通过使用【实例间距】⚏设定每个环内实例间距离来填充区域 (使用中心)。每个环的实际间距均可能不同，因此各实例会进行均匀调整。清除【实例数】⚏。

每边的实例：使用【实例数】⚏ (每个方形的每边) 来填充区域。取消激活【实例间距】⚏。

实例间距⚏：设定每个环内实例中心间的距离。取消激活【实例数】⚏。

实例数⚏：设定每个方形的实例数。

边界⚏：设定填充边界与最远端实例之间的边距。可以将边距的值设定为零。

阵列方向⚏：设定方向参考。 如果未指定参考，系统将使用最合适的参考 (例如，选定区域中最长的线性边线)。

实例数⚏#：可根据您的规格计算阵列中的实例数。 您无法编辑此值。 验证前，该值显示为红色。

验证计数：验证【实例数】⚏#计数的每个实例会影响模型几何图形。 例如，阵列可能超出【填充边界】⚏，从而创建一些不与模型交叉的实例。【验证计数】不包括这些额外实例。

(4)【多边形】栏。

多边形⚏：生成多边形阵列。

环间距⚏：设定实例环间的距离 (使用中心)。

多边形边⚏：设定阵列中的边数。

目标间距：通过使用【实例间距】⚏设定每个环内实例间距离来填充区域 (使用中心)。每个环的实际间距均可能不同，因此各实例会进行均匀调整。清除【实例数】⚏。

每边的实例：使用【实例数】⚏ (每个菱形的每边) 来填充区域。取消激活【实例间距】⚏。

实例间距⚏：设定每个环内实例中心间的距离。取消激活【实例数】⚏。

实例数⚏：设定每个菱形的实例数。

边界⚏：设定填充边界与最远端实例之间的边距。可以将边距的值设定为零。

阵列方向⚏：设定方向参考。 如果未指定参考，系统将使用最合适的参考 (例如，选定区域中最长的线性边线)。

实例数⚏#：可根据规格计算阵列中的实例数。此值无法编辑。验证前，该值显示为红色。

验证计数：验证【实例数】⚏#计数的每个实例会影响模型几何图形。 例如，阵列可能超出【填充边界】⚏，从而创建一些不与模型交叉的实例。【验证计数】不包括这些额外实例。

3.3.8.3 【要阵列的特征】栏

确定填充边界内实例的布局阵列。选择自定义形状进行阵列，或对特征进行阵列。阵列实例以源特征为中心呈同轴心分布。

注意事项：阵列源特征通常位于填充边界面的中心，除非选择了某个顶点或点，将源特征置于【要阵列的特征】下。

选定的特征：在【要阵列的特征】 中选择要阵列的特征。

生成源切：为要阵列的源特征自定义切除形状。

反转形状方向：绕在【填充边界】中所选择的面反转源特征的方向。

圆 ：生成圆形切割作为源特征。

直径 ：设定直径。

顶点或草图点 ：将源特征的中心定位在所选顶点或草图点，并生成以该点为起始点的阵列。如果将此框留空，阵列将位于填充边界面上的中心位置。

方形 ：生成方形切割作为源特征。

标注尺寸 ：设定各边的长度。

顶点或草图点 ：将源特征的中心定位在所选顶点或草图点，并生成以该点为起始点的阵列。如果将此框留空，阵列将位于填充边界面上的中心位置。

旋转 ：按此值逆时针旋转每个实例。

菱形 ：生成菱形切割作为源特征。

标注尺寸 ：设定各边的长度。

对角 ：设定对角线的长度。

顶点或草图点 ：将源特征的中心定位在所选顶点或草图点，并生成以该点为起始点的阵列。如果将此框留空，阵列将位于填充边界面上的中心位置。

旋转 ：按此值逆时针旋转每个实例。

多边形 ：生成多边形切割作为源特征。

多边形边 ：设定边数。

外径 ：根据外径设定大小。

内径 ：根据内径设定大小。

顶点或草图点 ：将源特征的中心定位在所选顶点或草图点，并生成以该点为起始点的阵列。如果将此框留空，阵列将位于填充边界面上的中心位置。

旋转 ：按此值逆时针旋转每个实例。

3.3.9 使用变量阵列

【变量阵列】特征可以在平面和非平面曲面上阵列特征，并更改每个阵列实例的尺寸和参考。使用【变量阵列】命令，主要有以下 2 种调用方法：

(1) 单击【特征】工具栏中的【变量阵列】按钮。

(2) 选择菜单栏中的【插入】选项，选中【阵列／镜向】一栏，单击【变量阵列】按钮，如图 3.3.15 所示。

使用上述命令后系统会弹出【变量阵列】属性管理器，如图 3.3.16 所示。

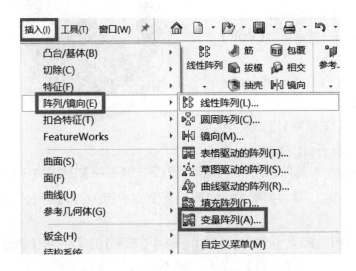

图 3.3.15 使用【变量阵列】命令的方法

图 3.3.16 【变量阵列】
属性管理器

【变量阵列】属性管理器中一些选项的含义如下。

3.3.9.1 【要阵列的特征】栏

要阵列的特征：使用选择的特征作为源特征来生成阵列。

要驱动源的参考几何体：使已选参考几何体的尺寸包含在阵列表格中。选择参考轴、参考基准面、参考点、曲线、2D 草图或 3D 草图。

3.3.9.2 【表格】栏

创建／编辑阵列表格：打开阵列表格进行编辑。

更新预览：计算每个阵列实例，以在图形区域生成预览。更多实例意味着计算时间更长。

3.3.9.3 【选项】栏

延伸视象属性 (P)：使用阵列实例中源特征的外观和颜色。

3.3.9.4 【失败的案例】栏

：列出失败的阵列案例。

3.3.10 案例

3.3.10.1 足球建模

下面应用本节所讲解的知识完成一个足球的建模过程，最终效果图如下 3.3.17 所示。

(1) 新建一个零件文件。单击快速访问工具栏中的【新建】按钮 📄，在弹出的【新建 SolidWorks 文件】对话框中单击【零件】按钮，然后单击【确定】按钮 🍳，创建一个新的零件文件。

(2) 绘制草图 1。在左侧的【Feature Manager 设计树】中选择【上视基准面】作为绘制图形的基准面。点击【草图】绘制，选中【草图】工具栏中的【多边形】按钮 ⊙，此时系统会弹出【多边形】

图 3.3.17 足球

属性管理器，边数设置为6。以原点为圆心绘制一个五边形。随后单击【草图】工具栏中的【智能尺寸】按钮 ✎，标注草图的尺寸。结果如图 3.3.18 所示。绘制完成后，点击【退出草图】↴。

(3) 绘制 3D 草图 1。单击草图工具栏，单击 3D 草图 🔳。选中【草图】工具栏中的【直线】按钮 ✐，绘制一条 3D 直线，随后单击【草图】工具栏中的【智能尺寸】按钮 ✎，标注草图的尺寸，该条直线长度为 50 mm，与右边线的夹角为 108°，与左边线的夹角为 60°。将该条直线设置为构造线。点击【确定】按钮。最终结果如图 3.3.19 所示。

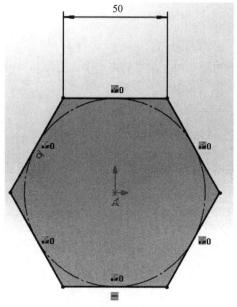

图 3.3.18 草图 1

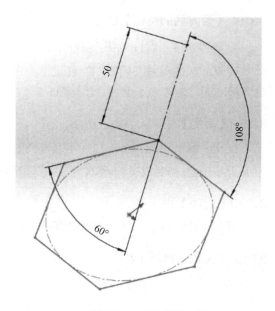

图 3.3.19 3D 草图 1

(4) 创建基准面 1。单击【特征】工具栏，选中【参考几何体】下拉菜单，单击基准面
⬚。此时系统会弹出如图所示的【基准面】属性管理器。设置【基准面】属性管理器，在【第
一参考】栏里，选中【点 2@3D 草图 1】为参考面，设置该点与基准面 1 重合；在【第二
参考栏】里，选中【点 1@ 草图 1】为参考面，设置该点与基准面 1 重合；在【第三参考】
栏里，选中【点 6@ 草图 1】为参考面，设置该点与基准面 1 重合；其余设置保持默认。
点击【确定】按钮，完成创建基准面 1。【基准面 1】属性管理器和实体模型预览如图 3.3.20
所示。

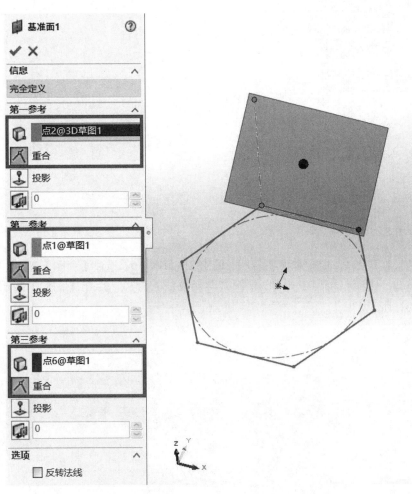

图 3.3.20 设置【基准面 1】属性管理器及模型预览

(5) 绘制草图 2。在左侧的【Feature Manager 设计树】中选择【基准面 1】作为绘制
图形的基准面。点击【草图】绘制，选中【草图】工具栏中的【多边形】按钮⬡，此时系
统会弹出【多边形】属性管理器，边数设置为 5。绘制一个五边形。添加几何关系，使五
边形的一条边线与草图 1 绘制的六边形相重合，且两端点也重合。结果如图 3.3.21 所示。
绘制完成后，点击【退出草图】↪。

(6) 绘制 3D 草图 2。单击草图工具栏，单击 3D 草图 ⬛。选中【草图】工具栏中的【直线】按钮 ✐，绘制两条 3D 直线，其中两个端点分别与草图 1 和草图 2 的中心重合。然后添加几何关系，这两条直线分别与草图 1 和草图 2 保持垂直关系。最后将这两条直线设置为构造线。点击【确定】按钮。最终结果如图 3.3.22 所示。

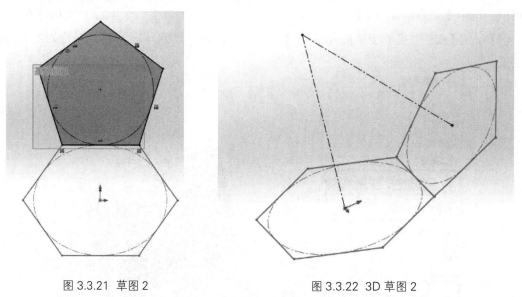

图 3.3.21 草图 2   图 3.3.22 3D 草图 2

(7) 绘制 3D 草图 3。单击草图工具栏，单击 3D 草图 ⬛。选中【草图】工具栏中的【点】按钮 ■，添加一个点，该点位于 3D 草图 2 两条直线的交点，点击【确定】按钮。最终结果如图 3.3.23 所示。

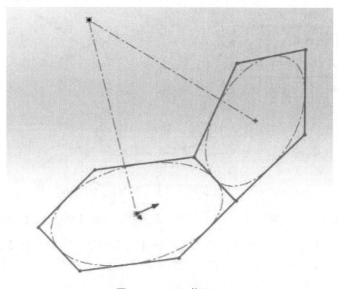

图 3.3.23 3D 草图 3

(8) 创建放样特征 1。选择菜单栏中的【插入】选项，选中【凸台／基体】一栏，单击【放样】按钮 ▲。此时会弹出【放样】属性管理器，对其进行如下设置：轮廓中选择【草图 1】与【3D草图 3】，其余采用默认设置。然后点击确定按钮。【放样 1】属性管理器和实体模型预览如图 3.3.24 所示。

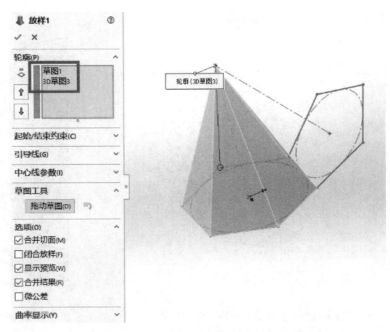

图 3.3.24 设置【放样 1】属性管理器及模型预览

(9) 创建放样特征 2。选择菜单栏中的【插入】选项，选中【凸台／基体】一栏，单击【放样】按钮 ▲。此时会弹出【放样】属性管理器，对其进行如下设置：轮廓中选择【草图 2】与【3D草图 3】，其余采用默认设置。然后点击确定按钮。【放样 1】属性管理器和实体模型预览如图 3.3.25 所示。

(10) 绘制草图 2。在左侧的【Feature Manager 设计树】中选择【右视基准面】作为绘制图形的基准面。点击【草图】绘制草图，随后单击【草图】工具栏中的【智能尺寸】按钮 ◆，标注草图的尺寸。结果如图 3.3. 26 所示。绘制完成后，点击【退出草图】 ↳。

(11) 创建旋转切除 1。选择菜单栏中的【插入】选项，选中【切除】一栏，单击【旋转】按钮 ⑩。【旋转轴】栏中，旋转轴选择直线 1；【方向】栏中，旋转类型选择给定深度，角度设置为 360°；【特征范围】栏中，选中【所选实体】按钮，受影响的实体选择放样1 和放样 2。然后点击确定按钮，【切除 – 旋转 1】属性管理器和实体模型预览如图 3.3.27所示。

(12) 创建圆角特征 1。单击【特征】工具栏中的【圆角】按钮 ⑩，此时系统会弹出【圆角】属性管理器，在要圆角化的项目中选中面 <1>，在圆角参数栏中输入半径为 2 mm，

其他采用默认设置。然后单击【确定】按钮。【圆角】属性管理器和实体模型预览如图 3.3.28
所示。

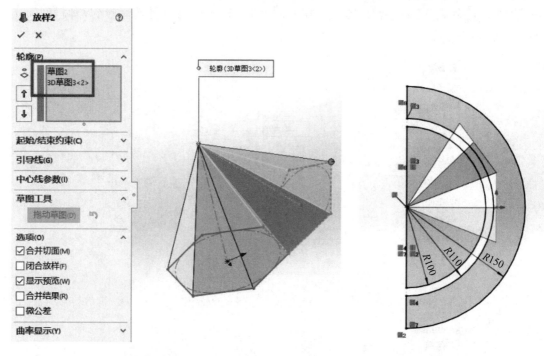

图 3.3.25 设置【放样 2】属性管理器及模型预览

图 3.3.26 草图 2

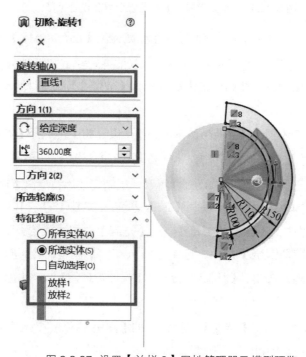

图 3.3.27 设置【放样 2】属性管理器及模型预览

计算机辅助设计（CAD）造型建模技术

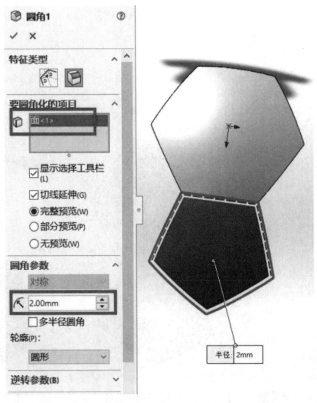

图 3.3.28 设置【圆角 1】属性管理器及模型预览

(13) 创建圆角特征 2。单击【特征】工具栏中的【圆角】按钮 ◻️，此时系统会弹出【圆角】属性管理器，在要圆角化的项目中选中面 <1>，在圆角参数栏中输入半径为 2 mm，其他采用默认设置。然后单击【确定】按钮。【圆角】属性管理器和实体模型预览如图 3.3.29 所示。

(14) 设置模型颜色。选择前导视图工具栏菜单栏中的【编辑外观】选项，此时系统会弹出【颜色】属性管理器。将放样 1 的表面设置为白色，将放样 2 的表面设置为黑色。点击【确定】按钮，最终模型如图 3.3.30 所示。

(15) 创建圆周阵列特征 1。选择菜单栏中的【插入】选项，选中【阵列 / 镜向】一栏，单击【圆周阵列】按钮 ✦。此时系统会弹出【阵列 (圆周)1】属性管理器，【方向 1】栏中阵列轴选择【直线 1@3D 草图 2】，使用等间距，阵列角度为 360°，阵列实例数为 5。【实体】栏中，要阵列的特征选择圆角 2。其余设置采用默认设置，然后单击【确定】按钮。【阵列 (圆周)1】属性管理器和实体模型预览如图 3.3.31 所示。

(16) 创建圆周阵列特征 2。选择菜单栏中的【插入】选项，选中【阵列 / 镜向】一栏，单击【圆周阵列】按钮 ✦。此时系统会弹出【阵列 (圆周)2】属性管理器，【方向 1】栏中阵列轴选择【直线 2@3D 草图 2】，使用等间距，阵列角度为 360°，阵列实例数为 3。【实体】栏中，要阵列的特征选择【圆角 1 和阵列 (圆周)1[4]】。【可跳过的实例】栏中，选

择 (D1，3)。其余设置采用默认设置，然后单击【确定】按钮。【阵列 (圆周)1】属性管理器和实体模型预览如图 3.3.32 所示。

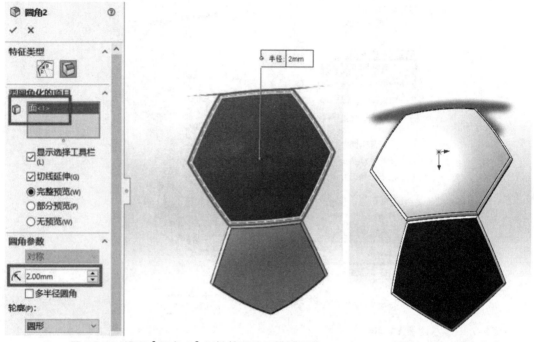

图 3.3.29 设置【圆角 2】属性管理器及模型预览   图 3.3.30 添加颜色

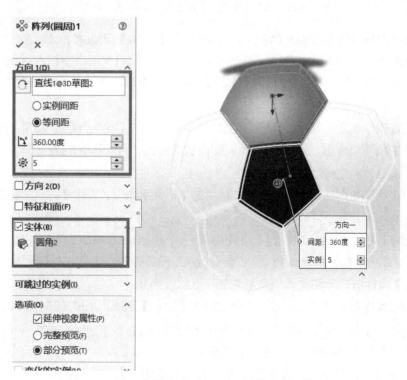

图 3.3.31 设置【阵列 (圆周)1】属性管理器及模型预览

计算机辅助设计（CAD）造型建模技术

图 3.3.32 设置【阵列（圆周）2】属性管理器及模型预览

(17) 创建圆周阵列特征 3。选择菜单栏中的【插入】选项，选中【阵列/镜向】一栏，单击【圆周阵列】按钮 ⋯。此时系统会弹出【阵列（圆周）3】属性管理器，【方向 1】栏中阵列轴选择【直线 1@3D 草图 2】，使用等间距，阵列角度为 360°，阵列实例数为 5。【实体】栏中，要阵列的特征选择【阵列（圆周）2[2]】和阵列（圆周）2[1]】。其余设置采用默认设置，然后单击【确定】按钮。【阵列（圆周）1】属性管理器和实体模型预览如图 3.3.33 所示。

(18) 创建旋转复制实体。单击菜单栏中的【插入】选项，选中【特征】一栏，单击【移动/复制实体】按钮 ⋯。此时系统会弹出【移动/复制实体】属性管理器，在【要移动/复制的实体】栏中选择之前创建的实体，在【旋转】栏中，旋转参考选择【点 2@3D 草图 2】，X 轴旋转角度设置为 0°，Y 轴旋转角度设置为 180°，Z 轴旋转角度设置为 180°。点击【确定】按钮，完成旋转复制实体。【实体 – 移动/复制 1】属性管理器和实体模型预览如图 3.3.34 所示。

足球最终效果图如 3.3.17 所示。

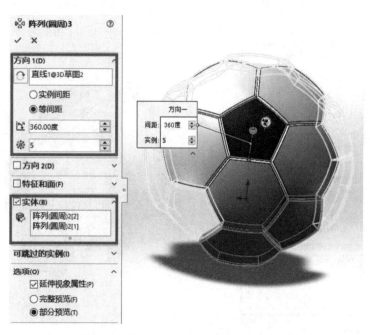

图 3.3.33 设置【阵列（圆周）3】属性管理器及模型预览

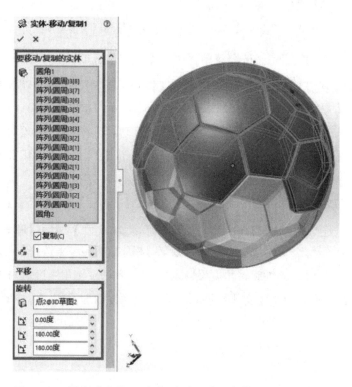

图 3.3.34 设置【实体 – 移动 / 复制 1】属性管理器及模型预览

计算机辅助设计（CAD）造型建模技术

3.3.10.2 羽毛球建模

下面应用本节所讲解的知识完成一个羽毛球的建模过程，最终效果图如 3.3.35 所示。

(1) 新建一个零件文件。单击快速访问工具栏中的【新建】按钮 ，在弹出的【新建 SolidWorks 文件】对话框中单击【零件】按钮 ，然后单击【确定】按钮，创建一个新的零件文件。

(2) 绘制草图 1。在左侧的【Feature Manager 设计树】中选择【前视基准面】作为绘制图形的基准面。点击【草图】绘制，绘制如草图，随后单击【草图】工具栏中的【智能尺寸】按钮 ，标注草图的尺寸。结果如图 3.3. 36 所示。绘制完成后，点击【退出草图】 。

图 3.3.35 羽毛球

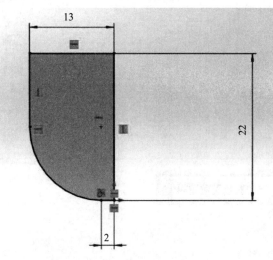

图 3.3.36 草图 1

(3) 旋转实体 1。单击【特征】工具栏中的【旋转】按钮 ，此时系统会弹出【旋转】属性管理器，【旋转轴】栏选择直线 1，【方向 1】栏中的旋转类型选择给定深度，旋转角度设置为 360°，其余采用默认设置。点击【确定】按钮，完成旋转实体。【旋转 1】属性管理器和实体模型预览如图 3.3.37 所示。

(4) 创建基准面 1。单击【特征】工具栏，选中【参考几何体】下拉菜单，单击基准面 。此时系统会弹出如图 3.3.38 所示的【基准面】属性管理器。设置【基准面】属性管理器，在【第一参考】栏里，选中【面<1>】为参考面，距离为 65 mm；其余设置保持默认。点击【确定】按钮，完成创建基准面 1。【基准面 1】属性管理器和实体模型预览如图 3.3.38 所示。

(5) 绘制草图 2。在左侧的【Feature Manager 设计树】中选择第④步创建的【基准面 1】作为绘制图形的基准面。点击【草图】绘制，绘制草图，随后单击【草图】工具栏中的【智能尺寸】按钮 ，标注草图的尺寸。结果如图 3.3.39 所示。绘制完成后，点击【退出草图】 。

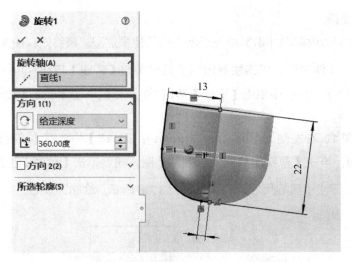

图 3.3.37 设置【旋转】属性管理器及模型预览

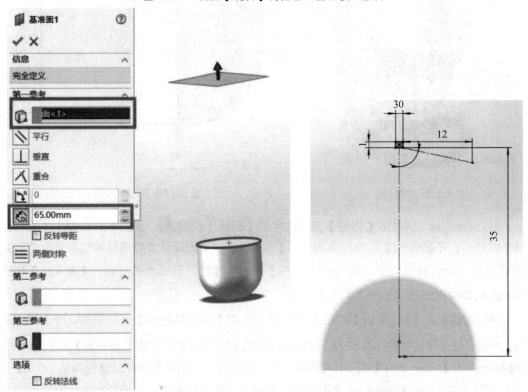

图 3.3.38 设置【基准面 1】属性管理器及模型预览　　　　图 3.3.39 草图 2

(6) 绘制草图 3。在左侧的【Feature Manager 设计树】中选择第③步创建的旋转实体上表面作为绘制图形的基准面。点击【草图】绘制，绘制草图，随后单击【草图】工具栏中的【智能尺寸】按钮 ，标注草图的尺寸。结果如图 3.3.40 所示。绘制完成后，点击【退出草图】 。

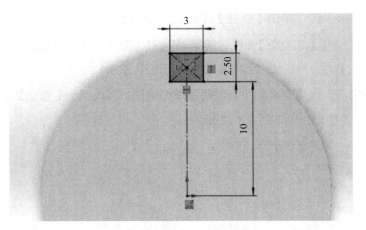

图 3.3.40 草图 3

(7) 创建放样特征 1。选择菜单栏中的【插入】选项，选中【凸台／基体】一栏，单击【放样】按钮🔔。此时会弹出【放样】属性管理器，对其进行如下设置，轮廓中选择【草图 2】与【草图 3】，【选项】栏中，勾选合并切面和显示预览，注意不要勾选合并结果，其余采用默认设置。然后点击确定按钮。【放样 1】属性管理器和实体模型预览如图 3.3.41 所示。

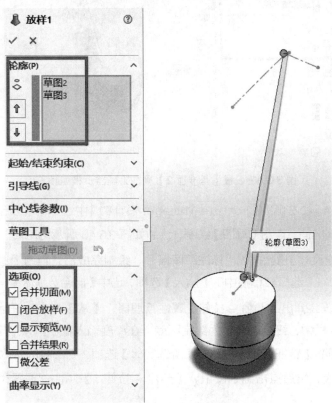

图 3.3.41 设置【放样 1】属性管理器及模型预览

(8) 创建基准平面 2。单击【特征】工具栏，选中【参考几何体】下拉菜单，单击基准面 ⬜。此时系统会弹出【基准面】属性管理器。设置【基准面】属性管理器，在第一参考栏里，选中【边线 <1>】为参考，设置基准面 2 与该条边线重合；在第二参考栏中，选中【直线 8@ 草图 2】为参考，设置基准面 1 与该条直线相重合。然后点击【确定】按钮。【基准面】属性管理器和实体模型预览如图 3.3.42 所示。

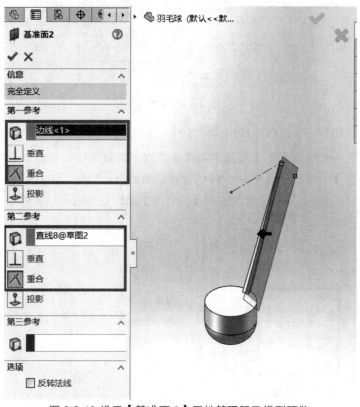

图 3.3.42 设置【基准面 2】属性管理器及模型预览

(9) 绘制草图 4。在左侧的【Feature Manager 设计树】中选择第⑧步创建的【基准面 2】作为绘制图形的基准面。点击【草图】绘制，绘制如图 3.3.43 所示的草图。随后单击【草图】工具栏中的【智能尺寸】按钮 ⟋，标注草图尺寸。绘制完成后，点击【退出草图】 ↳。

(10) 拉伸实体 1。选择菜单栏中的【插入】选项，选中【凸台 / 基体】一栏，单击【拉伸】按钮 🔩。此时系统会弹出【凸台 – 拉伸】属性管理器，【从】栏中，开始条件设为草图基准面；【方向 1】栏中，终止条件设为给定深度，在深度输入框中输入指定的数值 1 mm，选中合并结果选项；【特征范围】栏选择【所选实体】选项，受影响的实体选择【放样 1】；其他采用默认设置。然后点击确定按钮。【凸台 – 拉伸 1】属性管理器和实体模型预览如图 3.3.44 所示。

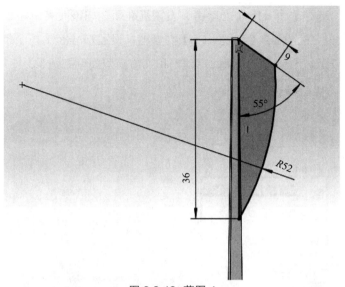

图 3.3.43 草图 4

图 3.3.44 设置【凸台－拉伸 1】属性管理器及模型预览

(11) 创建基准平面 3。单击【特征】工具栏，选中【参考几何体】下拉菜单，单击基准面🗀。此时系统会弹出如图所示的【基准面】属性管理器。设置【基准面】属性管理器，在第一参考栏里，选中【面<1>】为参考，设置基准面2与该面夹角为5°，勾选反转等距选项；在第二参考栏中，选中【边线<1>】为参考，设置基准面1与该条直线相重合。然后点击【确定】按钮。【基准面】属性管理器和实体模型预览如图3.3.45所示。

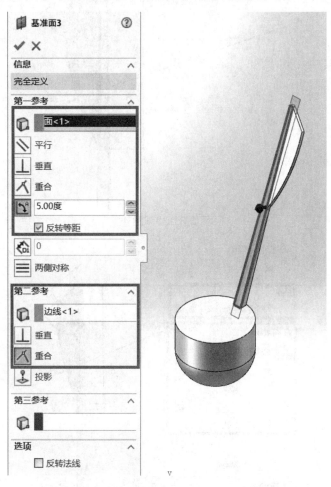

图3.3.45 设置【基准面3】属性管理器及模型预览

(12)绘制草图5。在左侧的【Feature Manager设计树】中选择第11步创建的【基准面3】作为绘制图形的基准面。点击【草图】绘制，绘制如图3.3.46所示的草图。随后单击【草图】工具栏中的【智能尺寸】按钮，标注草图尺寸。绘制完成后，点击【退出草图】。

(13)拉伸实体2。选择菜单栏中的【插入】选项，选中【凸台/基体】一栏，单击【拉伸】按钮。此时系统会弹出【凸台－拉伸】属性管理器，【从】栏中，开始条件设为草图基准面；【方向1】栏中，终止条件设为给定深度，在深度输入框中输入指定的数值1 mm，选中合并结果选项；【特征范围】栏选择【所选实体】选项，受影响的实体选择【凸台－拉伸1】；其他采用默认设置。然后点击确定按钮。【凸台－拉伸2】属性管理器和实体模型预览如图3.3.47所示。

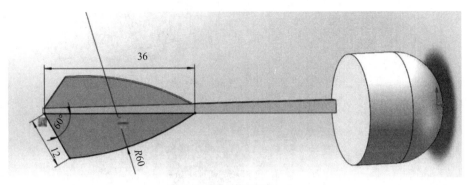

图 3.3.46 草图 5

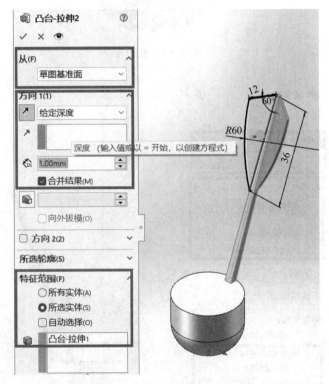

图 3.3.47 设置【凸台－拉伸 2】属性管理器及模型预览

(14) 绘制草图 5。在左侧的【Feature Manager 设计树】中选择【右视基准面】作为绘制图形的基准面。点击【草图】绘制，绘制如图 3.3.48 所示的草图。随后单击【草图】工具栏中的【智能尺寸】按钮 ，标注草图尺寸。绘制完成后，点击【退出草图】 。

(15) 旋转实体 2。单击【特征】工具栏中的【旋转】按钮 ，此时系统会弹出【旋转】属性管理器，【旋转轴】栏选择直线 1，【方向 1】栏中的旋转类型选择给定深度，旋转角度设置为 360°，勾选合并结果选项，【特征范围】栏中选择【所选实体】选项，受影响的实体选择【凸台－拉伸 1】，其余采用默认设置。点击【确定】按钮，完成旋转实体。【旋转 2】属性管理器和实体模型预览如图 3.3.49 所示。

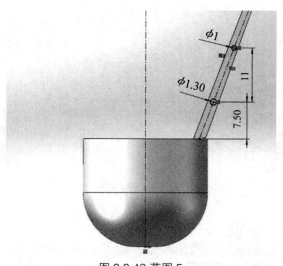

图 3.3.48 草图 5

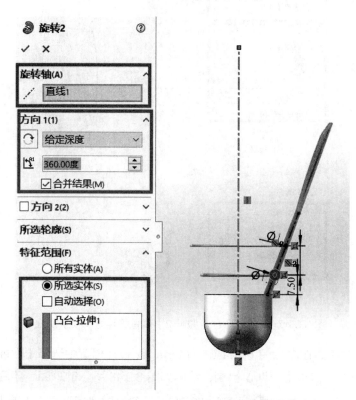

图 3.3.49 设置【旋转 2】属性管理器及模型预览

(16) 创建基准轴 1。单击【特征】工具栏，选中【参考几何体】下拉菜单，单击【基准轴】按钮。先选中【两平面】，再选择【前视基准平面】和【右视基准平面】，点击【确定】按钮，完成创建基准轴。【基准轴 1】属性管理器和实体模型预览如图 3.3.50 所示。

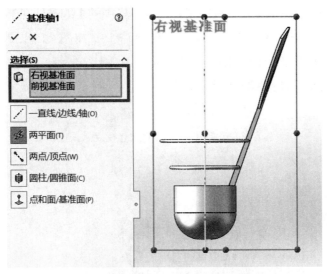

图 3.3.50 设置【基准轴 1】属性管理器及模型预览

(17) 创建圆周阵列特征 1。选择菜单栏中的【插入】选项，选中【阵列 / 镜向】一栏，单击【圆周阵列】按钮 ⏣。此时系统会弹出【阵列 (圆周)1】属性管理器，【方向 1】栏中阵列轴选择【基准轴 1】，使用等间距，阵列角度为 360°，阵列实例数为 15。【实体】栏中，要阵列的特征选择【旋转 2 和凸台 – 拉伸 2】。其余设置采用默认设置，然后单击【确定】按钮。【阵列 (圆周)1】属性管理器和实体模型预览如图 3.3.51 所示。

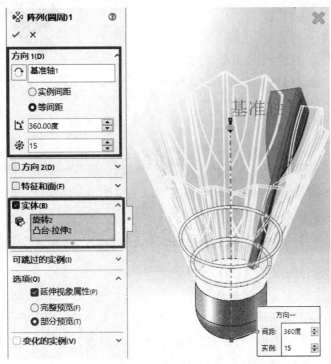

图 3.3.51 设置【阵列 (圆周)1】属性管理器及模型预览

(18) 设置模型颜色。选择前导视图工具栏菜单栏中的【编辑外观】选项，此时系统会弹出【颜色】属性管理器。【所选几何体】栏选择面 <1>，将面 <1> 设置为黑色。点击【确定】按钮，【颜色】属性管理器和实体模型预览如图 3.3.52 所示。

羽毛球最终效果图如下 3.3.53 所示。

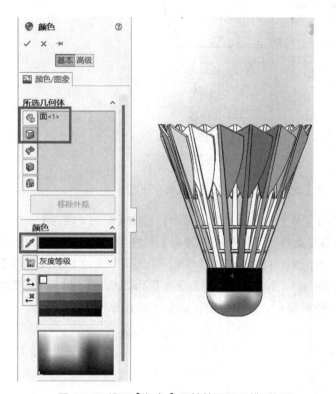

图 3.3.52 设置【颜色】属性管理器及模型预览　　　　图 3.3.53　羽毛球

3.4 曲线与曲面设计

通过基础特征建模可以完成大部分零件的特征建模，但在一些特殊情况下，基础特征工具难以实现某些曲面或者实体的建模，这时可以使用曲线与曲面设计来创建满足条件的模型。本节将学习零件的曲线与曲面设计。

本节重点内容含创建曲线的方法、创建曲面特征的方法、编辑控制曲面的方法。

3.4.1　创建曲线

曲线是构建复杂实体的基本要素，SolidWorks 提供了专用的【曲线】工具栏，要使用【曲线】工具栏，首先鼠标右键单击菜单栏任意空白位置，然后在弹出的下拉菜单中，选择工具栏，最后选中单击【曲线】按钮，如图 3.4.1 所示。

使用上述命令后系统会在界面左侧弹出【曲线】工具栏，如图 3.4.2 所示。

【曲线】工具栏主要提供了【分割线】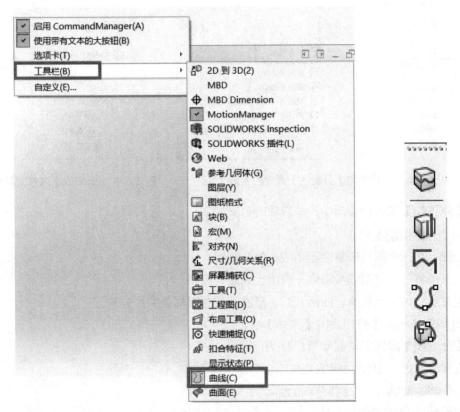、【投影曲线】、【组合曲线】、【通过 XYZ 点的曲线】、【通过参考点的曲线】与【螺旋线 / 涡状线】等曲线的创建工具。本节主要介绍各种不同曲线的创建方式。

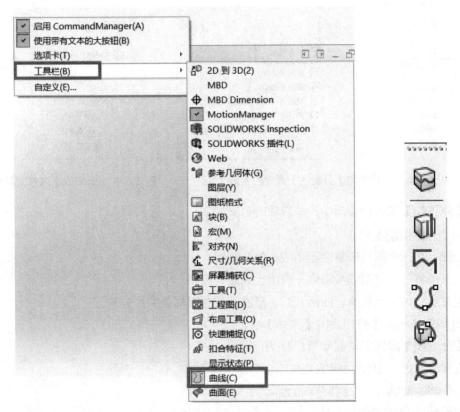

图 3.4.1　使用【曲线】工具栏的方法　　　　图 3.4.2　【曲线】工具栏

3.4.1.1　分割线

【分割线】工具将实体（草图、实体、曲面、面、基准面或曲面样条曲线）投影到表面、曲面或平面。它将所选面分割成多个单独面。可使用一个命令分割多个实体上的曲线。利用分割线可以创建拔模特征、混合面圆角，也可以延展曲面来切除模型。

3.4.1.1.1　分割线的属性设置

使用【分割线】命令，主要有以下 3 种调用方法：

(1) 单击【特征】工具栏中的【曲线】下拉菜单，选中【分割线】按钮。

(2) 单击【曲线】工具栏中的【分割线】按钮。

(3) 单击菜单栏中的【插入】选项，选中【曲线】一栏，单击【分割线】按钮，如图 3.4.3 所示。

使用上述命令后系统会弹出【分割线】属性管理器，如图 3.4.4 所示。

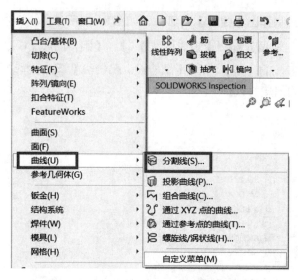

图 3.4.3 使用【分割线】命令的方法

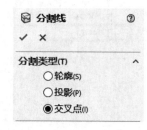

图 3.4.4 【分割线】属性管理器

【分割线】属性管理器中一些选项的含义如下：

(1)【分割类型】栏。

轮廓：在一个圆柱形零件上生成一条分割线。

投影：将一条草图线投影到一表面上创建分割线。

交叉点：以交叉实体、曲面、面、基准面或曲面样条曲线分割面。

(2) 单击【轮廓】按钮后的【选择】栏。

【分割线】属性管理器如图 3.4.5 所示。

拔模方向⟨⟩：确定拔模的基准面。

要分割的面▢：选择要分割的面。

角度▢ᵒ：设置拔模的角度。

(3) 单击【投影】按钮后的【选择】栏。

【分割线】属性管理器如图 3.4.6 所示。

要投影的草图▦：选择要投影的草图。

要分割的面▢：选择要分割的面。

单向：以单方向分割来生成分割段。

(4) 单击【交叉点】按钮后的【选择】栏。

【分割线】属性管理器如图 3.4.7 所示。

分割实体 / 面 / 基准面▢：选择分割工具(交叉实体、曲面、面、基准面或曲面样条曲线)。

要分割的面 / 实体▢：选择要投影分割工具的目标面或实体。

分割所有：分割所有可以分割的曲面。

自然：按照曲面的形状进行分割。

线性：按照线性方向进行分割。

图 3.4.5 【分割线】　　图 3.4.6 【分割线】　　图 3.4.7 【分割线】
　　属性管理器　　　　　属性管理器　　　　　　属性管理器

3.4.1.1.2 生成【侧影轮廓】分割线

(1) 新建一个零件文件。单击快速访问工具栏中的【新建】按钮 ，在弹出的【新建 SolidWorks 文件】对话框中单击【零件】按钮 ，然后单击【确定】按钮，创建一个新的零件文件。

(2) 绘制草图。在左侧的【Feature Manager 设计树】中选择【上视基准面】作为绘制图形的基准面。单击【草图】绘制，选中【草图】工具栏中的【圆】按钮 ，以原点为圆心绘制一个圆。随后单击【草图】工具栏中的【智能尺寸】按钮 ，标注草图的尺寸。结果如图 3.4.8 所示。绘制完成后，单击【退出草图】 。

(3) 拉伸实体。选择菜单栏中的【插入】选项，选中【凸台 / 基体】一栏，单击【拉伸】按钮 。此时系统会弹出【凸台 – 拉伸】属性管理器，在深度输入框中输入指定的数值 20 mm，其他采用默认设置。结果如图 3.4.9 所示。

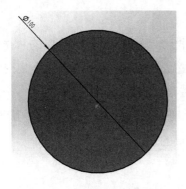

图 3.4.8 草图及尺寸标注　　　图 3.4.9 【凸台 – 拉伸】属性管理器

(4) 创建基准面 1。单击【特征】工具栏，选中【参考几何体】下拉菜单，单击基准面 🗗。此时系统会弹出【基准面】属性管理器。设置【基准面】属性管理器，在第一参考栏里，选中【前视基准面】为参考面，输入与【前视基准面】距离为 20 mm；其余设置保持默认。单击【确定】按钮，完成创建基准面 1，【基准面】属性管理器如图 3.4.10 所示。

(5) 生成分割线。单击菜单栏中的【插入】选项，选中【曲线】一栏，单击【分割线】按钮 🗑。此时系统会弹出【分割线】属性管理器。在【分割类型】栏中选择【轮廓】，【拔模方向】选择上一步创建的基准面 1，【要分割的面】选择圆柱面，如图 3.4.11 所示。

(6) 单击【确定】按钮，生成的分割线如图 3.4.12 所示。

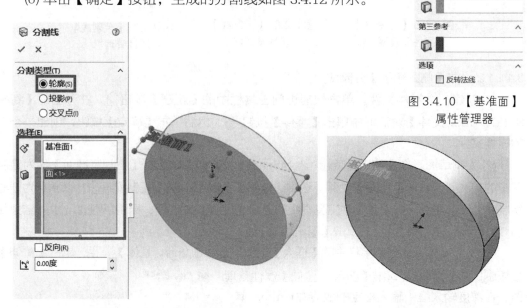

图 3.4.10 【基准面】
属性管理器

图 3.4.11 【分割线】属性管理器 　　　　　图 3.4.12 生成的侧影轮廓分割线

3.4.1.2 投影曲线

在 SolidWorks 中，投影曲线主要有两种生成方式。可以将绘制的曲线投影到模型面上来生成一条 3D 曲线。也可以用另一种方法生成曲线，即首先在两个相交的基准面上分别绘制草图，此时系统会将每一个草图沿所在平面的垂直方向投影得到一个曲面，最后这两个曲面在空间中相交而生成一条 3D 曲线。可以从单一草图创建多个闭环或开环轮廓投影曲线，也可以使用 3D 草图作为投影曲线工具的输入。

3.4.1.2.1 投影曲线的属性设置

使用【投影曲线】命令，主要有以下 3 种调用方法：

(1) 单击【特征】工具栏中的【曲线】下拉菜单，选中【投影曲线】按钮 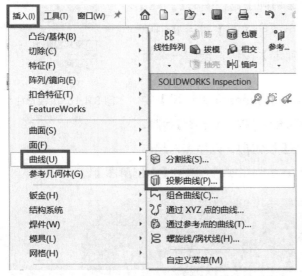。

(2) 单击【曲线】工具栏中的【投影曲线】按钮 。

(3) 单击菜单栏中的【插入】选项，选中【曲线】一栏，单击【投影曲线】按钮 ，如图 3.4.13 所示。

使用上述命令后系统会弹出【投影曲线】属性管理器，如图 3.4.14 所示。

图 3.4.13 使用【投影曲线】命令的方法　　　图 3.4.14 【投影曲线】属性管理器

【投影曲线】属性管理器中一些选项的含义如下：

(1)【选择】栏。

面上草图：在模型面上生成曲线。

草图上草图：生成代表草图与两个相交基准面的交叉点的曲线。

(2) 单击【面上草图】后的【选择】栏。

【投影曲线】的属性管理器如图 3.4.15 所示。

要投影的草图 ：选择要投影到面上的草图 (仅可用于面上的草图选项)。

投影方向 ：选择投影方向作为轴、线性草图实体、线性边线、平面或平面的面 (仅可用于面上的草图选项)。

投影面 ：选择要投影的模型面。

反转投影：反转投影方向。

双向：创建在草图或模型两侧扩展的投影。

图 3.4.15 【投影曲线】
属性管理器

(3) 单击【草图上草图】后的【选择】栏

【投影曲线】的属性管理器如图 3.4.16 所示。

要投影的草图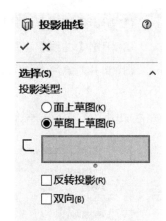：选择要投影到面上的草图（仅可用于面上的草图选项）。

反转投影：反转投影方向。

双向：创建在草图或模型两侧扩展的投影。

3.4.1.2.2 生成【面上草图】投影曲线

(1) 新建一个零件文件。单击快速访问工具栏中的【新建】按钮，在弹出的【新建 SolidWorks 文件】对话框中单击【零件】按钮，然后单击【确定】按钮，创建一个新的零件文件。

图 3.4.16 【投影曲线】属性管理器

(2) 绘制草图。在左侧的【Feature Manager 设计树】中选择【前视基准面】作为绘制图形的基准面。单击【草图】绘制，选中【草图】工具栏中的【样条曲线】按钮，以原点为起点绘制一条曲线，结果如图 3.4.17 所示。绘制完成后，单击【退出草图】。

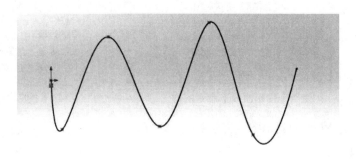

图 3.4.17 草图

(3) 拉伸曲面。选择菜单栏中的【插入】选项，选中【曲面】一栏，单击【拉伸曲面】按钮。此时系统会弹出【凸台 – 拉伸】属性管理器，在深度输入框中输入指定的数值 50 mm，其他采用默认设置，如图 3.4.18 所示。单击【确定】按钮，完成曲面拉伸。

(4) 创建基准面 1。单击【特征】工具栏，选中【参考几何体】下拉菜单，单击基准面。此时系统会弹出如图 3.4.19 所示的【基准面】属性管理器。设置【基准面】属性管理器，在第一参考栏里，选中【上视基准面】为参考面，输入与【上视基准面】距离为 100 mm；其余设置保持默认。单击【确定】按钮，如图完成基准面 1 的创建。

(5) 绘制草图。在左侧的【Feature Manager 设计树】中选择上步创建的【基准面 1】作为绘制图形的基准面。单击【草图】绘制，选中【草图】工具栏中的【样条曲线】按钮，绘制一条曲线，结果如图 3.4.20 所示。绘制完成后，单击【退出草图】。

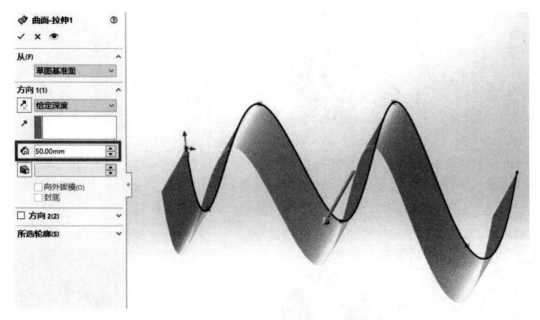

图 3.4.18 【曲面 – 拉伸】属性管理器

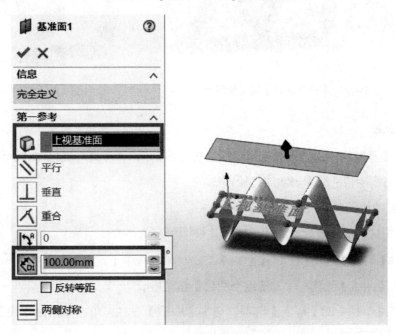

图 3.4.19 【基准面】属性管理器

(6) 生成投影曲线。单击菜单栏中的【插入】选项，选中【曲线】一栏，单击【投影曲线】按钮 。此时系统会弹出【投影曲线】属性管理器。投影类型选择【面上草图】，【要投影的草图】选择上步创建的草图 2，投影方向设置向下投影，【投影面】选择第③步创建的曲面。【投影曲线】属性管理器设置如图 3.4.21 所示。

(7) 单击【确定】按钮，生成投影曲线，最终结果如图 3.4.22 所示。

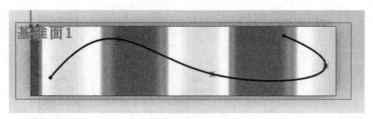

图 3.4.20 草图

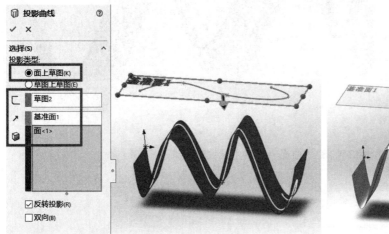

图 3.4.21 【投影曲线】属性管理器

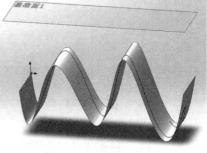

图 3.4.22 投影曲线

3.4.1.3 组合曲线

组合曲线是指将曲线、草图几何和模型边线组合为一条曲线。组合曲线可以作为生成放样特征或者扫描特征的引导线或是轮廓线。

3.4.1.3.1 投影曲线的属性设置

使用【组合曲线】命令，主要有如下 3 种调用方法：

(1) 单击【特征】工具栏中的【曲线】下拉菜单，选中【组合曲线】按钮┗┓。

(2) 单击【曲线】工具栏中的【组合曲线】按钮┗┓。

(3) 单击菜单栏中的【插入】选项，选中【曲线】一栏，单击【组合曲线】按钮┗┓，结果如图 3.4.23 所示。

使用上述命令后此时系统会弹出【组合曲线】属性管理器，如图 3.4.24 所示。

【组合曲线】属性管理器中一些选项的含义如下：

要连接的草图、边线以及曲线：选择要组合曲线的草图或者曲线。

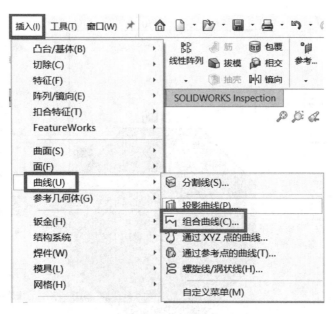

图 3.4.23 使用【组合曲线】命令的方法

3.4.1.3.2 生成组合曲线

(1) 新建一个零件文件。单击快速访问工具栏中的【新建】按钮 📄 ，在弹出的【新建 SolidWorks 文件】对话框中单击【零件】按钮 🧊 ，然后单击【确定】按钮，创建一个新的零件文件。

(2) 绘制草图。在左侧的【Feature Manager 设计树】中选择【上视基准面】作为绘制图形的基准面。单击【草图】绘制，选中【草图】工具栏中的【多边形】按钮 ⊙ ，此时系统会弹出【多边形】属性管理器，边数设置为 8，选中内切圆，圆的直径输入 50 mm。以原点为圆心绘制一个五边形。随后单击【草图】工具栏中的【智能尺寸】按钮 ✨ ，标注草图的尺寸，结果如图 3.4.25 所示。绘制完成后，单击【退出草图】 ↩ 。

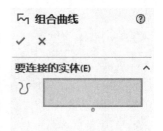

图 3.4.24 【组合曲线】属性管理器

(3) 拉伸实体。选择菜单栏中的【插入】选项，选中【凸台 / 基体】一栏，单击【拉伸】按钮 🗊 。此时系统会弹出【凸台 – 拉伸】属性管理器，在深度输入框中输入指定的数值 20 mm，其他采用默认设置，如图 3.4.26 所示。单击【确定】按钮，创建的拉伸特征如图 3.4.27 所示。

(4) 生成组合曲线。单击菜单栏中的【插入】选项，选中【曲线】一栏，单击【组合曲线】按钮 ☊ 。此时系统会弹出【组合曲线】属性管理器。在【要连接的实体】栏中，选中模型上方的八条边线，如图 3.4.28 所示。

(5) 单击【确定】按钮，生成组合曲线，最终结果如图 3.4.28(b) 所示。

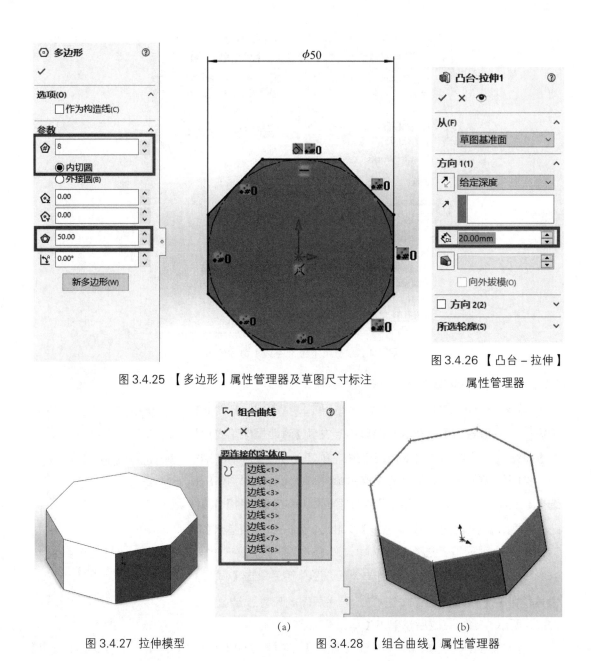

图 3.4.25 【多边形】属性管理器及草图尺寸标注

图 3.4.26 【凸台 – 拉伸】
属性管理器

(a)

图 3.4.27 拉伸模型

(b)

图 3.4.28 【组合曲线】属性管理器

3.4.1.4 通过 XYZ 点的曲线

通过 XYZ 点的曲线是指生成用户定义的点的样条曲线。在 SolidWorks 中，用户既可以自定义样条曲线通过的点，也可以利用点坐标文件生成样条曲线。

3.4.1.4.1 通过 XYZ 点的曲线的属性设置

使用【通过 XYZ 点的曲线】命令，主要有如下 3 种调用方法：

(1) 单击【特征】工具栏中的【曲线】下拉菜单，选中【通过 XYZ 点的曲线】按钮 ♋。

(2) 单击【曲线】工具栏中的【通过 XYZ 点的曲线】按钮 。

(3) 单击菜单栏中的【插入】选项，选中【曲线】一栏，单击【通过 XYZ 点的曲线】按钮 ，结果如图 3.4.29 所示。

使用上述命令后系统会弹出【曲线文件】对话框，如图 3.4.30 所示。

下面将介绍一些使用【曲线文件】对话框的提示。

打开现有曲线文件：单击【浏览】导览至要打开的曲线文件。 可打开使用 .sldcrv 文件格式的 .sldcrv 文件或 .txt 文件。 例如，还可在 Microsoft Excel 中生成 3D 曲线，将之保存为 .txt 文件，然后在 SolidWorks 中打开。 使用文本编辑器或电子表格应用程序为曲线点生成包含坐标值的文件。 文件格式应该只是一个以制表符或空格为分隔符的 X、Y 和 Z 坐标清单。 不包括任何列标题，诸如 X， Y， 和 Z 或其他额外数据。

改变坐标：在一个单元格中双击，然后输入新的数值。(输入数值时，图形区域会显示曲线的预览图。)

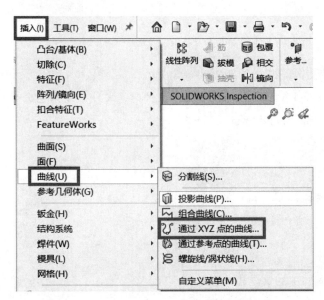

图 3.4.29 使用【通过 XYZ 点的曲线】命令的方法   图 3.4.30 【曲线文件】对话框

添加行：在最后编号行的下一行的单元格中双击。

插入行：选择【点】下一个数，然后单击【插入】。新的一行插入在所选行之上。

删除行：选择【点】下一个数，然后按【Delete】键。

保存曲线文件：单击【保存】或【另存为】，导览到所需位置，然后指定文件名称。如果没有指定扩展名，SolidWorks 应用程序会添加 .sldcrv 扩展名。

3.4.1.4.2 生成通过 XYZ 点的曲线

(1) 新建一个零件文件。单击快速访问工具栏中的【新建】按钮 ，在弹出的【新建

SolidWorks 文件】对话框中单击【零件】按钮，然后单击【确定】按钮，创建一个新的零件文件。

(2) 创建通过 XYZ 点的曲线。单击菜单栏中的【插入】选项，选中【曲线】一栏，单击【通过 XYZ 点的曲线】按钮。单击 X、Y 和 Z 坐标列各单元格并在每个单元格中输入一个点坐标。具体设置如图 3.4.31 所示。

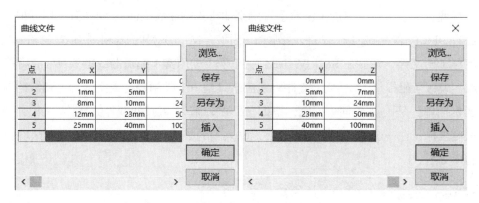

图 3.4.31 设置好的【曲线文件】对话框

(3) 单击【确定】按钮，即可生成所需的曲线，如图 3.4.32 所示。

注意事项：在使用文本编辑器、Excel 等应用程序生成坐标文件时，文件必须只包含坐标数据，而不能是 X、Y 或 Z 的标号及其他无关数据。

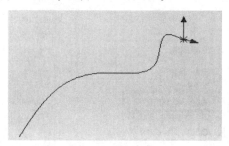

图 3.4.32 通过 XYZ 点的曲线

3.4.1.5 通过参考点的曲线

通过参考点的曲线是指通过一个或者多个平面上的点而生成的曲线。

3.4.1.5.1 通过参考点的曲线的属性设置

使用【通过参考点的曲线】命令，主要有如下 3 种调用方法：

(1) 单击【特征】工具栏中的【曲线】下拉菜单，选中【通过参考点的曲线】按钮。

(2) 单击【曲线】工具栏中的【通过参考点的曲线】按钮。

(3) 单击菜单栏中的【插入】选项，选中【曲线】一栏，单击【通过参考点的曲线】按钮，结果如图 3.4.33 所示。

使用上述命令后系统会弹出【通过参考点的曲线】属性管理器，如图 3.4.34 所示。

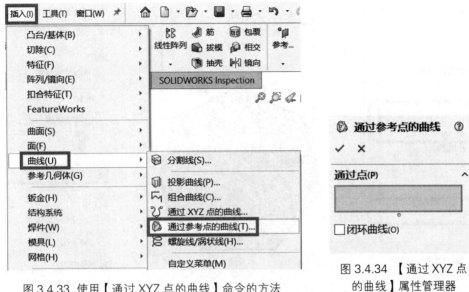

图 3.4.33 使用【通过 XYZ 点的曲线】命令的方法

图 3.4.34 【通过 XYZ 点的曲线】属性管理器

【通过参考点的曲线】属性管理器中一些选项的含义如下

通过点：选择一个或者多个平面上的点。

闭环曲线：确定生成的曲线是否闭合。

3.4.1.5.2 生成通过参考点的曲线

(1) 新建一个零件文件。单击快速访问工具栏中的【新建】按钮 📄，在弹出的【新建 SolidWorks 文件】对话框中单击【零件】按钮 🖼️，然后单击【确定】按钮，创建一个新的零件文件。

(2) 绘制草图。在左侧的【Feature Manager 设计树】中选择【上视基准面】作为绘制图形的基准面。单击【草图】绘制草图，选中【草图】工具栏中的【多边形】按钮 ⊙，此时系统会弹出【多边形】属性管理器，边数设置为 7，选中内切圆，圆的直径输入 50 mm。以原点为圆心绘制一个七边形。随后单击【草图】工具栏中的【智能尺寸】按钮 ⟨，标注草图的尺寸，结果如图 3.4.35 所示。绘制完成后，单击【退出草图】🡒。

(3) 拉伸实体。选择菜单栏中的【插入】选项，选中【凸台 / 基体】一栏，单击【拉伸】按钮 🖼️。此时系统会弹出【凸台 – 拉伸】属性管理器，在深度输入框中输入指定的数值 20 mm，其他采用默认设置，如图 3.4.36 所示。单击【确定】按钮，创建的拉伸特征如图 3.4.37 所示。

(4) 生成通过参考点的曲线。单击菜单栏中的【插入】选项，选中【曲线】一栏，单击【通过参考点的曲线】按钮 🖼️。此时系统会弹出【通过参考点的曲线】属性管理器。依次选中曲线将通过的顶点，如图 3.4.38 所示。

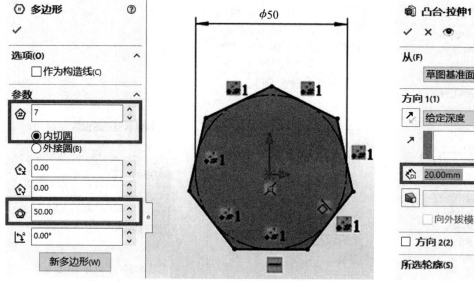

图 3.4.35 【多边形】属性管理器及草图尺寸标注

图 3.4.36 【凸台 – 拉伸】
属性管理器

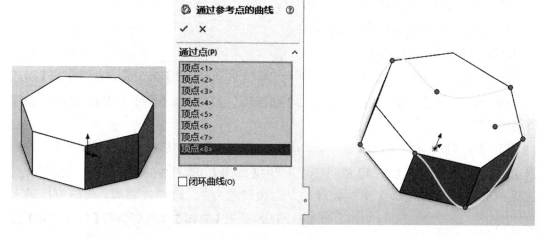

图 3.4.37 拉伸模型　　　　图 3.4.38 【通过 XYZ 点的曲线】属性管理器

(5) 单击【确定】按钮，生成的通过参考点的曲线如图
3.4.39 所示。

3.4.1.6　螺旋线和涡状线

螺旋线和涡状线通常用来生成螺纹、弹簧和发条等零件。
这种曲线在扫描特征中作为一个路径或者引导曲线，也可以
作为放样特征的引导线。

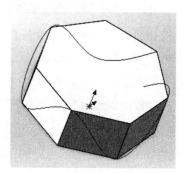

图 3.4.39　通过 XYZ 点的曲线

3.4.1.6.1 螺旋线和涡状线属性设置

使用【螺旋线和涡状线】命令，主要有如下 3 种调用方法：

(1) 单击【特征】工具栏中的【曲线】下拉菜单，选中【螺旋线和涡状线】按钮 ⦚。

(2) 单击【曲线】工具栏中的【螺旋线和涡状线】按钮 ⦚。

(3) 单击菜单栏中的【插入】选项，选中【曲线】一栏，单击【螺旋线和涡状线】按钮 ⦚，结果如图 3.4.40 所示。

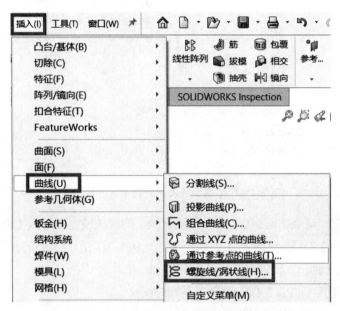

图 3.4.40 使用【螺旋线和涡状线】命令的方法

使用上述命令后，需要绘制一个圆或者一个包含单一圆的草图作为定义螺旋线的横截面，此时系统会弹出【螺旋线和涡状线】属性管理器，如图 3.4.41 所示。

【螺旋线和涡状线】属性管理器中一些选项的含义如下：

(1)【定义方式】栏。

指定曲线类型 (螺旋线或涡状线) 及使用哪些参数来定义曲线。有以下 4 种选项可供选择。

螺距和圈数：生成由螺距和圈数所定义的螺旋线。

高度和圈数：生成由高度和圈数所定义的螺旋线。

高度和螺距：生成由高度和螺距所定义的螺旋线。

涡状线：生成由螺距和圈数所定义的涡状线。

(2)【参数】栏。

恒定螺距 (仅限螺旋线)：生成带恒定螺距的螺旋线。

可变螺距 (仅限螺旋线)：生成带有根据指定的区域参数而变化的螺距的螺旋线。

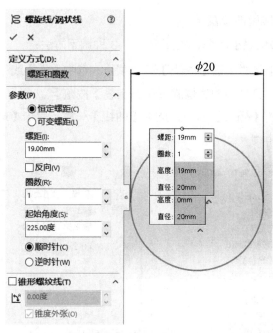

图 3.4.41 【螺旋线和涡状线】属性管理器

区域参数（仅限可变螺距螺旋线）：为螺旋线上的区域设定旋转数【圈数】、高度【高度】、直径【直径】及螺距【螺距】。处于不活动状态或只作为信息的参数以灰色显示。

高度（仅限螺旋线）：设定高度。

俯仰：根据【定义方式】栏的选择有不同的涵义。

对于螺旋线：设定旋转之间的距离。

对于涡状线：设定曲线旋转之间的径向距离。

圈数：设定旋转数。

反向：根据【定义方式】栏的选择有不同的涵义。

对于螺旋线：从原点开始往后延伸螺旋线。

对于涡状线：生成向内涡状线。

起始角：设定在绘制的圆上在什么地方开始初始旋转。

顺时针：设定旋转方向为顺时针。

顺时针：设定旋转方向为逆时针。

(3)【锥形螺纹线】栏。

生成锥形螺纹线：仅可为恒定螺距螺旋线使用。

锥度角度 ⬐ᴬ：设定锥度角度。

锥度外张：将螺纹线锥度外张。

3.4.1.6.2 生成螺旋线

(1) 新建一个零件文件。单击快速访问工具栏中的【新建】按钮 ▯，在弹出的【新建

SolidWorks 文件】对话框中单击【零件】按钮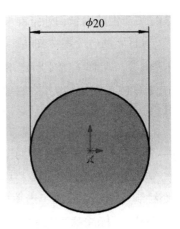，然后单击【确定】按钮，创建一个新的零件文件。

(2) 绘制草图。在左侧的【Feature Manager 设计树】中选择【上视基准面】作为绘制图形的基准面。单击【草图】绘制草图，选中【草图】工具栏中的【圆】按钮，以原点为圆心绘制一个圆。随后单击【草图】工具栏中的【智能尺寸】按钮，标注草图的尺寸，结果如图 3.4.42 所示。绘制完成后，单击【退出草图】。

图 3.4.42 草图及尺寸标注

(3) 创建螺旋线。单击菜单栏中的【插入】选项，选中【曲线】一栏，单击【螺旋线和涡状线】按钮。选中上一步创建的草图，此时系统会弹出【螺旋线 / 涡状线】属性管理器。【定义方式】栏选择【螺距和圈数】，【参数】栏中选中【恒定螺距】选项，【螺距】输入 10 mm，【圈数】设定为 5，【起始角度】设置成 100°，选中【顺时针】选项，具体设置如图 3.4.43 所示。

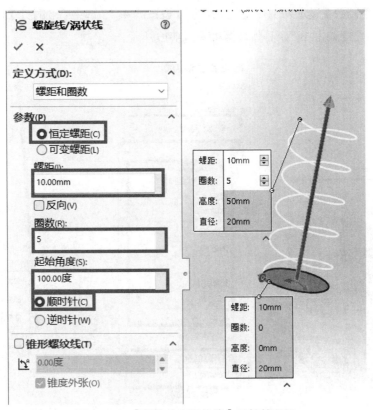

图 3.4.43 【螺旋线和涡状线】属性管理器

(4) 单击【确定】按钮，生成的螺旋线如图 3.4.44 所示。

3.4.1.6.3 生成内张和外张锥形螺旋线

(1) 新建一个零件文件。单击快速访问工具栏中的【新建】按钮 ，在弹出的【新建 SolidWorks 文件】对话框中单击【零件】按钮 ，然后单击【确定】按钮，创建一个新的零件文件。

(2) 绘制草图。在左侧的【Feature Manager 设计树】中选择【上视基准面】作为绘制图形的基准面。单击【草图】绘制，选中【草图】工具栏中的【圆】按钮 ，以原点为圆心绘制一个圆。随后单击【草图】工具栏中的【智能尺寸】按钮 ，标注草图的尺寸。结果如图 3.4.45 所示。绘制完成后，单击【退出草图】 。

(3) 创建螺旋线。单击菜单栏中的【插入】选项，选中【曲线】一栏，单击【螺旋线和涡状线】按钮 。选中上步创建的草图，此时系统会弹出【螺旋线 / 涡状线】属性管理器。

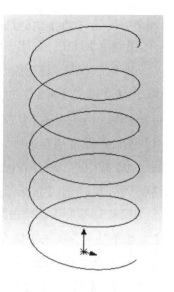

图 3.4.44 螺旋线

【定义方式】栏选择【螺距和圈数】，【参数】栏中选中【恒定螺距】选项，【螺距】输入 20 mm，【圈数】设定为 10，【起始角度】设置成 45°，选中【顺时针】选项。勾选【锥形螺旋线】，角度输入 10°，具体设置如图 3.4.46 所示。

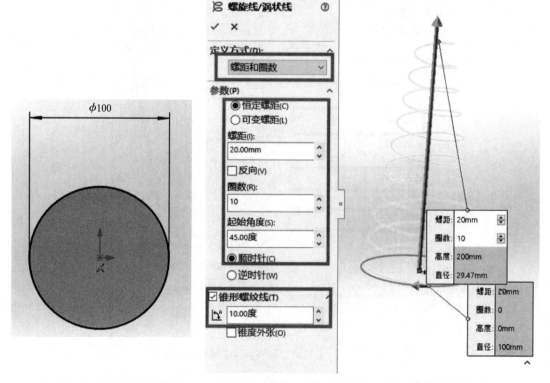

图 3.4.45 草图及尺寸标注　　　　图 3.4.46 内张【螺旋线和涡状线】属性管理器

若此时选中【锥度外张】选项，相应的结果如图 3.4.47 所示。

(4) 单击【确定】按钮，生成的内张锥形螺旋线如图 3.4.48 所示，生成的外张锥形螺旋线如图 3.4.49 所示。

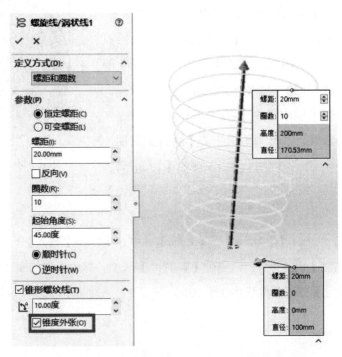

图 3.4.47 外张【螺旋线和涡状线】属性管理器

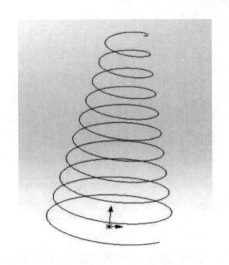

图 3.4.48 内张锥形螺旋线

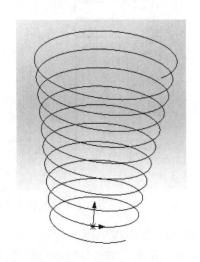

图 3.4.49 外张锥形螺旋线

3.4.1.6.4 生成涡状线

(1) 新建一个零件文件。单击快速访问工具栏中的【新建】按钮，在弹出的【新建

SolidWorks 文件】对话框中单击【零件】按钮，然后单击【确定】按钮，创建一个新的零件文件。

(2) 绘制草图。在左侧的【Feature Manager 设计树】中选择【上视基准面】作为绘制图形的基准面。单击【草图】绘制，选中【草图】工具栏中的【圆】按钮⊙，以原点为圆心绘制一个圆。随后单击【草图】工具栏中的【智能尺寸】按钮，标注草图的尺寸。结果如图 3.4.50 所示。绘制完成后，单击【退出草图】。

(3) 创建螺涡状线。单击菜单栏中的【插入】选项，选中【曲线】一栏，单击【螺旋线和涡状线】按钮。选中上一步创建的草图，此时会弹出【螺旋线 / 涡状线】属性管理器。

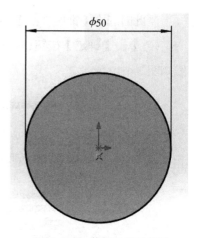

图 3.4.50 草图及尺寸标注

【定义方式】栏选择【涡状线】，【参数】栏中，【螺距】输入 20 mm，【圈数】设定为 5，【起始角度】设置成 45°，选中【顺时针】选项。具体设置如图 3.4.51 所示。

(4) 单击【确定】按钮，涡状线如图 3.4.52 所示。

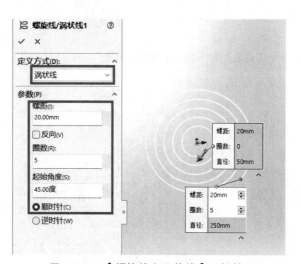

图 3.4.51 【螺旋线和涡状线】属性管理器

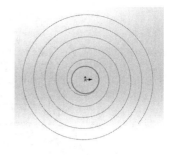

图 3.4.52 涡状线

3.4.1.6.5 麻花钻建模范例

下面应用本节所讲解的知识完成一个麻花钻的建模过程，最终效果如图 3.4.53 所示。

(1) 新建一个零件文件。单击快速访问工具栏中的【新建】按钮，在弹出的【新建 SolidWorks 文件】对话框中单击【零件】按钮，然后单击【确定】按钮，创建一个新的零件文件。

(2) 绘制草图。在左侧的【Feature Manager 设计树】中选择【上视基准面】作为绘制图形的基准面，单击【草图】绘制草图，随后单击【草图】工具栏中的【智能尺寸】按钮 ，标注草图的尺寸，结果如图 3.4.54 所示。绘制完成后，单击【退出草图】 。

图 3.4.53 麻花钻实体建模

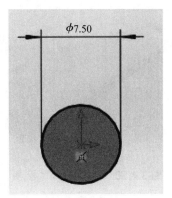

图 3.4.54 草图以及尺寸标注

(3) 拉伸实体。选择菜单栏中的【插入】选项，选中【凸台 / 基体】一栏，单击【拉伸】按钮 。此时系统会弹出【凸台 – 拉伸】属性管理器，在深度输入框中输入指定的数值 120 mm，其他采用默认设置，结果如图 3.4.55 所示。

图 3.4.55 【凸台 – 拉伸】属性管理器

(4) 绘制草图。在左侧的【Feature Manager 设计树】中选择【凸台拉伸面】作为绘制图形的基准面。单击【草图】绘制草图，随后单击【草图】工具栏中的【智能尺寸】按钮 ，标注草图的尺寸，结果如图 3.4.56 所示。绘制完成后，单击【退出草图】 。

(5) 创建螺旋线路径。单击【特征】工具栏，单击【曲线】，选中【螺旋线／涡状线】
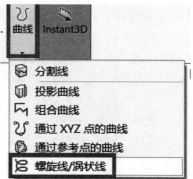，结果如图 3.4.57 所示。

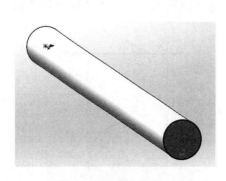

图 3.4.56 草图以及尺寸标注　　　　图 3.4.57 使用【螺旋线／涡状线】命令的方法

此时系统会弹出【螺旋线／涡状线】属性管理器。在【螺旋线／涡状线属性管理器】
中进行设置，【定义方式】栏中选择高度和圈数，【参数】栏中选择恒定螺距，【高度】
输入 70 mm，勾选【反向】按钮，【圈数】设定为 2 圈，【起始角度】设置为 180°。其
他设置均为默认设置，如图 3.4.58 所示。

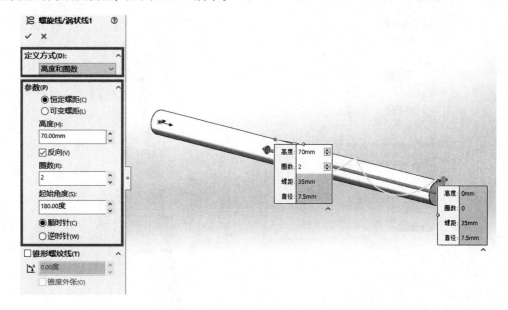

图 3.4.58 【螺旋线／涡状线】属性管理器

(6) 创建 3D 草图。2D 草图绘制完成后，将其转化为 3D 形式。单击草图工具栏，选中
3D 草图，如图 3.4.59 所示。

单击【转换实体】按钮，此时系统会弹出【转换实体引用】属性管理器，在要转
换的实体一栏中选择刚创建好的螺旋线即边线 1。单击【确定】按钮，结果如图 3.4.60 所示。

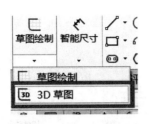

图 3.4.59 使用【3D 草图】
命令的方法

图 3.4.60 【转换实体引
用】属性管理器

单击【三点圆弧】，在转换好的螺旋线上画一个圆弧，并使这两个圆弧相切。单击【添加几何关系】按钮，此时系统会弹出【添加几何关系】属性管理器，在【所选实体】栏中选择样条曲线 2 和圆弧 1，在【现有几何关系】栏中选择相切，如图 3.4.61 所示。

单击【确定】按钮，完成创建 3D 草图。如图 3.4.62 所示。

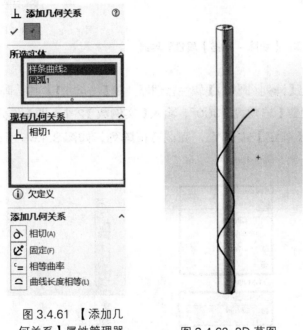

图 3.4.61 【添加几
何关系】属性管理器

图 3.4.62 3D 草图

(7) 创建扫描切除特征。选中 3D 草图，选择菜单栏中的【插入】选项，选中【切除】一栏，单击【扫描】按钮。此时系统会弹出【切除 – 扫描】属性管理器，对其进行如下设置：在【轮廓和路径】中选择【圆形轮廓】，路径选择【3D 草图 1】，【直径】输入指定的数值 6 mm，其他采用默认设置。结果如图 3.4.63 所示。

(8) 创建圆周阵列特征。选择菜单栏中的【插入】选项，选中【阵列 / 镜向】一栏，单击【圆周阵列】按钮，如图 3.4.64 所示。

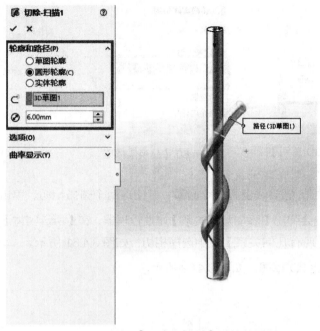

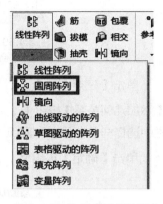

图 3.4.63 【切除 – 扫描】属性管理器

图 3.4.64 使用【圆周阵列】
命令的方法

　　此时系统会弹出【阵列（圆周）】属性管理器。在【方向1】栏中，阵列轴选择圆柱面1，选择【等间距】，设置【总角度】360°，输入【实例数】2个。要【阵列的特征】选择【切除扫描1】。单击【确定】按钮✔，完成特征阵列，如图 3.4.65 所示。

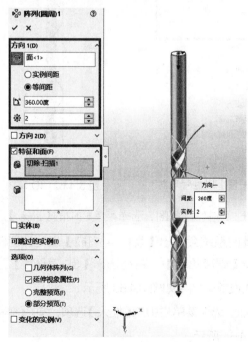

图 3.4.65 【阵列（圆周）】属性管理器

(9) 绘制草图。在左侧的【Feature Manager 设计树】中选择【前视基准面】作为绘制图形的基准面。单击【草图】工具栏中的【直线】按钮✐，以最上方直线的中点为起点绘制一个图形；单击【草图】工具栏中的【智能尺寸】按钮✦，标注草图的尺寸，结果如图 3.4.66 所示。单击【退出草图】↳。

(10) 旋转切除实体。选中之前绘制好的草图，单击【特征】工具栏中的【旋转切除】按钮🔟，此时系统会弹出【切除 – 旋转】属性管理器，【旋转轴】栏选择【直线5】，【方向 1】栏中选择给定深度，角度输入为 360°，其余设置采用默认设置，如图 3.4.67 所示。

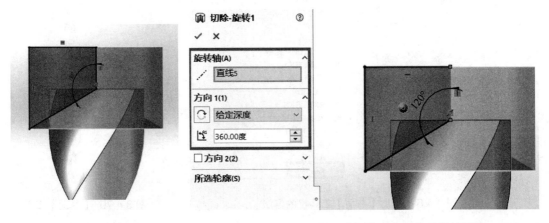

图 3.4.66 草图以及尺寸标注　　　　图 3.4.67 设置【切除 – 旋转】属性管理器

单击【确定】按钮✔，最终生成的模型如图 3.4.68 所示。

3.4.2 创建曲面特征

曲面是一种可用来生成实体特征的几何体，用来描述相连的零厚度几何体。一个零件中可以有多个曲面实体。SolidWorks 提供了专用的【曲面】工具栏。要使用【曲线】工具栏，首先鼠标右键单击菜单栏任意空白位置，然后在弹出的下拉菜单中，选择工具栏，最后选中单击【曲面】按钮，如图 3.4.69 所示。

使用上述命令，系统会在界面左侧弹出【曲面】工具栏，如图 3.4.70 所示。

利用该工具栏中的按钮既可以生成曲面，也可以对曲面进行编辑。【曲面工具栏】中的按钮如表 3.4.2.1 所示。本节主要介绍曲面的创建方法。

图 3.4.68 麻花钻实体建模

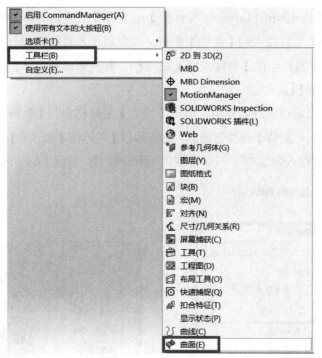

图 3.4.69 使用【曲面】工具栏的方法   图 3.4.70 【曲面】工具栏

表 3.4.2.1 曲面工具栏中的按钮

	拉伸曲面		填充曲面		缝合曲面
	旋转曲面		中面		平面
	扫描曲面		从网格创建曲面		延伸曲面
	放样曲面		删除面		剪裁曲面
	边界曲面		替换面		分型面
	等距曲面		解除剪裁曲面		直纹曲面
	延展曲面		删除孔		曲面展平

曲面有多种功能，可根据下列 5 种方法使用曲面：

①选取曲面边线和顶点作为扫描的引导线和路径。

②通过加厚曲面来生成一个实体或切除特征。

③用成形到某一面或到离指定面指定的距离终止条件来拉伸实体或切除特征。

④通过加厚已经缝合成实体的曲面来生成实体特征。

⑤以曲面替换面。

3.4.2.1 拉伸曲面

拉伸曲面是指将一条曲线拉伸为曲面。使用【拉伸曲面】命令，主要有以下 2 种调用方法：

(1) 单击【曲线】工具栏中的【拉伸曲面】按钮 。

(2)选择菜单栏中的【插入】选项，选中【曲面】一栏，单击【拉伸曲面】按钮 ，如图 3.4.71 所示。

使用上述命令后系统会弹出【曲面－拉伸】属性管理器，如图 3.4.72 所示。

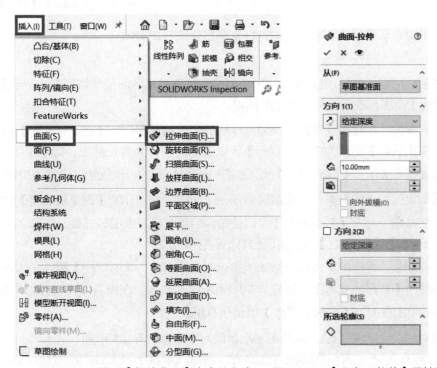

图 3.4.71 使用【拉伸曲面】命令的方法　　图 3.4.72 【凸台－拉伸】属性管理器

【曲面－拉伸】属性管理器中一些选项的含义如下：

3.4.2.1.1【从】栏

该栏用来设置特征拉伸的开始条件，其选项包括【草图基准面】、【曲面／面／基准面】、【顶点】和【等距】。

草图基准面：从草图所在的基准面开始拉伸。

曲面／面／基准面 ：从这些实体之一开始拉伸。为【曲面／面／基准面】 选择有效的实体，其中实体可以是平面或非平面。平面实体不必与草图基准面平行，而草图必须完全包含在非平面曲面或面的边界内。草图在开始曲面或面处依从非平面实体的形状。

顶点 ：从选择的顶点开始拉伸。

等距 ：从与当前草图基准面等距的基准面上开始拉伸。在【输入等距值】中设定等距距离。

3.4.2.1.2【方向1】栏

决定特征延伸的方式，并设定终止条件类型。单击【反向】按钮 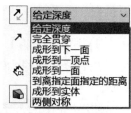 可以获得与预览中所示方向相反的方向延伸特征。

(1) 终止条件：该下拉列表框中列出了8种拉伸方法，如图3.4.73所示。

给定深度：设定深度，从草图的基准面以指定的距离延伸特征。

图 3.4.73 【终止条件】

完全贯穿：从草图的基准面拉伸特征直到贯穿所有现有的几何体。

成形到一顶点：在绘图区选择一个顶点，从草图基准面拉伸特征到一个平面，这个平面将平行于草图基准面且穿越指定的顶点。

成形到一面：在绘图区选择一个要延伸到的面或基准面作为【面/基准面】，双击曲面将【终止条件】更改为【成形到面】，以所选曲面作为终止曲面。如果拉伸的草图超出所选面或曲面实体，【成形到面】可以执行一个分析面的自动延伸，以终止拉伸。

到离指定面指定的距离：在绘图区选择一个面或基准面作为【面/基准面】，然后输入等距距离。选择【转化曲面】可以使拉伸结束在参考曲面转化处，而非实际的等距。必要时，选择【反向等距】以便以反方向等距移动。

成形到实体：在绘图区选择要拉伸的实体作为【实体/曲面实体】。在装配件中拉伸时可以使用【成形到实体】，以延伸草图到所选的实体。在模具零件中，如果要拉伸至的实体有不平的曲面，【成形到实体】也是很有用的。

两侧对称：设定深度，从草图基准面向两个方向对称拉伸特征。

(2) 拉伸方向 ↗：表示在绘图区选择方向向量以垂直于草图轮廓的方向拉伸草图。可以通过选择不同的平面产生不同的拉伸方向。

(3) 拔模开/关：新增拔模到拉伸特征，设置【拔模角】，如必要，选择【向外拔模】。

3.4.2.1.3 【方向2】栏

该栏中的参数用来设置同时从草图基准面向两个方向拉伸的相关参数，用法和【方向1】栏基本相同。

3.4.2.1.4【所选轮廓】栏

所选轮廓：允许使用部分草图生成拉伸特征，在图形区域可以选择草图轮廓和模型边线。

3.4.2.2 旋转曲面

旋转曲面是指在交叉或者非交叉的草图中选择不同的草图，并用所选择的轮廓生成的旋转曲面。旋转曲面主要由三部分组成，分别是旋转轴、旋转类型以及旋转角度。

使用【旋转曲面】命令，主要有以下 2 种调用方法：

(1) 单击【曲面】工具栏中的【旋转曲面】按钮 。

(2) 选择菜单栏中的【插入】选项，选中【曲面】一栏，单击【旋转曲面】按钮 ，如图 3.4.74 所示。

使用上述命令后系统会弹出【曲面－旋转】属性管理器，如图 3.4.75 所示。

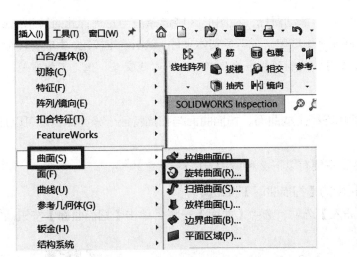

图 3.4.74 使用【旋转曲面】命令的方法   图 3.4.75 【曲面－旋转】属性管理器

【曲面－旋转】属性管理器中一些选项的含义如下：

3.4.2.2.1【旋转轴】栏

用于选择特征旋转所绕的轴。根据所生成的旋转特征类型，旋转轴可能为中心线、直线或一条边线。

3.4.2.2.2【方向 1】栏

旋转类型：相对于草图基准面设定旋转特征的终止条件。如有必要，单击【反向】按钮 来反转旋转方向；如图 3.4.76 所示，有以下 5 个选项可供选择：

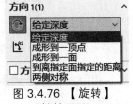

图 3.4.76 【旋转】属性管理器

①给定深度：从草图以单一方向生成旋转。在【方向 1 角度】选项 中设定旋转角度。

②成形到一顶点：从草图基准面生成旋转到【顶点】 中所指定的顶点。

③成形到一面：从草图基准面生成旋转到【面／基准面】 中所指定的曲面。

④到离指定面指定的距离：从草图基准面生成旋转到所指定曲面的指定等距，可在【等距距离】选项 中设定距离。必要时，可选择反向等距以便以反方向等距移动。

⑤两侧对称 ：从草图基准面以顺时针和逆时针方向生成旋转，位于旋转方向 1° 的中央。

【角度】![icon]：定义旋转的角度。系统默认的旋转角度为 360°。角度以顺时针方向从所选草图开始测量。

3.4.2.2.3【方向 2】栏

该栏中的参数用来设置同时从草图基准面向两个方向旋转的相关参数，用法和【方向 1】栏基本相同。

3.4.2.2.4【所选轮廓】栏

单击(所选轮廓)选择框◇，拖动鼠标，在图形区域选择适当轮廓，此时显示出旋转特征的预览图，可以选择任何轮廓生成单一或者多实体零件，单击确定按钮，生成旋转特征。

注意事项：生成旋转曲面时，绘制的样条曲线可以和中心线交叉，但是不能穿越。

3.4.2.3 扫描曲面

扫描曲面是指利用轮廓和路径生成曲面。扫描曲面与扫描特征十分类似，都可以通过引导线扫描生成。

使用【扫描曲面】命令，主要有以下 2 种调用方法：

(1) 单击【曲面】工具栏中的【扫描曲面】按钮![icon]。

(2) 选择菜单栏中的【插入】选项，选中【曲面】一栏，单击【扫描曲面】按钮![icon]，如图 3.4.77 所示。

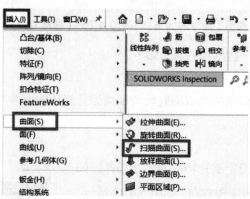

图 3.4.77 使用【扫描曲面】命令的方法

图 3.4.78 【扫描】
属性管理器

使用上述命令后系统会弹出【曲面 – 扫描】属性管理器，如图 3.4.78 所示。

【扫描】属性管理器中一些选项的含义如下：

3.4.2.3.1【轮廓和路径】栏

(1) 草图轮廓：沿 2D 或 3D 草图路径移动 2D 轮廓创建扫描，如图 3.4.79 所示。

轮廓![icon]：用来生成扫描的草图轮廓。在图形区域中或 FeatureManager 设计树中选取轮廓。可从模型中直接选择面、边线和曲线作为扫描轮廓。基体或凸台扫描特征的轮廓应为闭环。

路径 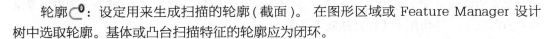：设置轮廓扫描的路径。在图形区域或 Feature Manager 设计树中选取路径。 路径可以是开环或闭合，也可以包含在草图中的一组绘制的曲线、一条曲线或一组模型边线。路径的起点必须在轮廓的基准面上。

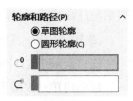

图 3.4.79 【草图轮廓】

当路径延伸通过轮廓时，有以下 3 个选项可供选择：

方向 1：为路径一侧创建扫描。

双向：在草图轮廓创建在路径的两个方向延伸地扫描。但对于双向扫描，不能使用引导线或设置起始和发送相切。

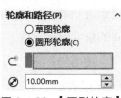

图 3.4.80 【圆形轮廓】

方向 2：为路径的另一个方向创建扫描。可以单独控制每个扫描方向上的路径的扭转值并将该扭转值应用到整个长度。

(2) 圆形轮廓：直接在模型上沿草图直线、边线或曲线创建实体杆或空心管筒，如图 3.4.80 所示。

轮廓：设定用来生成扫描的轮廓 (截面)。 在图形区域或 Feature Manager 设计树中选取轮廓。基体或凸台扫描特征的轮廓应为闭环。

直径：指定轮廓的直径。注意，不论是截面、路径，还是所形成的实体，都不能出现自相交叉的情况。

3.4.2.3.2 【引导线】栏

引导线：在轮廓沿路径扫描时加以引导以生成特征。注意，引导线必须与轮廓或轮廓草图中的点重合，如图 3.4.81 所示。

图 3.4.81 【引导线】栏

上移和下移：调整引导线的顺序。 选择一条引导线并调整轮廓顺序。

合并平滑的面：消除以改进带引导线扫描的性能，并在引导线或路径中曲率不连续的点处分割扫描。因此，引导线中的直线和圆弧会更精确地匹配。

显示截面：显示扫描的截面。 选择箭头按【截面数】观看轮廓并解疑。

3.4.2.3.3 【选项】栏

(1) 轮廓方向：控制【轮廓】沿【路径】扫描时的方向，如图 3.4.82 所示。

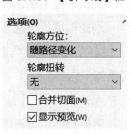

图 3.4.82 【选项】栏

随路径变化：轮廓相对于路径时刻保持同一角度。

注意，当选择随路径变化选项时，在小型和不均匀曲率沿路径波动引起轮廓不能对齐的情况下，选项可使轮廓稳定。

保持法线不变：使轮廓总是与起始轮廓保持平行。注意，如果存在多个轮廓，则截面时刻与开始截面平行。

(2) 轮廓扭转：沿路径应用扭转。选择以下选项之一：

无：仅限于 2D 路径，将轮廓的法线方向与路径对齐，不进行纠正。

最小扭转：仅限于 3D 路径，用于纠正以沿路径最小化轮廓扭转。

随路径和第一引导线变化：选择【随路径和第一引导线变化】，中间截面的扭转由路径到第一条引导线的向量决定。在所有中间截面的草图基准面中，该向量与水平基准面之间的角度保持不变。当选定一条或多条引导线时可选用该选项。

随第一和第二引导线变化：选择【随第一和第二引导线变化】，中间截面的扭转由第一条引导线到第二条引导线的向量决定。在所有中间截面的草图基准面中，该向量与水平基准面之间的角度保持不变。

指定扭转角度：沿路径定义轮廓扭转。选择【度】、【弧度】或【圈数】。

指定方向向量 ↗：选择一基准面、平面、直线、边线、圆柱、轴、特征上顶点组等来设定方向向量。不可用于【保持法向不变】。

与相邻面相切：将扫描附加到现有几何体时可用，使相邻面在轮廓上相切。

自然：（仅限于 3D 路径）当轮廓沿路径扫描时，在路径中其可绕轴转动以相对于曲率保持同一角度。可能产生意想不到的结果。

(3) 合并相切面：如果扫描轮廓具有相切线段，可以使所产生的扫描中的相应曲面相切，保持相切的面可以是基准面、圆柱面或者锥面。其他相邻面被合并，轮廓被近似处理。草图圆弧可能转换为样条曲线。使用引导线时不会产生效果。

(4) 显示预览：显示扫描的上色预览；取消选择此选项，则只显示轮廓和路径。

3.4.2.3.4 【起始处和结束处相切】栏

①起始处相切类型（图 3.4.83）：其选项包括如下：

无：不应用相切。

路径相切：垂直于起始点路径而生成扫描。

②结束处相切类型：与起始处相切类型的选项相同，其选项包括如下内容：

无：不应用相切。

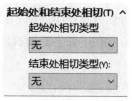

图 3.4.83 【起始处和结束处相切】栏

路径相切：垂直于起始点路径而生成扫描。

3.4.2.3.5 【曲率显示】栏

网格预览：在已选面上应用预览网格，以更直观地显示曲面，如图 3.4.84 所示。

网格密度：选择【网格预览】时可用。调整网格的行数。

斑马条纹：显示斑马条纹，以便更容易看到曲面褶皱或缺陷。

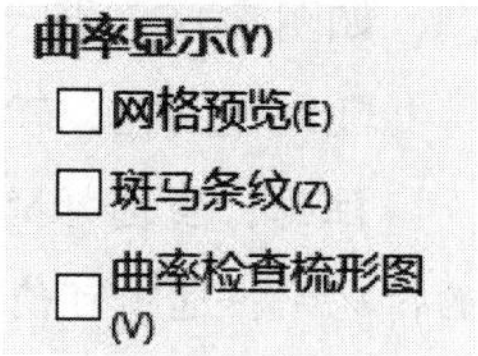

图 3.4.84
【曲率显示】栏

曲率检查梳形图：激活曲率检查梳形图显示。有以下两种选项可以选择。

方向 1：切换沿【方向 1】的曲率检查梳形图显示。

方向 2：切换沿【方向 2】的曲率检查梳形图显示。

对于任一方向，选择【编辑颜色】，以修改梳形图颜色。

缩放：调整曲率检查梳形图的大小。

密度：调整曲率检查梳形图的显示行数。

注意事项，在使用引导线扫描曲面时，引导线必须贯穿轮廓草图，通常需要在引导线和轮廓草图之间重合和穿透几何关系。

3.4.2.4 放样曲面

放样曲面是指通过曲线之间的平滑过渡生成的曲面。放样曲面主要由放样的轮廓曲线组成，也可以根据需要使用引导线。

使用【放样曲面】命令，主要有以下 2 种调用方法：

(1) 单击【曲面】工具栏中的【放样曲面】按钮 。

(2) 选择菜单栏中的【插入】选项，选中【曲面】一栏，单击【放样曲面】按钮 ，如图 3.4.85 所示。

使用上述命令后系统会弹出【曲面 – 放样】属性管理器，如图 3.4.86 所示。

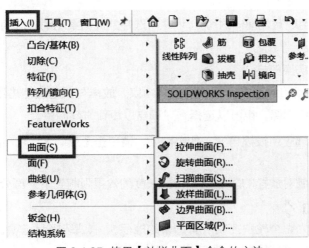

图 3.4.85 使用【放样曲面】命令的方法

图 3.4.86【曲面 – 放样】
属性管理器

【曲面 – 放样】属性管理器中一些选项的含义如下：

3.4.2.4.1【轮廓】栏

该栏决定用来生成放样的轮廓。

轮廓 ：选择要连接的草图轮廓、面或边线，放样根据轮廓选择的顺序而生成，并且每个轮廓都需要选择想要放样路径经过的点。

上移和下移 ↑ ↓：【上移】按钮或【下移】按钮用来调整【轮廓】 的顺序。放样时选择一个轮廓并调整轮廓顺序，如果放样预览显示不理想，可以重新选择或组序草图，以在轮廓上连接不同的点。

3.4.2.4.2【起始／结束约束】栏

【开始约束】【结束约束】：应用约束以控制开始和结束轮廓的相切（图3.4.87)，包括以下选项：

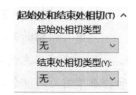

图 3.4.87【起始处和结束处相切】栏

默认：在最少有三个轮廓时可供使用。 近似在第一个和最后一个轮廓之间刻画的抛物线。 该抛物线中相切的驱动放样曲面，在未指定匹配条件时，所产生的放样曲面更具可预测性，且更自然。

无：不应用相切约束（即曲率为零）。

方向向量：根据所选的方向向量应用相切约束。根据应用为【方向向量】的所选实体而应用相切约束。选择【方向向量】↗，然后设置【拔模角度】和【起始】或【结束处相切长度】。

垂直于轮廓：应用在垂直于开始或者结束轮廓处的相切约束。设置【拔模角度】和【起始】或【结束处相切长度】。

无：不应用相切约束（即曲率为零）。

与面相切：在将放样附加到现有几何体时可用可 使相邻面在所选开始或结束轮廓处相切。

与面的曲率：在将放样附加到现有几何体时可用可 在所选开始或结束轮廓处应用平滑、具有美感的曲率连续放样。

下一个面：在可用的面之间切换放样。

方向向量：根据用为方向向量的所选实体而应用相切约束。放样与所选线性边线或轴相切，或与所选面或基准面的法线相切。也可以选择一对顶点以设置方向向量。

拔模角度：给开始或结束轮廓应用拔模角度。如果需要，请单击【反向】 。也可沿引导线应用拔模角度。

起始和结束处相切长度：控制对放样的影响量。相切长度的效果限制到下一部分。 如果需要，请单击【反转相切方向】↗。

应用到所有：显示一个用于为整个轮廓控制所有约束的控标。 取消选择此选项，可显示多个控标，从而能够对单个线段进行控制。 拖动控标来修改相切长度。

3.4.2.4.3【引导线】栏（图3.4.88)

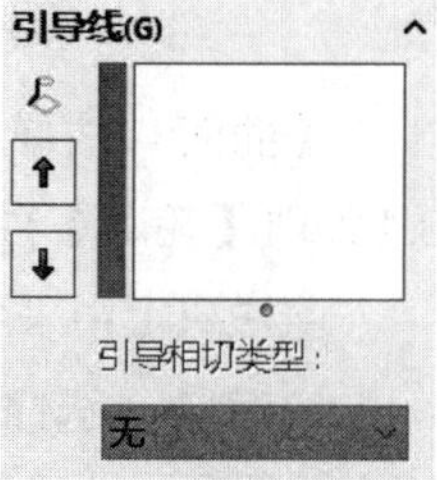

引导线感应类型：控制引导线对放样的影响力，包括以下选项：

到下一引线：只将引导线延伸到下一引导线。

到下一尖角：只将引导线延伸到下一尖角。尖角为轮廓的硬边角。 用任何两个相互之间没有共同相切或曲率关系的连续草图实体

图 3.4.88 【引导线】栏

定义尖角。

到下一边线：只将引导线延伸到下一边线。

全局：将引导线影响力延伸到整个放样。

引导线：选择引导线来控制放样。

上移、下移 ⬆ ⬇：调整引导线的顺序。选择【引导线】并调整轮廓顺序。

引导线相切类型：控制放样与引导线相遇处的相切，有以下 4 种选项可供选择。

无：不应用相切约束。

垂直于轮廓：垂直于引导线的基准面应用相切约束。设定【拔模角度】。

方向向量：根据所选的方向向量应用相切约束。选择【方向向量】↗，然后设置【拔模角度】。

与面相切：在位于引导线路径上的相邻面之间添加边侧相切，从而在相邻面之间生成更平滑的过渡。注意，为获得最佳结果，在每个轮廓与引导线相交处，轮廓还应与相切面相切。理想的公差是 2° 或小于 2°。可以使用连接点离相切小于 30° 的轮廓，角度再大放样就会失败。

方向向量：根据所选的方向向量应用相切约束。放样与所选线性边线或轴相切，或与所选面或基准面的法线相切。

拔模角度：只要几何关系成立，将拔模角度沿引导线应用到放样。

3.4.2.4.4【中心线参数】栏 (图 3.4.89)

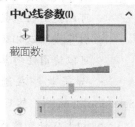

图 3.4.89
【中心线参数】栏

中心线：使用中心线引导放样形状。在图形区域中选择一草图。注意，中心线可与引导线同时存在。

截面数：在轮廓之间并围绕中心线添加截面。移动滑块来调整截面数。

显示截面 👁：显示放样截面。可单击箭头来显示截面，也可输入截面编号，然后单击【显示截面】👁以跳到该截面。

3.4.2.4.5【草图工具】栏

拖动草图：激活拖动模式。当编辑放样特征时，可从任何已为放样定义了轮廓线的 3D 草图中拖动任何 3D 草图线段、点或基准面。3D 草图在拖动时更新。也可编辑 3D 草图，可以使用尺寸标注工具来标注轮廓线的尺寸。放样预览在拖动结束时或在编辑 3D 草图尺寸时更新。若想退出拖动模式，再次单击【拖动草图】或单击 Property Manager 中的另一个截面列表。

撤销草图拖动 ↶：撤销先前的草图拖曳，并将预览返回到其先前状态。

3.4.2.4.6【选项】栏

合并切面：如果对应的放样线段相切，则使在所生成的放样中的对应曲面保持相切。保持相切的面可以是基准面、圆柱面或锥面。其他相邻的面被合并，截面被近似处理。草图圆弧可以转换为样条曲线。

封闭放样：沿放样方向生成闭合实体，选择此选项会自动连接最后 1 个和第 1 个草图实体。

显示预览：显示放样的上色预览；取消选择此选项，则只能查看路径和引导线。还可以用右键单击并在快捷菜单上的【透明预览】和【不透明预览】之间切换。

合并结果：合并所有放样要素。消除此选项则不合并所有放样要素。

微公差：使用微小的几何图形为零件创建放样。 严格容差适用于边缘较小的零件。

3.4.2.4.7【曲率显示】栏

网格预览：在已选面上应用预览网格，以更直观地显示曲面。

网格密度：选择【网格预览】时可用。调整网格的行数。

斑马条纹：显示斑马条纹，以便更容易看到曲面褶皱或缺陷。

曲率检查梳形图：激活曲率检查梳形图显示。有以下两种选项可以选择：

方向 1：切换沿【方向 1】的曲率检查梳形图显示。

方向 2：切换沿【方向 2】的曲率检查梳形图显示。

对于任意方向，选择【编辑颜色】，以修改梳形图颜色。

缩放：调整曲率检查梳形图的大小。

密度：调整曲率检查梳形图的显示行数。

注意事项：当使用引导线生成放样时，请考虑以下信息。

· 引导线必须与所有轮廓相交。

· 可以使用任意数量的引导线。

· 引导线可以相交于点。

· 可以使用任何草图曲线、模型边线或是曲线作为引导线。

· 如果软件在选择一引导线时将之报告为无效：可右键单击图形区域，选取 SelectionManager，然后选择引导线；也可将每条引导线放置在单个草图中。

· 如果放样失败或扭曲：使用放样同步选项来同步修改放样轮廓。可以通过更改轮廓之间的对齐方式来调整同步。要调整对齐方式，则应操纵图形区域中出现的控标，它是连接线的一部分。连接线是在两个方向上连接对应点的曲线。

添加通过参考点的曲线作为引导线，选择适当的轮廓顶点以生成曲线。

· 引导线可以比生成的放样长，而放样终止于最短引导线的末端。

· 可以通过在所有引导线上生成同样数量的线段，进一步控制放样的行为。每一条线段的端点标志对应的轮廓转换点。

曲面放样注意事项：

(1) 轮廓曲线的基准面不一定要平行。

(2) 可以应用引导线控制放样曲面的形状。

3.4.2.5 边界曲面

边界曲面特征可用于生成在两个方向上 (曲面所有边) 相切或曲率连续的曲面。 大多数情况下，这样产生的结果比放样工具产生的结果质量更高。边界曲面特征可以指定草图曲线、边线、面以及其他草图实体控制边界特征的形状。

使用【边界曲面】命令，主要有以下 2 种调用方法：

(1) 单击【曲面】工具栏中的【边界曲面】按钮 。

(2) 选择菜单栏中的【插入】选项，选中【曲面】一栏，单击 🐝，如图 3.4.90 所示。

使用上述命令后系统会弹出【边界 – 曲面】属性管理器，如图 3.4.91 所示。

【边界 – 曲面】属性管理器中一些选项的含义如下：

3.4.2.5.1 【方向 1】栏

曲线：确定用于以此方向生成边界特征的曲线。选择要连接的草图曲线、面或边线。边界特征根据曲线选择的顺序而生成。对于每条曲线，选择想要边界特征路径经过的点。如果边界特征接头不正确，请在图形区域中右键单击并选择【反转接头】以尝试修复。

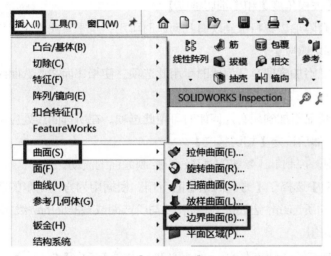

图 3.4.90 使用【边界曲面】命令的方法　　　图 3.4.91 【边界 – 曲面】属性管理器

上移和下移 ⬆⬇：其中的【上移】按钮或【下移】按钮用来调整【曲线】的顺序，如果预览显示的边界特征令人不满意，可以重新选择或重新排序草图以连接曲线上不同的点。

方向 1 曲线感应：有以下 5 个选项可供选择：

(1) 全局 (G)：将曲线感应延伸到整个边界特征。

(2) 到下一曲线：只将曲线影响延伸到下一曲线。

(3) 到下一尖角：只将曲线影响延伸到下一尖角，尖角为轮廓的硬边角。用于任何两个相互之间没有共同相切或曲率关系的连续草图实体定义尖角。请参阅放样 Property Manager 中的【引导线】。

(4) 到下一边线：只将曲线影响延伸到下一边线。

(5) 线性：将曲线的感应均匀地延伸到整个边界特征上，与延伸到直纹曲面上类似。

该选项有助于避免由缩进较大的引导曲线在单向曲线相互重合的曲面上产生的多余曲率（包藏）效应。

选择的某个方向的线性感应选项将应用到该方向的所有选项上。可单向或双向试用更换线性感应选项控制边界特征设计。线性感应选项的可用性依赖于为某一方向选择的曲线的几何体。

相切类型（图3.4.92）：有以下六个选项可供选择。

(1)默认：在该方向至少有三条曲线时可用此选项。近似在第一个和最后一个轮廓之间刻画的抛物线。请参阅放样 Property Manager 中的【放样】。该抛物线中相切的驱动放样曲面，在未指定匹配条件时，所产生的放样曲面更具可预测性，且更自然。

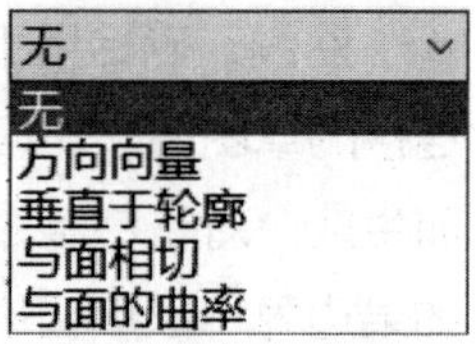

(2)无：没有应用相切约束（曲率为零）。

(3)方向向量：根据方向向量的所选视图而应用相切约束。选择【方向向量】↗，然后设定【拔模角度】和【相切感应】。

图3.4.92 相切类型

(4)垂直于轮廓：当曲线没有附加边界特征到现有几何体时可用，可垂直曲线应用相切约束。设定【拔模角度】和【相切感应】。

(5)与面相切：在将边界特征附加到现有几何体时可用此选项。使相邻面在所选曲线上相切。然后设定【相切感应】。

(6)与面的曲率：在将边界特征附加到现有几何体时可用此选项。在所选曲线处应用平滑且具有美感的曲率连续曲面。然后设定【相切感应】。

排列：仅适用于单方向情况。控制 iso 参数的对齐，以控制曲面的流动。

方向向量：在为【相切类型】选择了【方向向量】时可用。根据用为方向向量的所选实体而应用相切约束。边界特征与所选线性边线或轴相切，或与所选面或基准面的法线相切。也可选择一对顶点以设置方向向量。

拔模角度：应用拔模角度到开始或结束曲线。如有必要，单击【反向】按钮↻。对于单方向边界特征，拔模角度适用于所有【相切类型】。对于双方向边界特征，如果连接到具有拔模的现有实体，【拔模角度】将不可用，因为系统会自动应用相同拔模到相交曲线的边界特征。

相切感应：只在为【曲线感应】选取了【整体】或【到下一尖角】及曲线为双向时才可使用。在【相切类型】设定到【无】或【默认】时无法使用。将曲线效应延伸到下一曲线。高数值延伸相切的有效距离。这对于很圆的形状有用。

相切长度：不适用于为【相切类型】选择了【相切类型】的任何曲线。控制对边界特征的影响量。相切长度的效果限制到下一部分。如果需要，请单击【反转相切方向】↗。

应用到所有：仅适用于单方向的情况。显示通过为整个轮廓控制所有约束的控标，消除选择此选项可显示允许单个线段控制的多个控标。通过拖动控标来修改相切长度。详细情况参阅放样 Property Manager 中的【放样】。

3.4.2.5.2【方向2】栏

选项与上述的【方向1】相同。两个方向可以相互交换,无论选择曲线为【方向1】还是【方向2】,都可以获得相同的结果。

3.4.2.5.3【选项与预览】栏

合并切面:如果对应的线段相切,合并切面则会使所生成的边界特征中的曲面保持相切。

闭合曲面:沿边界特征方向生成一闭合实体。此选项会自动连接最后一个和第一个草图。

按方向1剪裁和按方向2剪裁:当曲线不形成闭合的边界时,按方向剪裁曲面。

拖动草图:激活拖动模式。在编辑边界特征时,可从任何已为边界特征定义了轮廓线的 3D 草图中拖动 3D 草图线段、点或基准面。3D 草图在拖动时更新。也可编辑 3D 草图以使用尺寸标注工具来标注轮廓线的尺寸。边界特征预览在拖动结束时或在编辑 3D 草图尺寸时更新。若想退出拖动模式,再次单击【拖动草图】或单击 Property Manager 中的另一个截面。

注意事项,该功能只可为 3D 草图所用,并且只在草图在 Feature Manager 设计树中直接位于边界曲面特征的插入点之前时才可使用。

撤消草图拖动 ：撤消先前的草图拖动并将预览返回到其先前状态。可撤销多个拖动合尺寸编辑。

显示预览:显示边界特征的上色预览。清除此选项以便只查看曲线。

3.4.2.5.4【曲率显示】栏

网格预览:在已选面上应用预览网格,以更好地直观显示曲面。

斑马条纹:显示斑马条纹,以便更容易看到曲面褶皱或缺陷。

曲率检查梳形图:激活曲率检查梳形图显示。有以下两种选项可以选择:

方向1:切换沿【方向1】的曲率检查梳形图显示。

方向2:切换沿【方向2】的曲率检查梳形图显示。

对于任一方向,选择【编辑颜色】,以修改梳形图颜色。

缩放:调整曲率检查梳形图的大小。

密度:调整曲率检查梳形图的显示行数。

3.4.2.6 实战操作

3.4.2.6.1 创建花边果盘

本小节将应用之前所讲解的知识完成花边果盘的创建,最终效果如图 3.4.93 所示。

(1) 新建一个零件文件。单击快速访问工具栏中的【新建】按钮 📄 ,在弹出的【新建 SolidWorks 文件】对话框中单击【零件】按钮 ，然后单击【确定】按钮,创建一个新

图 3.4.93 花边果盘

的零件文件。

(2) 绘制草图。在左侧的【Feature Manager 设计树】中选择【上视基准面】作为绘制图形的基准面。单击【草图】绘制草图，选中【草图】工具栏中的【圆】按钮 ⊙，以原点为圆心绘制一个圆。随后单击【草图】工具栏中的【智能尺寸】按钮 ✧，标注草图的尺寸，结果如图 3.4.94 所示。绘制完成后，单击【退出草图】 ↳。

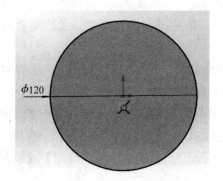

图 3.4.94 草图及尺寸标注

(3) 创建平面的底面。单击菜单栏中的【插入】选项，选中【曲面】一栏，单击【平面区域】按钮 ▦，如图 3.4.95 所示。此时会弹出【曲面 - 基准面】属性管理器，选中上步创建好的草图，如图 3.4.96 所示。单击【确定】按钮。

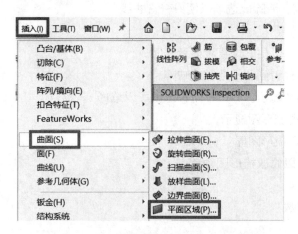

图 3.4.95 使用【平面区域】命令的方法

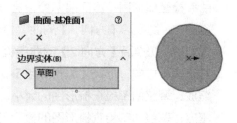

图 3.4.96 【曲面 - 基准面】属性管理器

(4) 绘制草图。在左侧的【Feature Manager 设计树】中选择【前视基准面】作为绘制图形的基准面。单击【草图】绘制，选中【草图】工具栏中的【直线】按钮 ╱，绘制一条直线。选中【草图】工具栏中的【中心线】按钮 ⁎，绘制一条中心线。随后单击【草图】工具栏中的【智能尺寸】按钮 ✧，标注草图的尺寸。结果如图 3.4.97 所示。绘制完成后，单击【退出草图】 ↳。

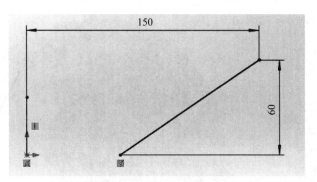

图 3.4.97 草图及尺寸标注

（5）旋转曲面。单击菜单栏中的【插入】选项，选中【曲面】一栏，单击【旋转曲面】按钮![旋转曲面图标]。此时系统会弹出【曲面－旋转】属性管理器，旋转轴选择上步创建的中心线（直线 5），旋转角度设置为 360°，如图 3.4.98 所示。

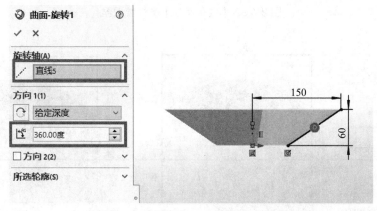

图 3.4.98 【曲面－基准面】属性管理器

（6）绘制草图。在左侧的【Feature Manager 设计树】中选择【上视基准面】作为绘制图形的基准面。单击【草图】绘制草图，选中【草图】工具栏中的【多边形】按钮![多边形图标]，此时系统会弹出【多边形】属性管理器，勾选【作为构造线】选项，边数设置为 12，选中内切圆，圆的直径输入 240 mm。以原点为圆心绘制一个六边形。选中多边形的任意一条边，此时系统会弹出【线条属性】属性管理器，添加几何关系使选中的边保持水平状态，具体设置如图 3.4.99 所示。随后单击【草图】工具栏中的【智能尺寸】按钮![智能尺寸图标]，标注草图的尺寸，结果如图 3.4.100 所示。绘制完成后，单击【退出草图】![退出草图图标]。

选中【草图】工具栏中的【中心线】按钮![中心线图标]，将水平边线的两端点与圆心相连，如图 3.4.101 所示。选中【草图】工具栏中的【三点圆弧】按钮![三点圆弧图标]，绘制如图 3.4.102 所示的两端圆弧。选中这两段圆弧，此时系统会弹出【属性】属性管理器，添加几何关系使两段圆弧保持相切状态，如图 3.4.103 所示。随后单击【草图】工具栏中的【智能尺寸】按钮![智能尺寸图标]，标注草图的尺寸，设置圆弧的半径为 20 mm，如图 3.4.104 所示。

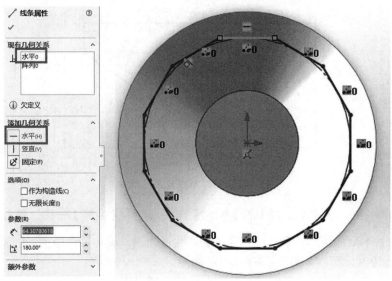

图 3.4.99 【线条属性】属性管理器

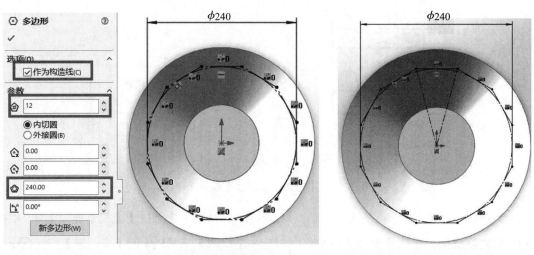

图 3.4.100 【多边形】属性管理器　　　　　图 3.4.101 绘制中心线

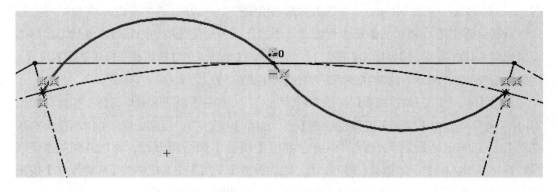

图 3.4.102 绘制两段三点圆弧

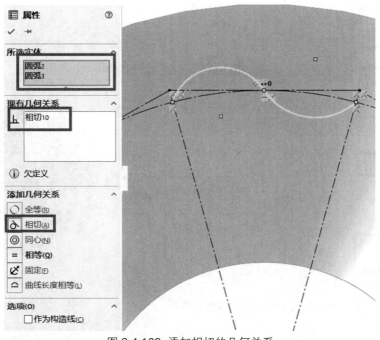

图 3.4.103　添加相切的几何关系

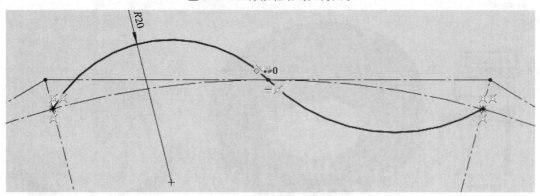

图 3.4.104　草图及尺寸标注

　　选择菜单栏中的【插入】选项，选中【阵列／镜向】一栏，单击【圆周阵列】按钮
💠。使用上述命令后系统会弹出【阵列（圆周）】属性管理器。在【参数】栏中进行如下设置，
阵列中心选择原点，阵列角度设置为 360°，阵列数输入 12。在【要阵列的实体】栏中选中
刚才创建的两条三点圆弧，如图 3.4.105 所示。单击【确定】按钮，完成草图创建，最终结
果如图 3.4.106 所示。

　　(7) 生成投影曲线。单击菜单栏中的【插入】选项，选中【曲线】一栏，单击【投影曲线】
按钮🗍。此时系统会弹出【投影曲线】属性管理器。投影类型选择【面上草图】，【要投
影的草图】选择上步创建的草图，投影方向设置向下投影，【投影面】选择第 5 步创建的曲面。
【投影曲线】属性管理器设置如图 3.4.107 所示。单击【确定】按钮，生成投影曲线，最终
结果如图 3.4.108 所示。

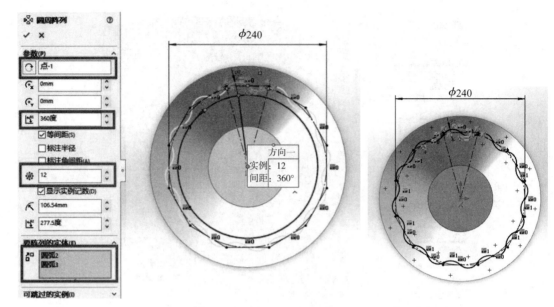

图 3.4.105 【圆周阵列】属性管理器   图 3.4.106 草图及尺寸标注

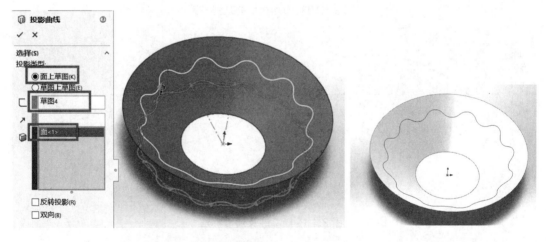

图 3.4.107 【投影曲线】属性管理器   图 3.4.108 投影曲线

(8) 删除曲面。单击菜单栏中的【插入】选项，选中【特征】一栏，单击【删除/保留实体】按钮，如图 3.4.1109 所示。此时系统会弹出【删除/保留实体】属性管理器，选中之前生成的曲面，如图 3.4.110 所示。单击【确定】按钮，删除曲面，如图 3.4.111 所示。

(9) 放样曲面。选择菜单栏中的【插入】选项，选中【曲面】一栏，单击【放样曲面】按钮。使用上述命令后系统会弹出【曲面 – 放样】属性管理器，放样轮廓选中上一步创建的投影曲线和平面的边线，如图 3.4.112 所示。单击确定按钮，完成放样曲面的创建。最终模型如图 3.4.113 所示。

图 3.4.109 使用【删除 / 保留实体】命令的方法

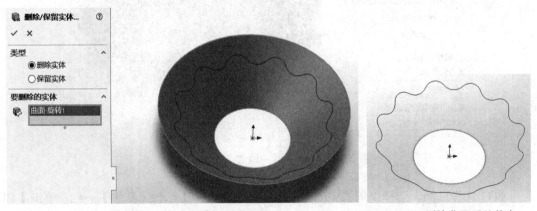

图 3.4.110 【删除 / 保留实体】属性管理器　　　　　　图 3.4.111 删除曲面后的状态

（10）缝合曲面。选择菜单栏中的【插入】选项，选中【曲面】一栏，单击【缝合曲面】
按钮 ⬚。使用上述命令后系统会弹出【曲面 – 缝合】属性管理器。在【选择】栏中，缝合
的面选择之前生成的平面和放样曲面，如图 3.4.114 所示。单击【确定】按钮，完成曲面的
缝合。

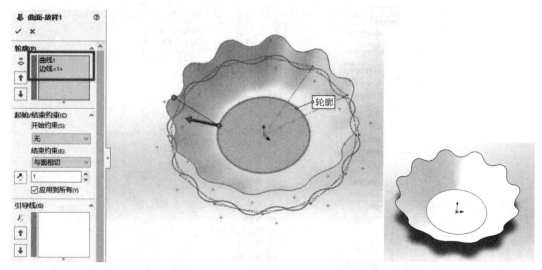

图 3.4.112 【曲面 – 放样】属性管理器　　　　　　　　图 3.4.113 放样曲面

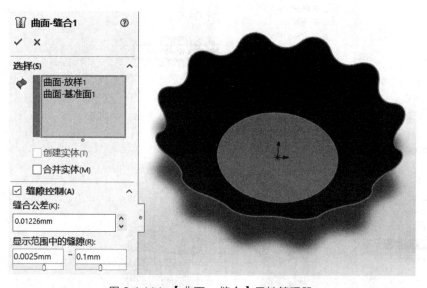

图 3.4.114 【曲面 – 缝合】属性管理器

　　(11) 加厚曲面。选择菜单栏中的【插入】选项，选中【凸台 / 基体】一栏，单击【加厚】按钮。使用上述命令后系统会弹出【曲面 – 放样】属性管理器。在【加厚参数】栏中，选中上一步中缝合的曲面，厚度选项选中第三个加厚侧边 2，厚度输入 2 mm，如图 3.4.115 所示。单击【确定】按钮，模型如图 3.4.116 所示。

　　(12) 绘制草图。在左侧的【Feature Manager 设计树】中选择【上视基准面】作为绘制图形的基准面。单击【草图】绘制，选中【草图】工具栏中的【转换实体引用】按钮，此时系统会弹出【转换实体引用】属性管理器，在【要转换的实体】栏中选中底面边线，如图 3.4.117 所示。单击【确定】按钮。绘制完成后，单击【退出草图】 。

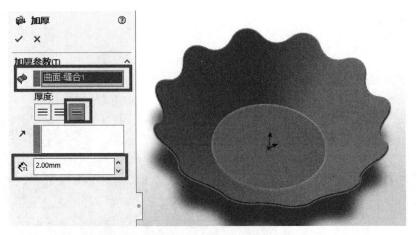

图 3.4.115 【加厚】属性管理器

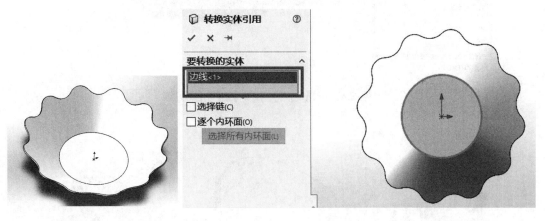

图 3.4.116 加厚   图 3.4.117 【转换实体引用】属性管理器

(13) 拉伸薄壁特征。选择菜单栏中的【插入】选项，选中【凸台／基体】一栏，单击【拉伸】按钮。此时系统会弹出【凸台－拉伸】属性管理器，在深度输入框中输入指定的数值 2 mm，调整方向选项，勾选薄壁特征选项，薄壁厚度输入 2 mm，调整薄壁厚度方向，使其向内加厚，其他采用默认设置，如图 3.4.118 所示。

(14) 创建圆角特征。单击【特征】工具栏中的【圆角】按钮，此时系统会弹出【圆角】属性管理器，在【圆角类型】栏中选择完整圆角，在【要圆角化的项目】栏中，边侧面组 1 选择内侧曲面，中央面组选择中间的厚度面，边侧面组 2 选择外侧曲面，其他采用默认设置。然后单击【确定】按钮，【圆角】属性管理器如图 3.4.119 所示。单击【确定】按钮，完成圆角特征的创建。

(15) 设置模型材质和颜色。选中整个模型，单击系统右侧【外观】按钮，选择塑料文件夹，选中高光泽，在下方选项中选择绿色高光泽塑料材质，双击绿色高光泽塑料材质，具体设置如图 3.4.120 所示。完成花边果盘的创建，模型如图 3.4.121 所示。

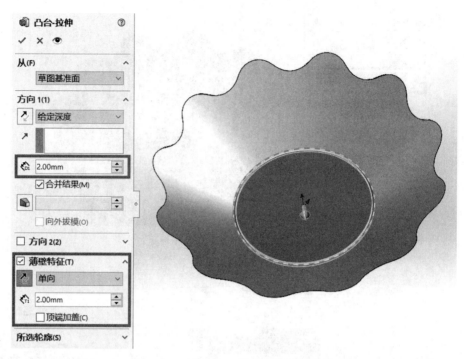

图 3.4.118 【凸台 – 拉伸】属性管理器

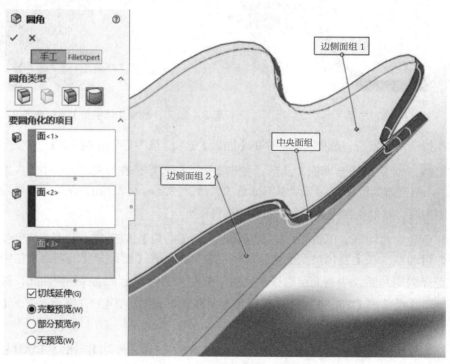

图 3.4.119 【圆角】属性管理器

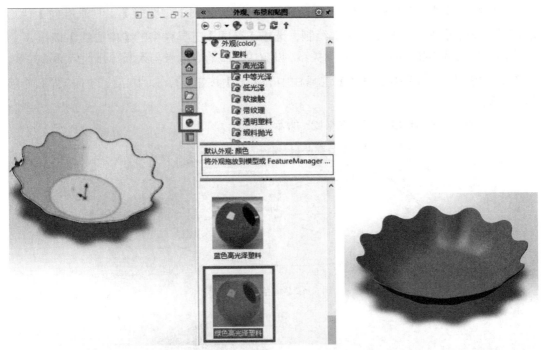

图 3.4.120 【圆角】属性管理器

图 3.4.121 花边果盘

3.4.2.6.2 创建 3D 太极图

本小节应用之前的知识完成 3D 太极图的创建，最终效果图如图 3.4.122 所示。

(1) 新建一个零件文件。单击快速访问工具栏中的【新建】按钮 🗋 ，在弹出的【新建 SolidWorks 文件】对话框中单击【零件】按钮 🗞，然后单击【确定】按钮，创建一个新的零件文件。

(2) 绘制草图。在左侧的【Feature Manager 设计树】中选择【上视基准面】作为绘制图形的基准面。单击【草图】绘制，选中【草图】工具栏中的【圆】按钮 ⊙ ，以原点为圆心绘制一个圆。选中【草图】工具栏中的【圆】按钮 ⊙ ，再绘制一个圆。对这两个圆添加几何关系，设定两圆的圆心水平，设置两圆内切，同时小圆的圆弧与大圆圆心重合。随后单击【草图】工具栏中的【智能尺寸】按钮 ❤ ，标注草图的尺寸，设置大圆的直径为 200 mm，结果如图 3.4.123 所示。绘制完成后，单击【退出草图】 ⤵ 。

图 3.4.122 3D 太极图

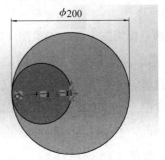

图 3.4.123 草图及尺寸标注

(3) 绘制草图。在左侧的【Feature Manager 设计树】中选择【上视基准面】作为绘制图形的基准面。单击【草图】绘制，选中【草图】工具栏中的【中心线】按钮 ，连接原点到大圆圆弧，同时添加几何关系，设置中心线的右端点与大圆圆弧保持穿透关系，如图 3.4.124 所示。选中【草图】工具栏中的【圆】按钮 ，以中心线的中点为圆心绘制一个圆。

直径为中心线的长度，如图 3.4.125 所示。

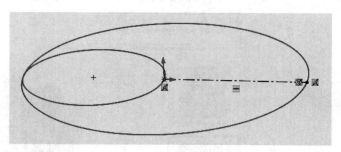

图 3.4.124 绘制中心线

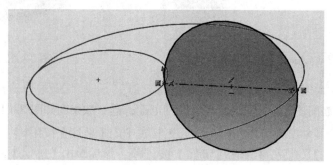

图 3.4.125 草图

(4) 扫描曲面。选择菜单栏中的【插入】选项，选中【曲面】一栏，单击【扫描曲面】按钮 。使用上述命令后系统会弹出【曲面 – 扫描】属性管理器。在【轮廓和路径】栏中，选择【草图轮廓】选项，【轮廓】选择第三步创建的草图 2，如图 3.4.126 所示。

路径选择第二步创建的草图 1 中的小圆，此时系统会弹出一个对话框，如图 3.4.127 所示，首先选中【闭环】按钮，然后再单击【确定】按钮，此时【曲面 – 扫描】属性管理器如图 3.4.128 所示。

引导线选择第二步创建的草图 1 中的大圆，首先鼠标右键单击【引导线】栏中的空白位置，此时系统会弹出一个下拉菜单。鼠标左键单击【SelectionManager】按钮，如图 3.4.129 所示。此时系统会弹出引导线设置对话框（图 3.4.130），先选中【闭环】按钮，然后再单击【确定】按钮，此时【曲面 – 扫描】属性管理器如图 3.4.131 所示。

在【曲面 – 扫描】属性管理器的【选项】栏中，勾选【显示预览】选项，可以观察到扫描状态，如图 3.4.132 所示。

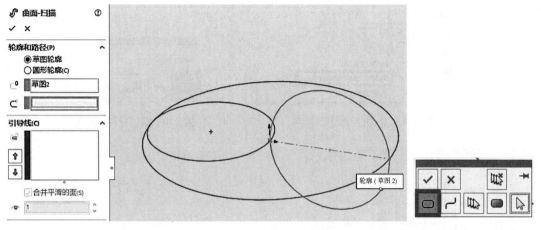

图 3.4.126 设置【曲面 – 扫描】属性管理器　　　　　　图 3.4.127 路径设置

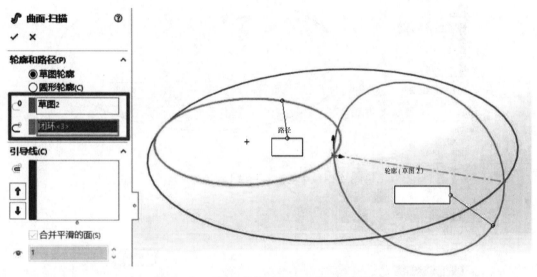

图 3.4.128 设置【曲面 – 扫描】属性管理器

模型创建完成后，单击【确定】按钮，完成曲面扫描特征，模型如图 3.4.133 所示。

(5) 绘制草图。在左侧的【Feature Manager 设计树】中选择【上视基准面】作为绘制图形的基准面。单击【草图】绘制，选中【草图】工具栏中的【直线】按钮 ∕，绘制一条穿过原点的水平直线，如图 3.4.134 所示。绘制完成后，单击【退出草图】 ↳。

(6) 剪裁曲面。单击菜单栏中的【插入】选项，选中【曲面】一栏，单击【剪裁曲面】按钮 ✿，此时系统会弹出【剪裁曲面】属性管理器，在【剪裁类型】栏中选择【标准】选项，在【选择】栏中，剪裁工具选择上步创建的草图 3，选中【保留选择】选项，【保留曲面】选择上半部分，【曲面分割选项】栏中选择【自然】选项，如图 3.4.135 所示。单击【确定】按钮，完成剪裁曲面。

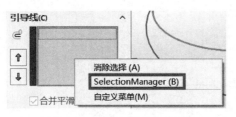

图 3.4.129 引导线下拉菜单

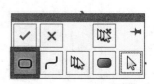

图 3.4.130 引导线设置

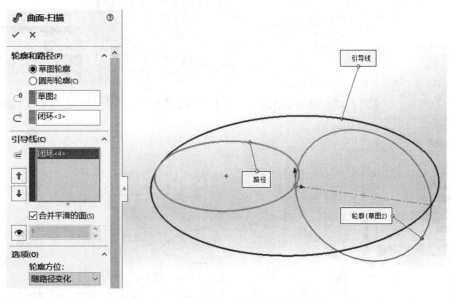

图 3.4.131 【曲面 – 扫描】属性管理器

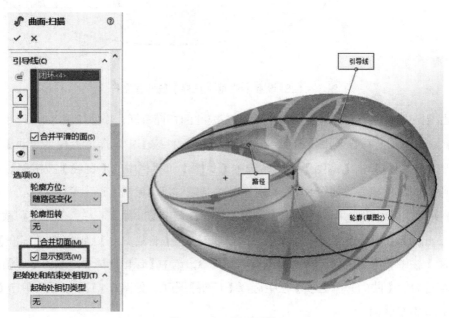

图 3.4.132 显示预览

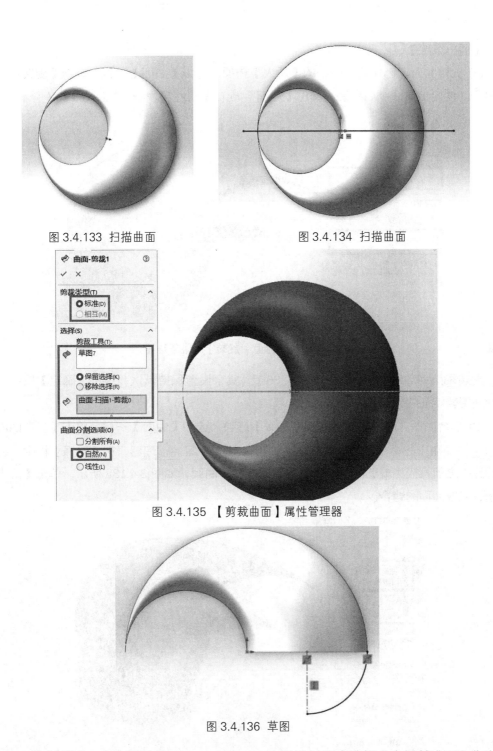

图 3.4.133 扫描曲面   图 3.4.134 扫描曲面

图 3.4.135 【剪裁曲面】属性管理器

图 3.4.136 草图

(7) 绘制草图。在左侧的【Feature Manager 设计树】中选择【上视基准面】作为绘制图形的基准面。单击【草图】绘制，选中【草图】工具栏中的【中心线】按钮，绘制一条中心线，选中【草图】工具栏中的【三点圆弧】按钮，绘制一个圆弧。随后单击【草图】工具栏中的【添加几何关系】按钮，约束草图的状态，结果如图 3.4.136 所示。绘制完成后，单击【退出草图】 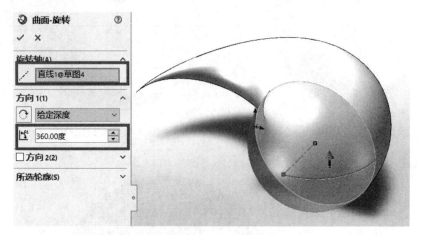 。

（8）旋转曲面。选择菜单栏中的【插入】选项，选中【曲面】一栏，单击【旋转曲面】按钮 。使用上述命令后系统会弹出【曲面 – 旋转】属性管理器，如图 3.4.137 所示。

图 3.4.137 【曲面 – 旋转】属性管理器

旋转轴选择草图 4，旋转角度输入 360°，其余设置保持默认。单击【确定】按钮，完成曲面旋转特征的创建。

（9）缝合曲面。选择菜单栏中的【插入】选项，选中【曲面】一栏，单击【缝合曲面】按钮 。使用上述命令后系统会弹出【曲面 – 缝合】属性管理器。在【选择】栏中，缝合的面选中之前扫描生成的曲面和上一步生成的旋转曲面，如图 3.4.138 所示。单击【确定】按钮，完成曲面的缝合。

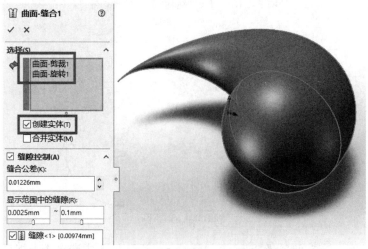

图 3.4.138 【曲面 – 缝合】属性管理器

（10）绘制草图。在左侧的【Feature Manager 设计树】中选择【上视基准面】作为绘制图形的基准面。单击【草图】绘制，选中【草图】工具栏中的【圆】按钮 ，绘制一个圆。

随后单击【草图】工具栏中的【智能尺寸】按钮 ✎ ，标注草图的尺寸，设置圆的直径为 40 mm，结果如图 3.4.139 所示。绘制完成后，单击【退出草图】 ↳ 。

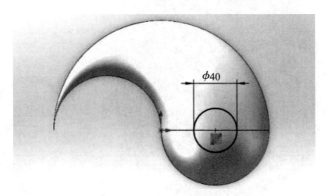

图 3.4.139 草图及尺寸标注

(11) 生成分割线。单击菜单栏中的【插入】选项，选中【曲线】一栏，单击【分割线】按钮 ⬚ 。此时系统会弹出【分割线】属性管理器。在【分割类型】栏中选择【投影】，【要投影的草图】选择上一步创建的草图 5，【要分割的面】选择两个曲面，如图 3.4.140 所示。单击【确定】按钮，生成的分割线如图 3.4.141 所示。

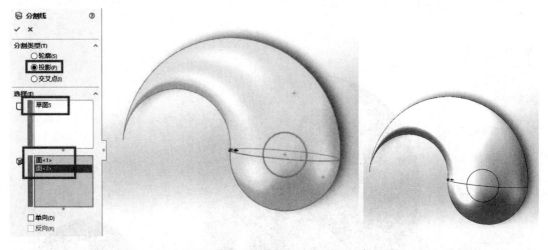

图 3.4.140 【分割线】属性管理器   图 3.4.141 分割线

(12) 旋转复制实体。单击菜单栏中的【插入】选项，选中【特征】一栏，单击【移动 /复制实体】按钮 ⬚ 。此时系统会弹出【移动 / 复制实体】属性管理器，如图 3.4.142 所示。在【要移动 / 复制的实体】栏中选择之前创建的实体，在【旋转】栏中，X 轴坐标输入 0 mm，Y 轴坐标输入 0 mm，Z 轴坐标输入 0 mm，X 轴旋转角度输入 0 度，Y 轴旋转角度输入 180 度，Z 轴旋转角度输入 0 度。单击【确定】按钮，完成旋转复制实体，如图 3.4.143 所示。

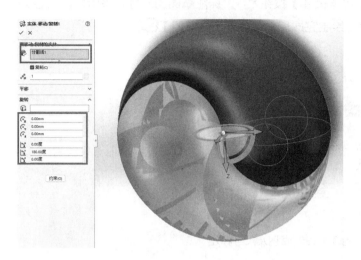
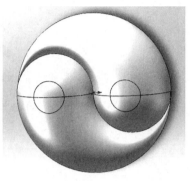

图 3.4.142 【移动 / 复制实体】属性管理器　　　　　图 3.4.143 旋转复制实体

(13) 设置模型颜色。选中曲面，在前导视图工具栏中单击编辑外观选项，此时系统会弹出【编辑外观】属性管理器，设置为白色，如图 3.4.144 所示。以同样的步骤选中剩余的曲面，在前导视图工具栏中单击编辑外观选项，设置为黑色。 单击【确定】按钮，最终模型如图 3.4.145 所示。

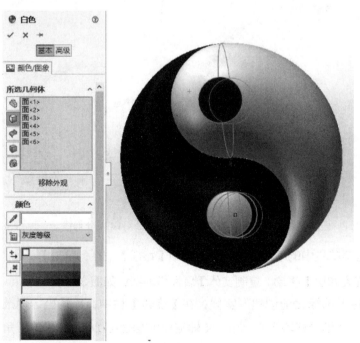

图 3.4.144 设置颜色　　　　　　　　图 3.4.145 3D 太极图

3.4.3　控制曲面的方法

除了曲面特征创建功能外，SolidWorks 还提供了一些曲面控制功能来帮助用户完成复杂曲面的绘制。

3.4.3.1　缝合曲面

缝合曲面是将两个或多个面和曲面组合成一个。

使用【缝合曲面】命令，主要有以下 2 种调用方法。

(1) 单击【曲面】工具栏中的【缝合曲面】按钮。

(2) 选择菜单栏中的【插入】选项，选中【曲面】一栏，单击【缝合曲面】按钮，如图 3.4.146 所示。

使用上述命令后系统会弹出【缝合曲面】属性管理器，如图 3.4.147 所示。

图 3.4.146　使用【缝合曲面】命令的方法

图 3.4.147　【缝合曲面】属性管理器

【缝合曲面】属性管理器中一些选项的含义如下：

【缝隙控制】栏：当曲面被缝合至某公差内，而两条曲面边线的距离超出公差时，所产生的缝合缝隙视为开放缝隙。在缝合曲面 Property Manager 中的缝隙控制下，可根据所产生的缝隙修改缝合公差以改进曲面缝合。

缝合公差：控制哪些缝隙要闭合，哪些要保持打开；大小小于公差的缝隙将会闭合。

显示范围中的缝隙：仅显示范围之内的缝隙，拖动滑块可更改缝隙范围。

缝合所有小于 Selected_gap_value 的缝隙☐〳：在选定时，闭合缝隙以及所有较小的缝隙。闭合缝隙将会增加公差。

保留所有大于 Selected_gap_value ☑〴：表示已闭合的缝隙。

将公差减少到 Selected_gap_value：右键单击闭合缝隙☑〳后选定时，将缝合公差减少到缝隙值。大于所选缝隙值的缝隙将会打开，而小于该值的缝隙则会闭合。

放大所选范围：当在右键单击一列举的缝隙后而选定时，在图形区域中放大到缝隙。

缝隙：当从缝隙列表选定时，表示零件上的缝隙。 缝隙值为最大分离。

注意以下有关缝合曲面的事项：

①曲面的边线必须相邻并且不重叠。

②曲面不必处于同一基准面上。

③选择整个曲面实体或选择一个或多个相邻曲面实体。

④缝合曲面会吸收用于生成它们的曲面实体。

⑤在缝合曲面形成一闭合体积或保留为曲面实体时生成一实体。

⑥选定合并实体，将面与相同的内在几何体进行合并。

⑦选定缝隙，控制查看缝隙或修改缝合公差。

3.4.3.2 填充曲面

填充曲面◈特征在现有模型边线、草图或曲线(包括组合曲线)定义的边界内构成带任何边数的曲面修补。

可使用此特征来构造填充模型中缝隙的曲面。可以在下列情况下使用填充曲面工具：

纠正没有正确输入到 SolidWorks(缺失面)的零件。

②填充用于型心和型腔造型的零件中的孔。

③构建用于工业设计应用的曲面。

③生成实体。包括作为独立实体的特征或合并那些特征。

使用【填充曲面】命令，主要有以下 2 种调用方法：

(1) 单击【曲面】工具栏中的【填充曲面】按钮◈。

(2) 选择菜单栏中的【插入】选项，选中【曲面】一栏，单击【填充曲面】按钮◈，如图 3.4.148 所示。

使用上述命令后系统会弹出【填充曲面】属性管理器，如图 3.4.149 所示。

图 3.4.148 使用【填充曲面】命令的方法

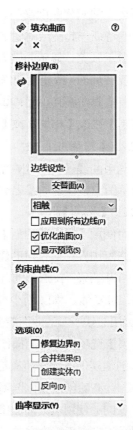

图 3.4.149 【填充曲面】属性管理器

【填充曲面】属性管理器中一些选项的含义如下：

3.4.3.2.1【修补边界】栏

该栏决定用来生成放样的轮廓。

修补边界🖘：定义所应用的修补边线。边界包括以下属性和功能：一是，可使用曲面或实体边线，也可使用 2D 或 3D 草图作为修补的边界，还支持组合曲线。二是，对于所有草图边界，只可选择接触修补为曲率控制类型。

交替面：交替面可为修补的曲率控制反转边界面。交替面只在实体模型上生成修补时使用。

曲率控制：定义想在所创建的修补面上进行控制的类型。有以下 3 种选项可供选择：

接触：在所选边界内创建曲面。

相切：在所选边界内创建曲面，但保持修补边线的相切。

曲率：在与相邻曲面交界的边界边线上生成与所选曲面的曲率相配套的曲面。

应用到所有边线：此复选框可使能将相同的曲率控制应用到所有边线。如果在将【接触】以及【相切】应用到不同边线后选择功能，这些功能将应用到当前选择的所有边线。

优化曲面：对二或四边曲面选择【优化曲面】选项。【优化曲面】选项应用与放样的曲面类似的简化曲面修补。优化后曲面修补的潜在优势包括重建时间加快，以及与模型中的其他特征一起使用时稳定性增强。

显示预览：显示曲面填充的上色预览。

反转曲面：改变曲面修补的方向。【反转曲面】按钮为动态，只在满足这些条件时显示：①所有边界曲线共平面；②不存在约束点；③无内部约束；④填充曲面为非平面；⑤为【曲率控制】选取【相切】或【曲率】。

3.4.3.2.2【约束曲线】栏

约束曲线◈允许用户给修补添加斜面控制。约束曲线主要用于工业设计应用，用户可使用草图点或样条曲线之类的草图实体来生成约束曲线。

3.4.3.2.3【选项】栏

可使用【填充的曲面】工具生成一实体模型。

修复边界：通过自动建造遗失部分或裁剪过大部分来构造有效边界。

合并结果：此选项的行为根据边界而定。当所有边界都属于同一实体时，可使用曲面填充来修补实体。如果至少有一个边线是开环薄边，而选择的是【合并结果】，那么【曲面填充】会用边线所属的曲面缝合。如果所有边界实体都是开环边线，那么可以选择生成实体。【合并结果】选项允许精简操作，从而取消【替换面】；还允许隐藏模型内的实体细节。

创建实体：如果所有边界实体都是开环曲面边线，那么形成实体是有可能的。默认情况下，会清除创建实体选项。

反向：使用填充曲面修补实体时，通常有正或反（方向）两种可能的结果。如果填充曲面显示的方向不符合需要，单击反向便可进行纠正。

3.4.3.2.4【曲率显示】栏

网格预览：在已选面上应用预览网格，以直观显示曲面。

网格密度：选择网格预览时可用此选项调整网格的行数。

斑马条纹：显示斑马条纹，以便看到曲面褶皱或缺陷。

曲率检查梳形图：激活曲率检，查梳形图显示。有以下两个选项可供选择：

方向1：切换沿【方向1】的曲率，检查梳形图显示。

方向2：切换沿【方向2】的曲率，检查梳形图显示。

对于任一方向，选择【编辑颜色】，以修改梳形图颜色。

缩放：当选择【曲率检查梳形图】时可用此选项。调整曲率检查梳形图的大小。

密度：当选择【曲率检查梳形图】时可用此选项。调整曲率检查梳形图的显示行数。

注意事项：使用边线进行曲面填充时，所选择的边线必须是封闭的曲线。如果选中属性管理器中的"合并结果"复选框，则填充的曲面将和边线的曲面组成一个实体，否则填充的曲面为一个独立的曲面。

3.4.3.3 剪裁曲面

可以使用曲面、基准面或草图作为剪裁工具来剪裁相交曲面。也可将曲面和其他曲面联合使用作为相互的剪裁工具。

使用【剪裁曲面】命令，主要有以下 2 种调用方法：

(1) 单击【曲面】工具栏中的【剪裁曲面】按钮 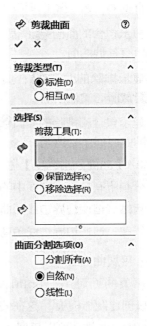。

(2) 选择菜单栏中的【插入】选项，选中【曲面】，单击【剪裁曲面】按钮 ，如图 3.4.150 所示。

使用上述命令后系统会弹出【剪裁曲面】属性管理器，如图 3.4.151 所示。

图 3.4.150 使用【剪裁曲面】命令的方法　　图 3.4.151 【剪裁曲面】属性管理器

【剪裁曲面】属性管理器中一些选项的含义如下：

3.4.3.3.1 【剪裁类型】栏

标准：使用曲面、草图实体、曲线、基准面等来剪裁曲面。

相互：使用曲面本身来剪裁多个曲面。

3.4.3.3.2 单击【标准】后的【选择】栏

剪裁工具 ：在图形区域中选择曲面、草图实体、曲线或基准面作为剪裁其他曲面的工具。

保留选择：保留【要保留的部分】 下列出的曲面。丢弃【要保留的部分】下未列出的交叉曲面。

移除选择：丢弃【要保留的部分】下列出的曲面。保留【要移除的部分】下未列出的交叉曲面。

3.4.3.3.3 单击【相互】后的【选择】栏

此时的【剪裁曲面】属性管理器，如图 3.4.152 所示。

曲面 ：在图形区域中选择多个曲面以使剪裁曲面工具剪裁自身。

保留选择：保留【要保留的部分】下列出的曲面。丢弃【要保留的部分】下未列出的交叉曲面。

移除选择：丢弃【要保留的部分】下列出的曲面。保留【要移除的部分】下未列出的交叉曲面。

此时有 3 种预览选项可供选择：

显示包含的曲面 ：显示将其作为曲面包含在内的区域，隐藏所有其他曲面。

显示排除的曲面 ：显示将其作为透明项排除在外的曲面，隐藏所有其他曲面。

显示包含和排除的曲面 ：同时显示包含和排除的曲面。排除的曲面显示为透明。

图 3.4.152 【剪裁曲面】
属性管理器

3.4.3.3.4【曲面分割选项】栏

分割所有：显示曲面中的所有分割。

自然：迫使边界边线随曲面形状变化。

线性：迫使边界边线随剪裁点的线性方向变化。

3.4.3.4 平展曲面

平展曲面可用于 SolidWorks Premium。SolidWorks 可以平展任何面、曲面或面集，以创建制造模板。 这在使用可展曲面（例如没有不规范折弯的钣金零件）时很有价值。SolidWorks 软件可以平展可展和不可展的曲面和面。 可展曲面是可在无变形平面上平展的曲面； 不可展曲面和面会在平展时变形。

用户可在要平铺的曲面上选择曲线和草图，还可在要作为释放槽切除或分割线的曲面上选择曲线、草图和边线。平展曲面时，SolidWorks 会生成与从其展平的边线相切的展平曲面实体。

使用【平展曲面】命令，主要有以下 2 种调用方法：

(1) 单击【曲面】工具栏中的【曲面展平】按钮 。

(2) 选择菜单栏中的【插入】选项，选中【曲面】一栏，单击【展平】按钮 ，如图 3.4.153 所示。

使用上述命令后系统会弹出【平展曲面】属性管理器，如图 3.4.154 所示。

图 3.4.153 使用【平展曲面】命令的方法

图 3.4.154 【平展曲面】属性管理器

【平展曲面】属性管理器中一些选项的含义如下：

3.4.3.4.1 【选择】栏

要展平的面／曲面 ：设置要展平的面或曲面。 可以选择多个面，前提是可从同一顶点或点将其展平。

要从其展平的边线上的顶点或点 ：设置要从中展平边线的顶点或点。 如果选择一个顶点，则可使用图形区域中的箭头选择要从顶点的哪个边线进行展平。

其他实体：设置位于要展平的曲面上的其他曲线或草图。

3.4.3.4.2 【释放槽】栏

添加释放槽以释放展平的曲面中的应力并在曲面中提供更多柔性。

要添加为释放槽的曲线或草图：将曲线或草图设为曲面上的释放槽。释放槽会给人曲面被抬升的感觉。

3.4.3.4.3 【准确度】栏

在低和高之间移动滑块，指定展平特征的准确度。展平特征的准确度越高，计算所需的时间越长。

显示网格预览：在图形区域中显示预览。

显示扁平预览：在图形区域中显示展平曲面的预览。

3.4.3.5 延伸曲面

延伸曲面是指将现有曲面的边缘，沿着切线方向，以直线或沿曲线的弧度方向产生附加的延伸曲面。

使用【延伸曲面】命令，主要有以下 2 种调用方法。

(1) 单击【曲面】工具栏中的【延伸曲面】按钮。

(2) 选择菜单栏中的【插入】选项，选中【曲面】一栏，单击【延伸曲面】按钮，如图 3.4.155 所示。

使用上述命令后系统会弹出【延伸曲面】属性管理器，如图 3.4.156 所示。

 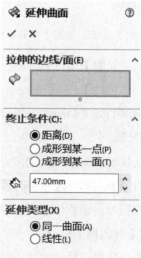

图 3.4.155 使用【延伸曲面】命令的方法　　图 3.4.156 【延伸曲面】属性管理器

【延伸曲面】属性管理器中一些选项的含义如下：

3.4.3.5.1 【拉伸的边线／面】栏

所选面／边线 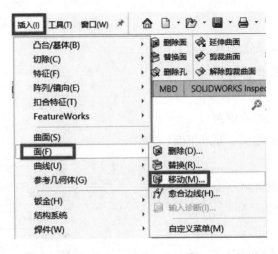：在图形区域中选择延伸的边线或者面。

3.4.3.5.2 【终止条件】栏

距离：以在【距离】中所指定的数值延伸曲面。

成形到某一点：将曲面延伸到为【顶点】在图形区域中所选择的点或顶点。

成形到某一面：将曲面延伸到为【曲面／面】在图形区域中所选择的曲面或面。

3.4.3.5.3 【延伸类型】栏

同一曲面：沿曲面的几何体延伸曲面。

线性：沿边线相切于原有曲面来延伸曲面。

3.4.3.6 移动面

可以直接在实体或曲面模型上等距、平移以及旋转面和特征。

选择菜单栏中的【插入】选项，选中【面】一栏，单击【移动】按钮，如图 3.4.157 所示。

使用上述命令后系统会弹出【移动面】属性管理器，如图 3.4.158 所示。

图 3.4.157 使用【移动面】命令的方法

图 3.4.158 【移动面】属性管理器

【移动面】属性管理器中一些选项的含义如下：

3.4.3.6.1 【移动面】栏

偏移：以指定距离等距移动所选面或特征。

平移：以指定距离在所选方向上平移所选面或特征。

旋转：以指定角度绕所选轴旋转所选面或特征。

要移动的面：列举选择的面或特征。使用【选择相连的面】弹出工具栏选取各种面。

显示选择工具栏：显示 / 隐藏选择加速器工具栏。

复制：使用【平移】和【旋转】命令复制面和特征。可使用 Instant3D 功能（如三重轴和标尺）来定位和编辑移动面特征。该选项在修改输入的几何体时很有用。无法使用此选项生成非连通实体。

3.4.3.6.2 单击【等距】后的【参数】栏

该【参数】栏如图 3.4.159 所示。

距离：设置要移动面或特征的距离。

图 3.4.159 【参数】栏

3.4.3.6.3 单击【平移】后的【参数】栏

该【参数】栏如图 3.4.160 所示。【终止条件】有 5 个选项可供选择。

(1) 给定深度。

方向参考：选择面、平面、线性边线或参考轴来指定移动面或特征的方向。

距离：设置要移动面或特征的距离。

Delta X ΔX：沿 X 轴移动面。

Delta Y ΔY：沿 Y 轴移动面。

Delta Z ΔZ：沿 Z 轴移动面。

(2) 成形到顶点。

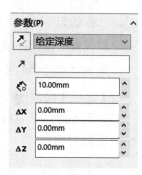

图 3.4.160 【参数】栏

从实体：设置要从其移动面的面、平面或顶点。

到实体：设置要将面移动到的顶点。

(3) 成形到面。

从实体：设置要从其移动面的面或平面。

到实体：设置要将面移动到的曲面、面或平面。

(4) 到离指定面指定的距离。

从实体：设置要从其移动面的面或平面。

转换实体：设置等距曲面、面或平面。

(5) 成形到实体。

从实体：设置要从其移动面的面或平面。

到实体：设置要将面移动到的曲面或曲面实体。

3.4.3.6.4 单击【旋转】后的【参数】栏

该【参数】栏如图 3.4.161 所示。

参考轴：将选定轴设置为旋转轴。选择一个线性边线或参考轴。

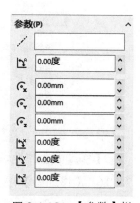

图 3.4.161 【参数】栏

拔模角度：沿【参考轴】设置旋转角度。

X 旋转原点：定义三重轴位置的 X 坐标。

Y 旋转原点$\bigcirc_y$：定义三重轴位置的 Y 坐标。

Z 旋转原点$\bigcirc_z$：定义三重轴位置的 Z 坐标。

X 角度旋转$\underline{\underline{N}}$：沿三重 X 轴设置旋转角度。

Y 角度旋转$\underline{\underline{N}}$：沿三重 Y 轴设置旋转角度。

Z 角度旋转$\underline{\underline{N}}$：沿三重 Z 轴设置旋转角度。

3.4.3.7 实战操作

3.4.3.7.1 创建宠物食盆

本小节将应用之前所讲解的知识完成宠物食盆的创建，最终效果如图 3.4.162 所示。

(1) 新建一个零件文件。单击快速访问工具栏中的【新建】按钮 📄，在弹出的【新建 SolidWorks 文件】对话框中单击【零件】按钮 🧊，然后单击【确定】按钮，创建一个新的零件文件。

(2) 创建基准平面。

图 3.4.162 宠物食盆

创建基准平面 1。单击【特征】工具栏，选中【参考几何体】下拉菜单，单击基准面 🗍。此时系统会弹出【基准面】属性管理器。设置【基准面】属性管理器，在【第一参考】栏里，选中【上视基准面】为参考面，输入与【上视基准面】距离为 265 mm，选中【反转等距】按钮，如图 3.4.163 所示，完成基准面 1 的创建。

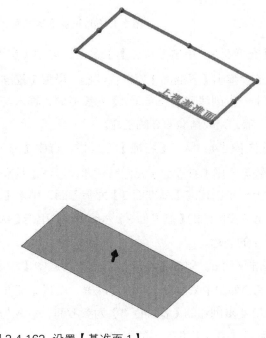

图 3.4.163 设置【基准面 1】

创建基准平面 2。单击【特征】工具栏，选中【参考几何体】下拉菜单，单击基准面 🗋。此时系统会弹出【基准面】属性管理器。设置【基准面】属性管理器，在【第一参考】栏里，选中上一步创建的【基准面 1】为参考面，输入与【基准面 1】距离为 55 mm，如图 3.4.164 所示，完成基准面 2 的创建。

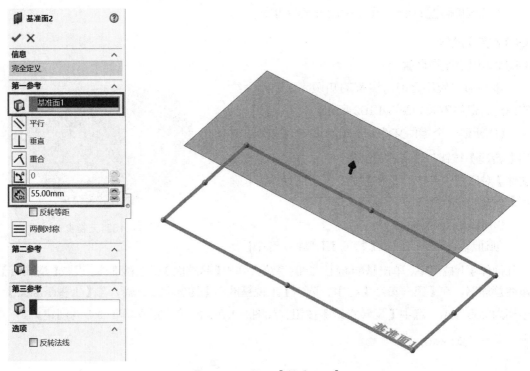

图 3.4.164 设置【基准面 2】

创建基准平面 3。单击【特征】工具栏，选中【参考几何体】下拉菜单，单击基准面 🗋。此时系统会弹出【基准面】属性管理器。设置【基准面】属性管理器，在【第一参考】栏里，选中上一步创建的【基准面 2】为参考面，输入与【基准面 2】距离为 120 mm，如图 3.4.165 所示，完成基准面 3 的创建。

创建基准平面 4。单击【特征】工具栏，选中【参考几何体】下拉菜单，单击基准面 🗋。此时系统会弹出【基准面】属性管理器。设置【基准面】属性管理器，在【第一参考】栏里，选中上一步创建的【基准面 3】为参考面，单击【两侧对称】按钮；在【第二参考】栏里，选中第三步创建的【基准面 2】为参考面，单击【两侧对称】按钮，如图 3.4.166 所示，完成基准面 4 的创建。

创建基准平面 5。单击【特征】工具栏，选中【参考几何体】下拉菜单，单击基准面 🗋。此时系统会弹出【基准面】属性管理器。设置【基准面】属性管理器，在【第一参考】栏里，选中第 4 步创建的【基准面 3】为参考面，输入与【基准面 3】距离为 120 mm，如图 3.4.167 所示，完成基准面 5 的创建。

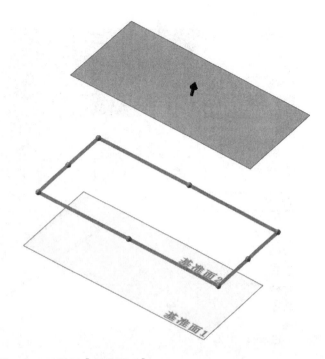

图 3.4.165 设置【基准面 3】

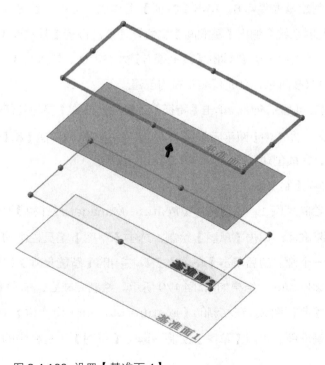

图 3.4.166 设置【基准面 4】

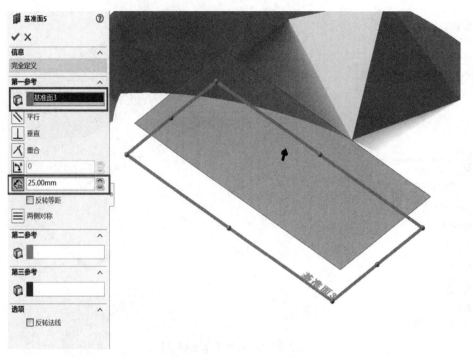

图 3.4.167 设置【基准面 5】

创建基准平面 6。单击【特征】工具栏，选中【参考几何体】下拉菜单，单击基准面 ⬜。此时系统会弹出【基准面】属性管理器。设置【基准面】属性管理器，在【第一参考】栏里，选中上一步创建的【基准面 5】为参考面，输入与【基准面 5】距离为 120 mm，如图 3.4.168 所示，完成基准面 6 的创建。

(3) 创建基准轴。单击【特征】工具栏，选中【参考几何体】下拉菜单，单击【基准轴】按钮 ⸝⸍。先选中【两平面】 🗲，再选择【前视基准平面】和【右视基准平面】，单击【确定】按钮，完成创建基准轴，如图 3.4.169 所示。

(4) 绘制草图。

绘制草图 1。在左侧的【Feature Manager 设计树】中选择【基准面 1】作为绘制图形的基准面。单击【草图】绘制，选中【草图】工具栏中的【圆】按钮 ⊙，以原点为圆心绘制一个圆。随后单击【草图】工具栏中的【智能尺寸】按钮 ⸝，标注草图的尺寸圆的直径为 280 mm。结果如图 3.4.170 所示。绘制完成后，单击【退出草图】 ⤶。

绘制草图 2。在左侧的【Feature Manager 设计树】中选择【基准面 2】作为绘制图形的基准面。单击【草图】绘制，选中【草图】工具栏中的【圆】按钮 ⊙，以原点为圆心绘制一个圆。选中【草图】工具栏中的【中心线】按钮，创建一条中心线，使其竖直并连接圆心到圆周上。选中【草图】工具栏中的【直线】按钮，创建两条直线。随后单击【草图】工具栏中的【智能尺寸】按钮，标注草图的尺寸圆的直径为 470 mm，直线与中心线的角度为 15°。结果如图 3.4.171 所示。绘制完成后，单击【退出草图】。

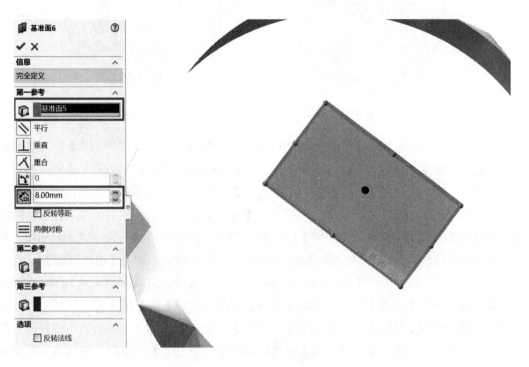

图 3.4.168 设置【基准面 6】

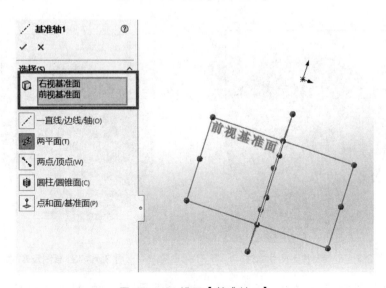

图 3.4.169 设置【基准轴 1】

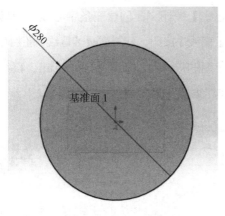

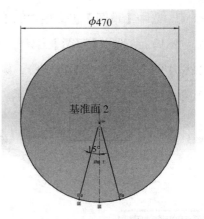

图 3.4.170　草图及尺寸标注　　　　　　　　图 3.4.171　草图及尺寸标注

绘制草图 3。在左侧的【Feature Manager 设计树】中选择【基准面 3】作为绘制图形的基准面。单击【草图】绘制，选中【草图】工具栏中的【圆】按钮⊙，以原点为圆心绘制一个圆。选中【草图】工具栏中的【中心线】按钮，创建一条中心线，使其竖直并连接圆心到圆周上。选中【草图】工具栏中的【直线】按钮，创建如图两条直线。随后单击【草图】工具栏中的【智能尺寸】按钮，标注草图的尺寸圆的直径为 450 mm，直线与中心线的角度为 15°。结果如图 3.4.172 所示。绘制完成后，单击【退出草图】。

绘制草图 4。在左侧的【Feature Manager 设计树】中选择【基准面 4】作为绘制图形的基准面。单击【草图】绘制，选中【草图】工具栏中的【圆】按钮⊙，以原点为圆心绘制一个圆。选中【草图】工具栏中的【中心线】按钮，创建一条中心线，使其竖直并连接圆心到圆周上。随后单击【草图】工具栏中的【智能尺寸】按钮，标注草图的尺寸圆的直径为 500 mm。结果如图 3.4.173 所示。绘制完成后，单击【退出草图】。

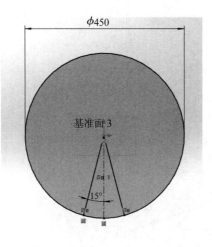

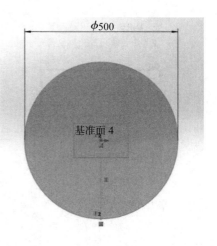

图 3.4.172　草图及尺寸标注　　　　　　　　图 3.4.173　草图及尺寸标注

绘制 3D 草图 1。单击草图工具栏，单击 3D 草图。创建如图 3.4.174 所示的 3D 草图。

绘制草图 5。在左侧的【Feature Manager 设计树】中选择【基准面 3】作为绘制图形的基准面。单击【草图】绘制，选中【草图】工具栏中的【三点圆弧】按钮，绘制如图 3.4.175 所示的圆弧。绘制完成后，单击【退出草图】。

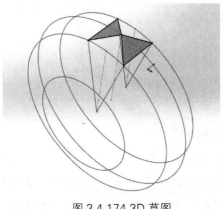 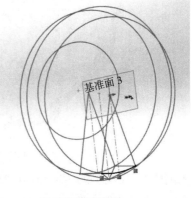

图 3.4.174 3D 草图   图 3.4.175 草图

绘制草图 6。在左侧的【Feature Manager 设计树】中选择【基准面 2】作为绘制图形的基准面。单击【草图】绘制，选中【草图】工具栏中的【三点圆弧】按钮，绘制如图 3.4.176 所示的圆弧。绘制完成后，单击【退出草图】。

绘制草图 7。在左侧的【Feature Manager 设计树】中选择上一步创建的【基准面 6】作为绘制图形的基准面。单击【草图】绘制，选中【草图】工具栏中的【三点圆弧】按钮，绘制一段圆弧。选中【草图】工具栏中的【中心线】按钮，创建一条中心线，使其竖直并连接圆心到圆周上。选中【草图】工具栏中的【直线】按钮，创建两条直线，并把这两条直线设置为构造线。随后单击【草图】工具栏中的【智能尺寸】按钮，标注草图的尺寸圆的半径为 72 mm，构造线与中心线的夹角为 15°。绘制如图 3.4.177 所示的圆弧。绘制完成后，单击【退出草图】。

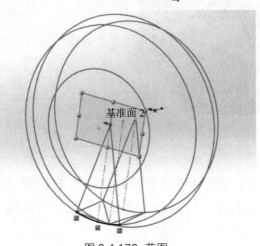 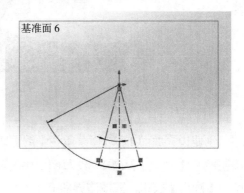

图 3.4.176 草图   图 3.4.177 草图及尺寸标注

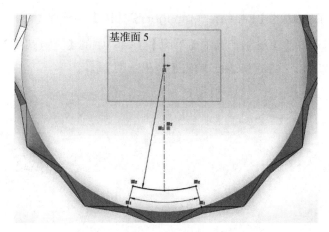

图 3.4.178 草图及尺寸标注

绘制草图 8。在左侧的【Feature Manager 设计树】中选择【基准面 5】作为绘制图形的基准面。单击【草图】绘制，选中【草图】工具栏中的【三点圆弧】按钮，绘制一段圆弧。选中【草图】工具栏中的【中心线】按钮，创建一条中心线，使其竖直并连接圆心到圆周上。选中【草图】工具栏中的【直线】按钮，创建两条直线，使圆弧端点与缝合曲面的顶点相连，并把这两条直线设置为构造线。随后单击【草图】工具栏中的【智能尺寸】按钮，标注草图的尺寸圆的半径为 192 mm，两条构造线的角度为 30°。绘制如图 3.4.178 所示的圆弧。绘制完成后，单击【退出草图】。

绘制 3D 草图 2。单击草图工具栏，选择 3D 草图。创建如图 3.4.179 所示的 3D 草图。

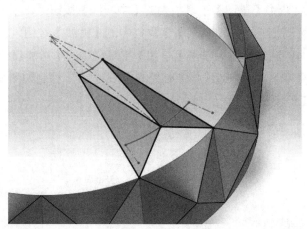

图 3.4.179 3D 草图

(5) 创建边界曲面。

创建边界曲面 1。选择菜单栏中的【插入】选项，选中【曲面】一栏，单击【边界曲面】按钮。【方向 1】选择 3D 草图 1 中的两条边线。【方向 2】选择上一步创建的草图 6。单击【确定】按钮，完成边界曲面 1 的创建，结果如图 3.4.180 所示。

创建边界曲面 2。选择菜单栏中的【插入】选项，选中【曲面】一栏，单击【边界曲面】

按钮 🔷。【方向 1】选择 3D 草图 1 中的两条边线。【方向 2】选择 3D 草图 1 中的另一条边线。单击【确定】按钮，完成边界曲面 2 的创建，结果如图 3.4.181 所示。

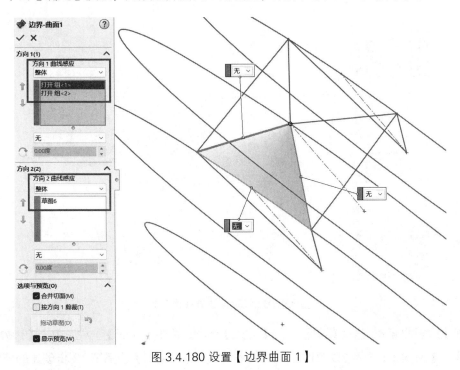

图 3.4.180 设置【边界曲面 1】

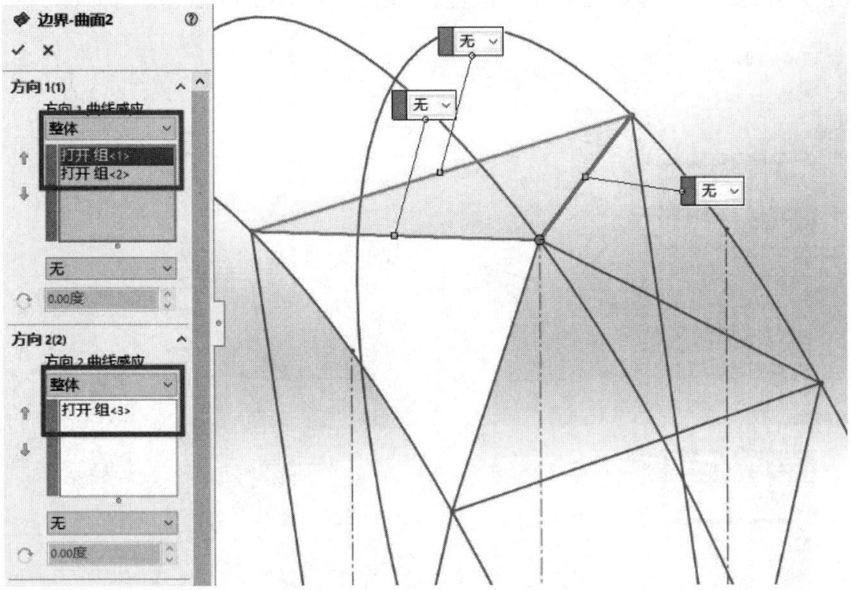

图 3.4.181 设置【边界曲面 2】

创建边界曲面 3。选择菜单栏中的【插入】选项，选中【曲面】一栏，单击【边界曲面】按钮 🔷。【方向 1】选择 3D 草图 1 中的两条边线。【方向 2】选择 3D 草图 1 中的另一条边线。单击【确定】按钮，完成边界曲面 3 的创建，结果如图 3.4.182 所示。

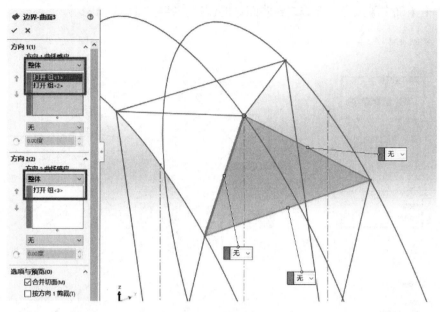

图 3.4.182 设置【边界曲面 3】

创建边界曲面 4。选择菜单栏中的【插入】选项，选中【曲面】一栏，单击【边界曲面】
按钮📄。【方向 1】选择 3D 草图 1 中的两条边线。【方向 2】选择第 12 步创建的草图 5。
单击【确定】按钮，完成边界曲面 4 的创建，结果如图 3.4.183 所示。

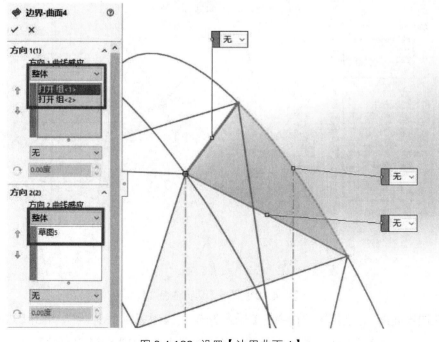

图 3.4.183 设置【边界曲面 4】

创建边界曲面 5。选择菜单栏中的【插入】选项，选中【曲面】一栏，单击【边界曲面】按钮 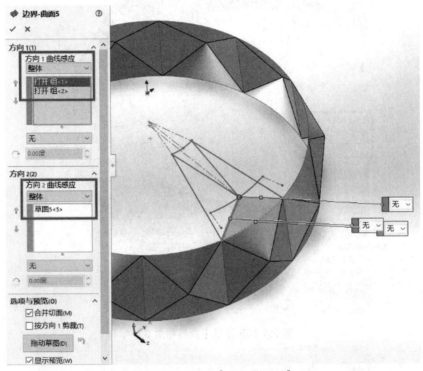。【方向 1】选择 3D 草图 2 中的两条边线。【方向 2】选择创建的草图 5。单击【确定】按钮，完成边界曲面 5 的创建，结果如图 3.4.184 所示。

图 3.4.184 设置【边界曲面 5】

创建边界曲面 6。选择菜单栏中的【插入】选项，选中【曲面】一栏，单击【边界曲面】按钮 。【方向 1】选择 3D 草图 2 中的两条边线；【方向 2】选择 3D 草图 2 中的另一条边线。单击【确定】按钮，完成边界曲面 6 的创建，结果如图 3.4.185 所示。

创建边界曲面 7。选择菜单栏中的【插入】选项，选中【曲面】一栏，单击【边界曲面】按钮 。【方向 1】选择 3D 草图 2 中的两条边线。【方向 2】选择 3D 草图 2 中的另一条边线；单击【确定】按钮，完成边界曲面 7 的创建，结果如图 3.4.186 所示。

创建边界曲面 8。选择菜单栏中的【插入】选项，选中【曲面】一栏，单击【边界曲面】按钮 。【方向 1】选择 3D 草图 2 中的两条边线；【方向 2】选择创建的草图 7。单击【确定】按钮，完成边界曲面 6 的创建，结果如图 3.4.187 所示。

(6) 缝合曲面。

缝合曲面 1。选择菜单栏中的【插入】选项，选中【曲面】一栏，单击【缝合曲面】按钮 。使用上述命令后系统会弹出【曲面 – 缝合】属性管理器。在【选择】栏中，缝合的面选中之前生成的 4 个边界平面，单击【合并实体】选项，如图 3.4.188 所示。单击【确定】按钮，完成曲面的缝合。

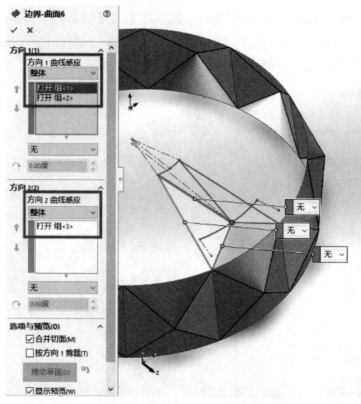

图 3.4.185 设置【边界曲面 6】

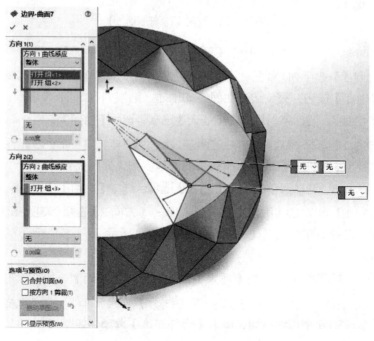

图 3.4.186 设置【边界曲面 7】

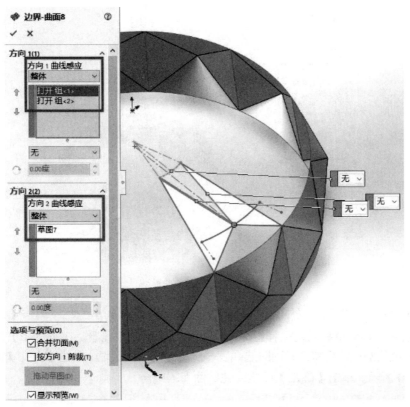

图 3.4.187 设置【边界曲面 8】

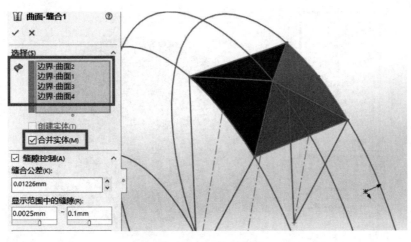

图 3.4.188 缝合曲面

　　缝合曲面 2。选择菜单栏中的【插入】选项，选中【曲面】一栏，单击【缝合曲面】按钮 。使用上述命令后系统会弹出【曲面 – 缝合】属性管理器。在【选择】栏中，缝合的面选中第 24、25、26、27 步生成的 4 个边界曲面，单击【合并实体】选项，如图 3.4.189 所示。单击【确定】按钮，完成曲面的缝合。

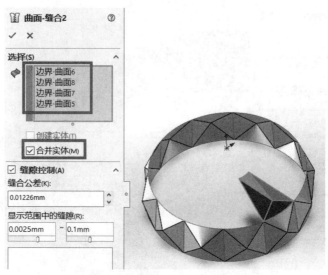

图 3.4.189 缝合曲面

缝合曲面 3。选择菜单栏中的【插入】选项，选中【曲面】一栏，单击【缝合曲面】按钮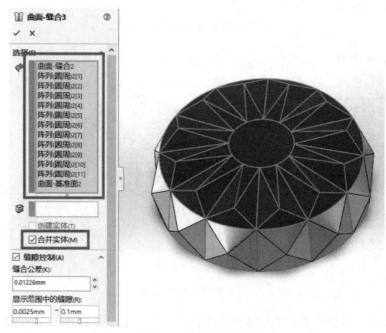。使用上述命令后系统会弹出【曲面 – 缝合】属性管理器。在【选择】栏中，缝合的面选中生成的圆周阵列特征，同时选中上一步创建的平面区域，单击【合并实体】选项，如图 3.4.190 所示。单击【确定】按钮，完成曲面的缝合。

图 3.4.190 缝合曲面

缝合曲面 4。选择菜单栏中的【插入】选项，选中【曲面】一栏，单击【缝合曲面】按钮。使用上述命令后系统会弹出【曲面 – 缝合】属性管理器。在【选择】栏中，缝合的面选中所有曲面，单击【合并实体】选项，如图 3.4.191 所示。单击【确定】按钮，完成曲面的缝合。

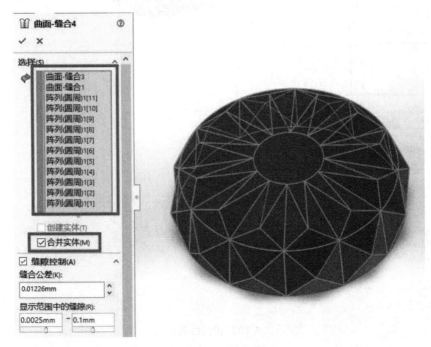

图 3.4.191 缝合曲面

(7) 创建圆周阵列特征。

创建圆周阵列特征 1。选择菜单栏中的【插入】选项，选中【阵列 / 镜向】一栏，单击【圆周阵列】按钮⊕。此时系统会弹出【阵列 (圆周)】属性管理器。在【方向 1】栏中，阵列轴选择【基准轴 1】，单击【等间距】选项，设置【总角度】为 360°，输入【实例数】12。单击选中【实体】按钮，要【阵列的特征】选择【曲面 – 缝合 1】。单击【确定】按钮✔，完成特征阵列，如图 3.4.192 所示。

创建圆周阵列特征 2。选择菜单栏中的【插入】选项，选中【阵列 / 镜向】一栏，单击【圆周阵列】按钮⊕。此时系统会弹出【阵列 (圆周)】属性管理器。在【方向 1】栏中，阵列轴选择【基准轴 1】，单击【等间距】选项，设置【总角度】为 360°，输入【实例数】12 个。单击选中【实体】按钮，要【阵列的特征】选择【曲面 – 缝合 2】。单击【确定】按钮，完成特征阵列。结果如图 3.4.193 所示。

(8) 创建平面区域。选择菜单栏中的【插入】选项，选中【曲面】一栏，单击【平面区域】按钮▇。在【边界实体】栏中选中上步圆周阵列的 12 条边线。单击【确定】按钮✔，完成平面区域的创建。结果如图 3.4.194 所示。

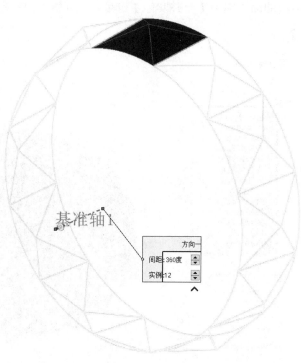

图 3.4.192 设置圆周阵列

图 3.4.193 设置圆周阵列

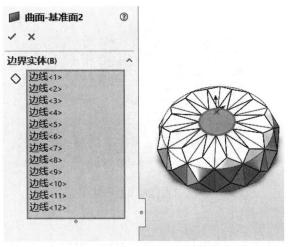

图 3.4.194 设置平面区域

(9) 加厚曲面。选择菜单栏中的【插入】选项，选中【凸台 / 基体】一栏，单击【加厚】按钮。使用上述命令后系统会弹出【曲面 – 放样】属性管理器。在【加厚参数】栏中，选中缝合的曲面，厚度选项选中第三个加厚侧边 1，厚度输入 2 mm，如图 3.4.195 所示。单击【确定】按钮，完成加厚特征的创建。

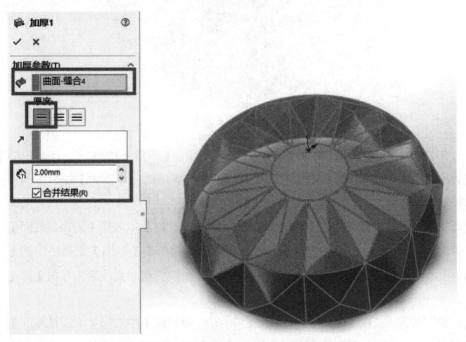

图 3.4.195 设置【加厚】属性管理器

(10) 设置模型材质和颜色。选中整个模型，单击系统右侧【外观】按钮，选择玻璃文件夹，选中光泽文件夹，在其下方选项中选择绿玻璃材质，双击绿玻璃材质，完成宠物食盆的创建。模型如图 3.4.196 所示。

图 3.4.196 宠物食盆

3.4.3.7.2 创建荷花

本小节将应用之前所讲解的知识完成荷花的创建，最终效果如图 3.4.197 所示。

图 3.4.197 荷花

(1) 新建一个零件文件。单击快速访问工具栏中的【新建】按钮 📄，在弹出的【新建 SolidWorks 文件】对话框中单击【零件】按钮🐧，然后单击【确定】按钮，创建一个新的零件文件。

(2) 绘制草图 1。在左侧的【Feature Manager 设计树】中选择【前视基准面】作为绘制图形的基准面。单击【草图】绘制，绘制草图，随后单击【草图】工具栏中的【智能尺寸】按钮 ⟵，标注草图的尺寸。 结果如图 3.4.198 所示。绘制完成后，单击【退出草图】 ↳。

(3) 绘制草图 2。在左侧的【Feature Manager 设计树】中选择【右视基准面】作为绘制图形的基准面。单击【草图】绘制，图 3.4.199 所示的草图，随后单击【草图】工具栏中的【智能尺寸】按钮⟵ ，标注草图的尺寸。结果如图 3.4.199 所示。绘制完成后，单击【退出草图】↳。

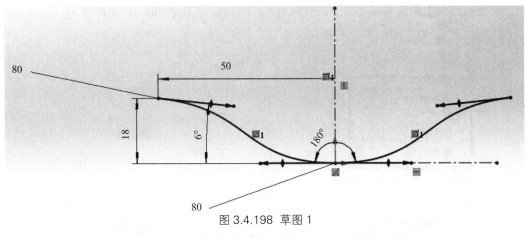

图 3.4.198　草图 1

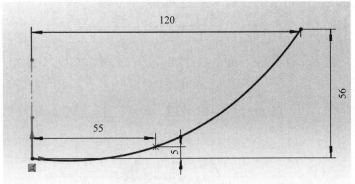

图 3.4.199　草图 2

(4) 扫描曲面 1。选择菜单栏中的【插入】选项，选中【曲面】一栏，单击【扫描曲面】按钮 🪱。使用上述命令后系统会弹出【曲面－扫描】属性管理器。在【轮廓和路径】栏中，选择【草图轮廓】选项，【轮廓】选择第 2 步创建的草图 1，【路径】选择第 3 步创建的草图 2，单击【确定】按钮，完成创建扫描曲面 1。【曲面－扫描 1】属性管理器和实体模型预览如图 3.4.200 所示。

(5) 绘制草图 3。在左侧的【Feature Manager 设计树】中选择【上视基准面】作为绘制图形的基准面。单击【草图】绘制，绘制图 3.4.201 所示的草图，随后单击【草图】工具栏中的【智能尺寸】按钮 ⮌，标注草图的尺寸。结果如图 3.4.201 所示。绘制完成后，单击【退出草图】⮌。

(6) 剪裁曲面。单击菜单栏中的【插入】选项，选中【曲面】一栏，单击【剪裁曲面】按钮 ✂，此时系统会弹出【剪裁曲面】属性管理器，在【剪裁类型】栏中选择【标准】选项，在【选择】栏中，剪裁工具选择上步创建的草图 3，选中【保留选择】选项，【保留曲面】选择【曲面－扫描 1.剪裁 0】，【曲面分割选项】栏中选择【自然】选项。单击【确定】按钮，完成剪裁曲面。【曲面 – 剪裁 1】属性管理器和实体模型预览如图 3.4.202 所示。

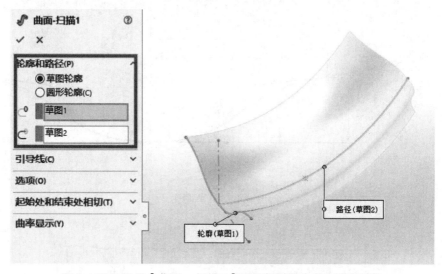

图 3.4.200 设置【曲面 – 扫描 1】属性管理器和实体模型预览

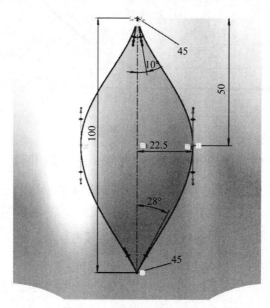

图 3.4.201 草图 3

(7) 旋转复制实体 1。单击菜单栏中的【插入】选项，选中【特征】一栏，单击【移动
/ 复制实体】按钮🔧。此时系统会弹出【实体 – 移动 / 复制 1】属性管理器，在【要移动 /
复制的实体】栏中选择第 6 步创建的【曲面 – 剪裁 1】，在【旋转】栏中，【旋转参考】
选择【点 1@ 原点】，X 轴旋转角度输入 15°，Y 轴旋转角度输入 30°，Z 轴旋转角度输入 0°。
单击【确定】按钮，完成旋转复制实体。【实体 – 移动 / 复制 1】属性管理器和实体模型
预览如图 3.4.203 所示。

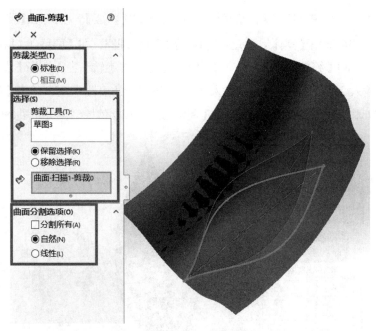

图 3.4.202 【剪裁曲面】属性管理器

图 3.4.203 【实体 – 移动 / 复制 1】属性管理器和实体模型预览

(8) 创建缩放比例特征 1。单击菜单栏中的【插入】选项，选中【模具】一栏，单击【缩放比例】按钮 。此时系统会弹出【缩放比例 1】属性管理器，在【比例参数】栏中，要缩放比例的实体选择【实体 – 移动 / 复制 1】，比例缩放点选择原点，不勾选【统一比例缩放】选项，X 轴输入 0.8，Y 轴输入 1，Z 轴输入 1。单击确定按钮，完成对曲面的缩放。【缩放比例 1】属性管理器和实体模型预览如图 3.4.204 所示。

(9) 旋转复制实体 2。单击菜单栏中的【插入】选项，选中【特征】一栏，单击【移动 / 复制实体】按钮 ⚙️。此时系统会弹出【实体 – 移动 / 复制 2】属性管理器，在【要移动 / 复制的实体】栏中选择第 8 步创建的【缩放比例 1】，在【旋转】栏中，【旋转参考】选择【点 1@ 原点】，X 轴旋转角度输入 20°，Y 轴旋转角度输入 35°，Z 轴旋转角度输入 0°。单击【确定】按钮，完成旋转复制实体。【实体 – 移动 / 复制 2】属性管理器和实体模型预览如图 3.4.205 所示。

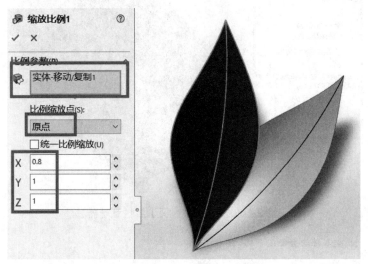

图 3.4.204 【缩放比例 1】属性管理器和实体模型预览

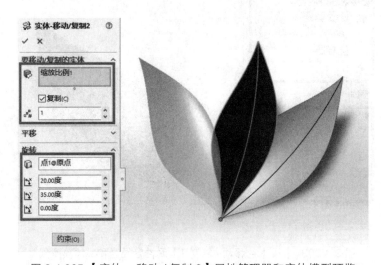

图 3.4.205 【实体 – 移动 / 复制 2】属性管理器和实体模型预览

(10) 创建缩放比例特征 2。单击菜单栏中的【插入】选项，选中【模具】一栏，单击【缩放比例】按钮 🔵。此时系统会弹出【缩放比例 2】属性管理器，在【比例参数】栏中，要缩放比例的实体选择【实体 – 移动 / 复制 2】，比例缩放点选择原点，不勾选【统一比例缩放】选项，X 轴输入 0.6，Y 轴输入 0.8，Z 轴输入 0.8。单击确定按钮，完成对曲面的缩放。【缩放比例 1】属性管理器和实体模型预览如图 3.4.206 所示。

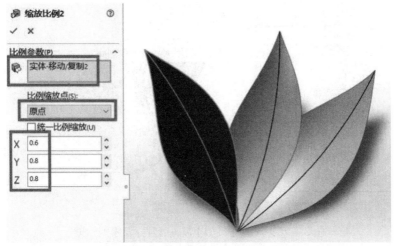

图 3.4.206 【缩放比例 2】属性管理器和实体模型预览

(11) 绘制草图 4。在左侧的【Feature Manager 设计树】中选择【前视基准面】作为绘制图形的基准面。单击【草图】绘制草图，随后单击【草图】工具栏中的【智能尺寸】按钮✎，标注草图的尺寸。结果如图 3.4.207 所示。绘制完成后，单击【退出草图】↪。

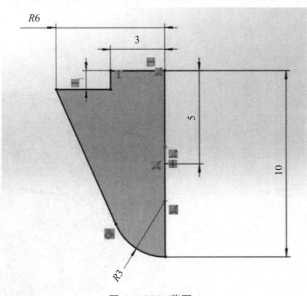

图 3.4.207 草图 4

(12) 旋转实体 1。单击【特征】工具栏中的【旋转】按钮🔄，此时系统会弹出【旋转】属性管理器，【旋转轴】栏选择直线 1，【方向 1】栏中的旋转类型选择给定深度，旋转角度设置为 360°，其余采用默认设置。单击【确定】按钮，完成旋转实体。【旋转 1】属性管理器和实体模型预览如图 3.4.208 所示。

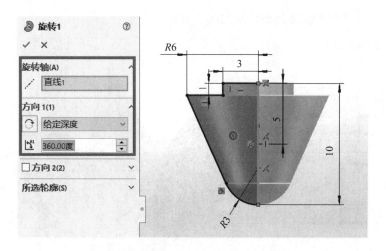

图 3.4.208 设置【旋转】属性管理器及模型预览

(13) 创建基准面 1。单击【特征】工具栏，选中【参考几何体】下拉菜单，单击基准面 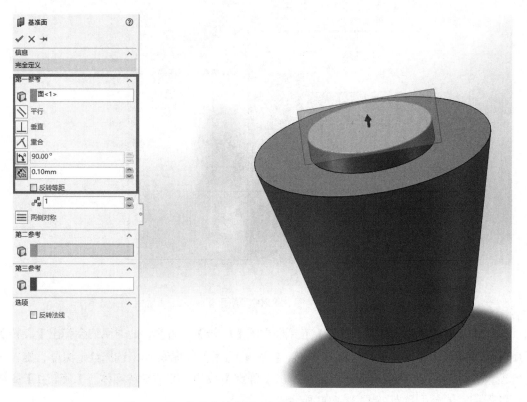。此时系统会弹出【基准面】属性管理器。设置【基准面】属性管理器，在【第一参考】栏里，选中【面 <1>】为参考面，距离为 0.1 mm；其余设置保持默认。单击【确定】按钮，完成创建基准面 1。【基准面 1】属性管理器和实体模型预览如图 3.4.209 所示。

图 3.4.209 设置【基准面 1】属性管理器及模型预览

(14) 绘制草图 5。在左侧的【Feature Manager 设计树】中选择【前视基准面】作为绘制图形的基准面。单击【草图】绘制图 3.4.210 所示的草图，随后单击【草图】工具栏中的【智能尺寸】按钮✍，标注草图的尺寸。结果如图 3.4.210 所示。绘制完成后，单击【退出草图】↳。

(15) 绘制草图 6。在左侧的【Feature Manager 设计树】中选择第 13 步创建的【基准面 1】作为绘制图形的基准面。单击【草图】绘制图 3.4.211 所示的草图，随后单击【草图】工具栏中的【智能尺寸】按钮✍，标注草图的尺寸。结果如图 3.4.211 所示。绘制完成后，单击【退出草图】↳。

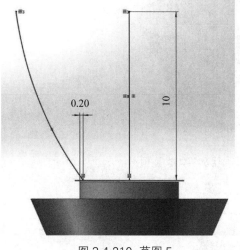

图 3.4.210 草图 5

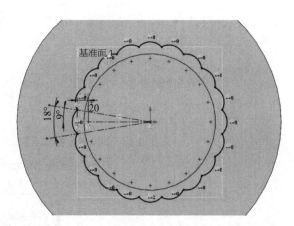

图 3.4.211 草图 6

(16) 创建扫描特征 1。选择菜单栏中的【插入】选项，选中【凸台 / 基体】一栏，单击【扫描】按钮𝒮。使用上述命令后系统会弹出【扫描 1】属性管理器。在【轮廓和路径】栏中，选择【草图轮廓】选项，【轮廓】选择区域 <1>，【路径】选择开环 <1>，【引导线】选择开环 <1>，然后单击确定按钮。【基准面 1】属性管理器和实体模型预览如图 3.4.212 所示。

(17) 绘制草图 7。在左侧的【Feature Manager 设计树】中选择第 12 步创建的旋转实体的顶面作为绘制图形的基准面。单击【草图】绘制图 3.4.213 所示的草图，随后单击【草图】工具栏中的【智能尺寸】按钮✍，标注草图的尺寸。结果如图 3.4.213 所示。绘制完成后，单击【退出草图】↳。

(18) 拉伸实体 1。选择菜单栏中的【插入】选项，选中【凸台 / 基体】一栏，单击【拉伸】按钮🗔。此时系统会弹出【凸台 – 拉伸】属性管理器，【从】栏中，开始条件设为草图基准面；【方向 1】栏中，终止条件设为给定深度，在深度输入框中输入指定的数值 0.1 mm，选中合并结果选项；【特征范围】栏选择【所选实体】选项，受影响的实体选择【旋转 1】；其他采用默认设置。然后单击确定按钮。【凸台 – 拉伸 1】属性管理器和实体模型预览如图 3.4.214 所示。

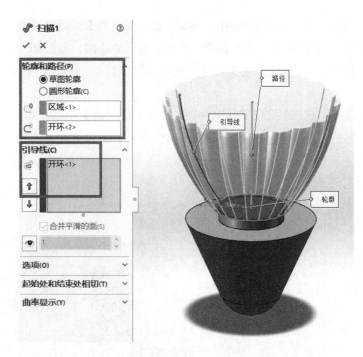

图 3.4.212 设置【扫描 1】属性管理器及实体模型预览

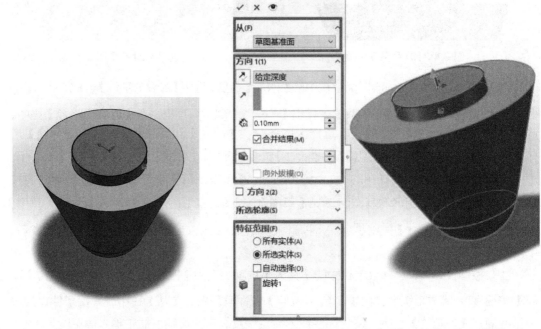

图 3.4.213 草图 7   图 3.4.214 设置【凸台 – 拉伸 1】属性管理器及模型预览

(19) 绘制草图 8。在左侧的【Feature Manager 设计树】中选择【右视基准面】作为绘制图形的基准面。单击【草图】绘制图 3.4.215 所示的草图。 结果如图 3.4.215 所示。绘制完成后，单击【退出草图】 ↳。

(20) 扫描实体 2。选择菜单栏中的【插入】选项，选中【凸台 / 基体】一栏，单击【扫描】按钮 🐛 。此时系统弹出【扫描】属性管理器。【轮廓和路径】栏中，使用圆形轮廓，直径设置为 3 mm，路径选择草图 8。然后单击【确定】按钮。【扫描 2】属性管理器和实体模型预览如图 3.4.216 所示。

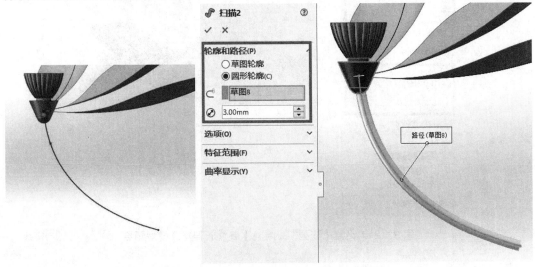

图 3.4.215 草图 8   图 3.4.216 设置【扫描 2】属性管理器及模型预览

(21) 创建圆周阵列特征 1。选择菜单栏中的【插入】选项，选中【阵列 / 镜向】一栏，单击【圆周阵列】按钮 ⛭ 。此时系统会弹出【阵列 (圆周)1】属性管理器，【方向 1】栏中阵列轴选择【边线 <1>】，使用等间距，阵列角度为 360°，阵列实例数为 6。【实体】栏中，要阵列的特征选择【曲面 – 剪裁 1】。其余设置采用默认设置，然后单击【确定】按钮。【阵列 (圆周)1】属性管理器和实体模型预览如图 3.4.217 所示。

(22) 创建圆周阵列特征 2。选择菜单栏中的【插入】选项，选中【阵列 / 镜向】一栏，单击【圆周阵列】按钮 ⛭ 。此时系统会弹出【阵列 (圆周)2】属性管理器，【方向 1】栏中阵列轴选择【边线 <1>】，使用等间距，阵列角度为 360°，阵列实例数为 6。【实体】栏中，要阵列的特征选择【缩放比例 1】。其余设置采用默认设置，然后单击【确定】按钮。【阵列 (圆周)2】属性管理器和实体模型预览如图 3.4.218 所示。

(23) 创建圆周阵列特征 3。选择菜单栏中的【插入】选项，选中【阵列 / 镜向】一栏，单击【圆周阵列】按钮 ⛭ 。此时系统会弹出【阵列 (圆周)3】属性管理器，【方向 1】栏中阵列轴选择【边线 <1>】，使用等间距，阵列角度为 360°，阵列实例数为 5。【实体】栏中，要阵列的特征选择【缩放比例 2】。其余设置采用默认设置，然后单击【确定】按钮。【阵列 (圆周)3】属性管理器和实体模型预览如图 3.4.219 所示。

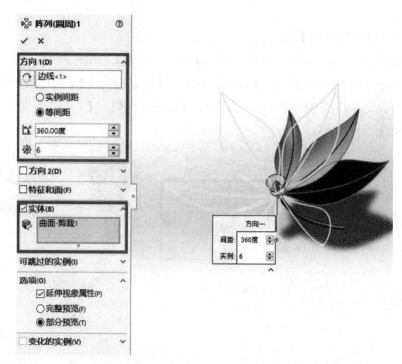

图 3.4.217 设置【阵列（圆周）1】属性管理器及模型预览

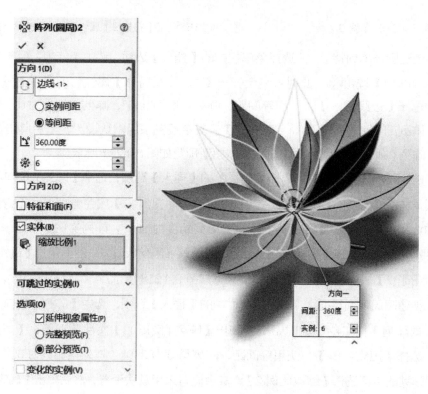

图 3.4.218 设置【阵列（圆周）2】属性管理器及模型预览

计算机辅助设计（CAD）造型建模技术

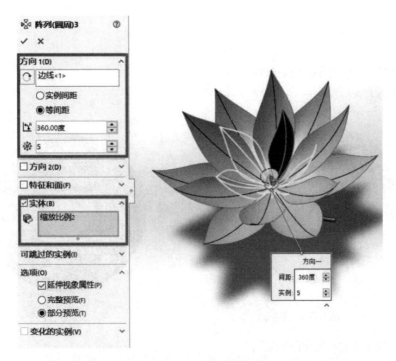

图 3.4.219 设置【阵列（圆周）3】属性管理器及模型预览

(24) 设置模型颜色。选择前导视图工具栏菜单栏中的【编辑外观】选项，此时系统会弹出【颜色】属性管理器。将曲面部分设置为粉红色，根茎部分设置为绿色，单击【确定】按钮。【颜色】属性管理器和实体模型预览如图 3.4.220 所示。

荷花最终效果图如图 3.4.221 所示。

图 3.4.220 设置【颜色】属性管理器及模型预览

图 3.4.221 荷花

3.5 练习

(1) 绘制如图 3.5.1 所示的偏心轮。

(2) 绘制如图 3.5.2 所示的过渡轮。

图 3.5.1 偏心轮　　　　　　　　　　图 3.5.2 过渡轮

(3) 绘制如图 3.5.3 所示的螺丝刀。

(4) 绘制如图 3.5.4 所示的开口扳手。

 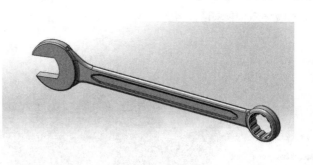

图 3.5.3 螺丝刀　　　　　　　　　　图 3.5.4 开口扳手

(5) 绘制如图 3.5.5 所示的螺旋桨。

(6) 绘制如图 3.5.6 所示的摩托轮胎。

图 3.5.5 螺旋桨

图 3.5.6 摩托轮胎

(7) 绘制如图 3.5.7 所示的进气管。

(8) 绘制如图 3.5.8 所示的火花塞。

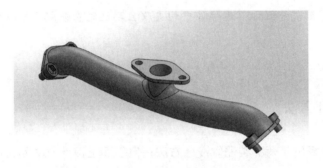

图 3.5.7 进气管

图 3.5.8 火花塞

第4章 零件装配

可以创建由许多零部件所组成的复杂装配体，通过使用同心和重合等配合，可以将多个零件集合为装配体，这些零部件可以是零件或其他装配体，称为子装配体。借助于移动零部件或旋转零部件之类的工具，可以看到装配体中的零件如何在 3D 关联中运转。为确保装配体正确运转，可以使用碰撞检查等装配体工具。SolidWorks 打开装配体时，将查找零部件文件以在装配体中显示。零部件中的更改自动反映在装配体中。装配体的文档名称扩展名为 .sldasm。

4.1 装配体设计方法

SolidWorks 提供了两种装配体设计方法：自下而上设计方法和自顶向下设计方法。前者是传统的设计方法，即先完成零件的建模，然后在装配体中通过插入零部件和添加配合关系来完成装配体设计；后者是从装配体环境开始设计工作，利用自顶向下设计方法设计装配体时，用户可以从一个空白的装配体开始，也可以从一个已经完成并插入到装配体中的零件开始设计其他零件。在实际应用中，通常不是单一使用某种设计方法，而是将两种方法结合使用。

4.1.1 自下而上设计装配体

自下而上设计法是比较传统的方法。先设计零件，然后将零件插入装配体，接着使用配合来定位零件。若想更改零件，必须单独编辑零件。这些更改之后可在装配体中看见。

自下而上设计法对于先前建造、现售的零件，或者金属器件、皮带轮、马达等标准零部件而言属于优先技术。这些零件不根据设计的变化而更改其形状和大小，除非选择不同的零部件。

4.1.2 自上而下设计装配体

在自上而下设计法中，零件的形状、大小及位置可在装配体中设计。例如：用户可设计一马达托架，移动马达时，SolidWorks 会自动调整马达托架的大小，使托架尺寸大小保持正确，以托住马达。该功能对于托架、器具及外壳类的零件尤其有帮助，这些零件的主要目的是将其他零件托在正确位置。用户也可对某些使用自下而上设计法的特征（如定位销）使用自上而下设计法。复印机的设计可在布局草图中展开布局，其成分代表复印机的皮带轮、卷筒、皮带以及其他零部件。根据这些草图生成 3D 零部件。当在草图中移动各元素或调整大小时，软件会在装配体中自动移动 3D 零部件三维模型并调整其大小。草图的速度和灵活性允许在构造 3D 几何体之前尝试各种设计版本，并在一中心位置进行众多类型的更改。

　　自上而下设计方法的优点是，在设计更改发生时，所需要改变的步骤很少。零件根据所创建的方法，从而知道如何自我更新。用户可在零件的某些特征上、完整零件上或整个装配体上使用自上而下设计方法。在实践中，设计师通常使用自上而下设计方法来布局其装配体并捕捉对其装配体特定的自定义零件的关键方面。

4.2 创建装配体文件

4.2.1 创建装配体文件

　　如果想从零件生成装配体：在"标准"工具栏中，单击"从零件 / 装配体"按钮。或选择菜单栏中的"文件"选项，选中"新建"一栏（图 4.2.1），单击"从零件制作装配体"按钮（图 4.2.2）。装配体会在插入零部件属性管理器 (Motion Manager) 打开的同时打开。直至这个装配体环境 (图 4.2.3) 完全建立。

图 4.2.1 "新建"

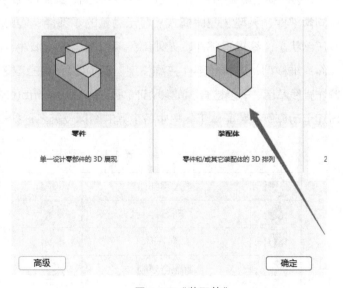

图 4.2.2 "装配体"

建立完装配体环境后，"开始装配体"属性管理器会在软件界面左侧自动打开，选择想要插入的零件或者装配体，鼠标左键单击"浏览"（图4.2.4），依次导入想要装配的零件或者装配体。

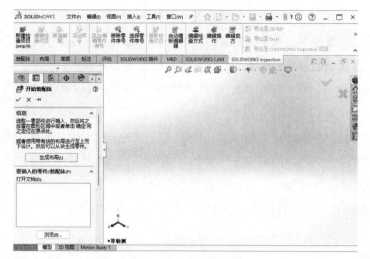

图 4.2.3 "装配体环境"　　　　图 4.2.4 "插入零件或者装配体"

4.3 装配体工具栏以及特征管理器

4.3.1 装配体工具栏

装配体工具栏控制零部件三维模型的管理、移动及配合。其中包含插入零部件、新零件、新装配体、随配合复制、线性零部件阵列、圆周零部件阵列、特征驱动的零部件阵列、镜向零部件、大型装配体模式、显示隐藏的零部件、隐藏/显示零部件、更改透明度、改变压缩状态、编辑零部件、无外部参考引用、智能扣件、制作智能零部件、配合、移动零部件三维模型、旋转零部件三维模型、替换零部件三维模型、替换配合实体、爆炸视图、爆炸直线草图、干涉检查、间隙验证、孔对齐、AssemblyXpert、装配体透明度、皮带/链、新建运动算例。装配体工具栏中各工具的图标及其名称如表4.3.1所示。

表 4.3.1 装配体工具栏

	插入零部件		制作智能零部件三维模型
	新零件		配合
	新装配体		移动零部件三维模型
	随配合复制		旋转零部件三维模型
	线性零部件阵列		替换零部件三维模型

 圆周零部件阵列		替换配合实体	
特征驱动的零部件阵列		爆炸视图	
镜向零部件		爆炸直线草图	
大型装配体模式		干涉检查	
显示隐藏的零部件三维模型		间隙验证	
隐藏/显示零部件三维模型		孔对齐	
更改透明度		AssemblyXpert	
改变压缩状态		装配体透明度	
编辑零部件三维模型		皮带/链	
无外部参考引用		新建运动算例	
智能扣件			

4.4 装配体中的零部件

4.4.1 添加/删除零部件

4.4.1.1 插入零部件

(1) 一次插入一个零部件。

①在"标准"工具栏中,单击"新建"按钮 ,或选择菜单栏中的"文件"选项,选中"新建"按钮(图 4.4.1)生成新装配体文档(图 4.4.2)。在现有装配体中,在"装配体工具栏"工具栏中,单击"插入零部件"按钮 。或选择菜单栏中的"插入"选项,选中"零部件"一栏,单击"现有零件/装配体"按钮(图 4.4.3)。以前保存且当前打开的文档显示在要插入的零件/装配体下(图 4.4.3)。

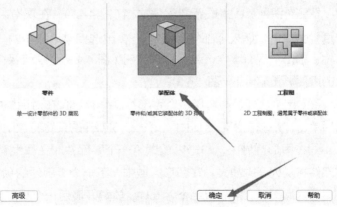

图 4.4.1 "新建"　　　　　　　　　图 4.4.2 "新建装配体文档"

②从列表中选择一零件或装配体，或单击浏览（图 4.4.4）打开一现有文件（图 4.4.5）。

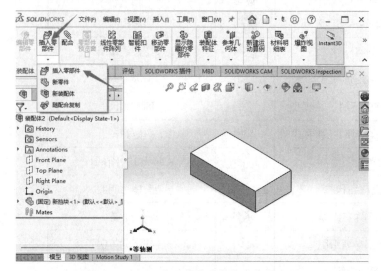

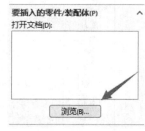

图 4.4.3 "在现有装配体中添加零部件"　　　　　　　图 4.4.4 "浏览"

③单击图形区域以放置零部件（图 4.4.6），或单击以放置与装配体原点重合的零部件原点。

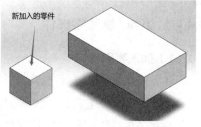

图 4.4.5 "举例零件"　　　　　　　图 4.4.6 "图形区域加入新的零件"

(2) 连续插入多个零件。

①在"标准"工具栏中，单击"新建"按钮，或选择菜单栏中的"文件"选项，选中"新建"按钮（图 4.4.1）生成新装配体文档（图 4.4.2）。在现有装配体中，于"装配体工具栏"工具栏中单击"插入零部件"按钮，或选择菜单栏中的"插入"选项，选中"零部件"一栏，单击"现有零件 / 装配体"按钮（图 4.4.3）。以前保存且当前打开的文档显示在要插入的零件 / 装配体下（图 4.4.3）。

②Ctrl+ 从列表中选择多个零部件。单击浏览，在对话框中，按住 Ctrl+ 选择多个零部件，然后单击打开。在图形区域中，第一个零部件的预览将被附加到指针上。

③在图形区域中，单击以放置第一个零部件。在属性管理器（Motion Manager）中，零部件将从列表中消失。在图形区域中，下一个零部件的预览将被附加到指针上。

④连续单击，以放置每个零部件，放置好最后一个零部件后，关闭属性管理器（Motion Manager）。每个零部件均已插入到单击的位置。

(3) 在同一位置处插入多个零部件。

可以同时将多个零部件插入到同一位置。要一次性插入多个零部件，请执行以下操作：

①在"标准"工具栏中，单击"新建"按钮□，或选择菜单栏中的"文件"选项，选中"新建"按钮（图 4.4.1）生成新装配体文档（图 4.4.2）。在现有装配体中，于"装配体工具栏"工具栏中单击"插入零部件"按钮，或选择菜单栏中的"插入"选项，选中"零部件"一栏，单击"现有零件／装配体"按钮（图 4.4.3）。以前保存且当前打开的文档显示在要插入的零件／装配体下（图 4.4.3）。

② Ctrl+ 从列表中选择多个零部件。单击浏览，在对话框中，按住 Ctrl+ 选择多个零部件（图4.4.7），然后单击打开。添加的零部件将会显示在软件界面左侧属性中显示（图 4.4.8），在图形区域中，第一个零部件的预览将被附加到指针上。

③在图形区域中，双击要放置零部件的位置，效果图如图 4.4.9 所示。

图 4.4.7 "同时选中多个零部件"

图 4.4.8 "属性中即将添加的零件"

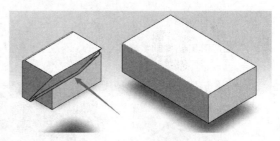

图 4.4.9 "效果图"

(4) 使用属性管理器（Motion Manager）将零部件添加到装配体。

用户可以使用这个属性管理器（Motion Manager）将零部件添加到装配体。

①要打开插入零部件属性管理器（Motion Manager）：在现有装配体中，于"装配体工具栏"工具栏中单击"插入零部件"按钮，或选择菜单栏中的"插入"选项，选中"零部件"一栏，单击"现有零件／装配体"按钮。通过在"标准"工具栏中，单击"新建"按钮□，或选择菜单栏中的"文件"选项，选中"新建"按钮，创建新的装配体文档。

②要打开开始装配体属性管理器（Motion Manager）：在"标准"工具栏中，单击"新

建"按钮，或选择菜单栏中的"文件"选项，选中"新建"按钮，创建新的装配体文档。

4.4.1.2 新零件

可以在关联装配体中生成一个新零件。这样在设计零件时就可以使用其他装配体零部件的几何特征。

在装配体中生成零件：

(1) 在装配体工具栏，单击新零件，或选择菜单栏中的"插入"选项，选中"零部件"一栏，单击"现有零件／装配体"按钮（图 4.4.12）。新零件效果图如图 4.4.13 所示。

(2) 对于外部保存的零件，在另存为对话框中为新零件键入一名称，然后单击保存。

(3) 单击一个基准面或平面（在指针为时），图 4.4.11 所示。

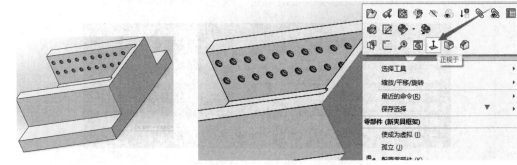

图 4.4.10 初始装配体	图 4.4.11 选择基准面

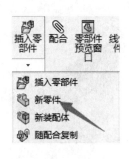
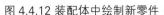
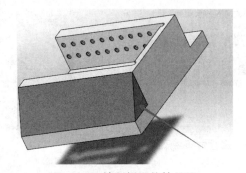

图 4.4.12 装配体中绘制新零件	图 4.4.13 绘制新零件效果图

(4) 使用与单独建立零件时采用的相同方法构造零件特征。如果需要，可以参考装配体中其他零部件的几何体。使用成形到下一面拉伸至装配体中另一零部件的曲面上或装配体特征的曲面上。如果使用成形到下一面选项来拉伸一个特征，则下一面必须位于同一零件上。

(5) 若想将编辑焦点返回到装配体，单击消除编辑零部件（装配体工具栏），或在确认角落中单击。

4.4.2 替换/移动零部件三维模型

4.4.2.1 替换零部件三维模型

装配体及其零部件三维模型在设计周期中可以多次修改。尤其是在多用户环境下，可由几个用户处理单个的零件和子装配体。更新装配体有一种更加安全有效的方法，即根据需要替换零部件三维模型。可用子装配体替换零件，也可以用零件替换装配体；可以同时替换一个、多个或所有零部件三维模型实例；在使用替换零部件三维模型时，可以将某个零部件三维模型替换为另一个名称和类型相同但来自不同文件夹的零部件三维模型。

如果想替换一个或多个零部件三维模型：首先，在装配体工具栏单击替换零部件，或在菜单栏单击"文件"选项，选中"替换"按钮，或是用右键单击零部件，然后选择替换零部件。如果选取了手工选择，选择要在配置对话框中打开的配置。如果选取了重新附加配合，则配合的实体属性管理器 (Motion Manager) 出现。另外，一窗口以遗失的配合实体高亮显示原有零部件视图，并有遗失的实体弹出工具栏出现，然后单击 ✓。所选零部件三维模型实例被替换。如图 4.4.14 至 4.4.19 所示。

图 4.4.14 零件模型

图 4.4.15 使用替换命令　图 4.4.16 替换属性管理器　图 4.4.17 替换零件

图 4.4.18 找到零件　　　　　　　　图 4.4.19 最终结果

例如：导入一个部分装配的装配体，选择文件下的替换零部件三维模型，依次选择需要替换的零件，单击浏览选择替代零部件三维模型，单击绿色小箭头，即可完成零部件三维模型的替换。

4.4.2.2 移动零部件三维模型

可在移动零部件三维模型时添加 Smart Mates，但无法移动一个位置已固定或完全定义的零部件三维模型，只能在配合关系允许的自由度范围内移动该零部件三维模型。

拖动以移动零部件三维模型，如果想通过拖动来移动零部件三维模型：在图形区域中拖动零部件三维模型，然后零部件三维模型在其自由度内移动。若想阻止，可在菜单栏选择"工具"一栏，再选中"选项"按钮，单击"系统选项"，最后装配体中清除通过拖动移动零部件三维模型。

图 4.4.20 三重轴移动

使用三重轴移动零部件三维模型（图 4.4.20），如果想以三重轴移动零部件三维模型：

(1) 右键单击零部件三维模型，然后选择以三重轴移动选项。

(2) 拖动三重轴单元：拖动臂杆可沿臂杆轴拖动零部件三维模型；拖动侧翼可沿侧翼平面拖动零部件三维模型。

(3) 若想键入特定坐标或距离，右键单击中心球面，然后从表 4.4.1 中选择。

表 4.4.1 选项及描述

选项	描述
显示转化 XYZ 框	将零部件三维模型移动到一特定 XYZ 坐标
显示转化三角形 XYZ 框	按特定量移动零部件三维模型

(4) 在图形区域中单击以关闭三重轴

要移动或对齐三重轴：拖动中央球形可来回拖动三重轴，Alt+ 拖动中央球形或臂杆将三重轴放置在边线或面上，以使三重轴对齐该边线或面，右键单击中心球并选择对齐到或与零部件三维模型原点对齐或与装配体原点对齐。

使用属性管理器(Motion Manager)移动零部件三维模型，如果想以属性管理器(Motion Manager)移动零部件三维模型可进行以下操作：

(1) 在装配体工具栏，单击移动零部件 ⓘ，或选择菜单栏中的"工具"按钮，选中"零部件"一栏，单击"移动"命令。移动零部件属性管理器(Motion Manager)出现，指针形状变成 ✛。

(2) 在图形区域中选择一个或多个零部件三维模型。

(3) 从移动 ✛ 清单中选择一个项目来以表4.4.2所示方法之一移动零部件三维模型：在移动零部件三维模型工具保持激活状态时，可以一个接一个地选择和移动零部件三维模型。

表4.4.2 移动零部件选项

选项	描述
自由拖动	选择零部件三维模型并沿任何方向拖动
沿装配体 XYZ	选择零部件三维模型并沿装配体的X、Y或Z方向拖动。图形区域中显示坐标系以帮助确定方向。若要选择沿其拖动的轴，可在拖动前在轴附近单击
沿实体	选择实体，然后选择零部件三维模型并沿该实体拖动。如果实体是一条直线、边线或轴，所移动的零部件三维模型具有一个自由度。如果实体是一个基准面或平面，所移动的零部件三维模型具有两个自由度
由DeltaXYZ	在属性管理器(Motion Manager)中键入X、Y或Z值，然后单击应用。零部件三维模型按照指定的数值移动
到XYZ 位置	选择零部件三维模型的一点，在属性管理器(Motion Manager)中键入X、Y或Z坐标，然后单击应用。零部件三维模型的点移动到指定的坐标。如果选择的项目不是顶点或点，则零部件三维模型的原点会被置于所指定的坐标处

(4) 在高级选项下，选择这个配置将零部件三维模型的移动只应用到激活的配置。

(5) 完成后，单击 ✔ 或再次单击移动零部件三维模型 ⓘ。

4.4.3 旋转零部件三维模型

旋转零部件三维模型是装配零部件三维模型的基础操作功能，但需要说明的是只能在配合允许的范围内旋转零部件三维模型，无法旋转一个位置固定或者定义完全的零部件三维模型。

旋转零部件三维模型有以下3种方式：

拖动以旋转零部件三维模型，如果想通过拖动旋转零部件三维模型：首先右键单击并拖动零部件三维模型，然后零部件三维模型在其自由度内旋转。若想阻止这个行为，请在菜单栏选择"工具"一栏，然后选中"选项"按钮，单击"系统选项"，最后在装配体中清除通过拖动移动零部件三维模型。

使用三重轴旋转零部件三维模型，如果想以三重轴旋转零部件三维模型：首先右键单击零部件三维模型，然后选择以三重轴移动，最后选择一个环并拖动。要进行捕捉，可右键单击所选的环并选择拖动时捕捉。在接近环时，捕捉增量为90°。该增量随着指针与环的距离增大而减小。若想以预设增量进行旋转，右键单击所选环，然后选取旋转90°或旋转180°。若想键入特定增量，右键单击中心球形，然后选取显示旋转三角形 XYZ 框，最后在图形区域中单击以关闭三重轴。使用属性管理器 (Motion Manager) 旋转零部件三维模型，如果想以属性管理器 (Motion Manager) 旋转零部件三维模型可进行以下操作：

(1) 单击旋转零部件![icon]，或选择菜单栏中的"工具"按钮，选中"零部件"一栏，单击"旋转"命令。旋转零部件属性管理器 (Motion Manager) 出现，指针形状变成![icon]。

(2) 在图形区域中选择一个或多个零部件三维模型。

(3) 从旋转![icon]清单中选择一个项目来以表 4.4.3 所示方法之一移动零部件三维模型。

表 4.4.3 旋转清单

选项	描述
自由拖动	选择零部件三维模型并沿任何方向拖动
对于实体	选择一条直线、边线或轴，然后围绕所选实体拖动零部件三维模型
由 DeltaXYZ	在属性管理器 (Motion Manager) 中键入 X、Y 或 Z 值，然后单击应用。零部件三维模型按照指定角度值绕装配体的轴移动

(4) 可以逐个连续旋转零部件三维模型，旋转工具会保持为激活状态，直到再次单击或选择另一种工具。

(5) 在高级选项下，选择这个配置将零部件三维模型的旋转只应用到激活的配置。

(6) 完成后![icon]，单击或再次单击旋转零部件三维模型![icon]。

4.4.4 阵列零部件

4.4.4.1 线性零部件阵列

可以一个或两个方向在装配体中生成零部件线性阵列。简而言之，就是将一个零部件进行线性阵列从而实现相同零件的重复装配。

若想生成线性零部件阵列，可进行以下操作：

(1) 单击线性零部件阵列![icon]，或选择菜单栏中的"插入"按钮，选中"零部件阵列"一栏，单击"线性阵列"命令。

(2) 在属性管理器 (Motion Manager) 中的方向 1 下：

①为阵列方向选择一线性边线或线性尺寸。

②如有必要，单击反向![icon]。

③为间距键入一数值。这个数值是实例中心之间的数值。

④为实例数 ✳# 键入一数值。这个数值是包括源零部件的实例总数。

(3) 为方向 2 重复双向阵列。

(4) 在要阵列的零部件 🗐 中单击，然后选择源零部件。

(5) 若想跳过实例，在要跳过的实例 ✳ 中单击，然后在图形区域选择实例的预览。

当指针位于图形区域中的预览上时形状将变为。

如果想恢复实例，选择要跳过的实例框中的实例，然后按 Delete。

(6) 单击 ✔ 。新的零部件出现在 Feature Manager 设计树中的局部线性阵列下。根据默认，所有实例均使用与源零部件相同的配置。若想更改配置，编辑实例的零部件属性。

例如：首先导入两个装配体"轴"和"孔"（图 4.4.21），然后选择"配合"模块，选择"轴"与"孔"的配合重合面，选择轴的肩部端面以及孔的截面来确定重合面的配合（图 4.4.22，图 4.4.23），然后选择轴与孔的同轴配合，首先选择轴的外表面，然后选择孔的内表面（图 4.4.24），以此保证同轴配合的准确性。这样就完成了"轴"与第一个"孔"的装配（图 4.4.25），然后选择鼠标单击"线性零部件阵列"（图 4.4.26），依次选择线性阵列的方向（图 4.4.27），选择线性阵列的零部件（图 4.4.28）。选择线性阵列的方向和线性阵列的零部件后，以上操作特征会出现在左侧属性管理器当中，然后在属性管理器当中选择输入线性阵列的间距（图 4.4.29），选择输入线性阵列的个数（图 4.4.30），最后单击绿色勾勾确定线性阵列结果（图 4.4.31），最终的装配效果图如图 4.4.32 所示图。

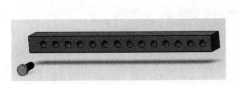

图 4.4.21 "导入零件孔和轴"

图 4.4.22 "选择配合面"

图 4.4.23 "选择配合面"

图 4.4.24 "同轴配合"

图 4.4.25 "孔轴装配结果

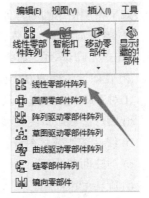

图 4.4.26 "线性零部件阵列"

图 4.4.27 "选定线性阵列方向"

图 4.4.28 "选定线性阵列的零件"

图 4.4.29 "选定线性
阵列方向和线性阵列
零件结果属性"

图 4.4.30 "设置线性阵列
间距以及线性阵列个数"

图 4.4.31 "绿箭头"

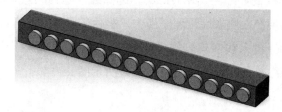

图 4.4.32 "线性阵列零部件最终效果图"

4.4.4.2 圆周零部件阵列

在装配体中生成一零部件的圆周阵列。类似于线性阵列零部件，只是在阵列轨迹上面选择的是圆周轨迹。选定需要阵列的零部件，绕圆周轨迹进行阵列配合。

如果希望使用圆周阵列那么需要进行以下操作：

(1) 单击圆周零部件阵列 ，或选择菜单栏中的"插入"按钮，选中"零部件阵列"一栏，单击"圆周阵列"命令。

(2) 在属性管理器 (Motion Manager) 中，在参数下面：

①对于阵列轴，选择以下之一：

a) 圆形边线或草图直线。

b) 线性边线或草图直线。

c) 圆柱面或曲面。

d) 旋转面或曲面。

e) 阵列绕这个轴旋转。

②如有必要，单击反向 。

③为角度 🔘 键入一数值。这个数值为实例中心之间的圆周数值。

④选择等间距将角度 🔘 设定为 360°。可将该数值更改为不同角度。实例会沿总角度均等放置。

(3) 在要阵列的零部件 🐛 中单击，然后选择源零部件。

(4) 若想跳过实例，在要跳过的实例 🔅 中单击，然后在图形区域选择实例的预览。

(5) 如果想恢复实例，选择要跳过的实例框中的实例，然后按 Delete。

(6) 单击 ✅。

例如：首先导入两个装配体"轴"和"孔"（图 4.4.33），然后选择"配合"模块，选择"轴"与"孔"的配合重合面，选择轴的肩部端面以及孔的截面以此确定重合面的配合（图 4.4.34，4.4.35）；选择轴与孔的同轴配合，先选择轴的外表面，然后选择孔的内表面，以此来保证同轴配合的准确性。这样就完成了"轴"与第一个"孔"的装配（图 4.4.36），然后选择鼠标单击"圆周零部件阵列"（图 4.4.37），依次选择圆周零部件阵列的方向（图 4.4.38），选择圆周零部件阵列的零部件（图 4.4.39）；选择圆周零部件阵列的方向和圆周零部件阵列的零部件之后，以上操作特征会出现在左侧属性管理器当中，然后在属性管理器当中选择输入圆周零部件阵列的个数（图 4.4.40、图 4.4.41），最后点击绿色勾勾确定圆周零部件阵列结果，最终的装配效果图如图 4.4.42 所示。

图 4.4.33 "导入需要装配的零件"　图 4.4.34 "选择孔配合重合面"　　图 4.4.35 "选择轴配合重合面"

图 4.4.36 "配合效果图"　　图 4.4.37 "选择圆周零部件阵列"　　图 4.4.38 "选择圆周零部件阵列轨迹"　　图 4.4.39 "选择圆周零部件阵列零部件"

图 4.4.40 "圆周零部件阵列属性"

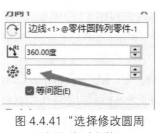

图 4.4.41 "选择修改圆周
零部件阵列个数"

图 4.4.42 "圆周零部件
阵列效果图"

4.4.4.3 特征驱动的零部件阵列

可根据一个现有阵列来生成一零部件阵列：简单来说就是在设计某个零件的时候，零部件中的局部特征使用的是阵列工具操作，因此在装配的过程，如果需要配合相关的零件，可以借用零件局部特征的现有阵列进行零件的装配。

如果想使用一现有阵列来生成一零部件阵列：

(1) 单击特征驱动的零部件阵列 🞮 ，或选择菜单栏中的"插入"按钮，选中"零部件阵列"一栏，单击"特征驱动"命令。

(2) 为要阵列的零部件 🖑 选择源零部件。

(3) 在驱动特征 🔒 中单击，然后在 Feature Manager 设计树中选择阵列特征或在图形区域中选择一阵列实例的面。

(4) 若想更改源位置，单击选取源位置，然后选取一不同的阵列实例作为图形区域中的源特征。

(5) 若想跳过实例，在要跳过的实例 🎬 中单击，然后在图形区域选择实例的预览。

(6) 当指针位于图形区域中的预览上时形状将变为 🖑 。

(7) 单击 ✅

例如：首先导入两个装配体"轴"和"孔"（图 4.4.43），然后选择"配合"模块，选择"轴"与"孔"的配合重合面，选择轴的肩部端面以及孔的截面以此确定重合面的配合（图 4.4.44，图 4.4.45）；选择轴与孔的同轴配合，首先选择轴的外表面，然后选择孔的内表面（图 4.4.46），以此保证同轴配合的准确性。这样就完成了"轴"与第一个"孔"的装配（图 4.4.47），然后选择鼠标单击"特征驱动的零部件阵列"（图 4.4.48），选择特征驱动的零部件阵列的零部件（图 4.4.49），以及阵列驱动零部件阵列的驱动特征（图 4.4.50，4.4.51），最终选择的特征驱动的零部件阵列的零部件和阵列驱动零部件阵列的驱动特征均会显示在特征驱动的零部件阵列的属性（图 4.4.52）中；最后点击软件界面右上角的绿色箭头，生成的装配效果如图 4.4.53 所示。

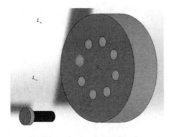
图 4.4.43 "导入孔和轴零件"

图 4.4.44 "选择孔的重合配合面"

图 4.4.45 "选择轴的重合配合面"

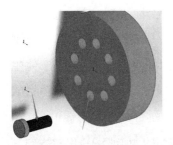
图 4.4.46 "选择孔和轴的同
轴配合表面"

图 4.4.47 "轴和孔配合结果"

图 4.4.48 "选择阵列
驱动零部件阵列"

图 4.4.49 "选择阵列驱
动零部件 阵列的零部件"

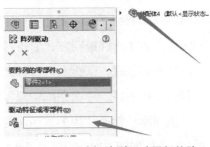
图 4.4.50 "选择阵列驱动零部件阵
列的驱动特征"

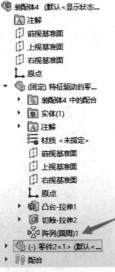
图 4.4.51 "选择阵列
驱动零部件阵列的阵列
（圆周）1"

图 4.4.52 "选择阵列驱动
零部件阵列的属性结果"

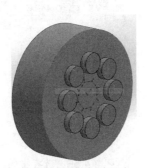
图 4.4.53 "阵列驱动
零部件阵列的效果图"

4.4.5 镜向零部件

在装配体中，可以通过镜向现有的零部件(零件或子装配体)来添加零部件。新零部件可以是源零部件的复制版本或相反方位版本。

首先，选择镜向基准面和要镜向或复制的零部件。

(1) 在装配体工具栏，单击镜向零部件▣ ，或选择菜单栏中的"插入"按钮，单击"镜向零部件"命令，出现镜向零部件属性管理器(Motion Manager)。

(2) 在属性管理器(Motion Manager)中，为镜向基准面选择一个基准面或平面作为镜向所参考的实体。

(3) 为要镜向的零部件选择一个或多个要镜向或复制的零部件。可从图形区域或从 Feature Manager 设计树中选择。如果选择一个子装配体，则同时会选择其所有零部件。可以选择多个零部件，然后为一些零部件生成复制版本，而为另一些零部件生成相反方位版本。可以选择混合的零部件：一些零部件进行复制，另一些零部件生成相反方位版本。

(4) 单击下一步 ◉ 。属性管理器(Motion Manager)页面将更改为步骤2：设定方向。

例如：首先导入零部件(图4.4.54)，然后选择"镜向零部件"(图4.4.55)，此时会在界面左侧出现镜向零部件属性，在属性中需要选择镜向零部件的镜向面(图4.4.56)，以及需要镜向的零部件(图4.4.57)，选择的结果会显示在镜向零部件属性中(图4.4.58)。目前的镜向方式共有五种(图4.4.61)，选择一种镜向方式后还需要选择镜向后的零部件是否需要与源零部件相关联。如果选择非相关联，那么在进行特征编辑时新生成的零部件将不会与源零部件发生同步变化；若选择相关联，那么在编辑源零部件的特征时镜向所得到的零部件也会发生变化。最后点击镜向零部件属性中的绿色对勾完成镜向过程，生成镜向后的实体(图4.4.59)，在设计树内也会添加相关操作记录(图4.4.60)。

图 4.4.54 "导入需要镜向的零部件"

图 4.4.55 "选择镜向零部件"

图 4.4.56 "选择需要镜向的面"

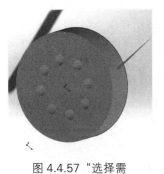

图 4.4.57 "选择需
要镜向的实体"

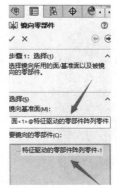

图 4.4.58 "镜向零部件属性"

图 4.4.61 "镜向零部件
的镜向方式"

图 4.4.59 "镜向零部件效果"

图 4.4.60 "镜向零部件设计树"

4.4.6 随配合复制

在装配体中生成零部件的附加实例时，使用这个属性管理器(Motion Manager)包括原始实例中的配合。简而言之，就是在进行重复零件的装配时，如果遇到相同的配合，可以选择手动进行配合条件的设置，但是这样会浪费大量的时间进行重复劳动；此时如果使用随配合复制进行零件的装配，可简化工作流程。在这项操作过程中，软件会自动复制零件的配合方式以达到建模流程的目的。

要使用随配合复制：在装配体工具栏，单击随配合复制📎，或选择菜单栏中的"插入"按钮，选中"零部件"一栏，单击"配合复制"命令。然后列举需要选定要复制的零部件。此时软件会列出与所选中的且将被复制的零部件相关联的配合。最后进行配合得到想要的效果。

例如，首先导入两个零件(图 4.4.62)。然后将两个零件进行配合(图 4.4.63)。首先选择轴的表面和孔的表面进行同轴(图 4.4.64)；然后选择孔的表面与孔的表面进行重合(图 4.4.65)；接着，选择随配合复制(图 4.4.66)，选择想要复制的轴零件(图 4.4.67)，以及想要装配的孔的表面以及孔的内壁(图 4.4.68)，配合后的属性图(图 4.4.69)，鼠标左键点击绿色小箭头，完成轴的装配，其他孔的装配如出一辙。最终效果图如图 4.4.70 所示。

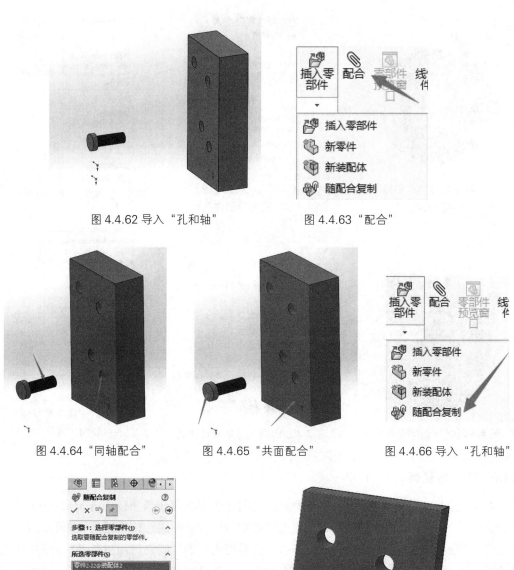

图 4.4.62 导入"孔和轴"　　　　　　图 4.4.63 "配合"

图 4.4.64 "同轴配合"　　　图 4.4.65 "共面配合"　　　图 4.4.66 导入"孔和轴"

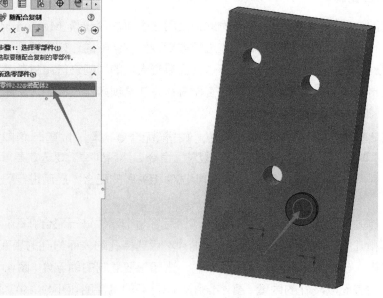

图 4.4.67 "选取随配合零部件"

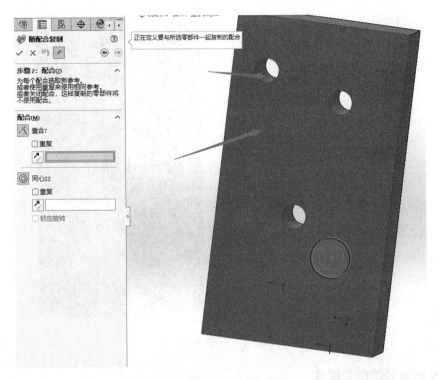

图 4.4.68 "选择重合和同轴配合"

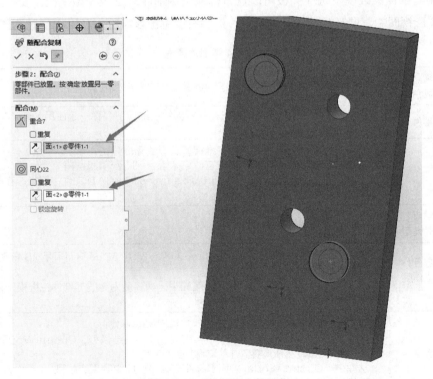

图 4.4.69 "选择配合效果"

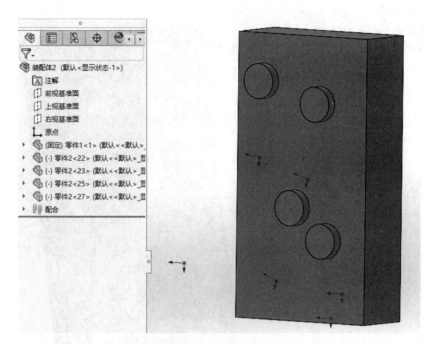

图 4.4.70 "效果图"

4.4.7 零部件三维模型属性

使用零部件三维模型属性面板可以查看和编辑零部件的三维模型属性。要打开这个面板：在树形视图中，展开零部件三维模型，然后右键单击该零部件三维模型并选择属性。

表 4.4.4 零部件属性

ECAD 零部件三维模型名称	组件名称。Circuit Works 用于确定零部件三维模型的唯一性
ECAD 零件号	零件编号。Circuit Works 用于 (同零部件三维模型名称一起使用) 确定零部件三维模型的唯一性
设备类	零部件三维模型的电气零部件三维模型类型或标准分类。 设备类的示例包括电容器、二极管、晶体管、保险丝和滤波器 对于 *install dir*\Circuit Works Full\Examples 的 ECAD 文件中已经存在的旧库零件，参考指定符前缀将用作设备类
ECAD 零部件三维模型类型	零部件三维模型的类型：电力或机械
ECAD 零部件三维模型高度 (mm)	指定一个非零的高度值，以确保 Circuit Works 用 3D 草图而不是 2D 草图对零部件三维模型建模。 Circuit Works 在树形视图中用 🖉 图标来标识高度为零的零部件三维模型，并且在预览图像中采用线架图而非实体图
创建状态	指定 Circuit Works 构建这个零部件三维模型的方式： ·创建新：零部件三维模型库中不存在该零部件三维模型，Circuit Works 创建一个新的 SolidWorks 模型并将其添加到库中。 ·从库中：Circuit Works 采用零部件三维模型库中的现有模型。 要替换现有的库模型，可将 "从库中" 选项更改为 "创建" 选项

SolidWorks 零部件三维模型	为 Circuit Works 库零部件三维模型指定 SolidWorks 模型的位置和文件名
SolidWorks 配置	指定 SolidWorks 配置名称，以用于这个 Circuit Works 模型中的零部件三维模型。（上次保存）指定当前处于活动状态的配置
参考引用指示符前缀	为这个零部件三维模型的新实例指定出现在参考引用指示符中的字母。例如，如果参考引用指示符前缀是 C 且在电路板中使用了两个电容器，则导出模型至 SolidWorks 时，软件会将参考引用指示符 C1 分配给第一个电容器，而将 C2 分配给第二个电容器
方向	显示零件方向。如果库中存在这个零部件三维模型，则该图标会显示模型的方位；反之，该图标会显示 Circuit Works 在构建模型时将采用的默认方位。详情请参阅 Circuit Works 选项—模型。 Circuit Works 在 SolidWorks 中会按需旋转零部件三维模型，从而根据这些具有不同对齐方式的零部件三维模型来构建装配体
数号实例	零部件三维模型类型的实例总数，只读

4.4.8 编辑零部件三维模型

4.4.8.1 编辑零部件三维模型

大部分自上而下关系是在装配体中编辑零件时生成的，也称为关联中编辑。因为是在关联装配体中生成或编辑特征，而不是像往常生成零件时孤立操作一样。关联中编辑可在生成新特征时让用户在装配体中的正确位置看到零件。除此以外，可使用周围零件的几何体来定义新特征的大小或形状。关联装配体中编辑零件时，可使用颜色来表示哪些零部件三维模型正被编辑，也可在编辑零件时为装配体更改透明度。

4.4.8.2 在装配体中编辑零件

(1) 右键单击零件并选择编辑零件，或单击装配体工具栏上的编辑零部件三维模型🖱。标题栏显示当前正打开进行编辑的装配体中零件的名称，于 < 装配体名称 >.sldasm 上显示为 < 零件名称 >。注意状态栏中的信息指示当前正在编辑零件文档。

(2) 根据需要更改零件。

(3) 如要回到编辑装配体状态，右键单击 Feature Manager 设计树中的装配体名称，或右键单击图形区域中的任何地方，然后选择编辑装配体：< 装配体名称 >，或单击编辑零部件三维模型🖱

4.4.8.3 设置零部件三维模型编辑的透明度

(1) 单击选项🖼（标准工具栏），或在工具栏中单击选项。

(2) 选取显示 / 选择。

(3) 在关联中编辑的装配体透明度下，选择以下之一：

表 4.4.5 设置零部件编辑的透明度

选项	描述
不透明装配体	没被编辑的零部件三维模型为不透明
保持装配体透明度	没被编辑的零部件三维模型保持其单独透明度设定
强制装配体透明度	在这个设定的透明度级别没被编辑的零部件三维模型使用，将滑块移动到所需透明度级别

④单击确定。

4.5 装配体的配合

可以在配合属性管理器 (Motion Manager) 的配合选项卡中添加或编辑配合。配合框包含属性管理器 (Motion Manager) 打开时添加的所有配合，或正在编辑的所有配合。当配合框中有多个配合时，可以选择其中一个进行编辑。配合类型主要分为标准配合、高级配合、机械配合三种。

4.5.1 标准配合

标准配合包括角度、重合、同心、距离、锁定、平行、垂直和相切配合。

4.5.1.1 角度配合

可在表 4.5.1 所示组合中添加角度配合。在配合属性管理器 (Motion Manager) 的角度框中输入角度值。默认值为所选实体之间的当前角度。可以将不同的角度配合尺寸应用于不同的配置。单击角度旁边的向下箭头进行选择。

表 4.5.1 角度配合选项

⚑	这个配置	仅将值应用于活动配置。			
⯗	所有配置 (A)	将值应用到模型中的所有配置。			
⯗	指定配置	将值应用到活动配置和选择的任何其他配置中。			
	圆锥体	圆柱	拉伸	直线	基准面
圆锥体	●	●		●	
圆柱[①]	●	●	●	●	
拉伸[②]	●	●	●	●	
直线	●	●	●	●	
基准面					●

注：①圆柱指的是圆柱的轴；②拉伸指的是拉伸实体或曲面特征的单一面，不可使用拔模拉伸。

4.5.1.2 角度配合参考实体

参考实体有助于在打开装配体、拖动角度配合尺寸或切换配置时防止角度配合意外翻转。

4.5.1.2.1 参考实体

参考实体定义角度配合的旋转轴。若没有参考实体，角度配合有两个可能的解决方案，这可能会导致意外翻转，或不期望的配合行为。通过添加参考实体，可以提高角度配合的可预测性。若不更改任何其他配合，角度将保持不变。

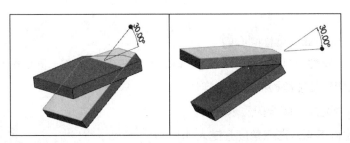

4.5.1.2.2 自动填充参考实体

选择参考实体的最佳方法是使用自动填充参考实体。SolidWorks 软件会自动搜索和选择被约束为与两个角度配合实体垂直的参考实体🐾。在配合属性管理器 (Motion Manager) 中，单击自动填充参考实体。如果删除或更改约束参考实体的配合，则角度配合可能会失败或发生意外翻转。如果在修改其他配合后参考实体变得无效，可右键单击 Feature Manager 设计树中的配合并单击编辑特征🔧。在属性管理器 (Motion Manager) 中，取消选择参考实体，然后再次单击自动填充参考实体。

4.5.1.2.3 当自动填充参考实体失败时

如果自动填充参考实体失败，则无有效的参考实体。要制作一个有效的参考实体，可添加更多配合来定义两个角度配合零部件三维模型之间的对齐。可使用重合、同心、平行或距离配合来约束零部件。零部件三维模型完全对齐后，该软件可以找到一个垂直的参考实体。

4.5.1.2.4 尺寸选择器

为角度配合添加参考实体时，可使用尺寸选择器来选择配合尺寸的位置。配合属性管理器 (Motion Manager) 会基于选择的选项，自动更新翻转尺寸和配合对齐。

4.5.1.2.5 示例

本例旨在说明在角度配合的参考实体自动填充失败时应如何操作。在本例中，有两个零部件三维模型要通过一个角度配合操作配合在一起。需要添加一个参考实体，以确保在下次打开该装配体时配合不会意外翻转。

(1) 单击配合◎。

(2) 在属性管理器 (Motion Manager) 中的配合选择下面，为要配合的实体🔩选择显示的面。

(3) 在标准配合下面，选择角度⊿并键入 40。

(4) 单击自动填充参考实体➴。出现错误信息。该软件找不到参考实体，因为零部件三维模型未对齐。

(5) 单击✖。

(6) 单击配合➾。

(7) 在属性管理器 (Motion Manager) 中的配合选择下面，为要配合的实体➴选择显示的面。

(8) 在标准配合下面，选择同心◎。

(9) 单击 ✔。属性管理器 (Motion Manager) 保持打开状态。同心配合会将零部件三维模型对齐，以使软件能够检测到参考实体。

(10) 对于配合选择，请选择显示的面。

· 在标准配合下面，选择角度并键入 40。

· 单击自动填充参考实体。软件会自动选择参考实体，图形区域会出现尺寸选择器。

· 选择要放置角度尺寸的象限。

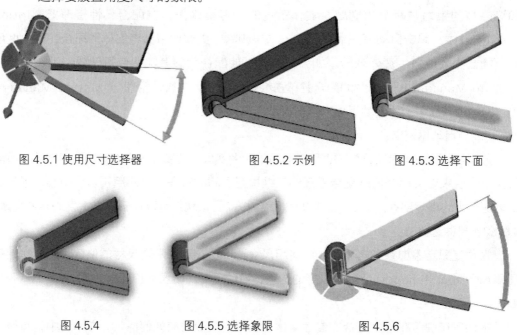

图 4.5.1 使用尺寸选择器　　　　图 4.5.2 示例　　　　图 4.5.3 选择下面

图 4.5.4　　　　图 4.5.5 选择象限　　　　图 4.5.6

4.5.1.3 用参考实体创建角度配合

用参考轴创建角度配合：

①确保要配合的两个实体直接受约束或间接使用同心、重合、平行或距离配合进行约束。

②在装配体工具栏，单击配合➾，或选择菜单栏中的"插入"按钮，单击"配合"命令。

③在属性管理器 (Motion Manager) 中，对于要配合的实体➴，在图形区域或弹出的

Feature Manager 设计树中选择两个实体。

④在标准配合下面，单击角度⚿并设定尺寸。

⑤执行以下其中一项操作：单击自动填充参考实体👆、选择图形区域中与两个配合零部件三维模型垂直的面或边线。

⑥单击 ✔ 。

4.5.1.4 重合配合

可在表 4.5.2 所示组合之间添加相切配合。

表 4.5.2 重合配合

	圆形 / 圆弧边线	圆锥体	坐标系	曲线	圆柱	拉伸	直线	原点	基准面	点	球体	曲面
圆形 / 圆弧边线	●	●			●				●			
圆锥体[①]	●	●							●			
坐标系			●						●			
曲线[②]									●			
圆柱	●					●			●			
拉伸[③]												
直线				●		●		●	●			
原点				●					●			
基准面									●			
点	●	●		●	●	●	●	●	●	●	●	
球体									●			
曲面									●			

注：①两个圆锥之间的配合必须使用同样半角的圆锥；②单实体曲线，诸如圆弧、样条曲线或螺旋线；③拉伸指的是拉伸实体或曲面特征的单一面，不可使用拔模拉伸。

4.5.1.5 同心配合

可在表 4.5.3 所示组合之间添加同轴心配合。

表 4.5.3 同心配合

	圆形 / 圆弧边线	圆锥体	圆柱	直线	点	球体
圆形 / 圆弧边线	●	●	●	●		
圆锥体	●	●	●	●	●	
圆柱	●	●	●	●	●	●
直线	●		●	●		●
点			●			●
球体			●	●	●	●

4.5.1.6 距离配合

可在表 4.5.4 所示组合之间添加距离配合，需在配合属性管理器 (Motion Manager) 的距离框中输入距离值。默认值为所选实体之间的当前距离。可将不同的距离配合尺寸应用于不同的配置。单击距离旁边的向下箭头并进行选择。

表 4.5.4 距离配合

图标	名称	说明					
▌	这个配置	仅将值应用于活动配置					
▐	所有配置(A)	将值应用到模型中的所有配置					
▐	指定配置	将值应用到活动配置和选择的任何其他配置中					
		圆锥体	曲线	圆柱	直线	基准面	点	球体
圆锥体①		●						
曲线②							●	
圆柱				●	●	●	●	
直线③				●	●	●	●	●
基准面				●	●	●	●	●
点		●		●	●	●	●	
球体				●		●	●	

注：①两个圆锥之间的配合必须使用同样半角的圆锥；②单实体曲线，诸如圆弧、样条曲线或螺旋线；③直线在这个实例中也可以指轴。

4.5.1.7 到圆柱零部件三维模型的距离配合

在两个圆柱面之间添加距离配合时，有 4 个选项可用。当在圆柱面和轴、边线、直线、顶点、点或平面之间添加距离配合时，这些选项同样可用。最初的默认选项为中心到中心。距离位移选项包括表 4.5.5 所示的选项。

表 4.5.5 到圆柱零部件三维模型的距离配合

图标	名称	说明
	中心到中心	应用圆柱轴之间的距离。
	最小距离	应用圆柱之间最近的距离。

최d	最大距离	应用圆柱相互之间最远的距离。如果该距离小于两个圆柱半径的总和，则该选项不可用。
최b	自定义距离	应用距离到选择的条件组合。为每个圆柱指定条件： A. 中　　B. 最小值　　C. 最大值 例如，可选择左侧的圆柱中心和右侧的圆柱最小值。

最大值和中心	应用距离的下限与已选择最大值的圆柱半径相等
最大值和最小值	应用距离的下限与下述半径相等： A. 如果最大半径大于最小半径，则为最大半径减最小半径 B. 最小半径

4.5.1.8 锁定配合

锁定配合保持两个零部件三维模型之间的相对位置和方向。零部件三维模型相对于另一零部件被相应约束。锁定配合与在两个零部件三维模型之间成形子装配体，并使不同子装配体固定的效果完全相同。

4.5.1.9 平行和垂直配合

可在表 4.5.6 所示组合中添加平行和垂直配合。

表 4.5.6　平行和垂直配合

	圆锥体	圆柱	拉伸	直线	基准面	曲面
圆锥体	●	●		●		●
圆柱[①]	●	●	●	●		
拉伸[②]	●	●	●	●		
直线	●	●	●		●	●
基准面				●	●	
表面[③]	●	●		●		●

注：①圆柱指的是圆柱的轴；②拉伸指的是拉伸实体或曲面特征的单一面，不可使用拔模拉伸；③曲面是指非分析曲面，非分析曲面不能使用平行配合。

4.5.1.10 相切配合

可在表 4.5.7 所示组合之间添加相切配合。

表 4.5.7 相切配合

	凸轮	圆锥体	圆柱	拉伸	直线	基准面	球体	曲面
凸轮			●			●		
圆锥体				●		●	●	
圆柱	●		●	●	●	●		●
拉伸①			●			●		
直线			●				●	
基准面	●	●	●	●			●	●
球体		●	●		●	●	●	
曲面			●			●		

注：①拉伸指的是拉伸实体或曲面特征的单一面，不可使用拔模拉伸。

4.5.2 高级配合

高级配合包括限制、线性 / 线性耦合、路径、轮廓中心、对称和宽度配合。

4.5.2.1 限制配合

限制配合允许零部件三维模型在距离配合和角度配合的一定数值范围内移动。将指定启动距离或角度，以及最大值和最小值。

4.5.2.1.1 添加限制配合 (图 4.5.7)

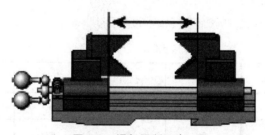

图 4.5.7 添加限制配合

(1) 在装配体工具栏，单击配合，或选择菜单栏中的"插入"按钮，单击"配合"命令。

(2) 在配合选择下选择实体以配合要配合的实体。

(3) 在属性管理器 (Motion Manager) 中，在高级配合选项下面有以下 4 个选项。

①单击距离或角度。

②指定距离或角度以定义启动距离或角度。

③选择反转尺寸将实体移动到尺寸的对侧。

④指定最大值和最小值以定义限制配合的最大和最小延伸尺寸。

(4) 单击。一限制距离或限制角度配合将添加到装配体中。

4.5.2.1.2 在设计表中指定限制配合值

可在设计表中指定限制配合的下限值和上限值。要在设计表中指定限制配合值：

(1) 对于距离配合，定义限制配合及其上限和下限的列。

表 4.5.8 距离配合

选项	描述
D1@LimitDistance1	在单元格中输入 1 时，将指定表行的限制配合
$UPPERLIMIT_DISTANCE@LimitDistance1	指定限制配合的上限值
$LOWERLIMIT_DISTANCE@LimitDistance1	指定限制配合的下限值

(2) 对于角度配合，定义限制配合及其上限和下限的列。

表 4.5.9 角度配合

选项	描述
D1@LimitAngle1	在单元格中输入 1 时，将指定表行的限制配合
$UPPERLIMIT_ANGLE@LimitAngle1	指定限制配合的上限值
$LOWERLIMIT_ANGLE@LimitAngle1	指定限制配合的下限值

4.5.2.2 线性 / 线性耦合配合

线性 / 线性耦合配合在一个零部件三维模型的平移和另一个零部件三维模型的平移之间建立几何关系。使用 SolidWorks Motion 中的线性 / 线性耦合配合。在未添加 SolidWorks Motion 的情况下添加配合。当生成线性 / 线性耦合配合时，相对于地面或相对于参考零部件三维模型设置每个零部件三维模型的运动。要添加线性 / 线性耦合配合：

(1) 在装配体工具栏，单击配合◈，或选择菜单栏中的"插入"按钮，单击"配合"命令。

(2) 在属性管理器 (Motion Manager) 的高级配合下，单击线性 / 线性耦合配合⚐。

(3) 在配合选择下选取表 4.5.10 内容，可为每个配合零部件三维模型选取相同的参考零部件三维模型。

表 4.5.10 配合选择下的选项

	选项	说明
	要配合的实体	指定第一个配合零部件三维模型及其运动方向
	配合实体 1 的参考零部件三维模型	为第一个配合零部件三维模型指定参考零部件三维模型。如果留为空白，运动将相对于坐标原点
	要配合的实体	指定第二个配合零部件三维模型及其运动方向
	配合实体 2 的参考零部件三维模型	为第二个配合零部件三维模型指定参考零部件三维模型。如果留为空白，运动将相对于坐标原点

(4) 在高级配合下为比率输入表 4.5.11 所示的值。在这个滑轨的范例中，针对第一个配合零部件三维模型沿其运动方向的每毫米位移，第二个配合零部件三维模型以其自己的运动方向移动两毫米。

表 4.5.11 高级配合下的选项

	选项	说明
1.00mm	第一个比率条目	指定第一个配合零部件三维模型沿其运动方向的位移
1.00mm	第二个比率条目	在第一个配合零部件三维模型被在第一个比率条目中所指定的距离替换时，指定第二个配合零部件三维模型沿其运动方向的位移
	反向	反转第二个配合零部件三维模型相对于第一个配合零部件三维模型的运动方向

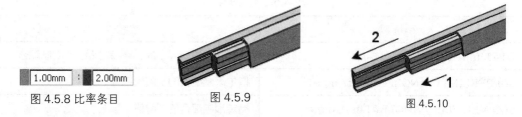

| 1.00mm | : | 2.00mm |

图 4.5.8 比率条目　　　　图 4.5.9　　　　　　　　图 4.5.10

(5) 单击 ✔。线性 / 线性耦合 ✍ 配合被添加到装配体。

4.5.2.3 路径配合

路径配合将零部件三维模型上所选的点约束到路径。可在装配体中选择一个或多个实体来定义路径。可定义零部件三维模型沿路径经过时的纵倾、偏转和摇摆。要添加路径配合：

(1) 在装配体工具栏，单击配合 🔗，或选择菜单栏中的"插入"按钮，单击"配合"命令。

(2) 在属性管理器 (Motion Manager) 中，于高级配合下面单击路径配合 ✏。

(3) 在配合选择下：

①针对零部件三维模型顶点，选取要附加到路径的零部件三维模型顶点。

②对于路径选择，选取相邻曲线、边线和草图实体。为便于选择，单击 Selection Manager。

选择零部件三维模型顶点和路径选择的示例，如图 4.5.11 所示。

(4) 在路径约束的高级配合下，选择表 4.5.12 所示的项目。

图 4.5.11 示例

表 4.5.12 路径约束的选项

选项	描述
无约束	可让沿路径拖动零部件三维模型
沿路径的距离	将顶点约束到路径末端的指定距离。输入距离，选取反转尺寸更改距离从哪端进行测量
沿路径的百分比	将顶点约束到指定为沿路径的百分比的距离。输入百分比。选取反转尺寸更改距离从哪端进行测量。在沿路径的距离或沿路径的百分比中所指定的距离指派有变量名称距离 1@ 路径配合 n，可将之应用在方程式、自定义属性及设计表中

(5) 对于俯仰 / 偏航控制，选取表 4.5.13 所示的选项。

表 4.5.13 俯仰 / 偏航控制的选项

选项	描述
无约束	零部件三维模型的俯仰和偏航不受约束
随路径变化	将零部件三维模型的一个轴约束为与路径相切。选取 X、Y 或 Z 轴，选中或清除反转

(6) 对于滚转控制，选取：不能为俯仰 / 偏航控制和滚转控制使用同一轴，如表 4.5.14 所示。

表 4.5.14 滚轮控制的选项

选项	描述
无约束	零部件三维模型的滚转不受约束
上向量	约束零部件三维模型的一个轴以与选取的向量对齐。为上向量选取线性边线或平面。选取 X、Y 或 Z。选中或清除反转

(7) 单击✔。

4.5.2.4 轮廓中心配合

轮廓中心配合会自动将几何轮廓的中心相互对齐并完全定义零部件三维模型。

4.5.2.4.1 创建轮廓中心配合

(1) 在有两个矩形或圆柱形轮廓的装配体文档中，单击配合⚭。

(2) 在属性管理器 (Motion Manager) 的高级配合中，单击轮廓中心⊕。

(3) 对于要配合的实体，选择要进行中心对齐的边线或面。

(4) 在属性管理器 (Motion Manager) 中，可以选择：通过单击对齐🔧或反向对齐🔧来配合对齐、将方向更改为顺时针🔄或逆时针🔄、偏移两个配合的实体；对于圆柱形轮廓，单击锁定旋转以防止零部件三维模型旋转。

(5) 单击 ✔ 两次以关闭属性管理器(Motion Manager)。

4.5.2.4.2 轮廓中心配合 – 支持的轮廓

可对以下类型的实体使用轮廓中心配合：全圆边或面、线性边线、正 n 边形的边或面。矩形轮廓可有圆角、倒角、内部切口或截止角。不能将周长有扣减或增加的矩形用于轮廓中心配合，如表 4.5.15 所示。

表 4.5.15 支持的轮廓

支持的轮廓	不支持的轮廓

对于不支持的轮廓，可以创建一个支持的轮廓草图，在轮廓中心配合使用，如表 4.5.16 所示。

表 4.5.16 不支持的轮廓

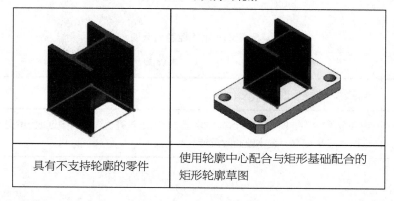

具有不支持轮廓的零件	使用轮廓中心配合与矩形基础配合的矩形轮廓草图

4.5.2.5 对称配合

对称配合强制使两个相似的实体相对于零部件三维模型的基准面或平面或者装配体的基准面对称。可以在对称配合中使用以下实体：点(例如顶点或草图点)、直线(例如边线、轴或草图直线)、基准面或平面、相等半径的球体、相等半径的圆柱。

对称配合不会相对于对称基准面镜向整个零部件三维模型。对称配合只将所选实体与另一实体相关联。

在图 4.5.12 中，两个高亮显示的面相对于高亮显示的基准面对称。由于只有高亮显示的面是对称的，因此这个两个组件按对称面相对配合。

添加对称配合：

(1) 在装配体工具栏，单击配合 🖇，或选择菜单栏中的"插入"按钮，单击"配合"命令。

(2) 在高级配合下，单击对称 🔲。

(3) 在配合选择下：

a) 为对称基准面选取基准面。

b) 对于要配合的实体 🖼，选择两个要对称的实体。

(4) 单击 ✔。

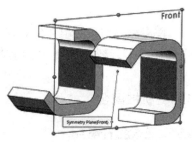

图 4.5.12 对称配合

4.5.2.6 宽度配合

宽度配合约束两个平面之间的标签，如图 4.5.13 所示。

凹槽宽度参考可以包含两个平行平面或两个非平行平面（带或不带拔模）。

标签参考可以包含两个平行平面或两个非平行平面（带或不带拔模）以及一个圆柱面或轴。范例如图 4.5.14 所示。

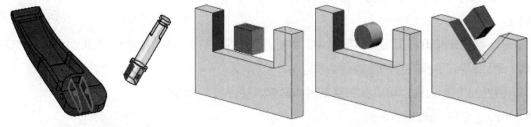

图 4.5.13 宽度约束　　　　　　　　　　图 4.5.14 范例

如果想添加宽度配合：

(1) 在装配体工具栏，单击配合 🖇，或选择菜单栏中的"插入"按钮，单击"配合"命令。

(2) 在高级配合下，单击宽度 �𝄃�𝄃。

(3) 在配合选择下：

①为宽度选择两个平面。

②为标签选择两个平面，或一个圆柱面或轴。

(4) 在高级配合下，选择表 4.5.17 所示的约束选项中的一项。

表 4.5.17 约束的选项

选项	描述
居中	将标签置中于凹槽宽度内
自由	让零部件三维模型在与其相关的所选面或基准面的限制范围内任意移动
尺寸	设置从一个选择集到最接近相反面或基准面的距离或角度尺寸
百分比	基于从一组选择集到另一组选择集的百分比尺寸设置距离或角度

(5) 单击 ✔ 。

单击绿色对号后组件将对齐，以使标签在凹槽各面之间配合。标签可沿凹槽的中心基准面平移以及绕与中心基准面垂直的轴旋转。宽度配合可以防止标签侧向平移或旋转。

4.5.3 机械配合

4.5.3.1 凸轮推杆配合

凸轮推杆配合为一相切或重合的配合类型。它允许圆柱、基准面或点与一系列相切的拉伸曲面相配合，如同在凸轮上可看到的。图 4.5.15 为在凸轮旋转时与凸轮保持接触的 3 个推杆。

4.5.3.1.1 添加凸轮推杆配合之前

(1) 生成凸轮零件：

①创建相切线条、圆弧和样条的轮廓。该轮廓必须形成闭环。

②拉伸该轮廓。

(2) 生成推杆零件。要配合的部分必须为圆柱面、平面、顶

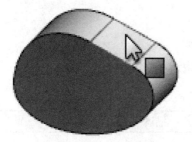

图 4.5.15 凸轮推杆配合

点之一。

(3) 将凸轮和推杆插入到装配体中，并且添加配合以防止凸轮和推杆之间发生多余的运动。例如，将凸轮限制为围绕其轴旋转。

在生成模型之前，可以在布局草图中研究凸轮推杆的运动。

4.5.3.1.2 添加一凸轮推杆配合

(1) 在装配体工具栏，单击配合 🔗，或选择菜单栏中的"插入"按钮，单击"配合"命令。

(2) 在属性管理器 (Motion Manager) 的机械配合下，单击凸轮 ⬭。

(3) 在配合选择下，对于要配合的实体 🔩，选择凸轮上的一个面，如图 4.5.16 所示。将自动选择组成凸轮的拉伸轮廓的所有面，如图 4.5.17 所示。

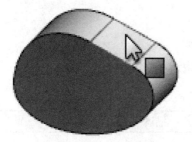

图 4.5.16 选择面   图 4.5.17 自动选择所有面

(4) 单击凸轮推杆，然后在凸轮推杆上选择一个面或顶点。

(5) 单击。推杆与所有的凸轮曲面相配合，这样允许推杆在凸轮旋转时与之保持接触。

凸轮推杆配合作为凸轮配合重合或凸轮配合相切出现在 Feature Manager 设计树中。

4.5.3.2 齿轮配合

齿轮配合会强迫两个零部件三维模型绕所选轴相对旋转，如图 4.5.18 所示。齿轮配合的有效旋转轴包括圆柱面、圆锥面、轴和线性边线。

可配合任何相对旋转的两个零部件三维模型。不必配合两个齿轮；与其他配合类型类似，齿轮配合无法避免零部件三维模型之间的干涉或碰撞。要防止干涉，请使用碰撞检查或干涉检查。

要添加齿轮配合：

(1) 在装配体工具栏，单击配合 ，或选择菜单栏中的"插入"按钮，单击"配合"命令。

图 4.5.18 齿轮配合

(2) 在属性管理器 (Motion Manager) 中的机械配合下，单击齿轮 。

(3) 在配合选择下，为要配合的实体 在两个齿轮上选择旋转轴。

(4) 在机械配合的选项如表 4.5.18 所示。

表 4.5.18 机械配合下的选项

选项	描述
比率	软件根据所选择的圆柱面或圆形边线的相对大小来指定齿轮比率。这个数值为参数值。可以覆盖数值。要恢复为默认值，请删除修改值。方框的背景颜色默认值是白色，修改值是黄色
反向	选择反转来更改齿轮相对旋转的方向

(5) 单击 。

4.5.3.3 铰链配合

铰链配合将两个零部件三维模型之间的移动限制在一定的旋转范围内。其效果相当于同时添加同心配合和重合配合。可限制两个零部件三维模型之间的移动角度。

铰链配合的优点主要有两点：在建模时，仅应用一个配合，而不是两个配合；如果运行分析 (例如使用 SolidWorks Simulation 或 SolidWorks Motion 进行分析)，则反作用力和结果会与铰链配合相关联，而不是与同心配合或重合配合相关联。这种关联可相应减小冗余配合对分析的负面影响。

添加铰链配合：

(1) 在装配体工具栏，单击配合 ，或选择菜单栏中的"插入"按钮，单击"配合"命令。

(2) 在属性管理器 (Motion Manager) 的机械配合下，单击铰链 。

(3) 选择并指定配合选择下的选项：

①同轴心选择🔗。选择两个实体。有效选择与同心配合的有效选择相同，如图 4.5.19 所示。

②重合选择🔗。选择两个实体。有效的选择包括一个基准面或平面 (图 4.5.20) 以及：

- 基准面或平面
- 边缘
- 点光

③指定角度限制。可限制两个零件之间的旋转角度。定义旋转范围 (图 4.5.20)。

- 角度选择🔗：选择两个面 (图 4.5.21)。
- 角度：指定两个面之间的名义角度。
- 最大值⊥
- 最小值÷

(4) 单击✔。铰链随即显示在 Feature Manager 设计树的配合文件夹中。

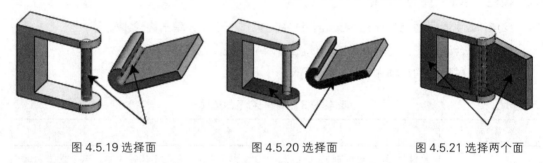

图 4.5.19 选择面   图 4.5.20 选择面   图 4.5.21 选择两个面

4.5.3.4 齿条和齿轮配合

通过齿条和小齿轮配合，某个零部件三维模型 (齿条) 的线性平移会引起另一零部件三维模型 (小齿轮) 做圆周旋转，反之亦然。可以配合任何两个零部件的三维模型以进行这类相对运动。这些零部件三维模型不需要有轮齿，如图 4.5.22 所示。

与其他配合类型类似，齿条和小齿轮配合无法避免零部件三维模型之间的干涉或碰撞。要防止干涉，可使用碰撞检查或干涉检查。

添加齿条和小齿轮配合：

(1) 在装配体工具栏，单击配合🔗，或选择菜单栏中的"插入"按钮，单击"配合"命令。

(2) 在属性管理器 (Motion Manager) 中的机械配合下，单击齿条小齿轮⚙。

(3) 配合选择如表 4.5.19 所示。

图 4.5.22 齿条和齿轮配合

表 4.5.19 齿条和小齿轮的选项

选项	描述
齿条	选择线性边线、草图直线、中心线、轴或圆柱
小齿轮 / 齿轮	选择圆柱面、圆形或圆弧边线、草图圆或圆弧、轴或旋转曲面

(4) 在机械配合下：

在小齿轮的每次完全旋转中，齿条的平移距离都等于 π 乘以小齿轮的直径。可以选择以表 4.5.20 所示的选项之一来指定直径或距离。

表 4.5.20 齿条和小齿轮的选项

选项	描述
小齿轮齿距直径	所选小齿轮的直径出现在方框中
齿条行程 / 转数	所选小齿轮直径与 π 的乘积出现在方框中。可以修改方框中的值。 要恢复为默认值，请删除修改值。方框的背景颜色默认值是白色，修改值是黄色
反向	选择可更改齿条和小齿轮相对移动的方向

(5) 单击 ✔ 。

4.5.3.5 螺旋配合

螺旋配合 (图 4.5.23) 将两个零部件三维模型约束为同心，还在一个零部件三维模型的旋转和另一个零部件三维模型的平移之间添加纵倾几何关系。一个零部件的三维模型沿轴方向的平移会根据纵倾几何关系引起另一个零部件三维模型的旋转。同样，一个零部件三维模型的旋转可引起另一个零部件三维模型的平移。与其他配合类型类似，螺旋配合无法避免零部件三维模型之间的干涉或碰撞。要防止干涉，可使用碰撞检查或干涉检查。

图 4.5.23 螺旋配合

要添加螺旋配合：

(1) 在装配体工具栏，单击配合 ✐ ，或选择菜单栏中的"插入"按钮，单击"配合"命令。

(2) 在属性管理器 (Motion Manager) 中的机械配合下，单击螺钉 ⅋ 。

(3) 在配合选择下，为要配合的实体 ⬚ 在两个零部件三维模型上选择旋转轴。

(4) 在机械配合如表 4.5.21 所示。

表 4.5.21 机械配合的选项

选项	描述
圈数 / 长度单位	为其他零部件三维模型平移的每个长度单位设定一个零部件三维模型的圈数（单击工具 > 选项 > 文档属性 > 单位设定文档的长度单位。）
距离 / 圈数	为其他零部件三维模型的每个圈数设定一个零部件三维模型平移的距离
反向	更改零部件三维模型的移动方向

(5) 单击 ✔ 。

4.5.3.6 槽口配合

可将螺栓配合到直通槽或圆弧槽，也可将槽配合到槽。可以选择轴、圆柱面或槽，以便创建槽配合，如图 4.5.24 所示。

图 4.5.24 槽口配合

要创建槽配合：

(1) 在装配体工具栏，单击配合 🔗，或选择菜单栏中的"插入"按钮，单击"配合"命令。

(2) 在属性管理器 (Motion Manager) 中，展开机械配合并选择槽 🔗。

(3) 对于配合选择，请选择槽面以及与其配合的特征可选择重叠特征：

· 另一个直槽或有角槽的面

· 轴

· 圆柱面

(4) 选择约束选项，如表 4.5.22 所示。

表 4.5.22 约束的选项

选项	描述
免费	允许零部件三维模型在槽中自由移动
在槽内置中	将零部件三维模型放在槽中心
沿槽口的距离	将零部件三维模型轴放置在距槽末端指定距离的位置
沿槽口的百分比	将零部件三维模型轴放置在按槽长度百分比指定的距离处

要更改距离测量的起始端点，可选择反转尺寸。对于槽口 - 槽口配合，仅能选择自由或在槽口中心。

(5) 单击 ✔ 。

4.5.4 编辑配合关系

4.5.4.1 添加配合关系

配合在装配体零部件三维模型之间生成几何关系。当添加配合时，定义零部件三维模型线性或旋转运动所允许的方向。可在其自由度之内移动零部件三维模型，从而直观展示装配体的行为。

添加配合：

(1) 在装配体工具栏，单击配合 ◎，或选择菜单栏中的"插入"按钮，单击"配合"命令。

(2) 在属性管理器 (Motion Manager) 的配合选择下，为要配合的实体 ⬚ 选择要配合在一起的实体。配合弹出工具栏出现，带有一被选择的默认配合，且零部件三维模型移动到位以预览配合。以上情况在选择了属性管理器 (Motion Manager) 中选项下的显示弹出工具栏和显示预览后发生。

(3) 单击添加 / 完成配合 ☑或选择一不同的配合类型。

(4) 单击 ✔ 以关闭属性管理器 (Motion Manager)。如果新配合与现有配合相冲突，软件将询问是否想迫使新配合解出。单击：是。新配合被解除，有冲突的配合断开，并显示有一红色错误；编号。新配合生成但不解出，并显示有红色错误。可使用配合标注、查看配合错误以及 Mate Xpert 来帮助解决配合问题。

4.5.4.2 修改配合关系

(1) 在 Feature Manager 设计树中，展开配合文件夹。右键单击一个或多个配合，然后选取编辑特征。在属性管理器 (Motion Manager) 中的配合下，图形区域中相关的几何实体会高亮显示。

(2) 在属性管理器 (Motion Manager) 中，在配合选项栏下选择要编辑的配合然后改变所需选项。

①配合对齐 (同向对齐或反向对齐)：在配合上指示方向。

②反转尺寸以反转距离或角度配合的测量方向。

③角度或距离配合的值。

④选择不同的配合类型。

(3) 要替换实体，在配合选择 ⬚ 框中单击要替换的实体，按 Delete，然后选择新的实体。

(4) 单击 ✔ 。

4.5.4.3 删除配合关系

可以删除配合。当删除配合关系时，该配合关系会在装配体的所有配置中被删除。

①在 Feature Manager 设计树中单击该配合。

②执行以下操作之一：

a) 按 Delete 键。

b) 单击编辑 > 删除。

c) 单击右键并选择删除。

③单击"是"，确认删除。

4.5.5 配合错误范例

4.5.5.1 有冲突的配合

(1) 范例。

有时无法满足配合，因为零部件三维模型被约束在无法移动到配合的方式中。零部件三维模型可以被固定或配合到其他零部件三维模型。

这两个块的底部面与同一基准面配合，如图 4.5.25 所示。

如果在一个块的侧面和另一个块的侧面之间添加重合配合，如图 4.5.26 所示。

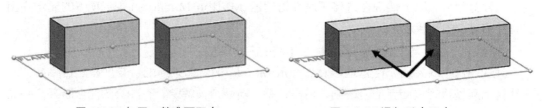

图 4.5.25 与同一基准面配合　　　　图 4.5.26 添加重合配合

块移动到配合，如图 4.5.27 所示。

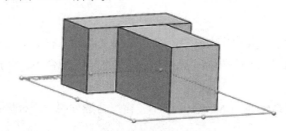

图 4.5.27 最终结果

如果在一个块的底部和另一个块的顶部之间添加重合配合，将得到错误信息。第一个块不能同时与基准面和第二个块的顶部配合，因为第二个块的底部与基准面配合。

(2)Mate Xpert 使用方式。

在这个范例中，当在 Mate Xpert 中单击诊断时，程序将列举三个有冲突的配合。这些配合为基准面的两个重合配合及底部面至顶部面的重合配合。

单击有问题的配合时，Mate Xpert 会告诉配合的面没有重合，并告诉它们之间分开距离为多大。

(3) 修正问题。

删除，压缩，或编辑有冲突的配合之一。也可使用配合标注和查看配合错误来帮助识别并解决配合问题。

4.5.5.2 配合和关联特征之间的冲突

配合冲突在创建关联草图几何关系，然后以使用草图关系的零部件三维模型和实体来创建距离配合时发生。冲突是因为距离配合尝试将面拉开而发生，而关联草图几何关系尝试将面靠拢。这些配合冲突引发诸如重建模型缓慢、"膨胀"零件、"走位"原点及工程图视图不正确等问题。仅当配合与关联中现有几何关系冲突时才会出现这个类型冲突。在关联装配体中生成零件时可以不参考其他几何体。这个类零件在删除在位配合时不会引起冲突。接下来举例说明。

(1) 灰块在装配体中固定 (图 4.5.28)。

(2) 插入一个新的零件文件并绘制一个矩形 (图 4.5.29)。

(3) 在草图线和固定灰块的边线之间生成关联共线几何关系 (图 4.5.30)。

(4) 拉伸草图，然后在所示两个面之间指定距离配合 (例如 80mm，图 4.5.31)。

(5) 软件首先应用距离配合，这个可将两个零部件三维模型分开 (图 4.5.32)。

(6) 然后，重建零部件三维模型，关联共线几何关系将蓝块的边线拖回到灰块的边线。这引起块"膨胀" (图 4.5.33)。

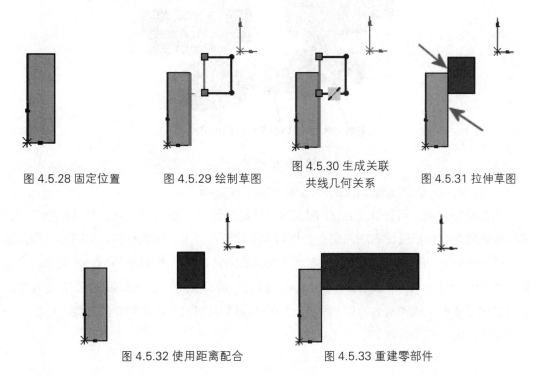

图 4.5.28 固定位置　　　图 4.5.29 绘制草图　　　图 4.5.30 生成关联共线几何关系　　　图 4.5.31 拉伸草图

图 4.5.32 使用距离配合　　　图 4.5.33 重建零部件

下次配合求解时,蓝块进一步被推开,然后边线拖回到灰块,从而再次增加蓝块的大小。每次重建装配体时,蓝块继续膨胀。

Mate Xpert 列举距离配合为"未满足"。配合文件夹显示一个红色配合错误符号 ⊗,且什么错对话框说明了该冲突:实际距离为 0(每个关联草图几何关系),但是所需距离为 80(每个距离配合)。

4.5.5.3 同轴心配合错误

在图 4.5.34 所示的范例中,两个零件的右孔具有同心几何关系。当尝试向左侧蓝色孔添加第二个同心几何关系时,装配体会过定义,原因是其中一个零件上的孔距与另一个零件上相应的孔距不等。

4.5.5.4 修复冗余距离配合

该装配体只显示黄色警告符号(非红色错误),运行 Mate Xpert 来诊断问题,如表 4.5.35 所示。

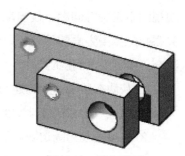

图 4.5.34 检阅模型

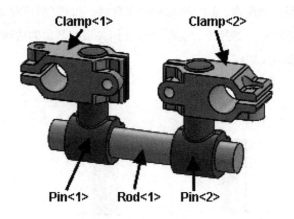

图 4.5.35 错误示例

Mate Xpert 发现问题存在于表 4.5.23 所示的配合中。

要想修复问题,可移除重合 21 配合或者通过移除其中配合之一来折断其他配合链。选择移除的配合根据设计意图而定。若想将锁模保留在杆上,建议保留两组同心配合,这个将留下两组距离配合或重合配合;若想使锁模的顶面对齐,建议保留同心 21 配合,这将留下两组距离配合,距离 10 或距离 11;拥有两组距离配合提供每个锁模高度的独立控制,如果意图是使两个锁模对齐,则不需要。一个距离配合可设定两个锁模的高度。根据这个设计意图,要么删除距离 10,要么距离 11 配合。

表 4.5.23 错误问题

配合	图示	分析
重合 5 (销 <1>、杆 <1>)		这两个重合配合相对于杆找出销零件。由于销零件等同,销 <1> 和销 <2> 的上圆形面必须始终与杆的轴心保持相同距离
重合 6 (销 <2>、杆 <1>)		
距离 11 (销 <1>、锁模 <1>)		这两个距离配合定义每个销的上圆形面与相应锁模的顶面之间的距离。由于重合配合(以上)已确定销的圆形面不能相对于杆轴移动,这些配合可有效地设定每个锁模的竖直位置; 因为两个距离配合当前具有相同距离,锁模的顶面对齐(共平面)
距离 10 (销 <2>、锁模 <2>)		
重合 21 (锁模 <1>、锁模 <2>)		该配合设定锁模的顶面为共面,从而将之竖直对齐。这个为由以上配合所设定的相同条件。因这个,重合 21 配合冗余,配合链如上所述(距离 11—> 同心 5—> 重合 6—> 距离 10)。这个配合方案生成一错误,因为 SolidWorks 不允许冗余距离或角度配合

4.5.5.5 悬空几何体的配合

当更改零部件三维模型的几何体导致配合不能再满足时,配合成为悬空。

在轴和顶盖上的小直径之间存在同轴心配合。在以后将圆角添加到顶盖,从而去除小圆柱面,此面的同轴心配合不能再被解出。在 Mate Xpert 中单击诊断时,配合和遗失的几何体会被列举出来,如表 4.5.24 所示。

表 4.5.24 悬空几何体的配合

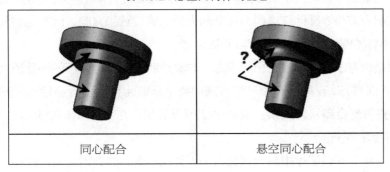

同心配合	悬空同心配合

4.5.6 最佳配合方法

(1) 只要可能，将所有零部件三维模型配合到一个或两个固定的零部件三维模型或参考。长串零部件三维模型解出的时间更长，更易产生配合错误。配合方案如表 4.5.25 所示。

表 4.5.25 配合方案

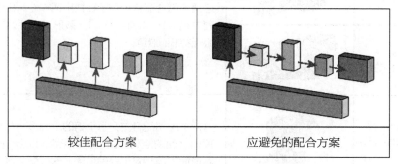

较佳配合方案	应避免的配合方案

(2) 不生成环形配合。三维模件在以后添加配合时可导致配合冲突，如图 4.5.36 所示。

(3) 避免冗余配合。尽管 SolidWorks 允许某些冗余配合（除距离和角度外都允许），但是这些配合解出的时间很长，导致配合方案很难懂，如果出现问题很难诊断，如表 4.5.26 所示。

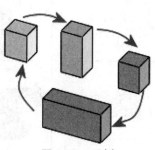

(4) 拖动零部件三维模型以测试其可用自由度。

(5) 减少使用限制配合，因为它们解出的时间更长。

图 4.5.36 示例

表 4.5.26 示例

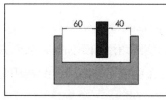

	在该装配体模型中，为蓝色块使用两个距离配合定义了相同自由度，从而过定义模型。即使配合在几何方面一致（无任何违背情形），模型仍过定义

(6) 一旦出现配合错误，尽快修复。添加配合无法修复先前出现的配合问题。

(7) 添加配合前将零部件三维模型拖动到大致正确位置和方向，因为这将使配合解算应用程序更易于将零部件三维模型捕捉到正确位置。

(8) 如果是由零部件三维模型引起问题，与其诊断每个配合，不如删除所有配合并重新创建。对于同向对齐/反向对齐和尺寸方向冲突更是如此（可反转尺寸所测量的方向）。使用树显示 > 查看配合和从属关系，或通过使用查看配合在 Feature Manager 设计树中扩展组件来查看组件的配合。

(9) 只要可能，在装配体中完全定义每个零件的位置，除非需要该零件移动以直观显示装配体运动。带有众多相关可用自由度的装配体求解的时间更长，拖动零件时出现无法预料的行为更少，更容易产生"讨厌"的错误（在拖动时自我修复的错误）。拖动零部件三维模型以检查其剩余自由度。

(10) 如有可能，在子装配体而不是在顶级装配体中创建配合，以减少顶级装配体的重建时间。

(11) 偶尔拖动零部件三维模型将之捕捉到位并修复配合错误。

(12) 压缩并解除压缩带有错误的配合有时修复配合错误。

(13) 对具有关联特征（其几何体参考装配体中其他零部件三维模型的特征）的零件生成配合时，避免生成圆形参考。

4.5.7 修复配合问题的技巧

许多过定义及冗余配合问题可通过以下步骤解决，坚持最佳配合方法可大量减少配合错误数。

(1) 使用 Mate Xpert 识别并自动修复简单问题。Mate Xpert 即使不能修复问题，也可识别出问题直接涉及的配合从而缩小问题范围。

(2) 在 Feature Manager 设计树中，在 fm_whats_wrong_x.png 文件夹中查找红色错误符号 ❊。红色错误符号表示配合正试图将一零部件三维模型移到一个它不能移动到的位置，这是因为其他配合或零部件三维模型是固定的。

①如果红色配合反映出用户想保留该配合，则压缩零部件三维模型上的其他配合（使用查看配合来查找），以允许红色配合解出。该步骤可让用户看到零部件三维模型上需要注意的其他配合。

②压缩有冲突的配合后，拖动零部件三维模型来查看有哪些自由度可供使用。这将为显示哪些配合可在无冲突的情形下添加或解除压缩。

③临时压缩无关零部件三维模型。这将压缩相应配合并进一步缩小问题范围。

④查找不应为固定的固定零部件三维模型。浮动这些零部件三维模型。

(3) 如果未出现红色错误符号，一般有冗余距离或角度配合，或者存在不应固定的零部件三维模型。使用步骤 2 中的相同步骤，但集中在距离和角度配合或固定零部件三维模型上。

(4) 逻辑上应能奏效的配合偶尔不能将自身解出。尝试这些操作，有时候可修复问题：

①拖动零部件三维模型以将之捕捉到位。

②压缩并解除压缩受影响的配合。

③如果零部件三维模型远离其正确位置，压缩其中一些配合，将零部件三维模型移到其正确位置，然后解除压缩配合。

4.5.8 配合的实体属性管理器 (Motion Manager)

在配合的实体属性管理器 (Motion Manager) 中，重新附加悬空的配合实体。可选取的项目分别包括配合、零部件三维模型或以单一配合替换实体的配合文件夹、零部件三维模型上的所有配合或装配体中的所有配合。

要打开属性管理器 (Motion Manager)，可执行以下操作之一：右键单击一项目，然后选择替换配合实体或选取一项目，再单击替换配合实体 ⬚🧷 (装配体工具栏)。

如果在配合的实体属性管理器 (Motion Manager) 中选择重新附加配合，则将显示替换零部件三维模型属性管理器 (Motion Manager)。此外，某窗口将通过以高亮显示缺失的配合实体的方式显示原始组件，同时还将显示遗失的实体弹出工具栏。

在表 4.5.27 所示的清单中选取要替换的实体，图标表示配合状态。

表 4.5.27 配合状态

?	悬空	
✔	满足	
	显示所有配合	显示所有满足和悬空的配合。当被清除时，只有悬空的配合被显示
	延缓更新	替换实体被选中后配合不能立即解除
🔧	替换配合实体	在图形区域中选择一实体以替换以上所选的实体
	反转配合对齐	切换配合的对齐
	禁用预览	关闭替换配合的预览。当使用"替换零部件三维模型属性管理器 (Motion Manager)"替换零部件三维模型后，禁用预览选项可用

4.6 子装配体操作

4.6.1 生成子装配体

生成子装配体有数种方法：

(1) 可以生成一个单独操作的装配体文件，然后将它插入更高层的装配体，使其成为一个子装配体。

(2) 在编辑顶层装配体时，可以插入一个新的空白子装配体到任何一层装配体层次关系中，然后用多种方式将该零部件三维模型添加到该子装配体中。

(3) 可以通过选择一组已经包含在装配体中的零部件三维模型来构建子装配体。这样可以一步生成子装配体并添加零部件三维模型。

4.6.2 编辑子装配体

开发一个装配体时，可以用以下方法修改它的子装配体：

(1) 可以将一个子装配体还原为单个零部件三维模型，从而将零部件三维模型在装配体层次关系中向上移动一层。

(2) 可以通过在层次关系中向上或向下移动零部件三维模型来重新组织装配体，或重新组织到层次关系的另一分支。可使用下列两种方法：

①拖放零部件三维模型以将其从一个装配体移动到另一个装配体。

②单击工具 > 重新组织零部件三维模型。当 Feature Manager 设计树很长，需要滚动多次时，使用这个方法较为简便。

③可以在层次关系的一个层中改变零部件三维模型的顺序。

4.6.3 新装配体

可以在任何一层装配体层次关系上插入新的空子装配体，并且可以用多种方式将零部件添加到子装配体中。要插入新的子装配体：在 Feature Manager 设计树中，右键单击顶层的装配体图标或现有的子装配体图标，然后选择插入新子装配体。在装配体工具栏，单击新装配体，或选择菜单栏中的"插入"按钮，选中"零部件"栏，单击"新装配体"命令（图 4.6.1）。

图 4.6.1 插入
"新装配体"

4.6.4 向子装配体添加零部件

(1) 若想将已位于装配体中的零部件三维模型移动到子装配体中，可参阅"拖动零部件三维模型来编辑装配体结构"或"编辑装配体结构"。

(2) 如要将一个现有的已保存的零部件三维模型添加到子装配体中，可右键单击 Feature Manager 设计树中的子装配体图标，然后选择编辑子装配体。使用"添加零部件三维模型到装配体"中的任何一种方法来插入零部件三维模型，这与上一部分的内容相同。

(3) 如要在子装配体中插入新的零部件三维模型，必须在子装配体自己的窗口中进行编辑。在编辑顶层装配体时，不可以在子装配体中插入新的零部件三维模型。在更高层的关联装配体中编辑子装配体时，不能插入新的零部件三维模型到子装配体中。右键单击 Feature Manager 设计树中的子装配体图标，选择打开装配体，然后在其自己窗口中打开子装配体。最后添加一个新的零部件三维模型。

特别说明：在 Feature Manager 设计树中，空白子装配体作为选定装配体的最后零部件三维模型插入。虚拟子装配体出现时，其名称格式为 [Assemn^ 装配体名称]，而外部保存的子装配体出现时，其名称格式为 Assemn。

4.7 爆炸视图

爆炸视图显示分散但已定位的装配体，以便说明装配时如何将其组装在一起。可以通过在图形区域中选择和拖动零件来生成爆炸视图，从而生成一个或多个爆炸步骤。在爆炸视图中可以：均分爆炸成组零部件三维模型（器件、螺垫等），以及附加新的零部件三维模型到另一个零部件三维模型的现有爆炸步骤。如果要添加一个零件到已有爆炸视图的装配体中，上述方法很有用；如果子装配体有爆炸视图，可在更高级别的装配体中重新使用这个爆炸视图。添加爆炸直线可表示零部件三维模型关系。但是装配体爆炸时，不能给装配体添加配合。

4.7.1 生成装配体爆炸视图

可以通过在图形区域中选择和拖动零件来生成爆炸视图，从而生成一个或多个爆炸步骤。如果想生成爆炸视图：

(1) 进行以下操作之一：

①单击爆炸视图 🖼。

②单击插入栏，选中爆炸视图。

③在 Configuration Manager 🎨中，右键单击配置名称，然后单击新爆炸视图。

(2) 选取一个或多个零部件三维模型以包括在第一个爆炸步骤中。在属性管理器 (Motion Manager) 中，零部件三维模型将显示在爆炸步骤 🖼的零部件三维模型中。图形区域将出现一个三重轴。拖动中央球形可来回拖动三重轴；Alt+ 拖动中央球形或臂杆将三重轴丢放在边线或面上，可使三重轴对齐该边线或面；右键单击中央球并选择对齐到、与零部件三维模型原点对齐或与装配体原点对齐，可对齐三重轴。

(3) 拖动三重轴臂杆来爆炸零部件三维模型。

(4) 在设置下，单击完成。爆炸步骤显示在爆炸步骤下。属性管理器 (Motion Manager) 清除，为下一爆炸步骤作准备。

(5) 根据需要生成更多爆炸步骤，然后单击 ✔。特征爆炸视图 🔧显示在 Configuration Manager 中的生成爆炸视图配置下。每个配置都可以有多个爆炸视图。

4.7.2 编辑爆炸距离

在以一个步骤爆炸多个零部件三维模型时，可以沿轴对它们进行均分。如果想自动调整零部件三维模型间距：

(1) 选择两个或更多零部件三维模型。

(2) 选择拖动后自动调整零部件三维模型间距。

(3) 拖动三重轴臂杆来爆炸零部件三维模型。

①拖动这些零部件三维模型时，其中一个零部件三维模型保持在原位，软件会沿着相同的轴自动调整剩余零部件三维模型的间距，使之相等。

②可以使用拖动控标 ➡ 来移动这些零部件三维模型，以及更改它们在链中的顺序。

③可以更改自动调整的间距。在属性管理器 (Motion Manager) 的选项下，移动调整零部件三维模型链之间的距离滑块。

4.7.3 编辑爆炸步骤

可以编辑要添加、删除或重新定位零部件三维模型的爆炸步骤，在生成爆炸视图时或保存爆炸视图后编辑爆炸步骤。要打开以前保存的爆炸视图，请在 Configuration Manager 中右键单击爆炸视图，然后单击编辑特征。可在不重新打开属性管理器(Motion Manager) 的情况下沿其当前轴重新定位项目。在 Configuration Manager 中，展开爆炸视图，然后选择要更改的步骤。通过控标➡拖动项目。

如果想编辑爆炸步骤：

(1) 在属性管理器(Motion Manager) 中的爆炸步骤下，右键单击爆炸步骤，然后单击编辑步骤。三重轴显示在图形区域，拖动控标➡显示在零部件三维模型上。

(2) 根据需要重新定位零部件三维模型：

①要沿当前轴移动零部件三维模型，拖动控标➡。

②要更改零部件三维模型爆炸所沿的轴，单击三重轴上的一个轴，然后单击应用。爆炸距离保持相同，但沿新轴应用。

(3) 根据需要进行以下更改：

①选择零部件三维模型以添加到爆炸步骤。

②通过右键单击并选取删除从步骤中删除零部件三维模型。

③更改设置。

④更改选项。

(4) 单击应用以预览更改。单击以撤销不必要的更改。

(5) 单击完成以完成这个操作。

4.7.4 删除爆炸步骤

可从爆炸视图中删除爆炸步骤。如果想删除爆炸步骤：在属性管理器(Motion Manager) 的爆炸步骤下，右键单击一个爆炸步骤，然后选择删除。

4.7.5 爆炸直线草图

可以添加爆炸直线，以便在爆炸视图中显示项目之间的关系。

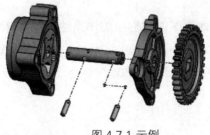

图 4.7.1 示例

若想将爆炸直线添加到爆炸视图，使用爆炸直线草图（一种 3D 草图）。如果想插入爆炸直线草图请执行以下操作：

(1) 在装配体工具栏，单击爆炸直线草图，或选择菜单栏中的"插入"按钮，单击"爆炸直线草图"命令。爆炸草图工具栏出现。步路线激活，步路线 Motion Manager 打开。

(2) 使用以下工具添加爆炸直线：步路线![icon]（爆炸草图工具栏），转折线![icon]（爆炸草图工具栏），其他 3D 草图工具（草图工具栏）。

(3) 关闭草图。草图 3DExplode ![icon]显示在 Configuration Manager 中的爆炸视图![icon]下。

4.7.6 编辑爆炸直线草图

可编辑爆炸直线草图，以便添加、删除或更改爆炸直线。如果想编辑爆炸直线草图：

①在 Configuration Manager 中，单击以扩展爆炸视图![icon]。

②右键单击 3D 爆炸![icon]，然后选择编辑草图。

③如同编辑任何 3D 草图，编辑这个草图，或添加更多的爆炸直线。

④关闭草图。

4.7.7 爆炸及解除爆炸视图

爆炸视图保存在生成它的配置中。每个配置都可以有多个爆炸视图。如果想爆炸及解除爆炸视图：

(1) 在 Configuration Manager 选项卡![icon]上，展开所需的配置。

(2) 执行以下操作之一：双击爆炸视图特征并右键单击爆炸视图特征，然后选择爆炸（或解除爆炸）。可在不重新打开属性管理器 (Motion Manager) 的情况下沿其当前轴重新定位项目。在 Configuration Manager 中，展开爆炸视图![icon]，然后选择要更改的步骤。通过控标➡拖动项目。

(3)（仅对于装配体）要制作视图爆炸和解除爆炸动画效果，请执行下列操作之一：右键单击爆炸视图![icon]，然后选择动画爆炸（或动画解除爆炸）。此时将显示动画控制器弹出式工具栏，对动画提供基本控制，使用动画向导可对动画期间每个步骤的持续时间进行完全控制。

4.7.8 爆炸属性管理器

创建或编辑多体零件的爆炸视图时将显示爆炸属性管理器 (Motion Manager)。要访问爆炸属性管理器 (Motion Manager)，在装配体工具栏，单击爆炸直线草图![icon]，或选择菜单栏中的"插入"按钮，单击"爆炸直线草图"命令。

(1) 爆炸步骤。

显示现有的爆炸步骤（表 4.7.1）。

表 4.7.1 爆炸步骤

爆炸步骤 n	爆炸到单一位置的一个或多个所选实体
尺寸链 n	使用拖动后自动调整实体间距沿轴心爆炸的两个或多个成组所选实体

(2) 设置 (表 4.7.2)。

表 4.7.2 设置

	爆炸步骤的实体	显示当前爆炸步骤所选的实体
	爆炸方向	显示当前爆炸步骤所选的方向。如果必要请单击反向
	爆炸距离	显示当前爆炸步骤实体移动的距离
	应用	单击以预览对爆炸步骤的更改
	完成	单击以完成新的或已更改的爆炸步骤

3. 选项 (表 4.7.3)

表 4.7.3 选项

	拖动后自动调整实体间距	沿轴心自动均匀地分布实体组的间距
	调整实体链之间的距离	调整拖动后自动调整实体间距放置的实体之间的距离

4.8 干涉检查

干涉检查可识别零部件三维模型之间的干涉，并帮助检查和评估这些干涉。干涉检查对复杂的装配体非常有用。在这些装配体中，通过视觉检查零部件三维模型之间是否有干涉非常困难。借助干涉检查，可确定零部件三维模型之间的干涉，或将干涉的真实体积显示为上色体积，或更改干涉和非干涉零部件三维模型的显示设定，以更好地查看干涉，或选择忽略要排除的干涉，如压入配合以及螺纹扣件干涉等，或选择包括多实体零件内实体之间的干涉，或选择将子装配体作为单一零部件三维模型处理，因这个不会报告子装配体零部件三维模型之间的干涉也不会区分重合干涉和标准干涉。

4.8.1 检查装配体零部件三维模型之间的干涉

检查装配体中的干涉：

在装配体工具栏，单击干涉检查，或选择菜单栏中的"工具"按钮，单击"干涉检查"命令。

在属性管理器 (Motion Manager) 中：a 进行选择并设定选项；b 在所选零部件三维模型下，单击计算。检测到的干涉列在结果中。每个干涉的体积出现在每个列举项的右边。在结果中，可选择一干涉将之在图形区域中以红色高亮显示，或扩展干涉以显示相干涉的零部件三维模型的名称，或右键单击一干涉，然后选择放大选取范围，在图形区域中放大到干涉零部件三维模型，或右键单击一干涉，然后选择忽略，或右键单击一忽略的干涉，然后选择解除忽略。

4.8.1.1 排除隐藏的实体和零部件三维模型

可从干涉检测结果中排除涉及隐藏实体和隐藏零部件三维模型的干涉。

(1) 在装配体工具栏，单击干涉检查 ，或选择菜单栏中的"工具"按钮，单击"干涉检查"命令。

(2) 在属性管理器 (Motion Manager) 中的选项下面，选择忽略隐藏实体 / 零部件三维模型。单击计算时，将从结果中排除以下内容：涉及已隐藏的零部件三维模型 (包括通过隔离命令隐藏的零部件三维模型) 的干涉，以及多实体零件的隐藏实体和其他零部件三维模型之间的干涉。

4.8.1.2 排除所选零部件三维模型

可将选定的零部件三维模型排除在干涉检查结果之外。作为可选功能，可以指定在各次会程中记住要排除的零部件三维模型。

(1) 在装配体工具栏，单击干涉检查 ，或选择菜单栏中的"工具"按钮，单击"干涉检查"命令。

(2) 在属性管理器 (Motion Manager) 中，选择排除的零部件三维模型。

(3) 在图形区域或弹出的 Feature Manager 设计树中，选择要排除的零部件三维模型。

(4) 选择选项 (表 4.8.1)。

表 4.8.1 选项

选项	描述
在视图中隐藏已排除的零部件三维模型	隐藏选定的零部件三维模型，直至关闭属性管理器 (Motion Manager)
记住排除的零部件三维模型	保存零部件三维模型列表，使其在下次打开属性管理器 (Motion Manager) 时被自动选定

4.8.2 扣件的干涉检查

运行干涉检查时，系统会报告扣件螺纹线之间的干涉。一般而言，会希望忽略这些干涉。可以创建匹配装饰螺纹线文件夹以妥当使用匹配的装饰螺纹线隔离零部件三维模型之间的干涉，也可创建扣件文件夹以隔离所有涉及扣件的干涉。

4.8.2.1 创建匹配螺纹线文件夹

可从干涉检查结果中过滤掉带有匹配装饰螺纹线的零部件三维模型，并将其放入一个单独的文件夹中。由螺纹线不匹配、螺纹线未对齐或其他干涉几何体造成的干涉仍然会列出。要隔离匹配的螺纹装饰线之间的干涉，可执行以下操作：

(1) 在装配体工具栏，单击干涉检查 ，或选择菜单栏中的"工具"按钮，单击"干涉检查"命令。

(2) 在属性管理器 (Motion Manager) 的选项下面，选择创建匹配装饰螺纹线文件夹。

(3) 单击计算。由于正确匹配装饰螺纹线造成的干涉将从主结果中被过滤，并在匹配装饰螺纹线文件夹中列出。未移至该文件夹的干涉可能存在其他问题，必须对其进行调查。

4.8.2.2 将零件指定为扣件

对于名为 IsFastener 的自定义属性，如果将其值设定为 1，则可将零件指定为用于干涉检查的扣件。指定一零件为用于干涉检查的扣件：

(1) 在零件文档中，选中文件，再单击属性，然后选择自定义标签。

(2) 在属性名称的第一个空白单元格中，选择列表中的 IsFastener。

(3) 在类型中选择数字。

(4) 在数值 / 文字表达下，键入 1。

(5) 按 Tab 或 Enter。数值 1 显示在评估的值下。

单击确定。此时零件具有数值为 1 的自定义属性 IsFastener。运行干涉检查 (已选择生成扣件文件夹) 时，如果这个零件涉及干涉，则这个干涉将出现在扣件文件夹中。

4.8.3 干涉检查属性管理器 (Motion Manager)

可选择要检查的零部件，设定要查找的干涉类型的选项，然后计算结果。要使用这个 Motion Manager，在装配体工具栏，单击干涉检查，或选择菜单栏中的"工具"按钮，单击"干涉检查"命令。

(1) 选择的零部件三维模型如表 4.8.2 所示。

表 4.8.2 选择的零部件三维模型

要检查的零部件三维模型	显示选中用于干涉检查的零部件三维模型。默认情况下，除非预选了其他零部件三维模型，否则将显示顶层装配体。当检查一装配体的干涉情况时，其所有零部件三维模型将被检查。如果选择单个零部件三维模型，则仅会报告涉及该零部件三维模型的干涉。如果选择两个或两个以上零部件三维模型，则仅会报告所选零部件三维模型之间的干涉
计算	单击检查干涉

(2) 排除的零部件三维模型。

选择排除的零部件三维模型 (表 4.8.3) 以激活这个组命令。

表 4.8.3 排除的零部件三维模型

要排除的零部件三维模型	列举选择要排除的零部件三维模型
在视图中隐藏已排除的零部件三维模型	隐藏选定的零部件三维模型，直至关闭属性管理器 (Motion Manager)
记住排除的零部件三维模型	保存零部件三维模型列表，使其在下次打开属性管理器 (Motion Manager) 时被自动选定

(3) 结果 (表 4.8.4)。

显示检测到的干涉。每个干涉的体积出现在每个列举项的右边。当在结果中选择一干涉时，干涉将在图形区域中以红色高亮显示。

表 4.8.4 结果

忽略／解除忽略	单击为所选干涉在忽略和解除忽略模式之间转换。如果干涉设定到忽略，则会在以后的干涉计算中保持忽略。请参阅选项下的显示忽略的干涉
零部件三维模型视图	按零部件三维模型名称而不按干涉号显示干涉

(4) 选项 (表 4.8.5)。

表 4.8.5 选项

视重合为干涉	将重合实体报告为干涉
显示忽略的干涉	选择以在结果清单中以灰色图标显示忽略的干涉。当清除这个选项时，忽略的干涉将不会列出
视子装配体为零部件三维模型	选择此项时，子装配体将被看作单一零部件三维模型，这样子装配体的零部件三维模型之间的干涉将不报出
包括多实体零件干涉	选择以报告多实体零件中实体之间的干涉
使干涉零件透明	选择以透明模式显示所选干涉的零部件三维模型
生成扣件文件夹	将扣件 (如螺母和螺栓) 之间的干涉隔离至结果下命名为扣件的单独文件夹
创建匹配装饰螺纹线文件夹	在结果中，将带有适当匹配装饰螺旋纹线的零部件三维模型之间的干涉隔离至命名为匹配装饰螺纹线的单独文件夹。 由于螺纹线不匹配、螺纹线未对齐或其他干涉几何体造成的干涉仍然将会列出
忽略隐藏的实体／零部件三维模型	从结果中排除以下内容： ·涉及已隐藏的零部件三维模型 (包括通过隔离命令隐藏的零部件三维模型) 的干涉。 ·多实体零件的隐藏实体和其他零部件三维模型之间的干涉

(5) 非干涉零部件三维模型。

以所选模式显示非干涉的零部件三维模型 (表 4.8.6),

表 4.8.6 非干涉零部件三维模型

线架图	
隐藏	
透明	
使用当前项	使用装配体的当前显示设置

4.9 大型装配体模式

目前产品设计的内容变得越来越精细，相应地，零部件三维模型也变得越来越多。在 SolidWorks 中进行产品设计时，装配体中的零部件三维模型多、尺寸大。为了降低上述现实因素对软件和计算机性能的高要求大型装配体应运而生。大型装配体模式的出现大大降低了在工程设计中的一些故障，如软件中断、电脑崩盘等。

大型装配体模式主要解决了以下三类问题：

- 速度和性能：运行速度缓慢、等待时间长的软件计算耗时，工作效率低下。
- 稳定性和安全性：在卡顿严重时出现软件崩溃是非常难以接受的，这意味着之前的工作全部付诸东流。
- 数据大小：大型装配体意味着模型的整理数据量庞大，这对于传统的机械硬盘是一个不小的挑战，磁盘一旦损坏对企业而言将是极其严重的损失。

启动大型装配体模式有两种方式。一是点击装配体状态下的工具，选取大型装配体模式（图 4.9.1）；二是直接点击大型装配体模式图标（图 4.9.2）。

图 4.9.1 "打开装配体模式方式一"

图 4.9.2 "打开装配体模式方式二"

大型装配体模式是可提高装配体性能的一组系统设置，在大型装配体模式下可进行以下设置以提高设计的性能。可以随时打开大型装配体模式，或者为零部件三维模型数量设定阈值，当达到阈值时，大型装配体模式将自动开启；当使用打开对话框打开零部件三维模型数量超过所指定阈值的装配体时，模式自动设定为大型装配体模式。

当大型装配体模式打开时，以下选项在其各自系统选项页或工具栏中不可使用（变为灰色），并且如表 4.9.1 所述自动设定。当大型装配体模式关闭时，选项返回到先前设定的状态。

表 4.9.1 系统选项页

系统选项页或工具栏	选项	大型装配体模式打开时的状态
工程图选项	当拖动视图时显示其内容	关闭。拖动工程图视图时，只有视图边界才显示
	工程视图的平稳动态移动	关闭。工程图的动态操作，如平移和缩放，不平稳显示
显示样式选项	为新视图显示样式	消除隐藏线设定为新视图的默认显示样式
	新视图的显示品质	草稿品质。只有最小的模型信息才装入内存。有些边线可能看起来丢失，打印质量可能略受影响
显示和选择选项	图形视区中动态高亮显示	关闭。移动指针经过草图、模型或工程图时，模型面、边线及顶点将不高亮显示
	反走样边线	关闭。带边线上色、线架图、消除隐藏线及隐藏线可见模式中的锯齿状边线不平滑处理
	关联中编辑的装配体透明度	保持装配体透明度。没被编辑的零部件三维模型保持其单独透明度设定
Feature Manager 选项	动态高亮显示	关闭。当指针经过 Feature Manager 设计树中的项目时，图形区域中的几何体（边线、面、基准面、基准轴等）不会高亮显示
性能选项	透明度	正常视图模式高品质。零件或装配体没移动或旋转时，透明度为高品质。当用平移或旋转工具移动或旋转时，应用程序转到低品质透明度，使可以更快地旋转模型
	曲率生成	仅在需求时。第一次显示时曲率显示速度较慢，但占用较少的内存
	细节层次	最小。细节层次在装配体、多实体零件、以及工程图中的草稿视图中的动态视图操作（缩放、平移及旋转）过程中最小化
	检查过时的轻化零部件三维模型	不检查装入装配体，不检查过时的轻化零部件三维模型
	保存文件时更新质量特性	关闭。保存时不重新计算质量属性。在下次访问质量属性时，系统需要将之重新计算
视图工具栏和菜单	在上色模式下加阴影	关闭
	Real View 图形	关闭

4.10 显示隐藏的零部件三维模型

可以临时切换隐藏零部件三维模型的显示，从而以图形方式选择要显示的隐藏零部件三维模型。

(1) 单击显示隐藏的零部件三维模型▧（装配体工具栏）。此时会显示隐藏对话框。在图形区域中，隐藏的零部件三维模型将会显示，而显示的零部件三维模型将会消失。指针形状将变为▧。

(2) 在图形区域中，选择要显示的零部件三维模型，然后选择的零部件三维模型将会消失。

(3) 在隐藏对话框中，单击退出显示隐藏。原先显示的零部件三维模型与在显示隐藏被激活时选择的零部件三维模型将一起重新出现。

例如：首先导入隐藏了四个零件的装配体（图4.10.1），然后在图形区域单击鼠标右键，点击像是隐藏的零部件三维模型(图4.10.2)，接着在图形区域的左上角会显示出"显示隐藏"(图4.10.3)以及隐藏的四个零件，再用鼠标左键选中四个零件的区域（图4.10.4），点击退出显示—隐藏（图4.10.5），最终显示的零件会出现在装配体当中。最终效果如图4.10.6所示。

图 4.10.1 "导入隐藏零件的装配体"

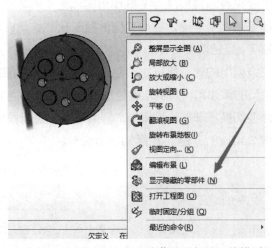

图 4.10.2 "点击显示隐藏的零部件三维模型"

图 4.10.3 "显示隐藏"

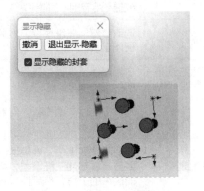

图 4.10.4 "框选隐藏的零件"

图 4.10.5 "点击退出显示—隐藏"

图 4.10.6 "效果图"

4.11 隐藏 / 显示零部件三维模型

4.11.1 隐藏 / 显示零部件三维模型

隐藏 / 显示零部件三维模型说到底是将零部件三维模型的透明度改为 100%/0%。从这个角度来看隐藏零部件三维模型实际上是对零部件三维模型透明度进行设置。隐藏 / 显示选项可以切换零部件三维模型的显示状态，可以将零部件三维模型从图形区域中完全移除（实际上是透明度为 100%），也可以使其零部件三维模型的透明度为 75%。暂时隐藏零部件三维模型的显示可以更容易地处理装配体内部的结构特征。隐藏零部件三维模型不会提高模型的重建和计算机软件处理的速度，但是能够明显地提高图形区域的显示性能。

想要切换零部件三维模型的显示状态，可以按照表 4.11.1 进行操作。

按 Shift+Tab 键。激活的显示状态。

表 4.11.1 切换零部件的显示状态

方法	步骤	更改适用于
显示窗格	在隐藏 / 显示🐾列中单击，然后选取隐藏或显示	激活的显示状态
关联工具栏	单击或右键单击零部件三维模型，然后选取隐藏零部件三维模型🐾或显示零部件三维模型🐾	激活的显示状态
工具栏	选取零部件三维模型，然后单击隐藏 / 显示零部件三维模型🐾（装配体工具栏）	激活的显示状态
"零部件三维模型属性"对话框	在零部件三维模型显示状态下选取隐藏零部件三维模型或显示零部件三维模型	激活的显示状态
菜单	选取零部件三维模型，然后单击编辑、隐藏（或显示或者带从属关系一起显示）	指定的显示状态
Tab 快捷键	若要隐藏零部件三维模型，将指针移动到它的上方，然后按 Tab 键；要显示零部件三维模型，将指针移动到包含隐藏零部件三维模型的区域的上方，然后按 Shift+Tab 键	激活的显示状态

Tab 键显示和隐藏零部件三维模型：

在图形区域中，可以按 Tab 和 Shift + Tab 键隐藏和显示装配体的零部件三维模型。

隐藏零部件三维模型：

将光标移到零部件三维模型上方，然后按 Tab 键。

显示零部件三维模型：

将光标移到包含隐藏零部件三维模型的区域的上方，然后按 Shift + Tab 键。

4.11.2 更改透明度

想要切换零部件三维模型的透明度，可以按照表 4.11.2 进行操作。

表 4.11.2 更改透明度

方法	步骤	更改适用于
显示窗格	为零部件三维模型在透明度 🔲 列中单击，然后选取更改透明度	激活的显示状态
关联工具栏	单击或用右键单击零部件三维模型，然后选择更改透明度 🔲	激活的显示状态
工具栏	选择零部件三维模型，然后单击更改透明度 🔲（装配体工具栏）	激活的显示状态

4.12 改变压缩状态

根据某段时间内的工作范围，可以指定合适的零部件三维模型压缩状态。这样可以减少工作时装入和计算的数据量。装配体的显示和重建会更快，也可以更有效地使用系统资源。装配体零部件三维模型共有三种压缩状态：还原、压缩和轻化。

还原：（或解除压缩）此压缩状态是装配体零部件三维模型的正常状态。完全还原的零部件三维模型会完全装入内存，可以使用所有功能并可以完全访问。可以使用它的所有模型数据，所以可选取、参考、编辑，以及在配合中使用它的实体。

压缩：可以使用压缩状态暂时将零部件三维模型从装配体中移除（而不是删除）。它不装入内存，不再是装配体中有功能的部分。无法看到压缩的零部件三维模型，也无法选取其实体。一个压缩的零部件三维模型将从内存中移除，因此装入速度、重建模型速度和显示性能均有提高。由于减少了复杂程度，其余的零部件三维模型计算速度会更快。不过，压缩零部件三维模型包含的配合关系也将被压缩。此时，装配体中零部件三维模型的位置可能变为欠定义，参考压缩零部件三维模型的关联特征也可能受影响，并且将压缩的零部件三维模型恢复到完全还原状态时可能发生矛盾。因此在生成模型时必须小心使用压缩状态。

要改变零部件三维模型的压缩状态：

(1) 在 Feature Manager 设计树或图形区域中，右键单击所需的零部件三维模型，并选取零部件三维模型属性。若要同时改变多个零部件三维模型，在选择零部件三维模型时按住 Ctrl 键，然后单击右键并选择零部件三维模型的属性。

(2) 在对话框中，在压缩状态下选择所需状态。

(3) 单击确定。

压缩零部件三维模型的其他方法：

(1) 在 Feature Manager 设计树或图形区域中，右键单击零部件三维模型并选择压缩。这个方法只更改激活配置中零部件三维模型的压缩状态。

(2) 选择一零部件三维模型，然后单击改变压缩状态🖰（装配体工具栏），接着选择压缩。这个方法只更改激活配置中零部件三维模型的压缩状态。

(3) 选择一零部件三维模型，单击编辑 > 压缩，然后选择这个配置、所有配置或指定配置。

轻化零部件三维模型：可在装配体中激活的零部件三维模型完全还原或轻化时装入装配体。零件和子装配体都可以为轻化。通过使用轻化零部件三维模型，可以显著提高大型装配体的性能。使用轻化的零件装入装配体比使用完全还原的零部件三维模型装入同一装配体速度更快。因为计算的数据更少，包含轻化零部件三维模型的装配体的重建速度将更快。当一零部件三维模型为轻化时，一个羽毛图标出现在 Feature Manager 设计树中的零件图标🖫上。

轻化零部件三维模型能进行的操作：

(1) 添加 / 移除配合。

(2) 边线 / 面 / 零部件三维模型选择。

(3) 装配体特征。

(4) 测量。

(5) 分段属性。

(6) 质量特性。

(7) 爆炸视图。

(8) 物理模拟。

(9) 干涉检查。

(10) 碰撞检查。

(11) 注解。

(12) 尺寸。

(13) 装配体参考几何体。

(14) 剖面视图。

(15) 高级零部件三维模型选取。

如果想将还原的零部件三维模型设定为轻化，可以选择如下设置：

(1) 对于单一零部件三维模型，右键单击零部件三维模型，然后选择设定为轻化。

(2) 对于整个装配体，右键单击顶层装配体图标，然后选择设定还原到轻化。

(3) 对于子装配体及其零部件三维模型，右键单击子装配体图标，然后选择设定还原到轻化。

设定零部件三维模型到轻化的其他方法：

(1) 在 Feature Manager 设计树或图形区域中，右键单击零部件三维模型并选择设定为轻化。

(2) 选择一零部件三维模型，然后单击改变压缩状态 🖐 (装配体工具栏)，接着选择轻化。

还原压缩或轻化零部件三维模型的其他方法：

(1) 在 Feature Manager 设计树中，右键单击一零部件三维模型，然后选择设定为还原。这个方法只将激活配置中的压缩零部件三维模型还原。

(2) 选择一零部件三维模型，然后单击改变压缩状态 🖐 (装配体工具栏)，接着选择还原。这个方法只将激活配置中的压缩零部件三维模型还原。

(3) 选择一零部件三维模型，单击编辑 > 解除压缩，然后选择这个配置、所有配置或指定配置选项。

4.13 无外部参考引用

关联装配体设计时，可以选择不生成外部参考引用。这个选项用途很广，如在多用户环境中，使用由其他用户所控制的零部件三维模型中的数据来定义的新零部件三维模型，但不想使其零部件三维模型随后的更改影响到零部件的三维模型；如果产品数据管理系统不允许文档中的外部参考引用。如果选择不生成外部参考，则生成新零部件三维模型时，不会生成在位配合。另外，参考其他零部件三维模型的几何体时，如使用转换实体或等距实体或拉伸其他零部件三维模型成形到一顶点，不会生成外部参考。

如果想指定不生成外部参考，可进行以下操作之一：

(1) 单击不生成外部参考 🔳 (装配体工具栏)。

(2) 在菜单栏选择"工具"按钮，选中"选项"一栏，然后单击"系统选项"按钮，最后单击"外部参考引用"命令。随后选择不生成模型的外部参考。

4.14 智能扣件

如果装配体中的孔、孔系列或孔阵列有不同大小的规格并可接受标准器件，智能扣件将自动给装配体添加扣件。它使用 SolidWorks Toolbox 扣件库，这个库有大量的ANSIInch、Metric 及其他标准器件。智能扣件使用 SolidWorks Toolbox– 用户设定对话框中的文件选项，决定扣件是否作为现有零件的配置或作为现有零件的副本而添加到装配体。

4.14.1 智能扣件的孔

智能扣件将扣件添加到装配体的可用孔特征中。孔可以是装配体或零件特征。可将扣件添加到特定的孔或阵列、面或零部件三维模型或到所有可用的孔。智能扣件以特征为基础。扣件放置到异型孔向导孔、简单直孔，以及圆柱切除特征。智能扣件不会识别派生或输入的实体中的孔。如果拉伸一带有一个圆为基体特征的矩形草图，智能扣件不会将凸台内部识别为孔，因为圆柱不是单独的特征。

4.14.2 扣件

异型孔向导孔装有相配的螺栓或螺钉。对于其他类型的孔，可配置智能扣件以添加任何类型的螺栓或螺钉。扣件将自动以同心或重合配合与孔配合。

4.14.3 硬件层叠

智能扣件可为扣件添加螺母和螺垫。螺母和螺垫会自动以同心配合与扣件配合，以重合配合与相扣曲面配合。

4.14.4 配置

所添加的扣件为完全参数化的零件。每个智能扣件都显示在 Feature Manager 设计树中，并可扩展以显示单独的特征。添加到孔阵列的智能扣件使用从孔阵列派生的扣件阵列。扣件的类型和大小都相同，但是可在阵列中使用不同的扣件配置。例如，可使某些螺栓比其他螺栓长。

4.14.5 编辑

可使用"编辑智能扣件"指令来更改扣件。不推荐使用编辑草图或编辑特征来编辑 Toolbox 零件的单个参数。这些功能不会更新 Toolbox 数据库。

4.15 制作智能零部件三维模型

从经常使用且需要添加关联零部件三维模型和特征的零部件三维模型生成智能零部件三维模型。范例带装配螺钉、螺母、螺钉孔以及切除的接头、带凹槽的固定环、带螺栓和装配孔的马达。使零部件三维模型具有智能，也就是将其他零部件三维模型和特征与智能零部件三维模型关联起来。在装配体中插入智能零部件三维模型时，可以选择是否插入关联的零部件三维模型和特征。以下特征可与智能零部件三维模型关联：拉伸凸台和切除、旋转凸台和切除、简单直孔、异型孔向导孔。可以将智能零部件三维模型的配置映射至关联零部件三维模型和特征的配置。可以向圆柱形智能零部件三维模型添加自动调整大小功能。在圆柱形零部件三维模型上插入智能零部件三维模型时，智能零部件三维模型的大小会自动进行调整，以适应圆柱形零部件三维模型的大小。

4.15.1 创建智能零部件三维模型

在定义装配体中定义智能零部件三维模型。以下数据在零部件三维模型中捕捉为智能特征圙：关联零部件三维模型文件的外部参考，用来生成关联特征的信息，用来重建定义装配体的信息。在将零部件三维模型建立为智能化后，不再需要定义装配体的文件或包含关联特征的零件的文件，因为该信息已储存在智能零部件三维模型文件中，但仍需要关联零部件三维模型的文件，因为智能零部件三维模型包含这些文件的外部参考。

如果想使零部件三维模型智能化：

(1) 生成一装配体，包含：拟智能化的零部件三维模型、拟与智能零部件三维模型关联的零部件三维模型，以及拟与智能零部件三维模型关联并包含特征的零部件三维模型。

(2) 定位零部件三维模型并应用配合。

(3) 在装配体工具栏，单击制作智能零部件圙，或选择菜单栏中的"工具"按钮，单击"制作智能零部件"命令。

(4) 在智能零部件三维模型属性管理器 (Motion Manager) 中设定选项。

(5) 保存装配体，然后单击"是"以保存已修改的参考模型。当单击"是"时，所有定义数据，包括重新建造定义装配体所必需的信息，都在智能零部件三维模型文档中保存为智能特征圙。不再需要定义装配体文档。

4.15.2 检查智能零部件三维模型的定义

在智能零部件三维模型文档 (所有定义数据都在保存这) 中检查智能零部件三维模型的定义。如果想检查智能零部件三维模型定义，请进行以下操作：

(1) 打开智能零部件三维模型。

(2) 在 Feature Manager 设计树中，右键单击智能特征圙，然后选择预览。此时即会出现预览窗口，显示零部件三维模型及其关联零部件三维模型和特征的临时装配体。

(3) 在智能特征圙下扩展特征圙、零部件三维模型圙以及参考圙，然后从这些文件夹中选择项目。预览会高亮显示所选项。

(4) 单击图形区域任何地方以关闭预览窗口。

4.15.3 将智能零部件三维模型插入到装配体中

将智能零部件三维模型插入装配体，并与配合定位，这与对其他零部件三维模型进行操作完全相同。然后激活智能特征圙，并选择要添加的关联零部件三维模型和特征。如果想激活零部件三维模型的智能特征，可进行以下操作：

(1) 将智能零部件三维模型插入装配体，并与配合定位，这与对其他零部件三维模型进行操作完全相同。智能零部件三维模型在 Feature Manager 设计树中由圙识别，在图形区域中由圙识别。

(2) 执行以下操作之一：单击插入智能特征圙，这个出现在图形区域中的零部件上；在图形区域中，右键单击零部件，然后选择插入智能特征；选择零部件，然后单击"插入"

一栏，然后单击"智能特征"命令。此时会显示预览窗口，高亮显示插入关联零部件或特征所需的任何参考面。

(3) 在智能特征插入属性管理器 (Motion Manager) 中设定选项。

(4) 单击 ✔ 。

4.15.4 编辑智能零部件三维模型的定义

可添加、删除或修改智能零部件三维模型的关联零部件三维模型、特征及配合。通过从保存在智能零部件三维模型文档中的定义数据重建临时装配体来编辑智能零部件三维模型的定义。如果想编辑智能零部件三维模型的定义，可进行以下操作：

(1) 打开已定义为智能的零部件三维模型。当在智能零部件三维模型属性管理器 (Motion Manager) 中建立智能零部件三维模型时，在零部件三维模型文档中捕获的数据包括关联零部件三维模型的外部参考，外加生成关联特征及重新建造定义装配体所必需的信息。

(2) 右键单击 Feature Manager 设计树中的智能特征 📷，然后选择在定义装配体中编辑。一个临时装配体将打开。包含智能零部件三维模型及其关联零部件三维模型和特征。

(3) 给临时装配体进行任何必要更改，如添加新零部件三维模型或修改特征。

(4) 单击弹出工具栏上的编辑定义。

(5) 在智能零部件三维模型属性管理器 (Motion Manager) 中进行更改，如为与智能零部件三维模型相关联的零部件三维模型 📷 选择新加的零部件三维模型，或者在配置器中更改配置。

(6) 单击 ✔ 。

(7) 保存装配体，然后单击"是"以保存已修改的参考模型。

(8) 关闭装配体。定义数据中的更改保存在智能零部件三维模型文档中。临时装配体即会消失。

4.16 替换配合实体

在配合的实体属性管理器 (Motion Manager) 中，可重新附加悬空的配合实体。可选取的项目包括配合、零部件三维模型或以单一配合替换实体的配合文件夹、零部件三维模型上的所有配合或装配体中的所有配合。要打开属性管理器 (Motion Manager)，可执行如下操作之一：右键单击一项目然后选择替换配合实体或选取一项目，然后单击替换配合实体 (装配体工具栏)；如果在替换零部件三维模型属性管理器 (Motion Manager) 中选择重新附加配合，配合的实体属性管理器 (Motion Manager) 也会出现。另外，一窗口以遗失的配合实体高亮显示而显示原有零部件三维模型，并有遗失的实体弹出工具栏出现。

配合实体在表 4.16.1 所示的清单中选取要替换的实体，图标表示配合状态。

表 4.16.1 配合状态

?	悬空		
✔	满足		
🗗	替换配合实体	在图形区域中选择一实体以替换以上所选的实体	
	显示所有配合	显示所有满足和悬空的配合。当被清除时，只有悬空的配合被显示	
	反转配合对齐	切换配合的对齐	
	禁用预览	关闭替换配合的预览	

爆炸视图：创建或编辑装配体的爆炸视图时，将显示爆炸属性管理器(Motion Manager)。要访问爆炸属性管理器(Motion Manager)，可单击爆炸视图("装配体"工具栏)或插入 > 爆炸视图。

爆炸步骤显示现有的爆炸步骤，如表 4.16.2 所示。

表 4.16.2 爆炸步骤

爆炸步骤 n	爆炸到单一位置的一个或多个所选零部件三维模型
尺寸链 n	使用拖动后，自动调整零部件三维模型间距沿轴心爆炸的两个或多个成组所选零部件三维模型

爆炸设置如表 4.16.3 所示。

表 4.16.3 设置

🗍	爆炸步骤的零部件三维模型	显示当前爆炸步骤所选的零部件三维模型
	爆炸方向	显示当前爆炸步骤所选的方向。如果必要请单击反向
↗	爆炸距离	显示当前爆炸步骤零部件三维模型移动的距离
	应用	单击以预览对爆炸步骤的更改
	完成	单击以完成新的或已更改的爆炸步骤

选项如表 4.16.4 所示。

表 4.16.4 选项

	拖动后自动调整零部件三维模型间距	沿轴心自动均匀地分布零部件三维模型组的间距
÷	调整零部件三维模型链之间的距离	调整拖动后自动调整零部件三维模型间距放置的零部件三维模型之间的距离
	选择子装配体的零件	选择这个选项可让选择子装配体的单个零部件三维模型。清除这个选项可让选择整个子装配体
	重新使用子装配体爆炸	使用先前在所选子装配体中定义的爆炸步骤

4.17 Assembly Xpert

Assembly Xpert 会分析装配体的性能，并会建议采取一些可行的操作来改进性能。操作大型、复杂的装配体时，这种做法会很有用。在某些情况下，可以选择让本软件对装配体进行更改以提高性能。尽管 Assembly Xpert 识别出的条件可能会降低装配体性能，但它们并非错误。一定要根据自己的设计意图来权衡 Assembly Xpert 所提供的建议。要运行 Assembly Xpert：

①在装配体工具栏，单击 Assembly Xpert ▦，或选择菜单栏中的"工具"按钮，单击"Assembly Xpert"命令。

②在 Assembly Xpert 对话框中，表4.17.1所示的图标表示每个诊断测试的状态。此外，还显示装配体中有关零部件三维模型和配合的统计。

表 4.17.1 Assembly Xpert 对话框

图标	状态	操作
✔	通过	不需要其他操作
✗	警告	审核信息，如对的装配体合适则进行更改
ⓘ	一般信息	不需要其他操作

③根据测试及其状态，可单击表 4.17.2 所示的工具。

表 4.17.2 工具

工具	名称	说明
🔩	显示这些零件	列举受影响的零部件三维模型
🔩	打开大型装配体模式	激活大型装配体模式并更新 Assembly Xpert
🔩	分析和修复	更改装配体以修复问题
	更多信息	显示帮助主题

④单击确定关闭 Assembly Xpert。

4.17.1 Assembly Xpert：诊断测试

Assembly Xpert 从最近的模型重建运行数据诊断测试。如果模型在当前的 SolidWorks 版本尚未重建，就没有重建数据，因而不能执行所有测试。要重建模型：在标准工具栏，单击重建模型▯，或选择菜单栏中的"编辑"按钮，单击"重建模型"命令。

4.17.2 Assembly Xpert：重建报告

如果装配体的重建时间超过 10 ms，Assembly Xpert 将提供装配体总体重建时

间的报告。该报告可显示重建显著零部件三维模型和特征的所需时间（必须在目前的
SolidWorks 会话中重建装配体，才能生成报告。如果装配体重建时间很快（少于 10
ms)，则无法生成报告）。

要查看重建报告：在 Assembly Xpert 对话框中，从仅用作重建报告信息的行中单击
显示这些零件![icon]。在 Assembly Xpert 对话框中，可打印列表，将之复制到剪贴板或保存
至文件。列表显示在上次装配体重建过程中重建显著零部件三维模型和特征的所需时间。
次要项将被忽略。复杂几何关系可引起某些项目访问两次。

4.17.3 Assembly Xpert：文件转换

Assembly Xpert 报告所有文件转换为 SolidWorks 的当前版本的结果。打开早期版
本的 SolidWorks 文档可能需要花费较长时间。在文件转换为最新的 SolidWorks 版本后，
以后的打开时间将恢复正常。

4.17.3.1 要列出未转换的零部件三维模型

· 在 Assembly Xpert 中单击显示这些零件![icon]。

在对话框中，可以：在清单中选择一个或多个零部件三维模型，使其在图形区域中高
亮显示；单击孤立零部件三维模型，仅在图形区域显示所选零部件三维模型。单击退出孤
立（"孤立"弹出工具栏）返回至清单、打印清单，将所选零部件三维模型复制到剪贴板或
保存至文件。

4.17.3.2 要将文件转换为最新的 SolidWorks 版本

· 在最新的 SolidWorks 版本中打开文件，然后保存文件。

· 对于大量文档，使用 SolidWorks Task Scheduler。

· 对于 SolidWorks Workgroup PDM 库文件，请使用转换 Workgroup PDM 文件。
请参阅 SolidWorks Workgroup PDM 帮助：转换 SolidWorks Workgroup PDM 文件。
在将文件转换为最新的 SolidWorks 版本后，将无法在旧版 SolidWorks 中打开这些文件。

4.17.4 Assembly Xpert：大型装配体模式

Assembly Xpert 报告还原的零部件三维模型数量、大型装配体阈值，以及是否已打
开大型装配体模式（表 4.17.3）。

表 4.17.3 大型装配体模式

大型装配 体模式	大型装配体模式是可提高装配体性能的一组系统设置。可以随时打开大型装配体模式， 或为零部件三维模型数量设定阈值，当达到阈值时，大型装配体模式将自动开启。 大型装配体模式通常包括使用轻化零部件三维模型
轻化零部 件三维模 型	轻化零部件三维模型只有部分零件模型数据会载入内存。其余的模型数据将根据需要 装入。因为计算的数据更少，包含轻化零部件三维模型的装配体的重建速度将更快。 可以将单个零部件三维模型、子装配体或整个装配体手工设定为轻化模式，或作为大 型装配体模式的一部分自动以轻化状态载入零部件三维模型

如果装配体中还原的零部件三维模型总数大于大型装配体阈值，但大型装配体模式关闭，可通过在 Assembly Xpert 中单击打开大型装配体模式 来打开。

4.17.5 Assembly Xpert：配合

Assembly Xpert 会检查装配体重建时评估的配合数以及软件评估这些配合所花费的时间。某些配合条件会导致重建减缓。如果配合重建缓慢，Assembly Xpert 会报告参考引用表 4.17.4 所示的内容的所有配合：

表 4.17.4 Assembly Xpert 配合

装配体特征	与参考引用零部件三维模型几何体的配合相比，参考引用装配体特征的配合的重建过程更为缓慢
阵列的零部件三维模型	与参考引用非阵列零部件三维模型的配合相比，参考引用由零部件三维模型阵列所生成的零部件三维模型实例的配合的重建过程更为缓慢

由零部件三维模型阵列所生成的零部件三维模型实例的配合的重建过程更为缓慢。

尽管 Assembly Xpert 识别出的条件可能会降低装配体性能，但它们并非错误。一定要根据自己的设计意图来权衡 Assembly Xpert 所提供的建议。在某些情况下，实施建议能够改进装配体的性能，但也可能影响设计意图。

要列出所述配合：在 Assembly Xpert 中单击显示这些零件。在对话框中，可以：在名称下，选择一个配合使其在图形区域中高亮显示或打印清单，将其复制到剪贴板或保存至文件。

4.17.6 Assembly Xpert：显示速度

Assembly Xpert 报告在动态视图操作 (缩放、平移、旋转等) 的过程中，显示速度是否过慢。要提高显示速度，可以：使用大型装配体模式，它是可提高装配体性能的一组系统设置。很多设置都与显示性能有关，因此即使装配体中没有大量零部件三维模型，显示速度在大型装配体模式中也会显著提高。在 Assembly Xpert 中单击打开大型装配体模式 ；在视图工具栏中，关闭：在上色模式下加阴影 、Real View 图形 ；最大限度地减少纹理的使用。纹理是通过映射应用的，这是一种将二维图像包覆到模型面上的过程。随着几何模型复杂程度和面数量的增加，应用纹理会减缓性能。最大限度减少使用纹理的方法包括：除非需要，否则不使用纹理；生成当前模型的派生配置，并向该派生配置应用纹理；使用无纹理的配置编辑模型；在需要显示带有纹理的模型时，切换至派生配置。

4.17.7 Assembly Xpert：关联零件性能

Assembly Xpert 报告涉及较大零件的关联几何关系何时在装配体重建时间中占据较大的百分比。在装配体重建时，软件重新评估在装配体顶层建立的所有关联几何关系。首先通过评估配合 (有时通过重建派生零部件三维模型) 确定派生零部件三维模型的位置。然后，重建驱动零部件三维模型。如果驱动零部件三维模型是具有很多特征的复杂零件，重建过程则需要较长时间。如果所作的更改需要还原驱动零部件三维模型，那么增加重建时间是不可避免的。如果处理的零部件三维模型并非与驱动零部件三维模型相关联，可以通过压缩驱动零部件三维模型来改进装配体的重建性能。

要列出零部件三维模型：在 Assembly Xpert 中单击显示这些零件 🔢。在对话框中，可以：在清单中选择一个或多个零部件三维模型，使其在图形区域中高亮显示；单击孤立零部件三维模型，仅在图形区域显示所选零部件三维模型；单击退出孤立（"孤立"弹出工具栏）返回至清单、打印清单，将其复制到剪贴板或保存至文件。

4.17.8 Assembly Xpert：关联循环引用

Assembly Xpert 报告装配体何时具有阻止其正确重建的循环参考引用。

要列出零部件三维模型：在 Assembly Xpert 中单击显示这些零件 🔢。在对话框中，可以：在清单中选择一个或多个零部件三维模型，使其在图形区域中高亮显示或单击孤立零部件三维模型，仅在图形区域显示所选零部件三维模型。单击退出孤立（"孤立"弹出工具栏）返回至清单、打印清单，将其复制到剪贴板或保存至文件。

4.17.9 Assembly Xpert：关联几何关系性能

Assembly Xpert 报告在装配体重建时零部件三维模型何时重建多次。

要列出多次重建的零部件三维模型：在 Assembly Xpert 中单击分析和修复 🔧。在对话框中，可以：选择一个零部件三维模型并单击修复。软件将更改装配体的更新顺序，以减少零部件三维模型的重建次数、打印清单，将其复制到剪贴板或保存至文件。

4.17.10 Assembly Xpert：关联几何关系冲突

Assembly Xpert 报告子装配体零部件三维模型是否与当前装配体中的多配置零部件三维模型具有关联几何关系。这个结果会成为重建装配体时的冲突。

要列出带有冲突的零部件三维模型：在 Assembly Xpert 中单击分析和修复 🔧。在对话框中，可以：选择一个零部件三维模型并单击修复。要解决冲突，软件会添加派生配置到所选零部件三维模型、打印清单，将其复制到剪贴板或保存至文件。

4.17.11 Assembly Xpert：零部件三维模型偏离原点

如果一个或多个零部件三维模型过于偏离装配体的原点，那么在单击"整屏显示全图"时，装配体看似是消失了。为包含靠近原点的零部件三维模型和显著偏离原点的零部件三维模型，装配体缩小了很多。在 Assembly Xpert 中单击分析和修复 🔧，将偏离的零部件三维模型移近原点，使装配体在整屏显示全图 🔍 时可见。然后，可以确定它们是否真的属于装配体，是否应该删除。

4.17.12 Assembly Xpert：重建时验证

Assembly Xpert 报告重建模型时验证选项是否为打开状态。重建模型检查选项在重建模型过程中为模型提供极其严格的评估，但会减慢重建性能。这个选项关闭时，软件会检查每个新特征和更改过的特征的所有相邻面和边线。大多数情况下，默认级别的错误检查是适用的，并且可以更快地重建模型。这个选项打开时，软件会检查每个新特征或更改过的特征现有的所有面和边线，而不仅仅是相邻的面和边线。这对性能有负面的影响。重建模型的速度明显变慢，并且占用更多 CPU。

要关闭重建模型检查：

(1) 单击选项图，或者单击工具，然后单击选项。

(2) 在系统选项标签中，选择性能。

(3) 清除重建模型检查。

(4) 单击确定。

4.18 装配体透明度

4.18.1 零部件三维模型编辑过程中的透明度

在于关联装配体中编辑零部件三维模型（零件或子装配体）时，有数种选项可显示零部件三维模型透明度。这些设定只影响没被编辑的零部件三维模型，示例如表 4.18.1 所示。

表 4.18.1 透明度

 | 此图显示在这个装配体中编辑球面过程中应用不同设定的结果。球面完全由块封闭，有些块具有应用为零部件三维模型属性的透明度

4.18.2 设置零部件三维模型编辑的默认透明度

如果想设置默认透明度供零部件三维模型编辑中使用：

(1) 在标准工具栏，单击选项图，或选择菜单栏中的"工具"按钮，单击"选项"命令。

(2) 选取显示 / 选择。

(3) 在关联中编辑的装配体透明度下，选择表 4.18.2 所示的选项之一。

表 4.18.2 选项

选项	描述
不透明装配体	没被编辑的零部件三维模型为不透明
保持装配体透明度	没被编辑的零部件三维模型保持其单独透明度设定
强制装配体透明度	没被编辑的零部件三维模型使用在这个设定的透明度级别。将滑块移动到所需透明度级别

(4) 单击确定。

4.18.3 更改零部件三维模型透明度

如果想更改未处于编辑状态的零部件三维模型透明度：

(1) 选择零部件三维模型，然后单击编辑零部件三维模型 (装配体工具栏)。正在编辑的零部件三维模型变成不透明蓝色 (如果选取了系统选项，当在装配体中编辑零件时使用指定的颜色。) 还必须关闭 RealView。(参阅编辑零部件三维模型时的颜色。) 其他零部件三维模型的外观根据选择的装配体透明度设定而定。

(2) 单击装配体透明度 (装配体工具栏)，然后从表 4.18.3 中进行的选择。

表 4.18.3 透明度

选项	描述
不透明	未被编辑的零部件三维模型为不透明
保持透明度	未被编辑的零部件三维模型保持其单独透明度设定
强制透明度	未处于编辑状态的零部件三维模型使用在系统选项中设定的透明度级别

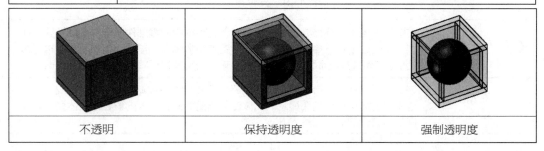

不透明	保持透明度	强制透明度

(3) 此外，可右键单击任何空白区域，然后在快捷键菜单上将装配体透明度设置到不透明、保持透明度或强制透明度。

(4) 根据需要编辑零件。

(5) 单击编辑零部件三维模型 返回到编辑装配体，并关闭透明度。

4.19　皮带 / 链

使用"皮带 / 链"装配体特征以对皮带和滑轮或链和链轮系统进行建模。皮带 / 链装配体特征生成：约束滑轮零部件三维模型相对转动的皮带配合、包含描述皮带路径的圆弧及直线的闭合链的草图。软件会根据滑轮位置计算皮带的长度，此外还指定皮带长度和滑轮位置调整 (至少一个滑轮应有适当的自由度)。可选择自动生成包含皮带草图的新零件，并将零件添加到装配体。在零件文件中，使用草图作为扫描路径以生成实体皮带。

4.19.1 生成皮带 / 链装配体特征

生成皮带 / 链装配体特征：

(1) 在装配体工具栏，单击皮带 / 链，或选择菜单栏中的"插入"按钮，选中"装配体特征"，单击"皮带／链"命令。

(2) 设定属性管理器 (Motion Manager) 选项。

(3) 单击 ✔。在 Feature Manager 设计树中，出现以下内容：一个皮带🕸特征。皮带长度出现在特征旁边以及一个皮带配合文件夹 (位于配合下)，其中包含相邻滑轮之间的配合。(要在属性管理器 Motion Manager 关闭的情况下查看皮带曲线，请在 Feature Manager 设计树中选择皮带🕸特征。) 如果选择了生成皮带零件，一个包含皮带草图的新零件即会生成并添加到装配体中的皮带🕸文件夹。该零件有：到装配体的外部参考，将皮带零件约束到皮带草图的 Lock To Sketch Mate ✂、自定义属性皮带长度和皮带厚度。如果选择了启用皮带，可以拖动以旋转一个滑轮，来查看所有滑轮旋转。如果没有选择启用皮带，可以重新定位一个滑轮而不引起其他滑轮旋转。

4.19.2 皮带／链属性管理器 (Motion Manager)

生成或编辑皮带／链装配体特征时，会出现皮带／链属性管理器 (Motion Manager)。

(1) 皮带构件 (表 4.19.1)。

表 4.19.1 皮带构件

◇	滑轮零部件三维模型	在图形区域中，选择要包括在皮带和滑轮系统中的零部件三维模型的轴或圆柱面。可以单击：上移⬆或下移⬇来更改滑轮的顺序；反转皮带面🔄将皮带反转到所选滑轮的另一面；也可以单击滑轮上的特征控标将皮带反转到另一面
⊘	所选滑轮的直径	这个值用于计算皮带长度和确定相邻滑轮之间的相对旋转量。默认情况下，所选滑轮的测量直径将会显示。如果覆盖测量的值，输入的值将以粗体显示。要恢复到测量的值，请输入 0

(2) 皮带位置基准面 (表 4.19.2)。

表 4.19.2 皮带位置基准面

🗔	皮带草图基准面位置	可以选择顶点、基准面或平面以改变皮带草图基准面的位置。特征中的所有滑轮都必须平行。皮带草图基准面垂直于滑轮的轴

(3) 属性 (表 4.19.3)。

表 4.19.3 属性

皮带长度	显示皮带的长度。软件根据滑轮的位置和直径计算皮带的长度。也可以单击驱动来指定皮带长度和调整滑轮位置 (必须保证至少一个滑轮有适当的自由度)
使用皮带厚度	选中可指定皮带的厚度。皮带曲线与滑轮圆柱面的偏移距离为指定皮带厚度的一半
启用皮带	选中可使滑轮相对旋转。清除则压缩皮带配合，这可让重新定位滑轮而不引起其他滑轮旋转
生成皮带零件	选中可自动生成包含皮带草图的新零件，并将零件添加到装配体。在零件文件中，使用草图作为扫描路径以生成实体皮带。如果更改装配体中的滑轮位置，草图在皮带零件中将会更新

4.20 练习

(1) 参考以下千斤顶视图 (图 4.20.1) 和爆炸视图 (图 4.202)，设定合适比例建立千斤顶的模型，并进行装配。

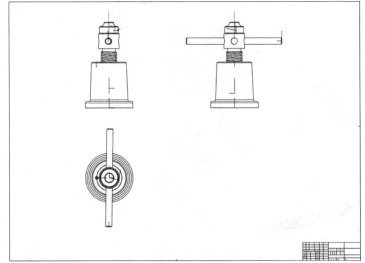

图 4.20.1 千斤顶视图

图 4.20.2 千斤顶爆炸视图

(2) 参考以虎钳顶视图 (图 4.20.3) 和爆炸视图 (图 4.20.4)，设定合适比例建立虎钳的模型，并进行装配。

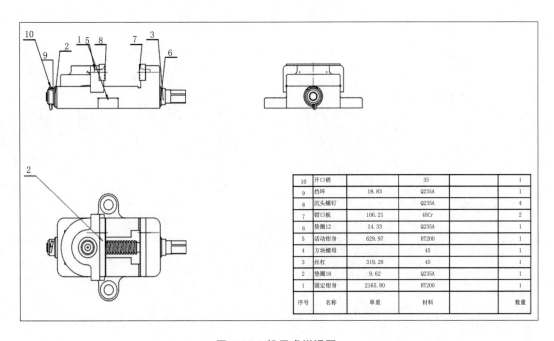

10	开口销		35	1
9	挡环	18.83	Q235A	1
8	沉头螺钉		Q235A	4
7	钳口板	106.21	40Cr	2
6	垫圈12	14.33	Q235A	1
5	活动钳身	629.97	HT200	1
4	方块螺母		45	1
3	丝杠	319.28	45	1
2	垫圈18	9.62	Q235A	1
1	固定钳身	2165.80	HT200	1
序号	名称	单重	材料	数量

图 4.20.3 机用虎钳视图

图 4.20.4 机用虎钳爆炸视图

第5章 工程图设计

在工程生产中，工程图是表达设计意图的主要手段和进行加工制造的主要依据。在完成零部件的三维建模后，有时需要绘制零部件三维模型的工程图，以便在传统的机床上完成加工和装配。与传统的手工绘制和使用二维 CAD 软件绘制工程图相比，SolidWorks 提供的工程图模块具有使用方法简单、绘制速度快和便于修改的优势。工程图中的各个视图都是相关联的，并且与零部件的三维模型也是相关联的，如果修改了工程图中的某个尺寸，工程图中的各个视图都将随之改变，零部件三维模型的实体模型也会随之改变；同样，对实体模型的修改也会反映在工程图中。

本章主要讲解 SolidWorks 的工程图模块，并通过典型实例介绍工程图的创建和编辑方法。

本章重点内容包括工程图基础知识概述、工程图的创建和编辑、尺寸的自动标注和手动标注、标注公差以及添加注释。

5.1 工程图基础

SolidWorks 提供了绘制工程图的专用模块，合理地利用该模块可以快速、准确地绘制工程图。绘制工程图的一般步骤如下：

(1) 创建所需视图，调整视图的位置和显示方式。

(2) 添加尺寸标注和尺寸公差。

(3) 添加表面粗糙度、几何公差和符号等。

(4) 添加注释和表格。

本节将对工程图模块的基础知识进行介绍。

5.1.1 工程图概述

工程图就是生产用的图纸，它不仅是设计成果的体现，还是用来指导生产的文件。软件中的工程图，一般包括零件图和装配图。

注意：

(1) 工程图应与对应的零件/装配体文件保存在一个文件夹，并且这两个文件保存名称应保持一致。如果模型文件丢失，则工程图会变为空白；

(2) 工程图与模型文件(零件或装配体)是联动的，模型文件发生了改变，则工程图自动跟随改变。因此可以说工程图是生成的，不是绘制出来的。

工程图的绘制界面如图 5.1.1 所示，主要由标题栏、菜单栏、工具栏以及绘图工作区等组成。

标准视图包含视图中显示的零件和装配体的特征清单。派生的视图(如局部或剖面视图)包含不同的特定视图项目(如局部视图按钮、剖切线等)。

工程图窗口的顶部和左侧有标尺，标尺会报告图纸中光标的位置。选择菜单栏中的【视图】→【标尺】命令，可以打开或关闭标尺。

如果要放大视图，右击【Feature Manager 设计树】中的视图名称，在弹出的快捷菜单中选择【放大所选范围】命令即可。

用户可以在【Feature Manager 设计树】中重新排列工程图文件的顺序，在绘图区拖动工程图到指定的位置即可。

工程图文件的扩展名为【.slddrw】。新工程图使用所插入的第一个模型的名称。保存工程图时，模型名称作为默认文件名出现在【另存为】对话框中，并带有扩展名【.slddrw】。

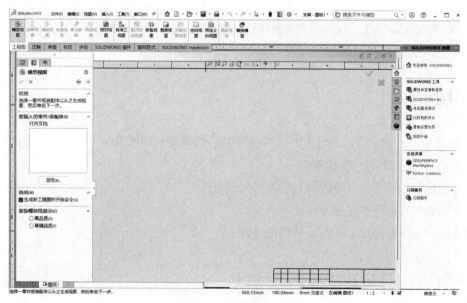

图 5.1.1 工程图绘制界面

虽然系统为用户提供了默认的工程图绘制环境，但用户仍可根据自己的操作习惯定制工程图绘制环境。工程图的系统选项界面如图 5.1.2 所示。

图 5.1.2　工程图的系统选项

可以使用在 2D CAD 系统中生成工程图的办法，在 SolidWorks 中生成工程图。然而，生成 3D 模型和从模型中生成工程图有众多优势；例如：

(1) 设计模型比绘制直线更快。

(2)SolidWorks 从模型中生成工程图，这样此过程具有高效率。

(3) 可观阅 3D 模型，在生成工程图之前检查几何体和设计，这样工程图就会避免设计错误。

(4) 可从模型草图和特征自动插入尺寸和注解到工程图中，这样就不必在工程图中手动生成尺寸。

(5) 模型的参数和几何关系被保留在工程图中，这样工程图可反映模型的设计意图。

(6) 模型或工程图中的更改反映在其相关文件中，这样更改起来更容易，工程图更准确。

5.1.2　图纸属性设置

SolidWorks 提供了各种标准图纸大小的图纸格式。可在添加新图纸或编辑现有图纸时设定图纸属性或区域参数。可以在【图纸格式 / 大小】选项组的【标准图纸大小】列表框中进行选择。单击【浏览】按钮，可以加载用户自定义的图纸格式。【图纸属性】对话框如图5.1.3 所示，勾选【显示图纸格式】复选框可以显示边框、标题栏等。

图 5.1.3 图纸属性

5.1.2.1 图纸属性选项卡

5.1.2.1.1 要指定图纸属性。

(1) 在工程图图纸中，在 Feature Manager 设计树中用右键单击图纸图标、工程图图纸的任意空白区域或工程图窗口底部的图纸标签，然后选择属性。

(2) 如下所述指定属性，然后单击确定。

名称：在方框中输入标题。可更改图纸名称，该名称出现在工程图图纸下的选项卡中。

比例：为图纸设定比例。

投影类型：为【标准三视图】投影选择第一视角或第三视角。第一视角通常用于欧洲。第三视角通常用于美国。

下一视图标号：指定将使用在下一个剖面视图或局部视图的字母。

下一个基准特征名称：指定要用作下一个基准特征符号的英文字母。

5.1.2.1.2 【图纸格式 / 大小】栏。

标准图纸大小：选择一个标准图纸大小，或单击浏览找出自定义图纸格式文件。

只显示标准格式：显示使用【文档属性】–【绘图标准】中所设定的制图标准的图纸格式。在消除选择时，所有标准的所有格式会出现。

重装：如果对【图纸格式】作了更改，单击以返回到默认格式。

显示图纸格式：显示边界、标题块等。

自定义图纸大小：指定一宽度和高度。

采用显示模型中自定义的属性值：如果图纸上显示一个以上模型，且工程图包含链接到模型自定义属性的注释，则选择包含想使用的属性的模型之视图。如果没有另外指定，将使用插入到图纸的第一个视图中的模型属性。如果在工程图图纸文档属性上选中在所有图纸上使用此图纸的自定义属性值，则与文档属性中指定的图纸相同。

选择要修改的图纸：选取以更改图纸属性，这些属性包括图纸格式和区域参数，可同时更改多个工程图图纸属性。

5.1.2.2 区域参数选项卡

【区域参数】对话框如图 5.1.4 所示，具体设置如下。

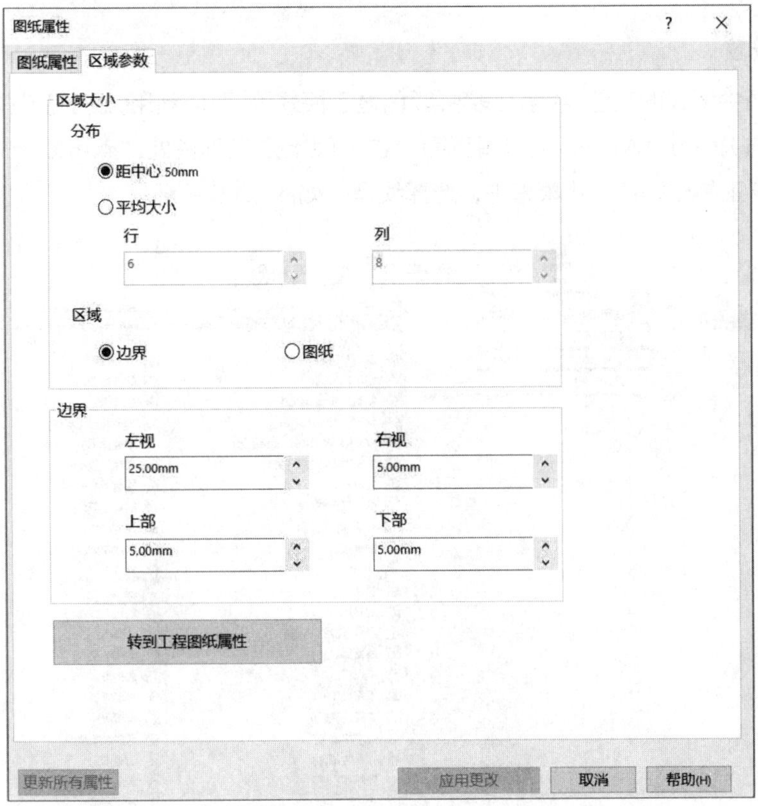

图 5.1.4 区域参数

(1) 要指定区域参数。

①在工程图图纸中，在 Feature Manager 设计树中右键单击图纸图标、工程图图纸的任意空白区域或工程图窗口底部的图纸标签，然后选择属性。

②在图纸属性对话框中，选择区域参数选项卡。

③指定属性，然后单击确定。

(2) 区域大小。

分布：距中心 50 mm：根据面域选择，将区域大小设定为 50 mm，并对边距和图纸进行居中处理。

平均大小：根据行和列的值均匀分布区域大小，并根据区域选择对边距和图纸进行居中处理。

区域：选择以边距或图纸为基础进行区域居中。

(3) 边界。

指定左侧面、右侧面、顶面和底面的值。当选择面域的边距时，已指定的值将改变区域设置。此例显示左侧面和顶面的增值。

转到工程图纸属性：显示文档属性 – 工程图图纸。

5.1.3 线型设置

对于视图中图线的线色、线粗、线型、颜色显示模式等，可以利用【线型】工具栏进行设置。

首先，打开 SolidWorks 工程图页面。在页面上方工具栏处，点击鼠标右键，弹出下拉菜单。点击工具栏，在右侧菜单中，选择线型，如图 5.1.5 所示。

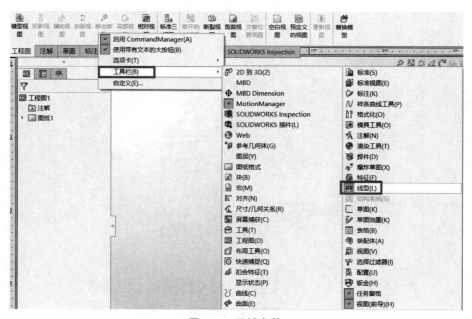

图 5.1.5 区域参数

【线型】工具栏会出现在软件左下角，如图5.1.6所示。其中的工具按钮介绍如下。

图5.1.6 【线型】工具栏

线型工具栏中的工具将更改以下格式。

📚图层属性：设置图层属性(颜色、厚度和样式)，将实体移到图层中，然后为新实体选择一个图层。

✏️线条颜色：从调色板中选取一种颜色以覆盖默认设定，或选择默认。可以在选项⚙️、颜色、颜色方案设置中为工程图和尺寸设定默认颜色。 可使用【颜色显示模式】工具在指定的颜色和系统默认颜色之间切换。

≡线粗：有三个选项。

①厚度：列表中的线粗。

②自定义大小：输入一个值，然后单击。

③默认：选择在【文档属性】–【线粗】中定义的设定。

将指针移动到菜单上时，"线粗"的名称将显示在状态栏中。【文档属性】–【线粗】中定义了打印时使用的相应线粗。

▦线条样式：从菜单中选择样式或默认。也可生成自己的线条样式并将之用于工程图中的边线。

🔩隐藏 / 显示边线：在工程图中隐藏和显示边线。

🔖颜色显示模式：单击此工具在审美颜色(在图层中选择或用线条颜色选择的颜色)和系统状态颜色(完全定义、欠定义等)之间切换。草图端点及悬空尺寸总是用系统状态颜色。

在工程图中，如果需要对线型进行设置，一般在绘制草图实体之前，先利用【线型】工具栏中的【线色】、【线粗】和【线条样式】按钮为将要绘制的图线设置所需的格式，这样可以使被添加到工程图中的草图实体均使用指定的线型格式，直到重新设置另一种格式为止。

5.1.4 图层设置

在SolidWorks工程图文件中，可以根据用户需求建立图层。 可为每个图层上生成的新实体(注解和装配体零部件三维模型)指定显示状态、线色、线粗和线条样式。 新的实体会自动添加到激活的图层中，图层可以被隐藏或者被显示。此外，图层还有以下多种特性。

(1) 还可随尺寸、区域剖面线、局部视图图标和剖面线使用图层。

(2)可以将零件或装配体工程图中的零部件三维模型移动到图层。【零部件三维模型线型】

对话框包括一个用于为零部件三维模型选择命名图层的列表。

(3) 如果将 .dxf 或 .dwg 文件输入到 SolidWorks 工程图中，就会自动生成图层。图层信息 (名称、属性和实体位置) 将保留。

(4) 如果将带有图层的工程图作为 .dxf 或 .dwg 文件输出，图层信息将包含在文件中。在目标系统中打开文件时，实体都位于相同图层上，并且具有相同的属性，除非使用映射将实体重新导向新的图层。

(5) 可以分别为每个尺寸、注解、表格和视图标号等局部视图指派文档层图层。

5.1.4.1 工程图图层的生成方法

(1) 新建一张国标 A3 的工程图。在工程图中，单击【线型】工具栏中的【图层属性】按钮，弹出如图 5.1.7 所示的【图层】对话框。

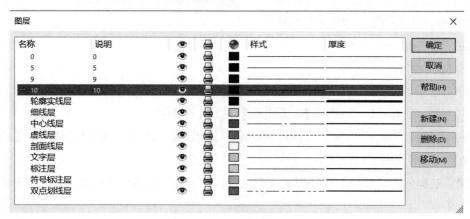

图 5.1.7 【图层】对话框

(2) 在对话框中，单击新建，然后输入新图层的名称，例如【图层 13】。此时需要注意，如果将工程图保存为 .dxf 或 .dwg 文件，在 .dxf 或 .dwg 文件中，图层名称可能会有两点改变：一是所有的字母被转换为大写；二是在名称中的所有空白被转换为底线。

(3) 如下操作指定该图层上实体的线型

①【说明】：如要添加说明，双击说明列，然后输入文字。

②【颜色】：如要指定线色，单击【颜色】下的方框，弹出【颜色】对话框，选择颜色然后单击确定，如图 5.1.8 所示。

③【样式】和【厚度】：如要指定线条样式或粗细，单击样式或线粗列，然后从列表中选择想要的样式或粗细。

(4) 重复步骤 (2) 到 (3) 生成所需的图层数。

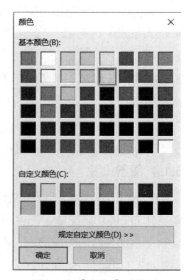

图 5.1.8 【颜色】对话框

活动：箭头➡指示哪个图层为活动图层。 如要激活图层，请在图层名称旁双击。 活动图层也在图层工具栏上显示。

开 / 关：👁将出现可见的任意图层。 要隐藏图层，请单击👁。 图标变为🚫，并且图层上的所有实体将被隐藏。要重新打开图层，请再次单击🚫。

移动：如要将实体移动到另一图层，选择工程图中的实体，选取要移动到的图层，然后单击移动。另外，可选取实体，然后在图层工具栏中选取图层名称。

删除：移除图层。

5.1.4.2 更改工程图单元的图层的方法

(1) 右键单击工程图单元，例如注解。

(2) 在快捷菜单中，单击更改图层🖋。

(3) 出现对话框时，将指针移到对话框上将其激活。

(4) 在对话框中，单击箭头，然后单击图层。

注意事项，如果选择多个工程图单元，则可一次更改多个图层。

5.1.4.3 要更改文档图层

(1) 右键单击工程图，但不是工程图单元。

(2) 在快捷菜单中，单击更改图层🖋。

(3) 出现对话框时，将指针移到对话框上将其激活。

(4) 在对话框中，单击箭头，然后单击图层。

注意事项，还可以通过按 Alt + 1 更改工程图元素或文档的层。

5.1.4.4 要省略打印图层

(1) 单击图层属性 (图层或线型格式工具栏)。

(2) 在对话框的打印🖨列中，单击图标将图层设置为打印🖨或不打印🖨。

5.1.5 激活与删除图纸

5.1.5.1 如果需要激活图纸，可以选用以下方法

· 在图纸区域下方单击要激活的图纸的按钮。

· 用鼠标右键单击图纸区域下方要激活的图纸的按钮，在弹出的快捷菜单中选择【激活】命令，如图 5.1.9 所示。

· 用鼠标右键单击【Feature Manager 设计树】中的【图纸】按钮，在弹出的快捷菜单中选择【激活】命令，如图 5.1.10 所示。

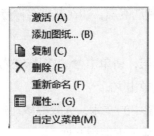

图 5.1.9 快捷菜单 1

图 5.1.10 快捷菜单 2

5.1.5..2 如果要删除图纸，可使用下列操作

(1) 右键单击 Feature Manager 设计树中的任何图纸标签或图纸图标，然后在弹出的菜单中选择删除。

(2) 右键单击图纸 (工程视图中的图纸除外) 的任意位置，然后选择删除。

5.2 建立工程视图

工程图是通过各种视图来表达零件的结构和部件的装配关系的，因此视图是绘制工程图的基础。工程图模块提供了多种类型的视图，如一般视图、投影视图、剖视图和局部视图等。

5.2.1 建立工程图文件

在安装 SolidWorks 软件时，可以设定工程图与三维模型间的单向链接关系，但此时在工程图中修改尺寸，三维模型并不更新。如果要改变此选项，只有再重新安装一次软件。

此外，SolidWorks 系统提供多种类型的图形文件输出格式，包括最常用的 DWG 和 DXF 格式，以及其他几种常用的标准格式。

工程图包含一个或多个由零件或装配体生成的视图。在生成工程图之前，必须先保存与它有关的零件或装配体的三维模型。

下面介绍创建工程图的基本操作步骤。

5.2.1.1 从零件或装配体文件内生成工程图

首先要新建一个零件或者新建一个装配体，在建好的零件或装配体文件中生成工程图

(1) 选择新建按钮 右侧的箭头，弹出下拉菜单，单击从零件 / 装配体制作工程图 。

(2) 选择【图纸格式 / 大小】的选项，然后单击确定。

(3) 从视图调色板中将视图拖动到工程图图纸中，然后在 Property Manager 中设定选项。

5.2.1.2 创建新的工程图

(1) 单击【标准】工具栏中的【新建】按钮 📄。

(2) 在新建 SolidWorks 文件文档对话框中，选择工程图 📐，然后单击确定，如图 5.2.1 所示。

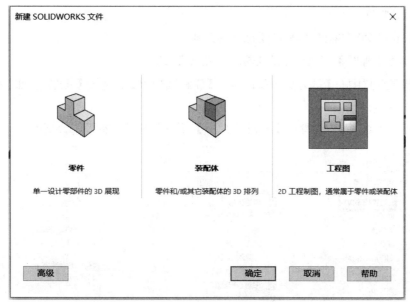

图 5.2.1　新建 SolidWorks 文件文档对话框

(3) 选择【图纸格式 / 大小】，在弹出的【图纸格式 / 大小】对话框中选择图纸格式，然后单击确定。

(4) 在模型视图 Property Manager 中从打开文件，选择一个模型，或浏览到零件或装配体文件。

(5) 在 Property Manager 中指定选项，然后将视图放置在图形区域中。

5.2.1.3 保存工程图文档

工程图文件名称的扩展名为 .slddrw。新工程图采用插入的第一个模型的名称。该名称出现在标题栏中。保存工程图时，模型的名称作为默认文件名称出现在另存为对话框中，默认扩展名为 .slddrw。可以在保存工程图文档之前编辑名称。

5.2.2　标准三视图

在创建工程图前，应根据零件的三维模型，考虑和规划零件视图，如工程图由几个视图组成，是否需要剖视图等。考虑清楚后，再进行零件视图的创建工作，否则如同用手工绘图一样，创建的视图可能不能很好地表达零件的空间关系，给其他用户的识图、看图造成困难。

标准三视图能为所显示的零件或装配体同时生成6个相关的默认正交视图（前视、右视、左视、上视、下视及后视）。所使用的视图方向基于零件或装配体中的视向（前视、右视及上视）。视向为固定，无法更改。前视图与上视图及侧视图有固定的对齐关系。上视图可以竖直移动，侧视图可以水平移动。俯视图和侧视图与前视图有对应关系。右键单击上视图和侧视图，然后选择跳到俯视图。

生成标准三视图的操作方法主要有以下2种：

(1) 单击【工程图】工具栏中的【标准三视图】按钮。

(2) 选择菜单栏中的【插入】选项，点击【工程图视图】，选择【标准三视图命令】，如图5.2.2所示。

使用上述命令后系统会弹出【标准三视图】属性管理器，如图5.2.3所示。

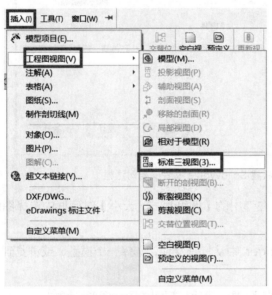

图 5.2.2 生成标准三视图的方法　　　　图 5.2.3 【标准三视图】属性管理器

5.2.3 实战操作——标准三视图

本小节创建如图5.2.4所示零件的标准三视图。可以利用标准三视图命令直接创建此模型的三视图。标准三视图如图5.2.5所示。

具体操作步骤如下：

(1) 新建文件。单击快速访问工具栏中的【新建】按钮，在弹出的【新建 SolidWorks 文件】对话框中单击【工程图】图标，然后单击【确定】按钮，创建一个新的工程图文件。

(2) 创建三视图。单击【工程图】工具栏中的【标准三视图】按钮，弹出如图5.2.3所示的【标准三视图】属性管理器；单击【浏览】按钮，在【打开】对话框中选择【标准三视图】零件，如图5.2.6所示；单击【打开】按钮，将自动生成三视图，如图5.2.5所示。

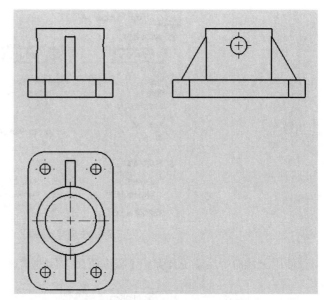

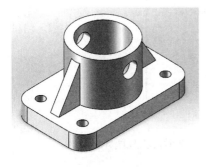

图 5.2.4 实体模型　　　　　　　　图 5.2.5 实体模型标准三视图

图 5.2.6 【打开】对话框

5.2.4 模型视图

标准三视图是最基本也是最常用的工程图，但是它所提供的视角十分固定，有时不能很好地描述模型的实际情况。SolidWorks 提供的模型视图解决了这个问题。通过在标准三视图中插入模型视图，可以从不同的角度生成工程图。使用模型视图命令，主要有以下 2 种调用方法：

(1) 单击【工程图】工具栏中的【模型视图】按钮。

(2) 选择菜单栏中的【插入】选项，点击【工程图视图】，单击【模型视图】命令，如图 5.2.7 所示。

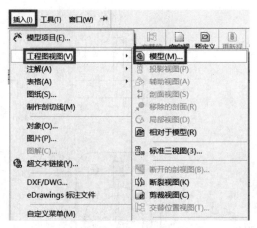

图 5.2.7 生成模型视图的方法

使用上述命令后系统会弹出【模型视图】属性管理器，如图 5.2.8 所示。

图 5.2.8 【模型视图】属性管理器

【模型视图】属性管理器中一些选项的含义如下：

(1)【要插入的零件 / 装配体】栏。

从打开文件选取一文档或单击浏览。

(2)【缩略图预览】栏。

打开文件中选择的模型的预览图。

(3)【选项】栏。

生成新工程图时开始指令：在将模型插入到新工程图中时可供使用。 无论何时生成新的工程图，都会出现的指令。无论何时再生成新的工程图时 Property Manager，唯一例外是单击🔲。

自动开始投影视图：插入模型视图后插入模型的投影视图。

(4)【参考配置】栏。

配置名称：选择一个配置。

选择实体：选择多体零件的实体以包括在工程视图中。对于多实体钣金零件的平板型式，可以每个视图使用一个实体。

在爆炸或模型断开状态下显示：在包含爆炸或模型断开视图的装配体和多实体零件中，选择以爆炸或模型断开状态显示工程图视图。

(5)【方向】栏。

生成多个视图：选择一个以上视图进行插入。

视图方向：显示模型的标准视图方向。

🔲 上视图
🔲 前视图
🔲 右视图
🔲 左视图
🔲 下视图
🔲 后视图
🔷 等轴测

注解视图：如果注解视图在模型中创建，则显示注解视图。

更多视图：显示额外视图，诸如当前模型视图（如果模型打开）、* 上下二等角轴测及 * 左右二等角轴测。

预览：在插入视图时显示模型的预览。也可以在取消选中生成多个视图时使用。

(6)【镜像】栏。

镜向视图：相对于模型和预定义的工程图视图，将模型显示为镜向视图，无需创建镜向部件。 选择水平或垂直方向进行镜像。

(7)【输入选项】栏。

输入注解：选择从参考的零件或装配体文档导入注解类型。

选择注解输入选项：共有 4 个选项，分别是设计注解、DimXpert 注解、包含隐藏特征的项目以及 3D 视图注解。

(8)【显示状态】栏。

隐藏 / 显示🖊：显示状态受所有显示样式的支持。其他显示状态(显示模式🟦、颜色🟧等)只受带边线上色🟦和上色模式🟦的支持。

(9)【显示样式】栏。

仅在新视图的【显示品质】设置为【草稿品质】时可用。 选择【高品质】或【草稿品质】以设置模型的显示品质。

线架图⬚：显示所有边线。

隐藏线可见⬚：如【线型选项】中所指定的那样显示可见边线和隐藏边线。

移除隐藏线⬚：只显示从所选角度可见的边线；删除不可见的线。

带边线上色⬚：在消除隐藏线的情况下以上色模式显示项目。可以为边线指定颜色，并指定是否使用指定的颜色或使用与【系统颜色选项】中模型颜色略有不同的颜色。当选择带边线上色时，高品质或拔模品质可用。选择高品质和带边线上色以防止远端边线显示在模型的近端面上。

上色⬚：以上色模式显示项目。

(10)【比例】栏。

为工程图视图选择一比例。

使用图纸比例：应用为工程图图纸所使用的相同比例。

使用自定义比例：应用选择或自定义的比例。如果选择用户定义，可在框中以下列格式输入比例：(x：x)或(x/x)。选择使用模型文字比例来维护零件的注解视图中使用的几何图形。

(11)【尺寸类型】栏。

工程图中的尺寸通常为：①真实：精确模型值；②投影：2D尺寸。

插入一工程图视图时，尺寸类型被设定。可在工程图视图 Property Manager 中预览并更改尺寸类型。

尺寸类型的规则主要为两点：

① SolidWorks 为标准和自定义正交视图指定投影类型尺寸，为等轴测、左右二等角轴测和上下二等角轴测视图指定真实类型尺寸。

② 如果从另一视图生成一投影或辅助视图，新视图将使用投影类型尺寸，即使原有视图使用真实类型尺寸。

(12)【装饰螺纹线显示】栏。

除了可以在此处设置外，还可以在选项中设置。单击菜单栏中的选项按钮⚙，单击文档属性，选中出详图，如图 5.2.9 所示。

图 5.2.9 装饰螺纹线显示

高品质：显示装饰螺纹线中的精确线型字体及剪裁。如果装饰螺纹线只部分可见，高品质则只显示可见的部分（将准确显示可见和不可见的内容）。

注意事项，系统性能在使用高品质装饰螺纹线时变慢。如果系统性能有显著的变慢趋势，建议清除此选项，直到完成放置所有注解。

草稿品质：以更少细节显示装饰螺纹线。如果装饰螺纹线只部分可见，草稿品质将显示整个特征。

(13)【自动视图更新】栏。

从自动更新中排除：如果已打开工程图、选定自动视图更新，并且已将更改保存到模型，则会从自动更新中排除选定的工程图视图。

(14)【视图另存为】栏。

展开【视图另存为】以将工程视图保存为 Dxf 或 Dwg 文件。（可选）拖动点操作杆设置文件的原点，然后单击【视图另存为 DXF/DWG】，在【另存为】对话框中设置选项。

注意：如果仅导出模型几何体，则会忽略与所选视图相关的其他草图注解。

5.2.5 实战操作——实体模型轴测视图

本小节创建如图 5.2.4 所示零件的轴测视图。可以利用模型视图命令直接创建此模型的轴测视图。实体模型的轴测视图如图 5.2.10 所示。

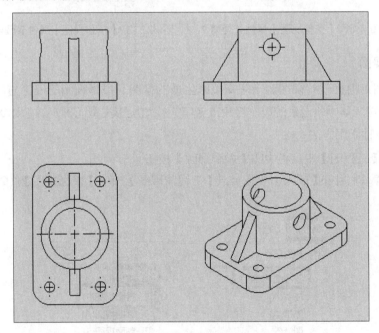

图 5.2.10 实体模型轴测视图

具体操作步骤如下：

(1) 单击快速访问工具栏中的【打开】按钮，在弹出的【打开】对话框中选择 5.2.2 节实例中创建的【标准三视图】文件，然后单击【打开】按钮，打开工程图文件。

(2) 单击【工程图】工具栏中的【模型视图】按钮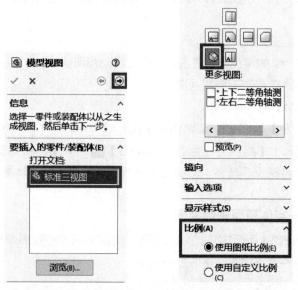，弹出如图 5.2.11 所示的【模型视图】属性管理器，采用默认设置。单击⊕按钮，此时【模型视图】属性管理器如图 5.2.12 所示，在【方向】栏中选择【等轴测】类型 ，在【比例】栏中选中【使用图纸比例】单选按钮，拖动视图到适当位置，单击鼠标放置，再单击【确定】按钮，完成轴测视图的创建。

图 5.2.11 【模型视图】属性管理器 1   图 5.2.12 【模型视图】属性管理器 2

5.2.6 投影视图

投影视图是根据已有视图利用正交投影生成的视图。投影视图的投影方法根据在【图纸属性】属性管理器中所设置的第一视角或者第三视角投影类型而确定。使用投影视图命令，主要有以下 2 种调用方法：

(1) 单击【工程图】工具栏中的【投影视图】按钮 。

(2) 选择菜单栏中的【插入】选项，点击【工程图视图】，单击【投影视图】命令，如图 5.2.13 所示。

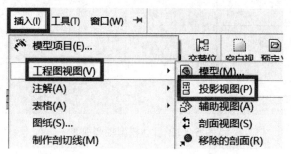

图 5.2.13 生成投影视图的方法

使用上述命令后系统会弹出【投影视图】属性管理器，如图 5.2.14 所示。

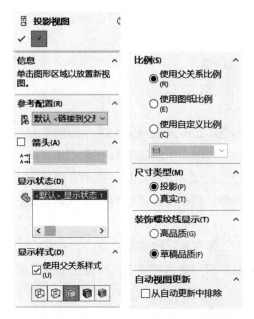

图 5.2.14 【投影视图】属性管理器

5.2.6.1 【投影视图】属性管理器中一些选项的含义

(1)【参考配置】栏。

配置名称：选择一个配置。

选择实体：选择多体零件的实体以包括在工程视图中。对于多实体钣金零件的平板型式，可以每个视图使用一个实体。

(2)【箭头】栏。

标号 ：表示按相应父视图的投影方向得到的投影视图的名称。

(3)【显示状态】栏。

仅对于装配体。选择装配体的显示状态以放置在工程图中。

隐藏/显示 显示状态受所有显示样式的支持。其他显示状态(显示模式 、颜色 等)只受带边线上色 和上色 模式的支持。

(4)【显示样式】栏。

仅在新视图的【显示品质】设置为【草稿品质】时可用。选择【高品质】或【草稿品质】以设置模型的显示品质。

线架图 ：显示所有边线。

隐藏线可见 ：如【线型选项】中所指定的那样显示可见边线和隐藏边线。

移除隐藏线 ：只显示从所选角度可见的边线；删除不可见的线。

带边线上色 ：在消除隐藏线的情况下以上色模式显示项目。可以为边线指定颜色，并指定是否使用指定的颜色或使用与【系统颜色选项】中模型颜色略有不同的颜色。高品质或拔模品质可用带边线上色。选择高品质和带边线上色以防止远端边线显示在模型的近端面上。

上色█：以上色模式显示项目。

(5)【比例】栏。

为工程图视图选择一比例。

使用父关系样式：取消选中，以选取与父视图不同的样式和品质。

使用图纸比例：应用为工程图图纸所使用的相同比例。

使用自定义比例：应用选择或定义的比例。如果选择用户定义，可在框中以下列格式输入比例: (x: x)或(x/x)。选择使用模型文字比例来维护零件的注解视图中使用的几何图形。

(6)【尺寸类型】栏。

工程图中的尺寸通常为：①真实：精确模型值；②投影：2D 尺寸。

当插入一工程图视图时，尺寸类型被设定。可在工程图视图 Property Manager 中观阅并更改尺寸类型。

尺寸类型的规则主要为两点：

① SolidWorks 为标准和自定义正交视图指定投影类型尺寸，为等轴测、左右二等角轴测和上下二等角轴测视图指定真实类型尺寸。

②如果从另一视图生成一投影或辅助视图，新视图将使用投影类型尺寸，即使原有视图使用真实类型尺寸。

(7)【装饰螺纹线显示】栏。

高品质：显示装饰螺纹线中的精确线型字体及剪裁。如果装饰螺纹线只部分可见，高品质则只显示可见的部分 (将准确显示可见和不可见的内容)。

注意事项，系统性能在使用高品质装饰螺纹线时变慢。如果系统性能有显著的变慢趋势，建议清除此选项，直到完成放置所有注解。

草稿品质：以更少细节显示装饰螺纹线。如果装饰螺纹线只部分可见，草稿品质将显示整个特征。

(8)【自动视图更新】栏。

从自动更新中排除: 如果已打开工程图、选定自动视图更新，并且已将更改保存到模型，则会从自动更新中排除选定的工程图视图。

5.2.6.2 生成投影视图的操作方法

(1) 单击【工程图】工具栏中的【投影视图】按钮 █ 。

(2) 在工程图中选择一个要投影的工程视图。

(3) 系统将根据光标在所选视图中的位置决定投影方向，可以从所选视图的上、下、左、右 4 个方向生成投影视图。

(4) 系统会在投影的方向出现一个方框表示投影视图的大小。拖动这个方框到适当的位置后释放鼠标，则投影视图即被放置在工程图中。

(5) 单击【确定】按钮，即可生成投影视图，如图 5.2.15 所示。

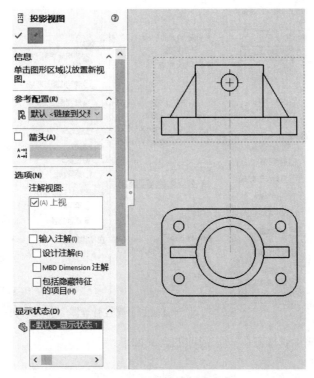

图 5.2.15 创建【投影视图】

5.2.7 剖面视图

剖面视图是通过一条剖切线切割父视图而生成，属于派生视图，可以显示模型内部的形状和尺寸。剖面视图可以是剖切面或者使用阶梯剖切线定义的等距剖面视图，并且可以生成半剖视图。使用剖面视图命令，主要有以下 2 种调用方法：

(1) 单击【工程图】工具栏中的【剖面视图】按钮。

(2) 选择菜单栏中的【插入】选项，点击【工程图视图】，单击【剖面视图】命令。如图 5.2.16 所示。

使用上述命令后系统会弹出【剖面视图】属性管理器，如图 5.2.17 所示。

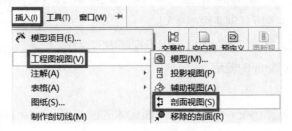

图 5.2.16 生成剖面视图的方法

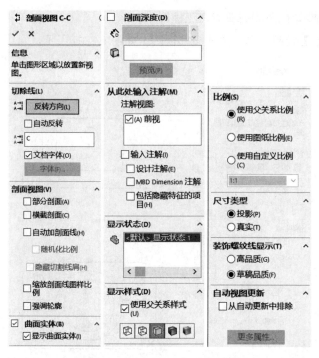

图 5.2.17 【剖面视图】属性管理器

【剖面视图】属性管理器中一些选项的含义如下：

(1)【切除线】栏。

反转方向$\mathbf{A^{-1}_{A^{-1}}}$：也可通过双击剖切线反转切割方向。

标号$\mathbf{A^{-1}_{A^{-1}}}$：编辑与剖面线或剖面视图相关的字母。

字体：要为剖切线标号选择文档字体以外的字体，消除文件字体，然后单击字体。 如果更改剖面线标号字体，可将新的字体应用到剖面视图名称。

(2)【剖面视图】栏。

局部剖视图：如果剖面线没完全穿过整个视图，则生成一受剖面线长度限制的剖面视图。

横截剖面：只显示被剖切线切除的面。

自动打剖面线：剖面线样式在装配体中的零部件三维模型之间交替，或在多实体零件的实体和焊件之间交替。 剖面线样式在剖切装配体时轮换。

随机化比例：为工程图视图中的相同材料随机化剖面线比例。 清除此设置将保持比例对相同材料的多个零件的所有剖面线都相同。

缩放剖面线图样比例：将视图比例应用于视图内的填充。

强调轮廓：强调切除面的轮廓。

(3)【曲面实体】栏。

显示曲面实体：从模型父视图中显示曲面实体的剖面视图。 可以将节点和尺寸等注解应用于曲面横断面。 该设定适用于各个进程。

切割曲面实体：在剖面视图中仅显示曲面的交叉线。

(4)【剖面深度】栏。

深度 ⚙：设置剖切深度数值。

深度参考 🗀：为剖切深度选择的边线或基准轴。

以指定的距离生成剖面视图。此控件仅适用于剖切线由单个线段组成的横断面图。注意事项：距离剖面视图适用于零部件三维模型，而非特征。

如果要设定距离，有以下 3 种操作方法：

①为深度 ⚙ 设定一数值。

②为深度参考 🗀 在父视图中选择几何体，如边线或基准轴。

③在图形区域中拖动粉红色剖面基准面以设定切割的深度。在剖面视图中会显示剖切线和剖面基准面之间的所有零部件三维模型。

(5)【从此输入注解】栏。

导入注解：选取输入注解让所有选定的注解类型从参考引用的零件或装配体文档进行输入。

选择注解输入选项：设计注解、DimXpert 注解、包括隐藏特征的项目。

(6)【显示状态】栏。

仅对于装配体。选择装配体的显示状态以放置在工程图中。

隐藏/显示 ✎：显示状态受所有显示样式的支持。其他显示状态(显示模式 🗀、颜色 🖉等)只受带边线上色 🗀 和上色模式 🗀 的支持。

(7)【显示样式】栏。

仅在新视图的【显示品质】设置为【草稿品质】时可用。选择【高品质】或【草稿品质】以设置模型的显示品质。

使用父关系样式：取消选中以选取与父视图不同的样式和品质设定。

线架图 🗀：显示所有边线。

隐藏线可见 🗀：如【线型选项】中所指定的那样显示可见边线和隐藏边线。

移除隐藏线 🗀：只显示从所选角度可见的边线；删除不可见的线。

带边线上色 🗀：在消除隐藏线的情况下以上色模式显示项目。可以为边线指定颜色，并指定是否使用指定的颜色或使用与【系统颜色选项】中模型颜色略有不同的颜色。高品质或拔模品质可用带边线上色。选择高品质和带边线上色以防止远端边线显示在模型的近端面上。

上色 🗀：以上色模式显示项目。

(8)【比例】栏。

为工程图视图选择一比例。

使用父关系样式：取消选中以选取与父视图不同的样式和品质设定。

使用图纸比例：应用为工程图图纸所使用的相同比例。

使用自定义比例：应用选择或定义的比例。如果选择用户定义，请在框中以下列格式输入比例：(x: x)或(x/x)。选择使用模型文字比例来维护零件的注解视图中使用的几何图形。

注意事项：在使用自定义比例中预设的选项根据尺寸标注标准而有所不同。

(9)【尺寸类型】栏。

工程图中的尺寸通常为：①真实：精确模型值；②投影：2D 尺寸。

当插入一工程图视图时，尺寸类型被设定。可在工程图视图 Property Manager 中观阅并更改尺寸类型。

尺寸类型的规则主要为两点：

① SolidWorks 为标准和自定义正交视图指定投影类型尺寸，为等轴测、左右二等角轴测和上下二等角轴测视图指定真实类型尺寸。

②如果从另一视图生成一投影或辅助视图，新视图将使用投影类型尺寸，即使原有视图使用真实类型尺寸。

(10)【装饰螺纹线显示】栏。

高品质：显示装饰螺纹线中的精确线型字体及剪裁。 如果装饰螺纹线只部分可见，高品质则只显示可见的部分 (将准确显示可见和不可见的内容)。

注意事项，系统性能在使用高品质装饰螺纹线时变慢。如果系统性能有显著的变慢趋势，建议清除此选项，直到完成放置所有注解。

草稿品质：以更少细节显示装饰螺纹线。如果装饰螺纹线只部分可见，草稿品质将显示整个特征。

(11)【自动视图更新】栏。

从自动更新中排除：如果已打开工程图、选定自动视图更新，并且已将更改保存到模型，则会从自动更新中排除选定的工程图视图。

5.2.8 实战操作——实体模型剖视图

本小节创建如图 5.2.4 所示零件的剖视图。首先创建前视图，然后利用投影视图命令创建俯视图，最后利用剖视图命令创建左视图。实体模型的剖视图如图 5.2.18 所示。

具体操作步骤如下：

(1) 新建文件。单击快速访问工具栏中的【新建】按钮，在弹出的【新建 SolidWorks 文件】对话框中单击【工程图】图标 ▦ ，然后单击【确定】按钮，创建一个新的工程图文件。

(2) 创建前视图。单击【工程图】工具栏中的【模型视图】按钮 ⬚，弹出【模型视图】属性管理器，单击【浏览】按钮，在【打开】对话框中选择【标准三视图】零件。此时【模型视图】属性管理器如图 5.2.19 所示，在【方向】栏中选择【前视】类型脚，在【比例】栏中选中【使用自定义比例】单选按钮，选择比例为 1∶1，拖动视图到适当位置，单击鼠标放置，单击【确定】按钮，完成前视图的创建，如图 5.2.20 所示。

(3) 创建投影视图。单击【工程图】工具栏中的【投影视图】按钮图，弹出如图 5.2.21 所示的【投影视图】属性管理器，采用默认设置，拖动视图到适当位置，如图 5.2.22 所示，单击鼠标放置，再单击【确定】按钮。

(4) 创建剖视图。单击【工程图】工具栏中的【剖面视图】♵，弹出如图 5.2.23 所示的【剖面视图辅助】属性管理器，选择【竖直线】切割线，如图 5.2.24 所示；将切割线放置到前视图中的圆心位置，并单击【确定】按钮。此时会弹出如图 5.2.25 所示的【剖面视图】对话框，单击确定按钮。然后系统会弹出如图 5.2.26 所示的【剖面视图 E-E】属性管理器，单击【反转方向】按钮，拖动视图到适当位置，单击鼠标放置，再单击【确定】按钮，最终结果如图 5.2.18 所示。

图 5.2.19 【模型视图】属性管理器

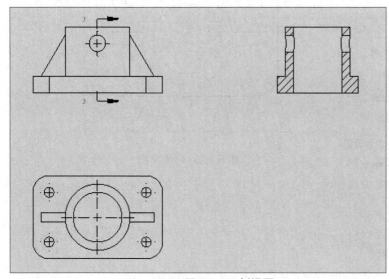

图 5.2.18 剖视图

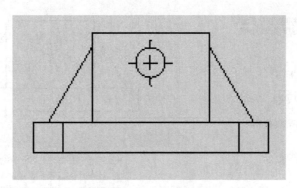

图 5.2.20 前视图

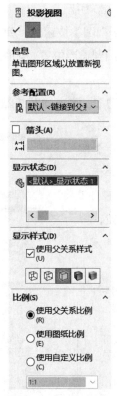

图 5.2.21 【投影视图】
属性管理器

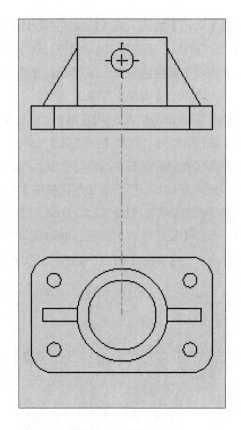

图 5.2.22 拖动视图

图 5.2.23 【剖面视图
辅助】属性管理器

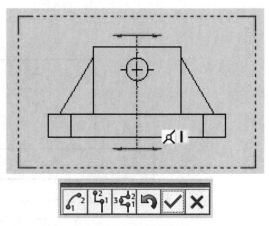

图 5.2.24 放置切割线

图 5.2.25 【剖面视图】对话框

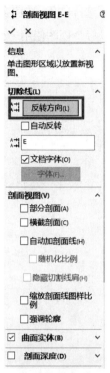

图 5.2.26 【剖面视图
E–E】属性管理器

5.2.9 辅助视图

辅助视图类似于投影视图，它的投影方向垂直于所选视图的参考边线，但参考边线一般不能为水平或者垂直，否则生成的就是投影视图。辅助视图相当于技术制图表达方法中的斜视图，可以用来表达零件的倾斜结构。使用辅助视图命令，主要有以下 2 种调用方法：

(1) 单击【工程图】工具栏中的【辅助视图】按钮 ⚀。

(2) 选择菜单栏中的【插入】选项，点击【工程图视图】，单击【辅助视图】命令，如图 5.2.27 所示。

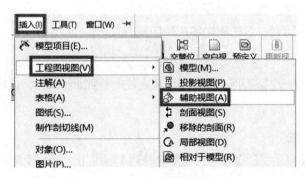

图 5.2.27 生成辅助视图的方法

使用上述命令后系统会弹出【辅助视图】属性管理器，如图 5.2.28 所示。

【辅助视图】属性管理器中一些选项的含义如下：

5.2.9.1 【参考配置】栏

配置名称：选择一个配置。

选择实体：选择多体零件的实体以包括在工程视图中。对于多实体钣金零件的平板型式，可以每个视图使用一个实体。

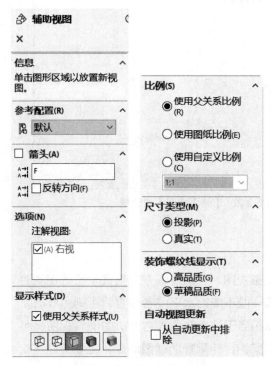

图 5.2.28 【辅助视图】属性管理器

5.2.9.2【箭头】栏

箭头：选择以显示表示辅助视图方向的视图箭头（或 ANSI 绘图标准中的箭头组）。

标号：编辑与剖面线或剖面视图相关的字母。

反转方向：也可通过双击剖切线反转切割方向。

5.2.9.3【选项】栏

注解视图：选择一注解视图（如果模型带有注解视图而生成），这样局部视图将包括父视图中的注解。

5.2.9.4【显示样式】栏

仅在新视图的【显示品质】设置为【草稿品质】时可用。选择【高品质】或【草稿品质】以设置模型的显示品质。

使用父关系样式：取消选中以选取与父视图不同的样式和品质设定。

线架图：显示所有边线。

隐藏线可见：如【线型选项】中所指定的那样显示可见边线和隐藏边线。

移除隐藏线：只显示从所选角度可见的边线；删除不可见的线。

带边线上色：在消除隐藏线的情况下以上色模式显示项目。可以为边线指定颜色，并指定是否使用指定的颜色或使用与【系统颜色选项】中模型颜色略有不同的颜色。高品质或拔模品质可用带边线上色。选择高品质和带边线上色以防止远端边线显示在模型的近端面上。

上色 🔳 ：以上色模式显示项目。

5.2.9.5【比例】栏

为工程图视图选择一比例。

使用父关系样式：取消选中以选取与父视图不同的样式和品质设定。

使用图纸比例：应用为工程图图纸所使用的相同比例。

使用自定义比例：应用选择或定义的比例。如果选择用户定义，可在框中以下列格式输入比例: (x: x)或(x/x)。选择使用模型文字比例来维护零件的注解视图中使用的几何图形。

注意事项：在使用自定义比例中预设的选项根据尺寸标注标准而有所不同。

5.2.9.6【尺寸类型】栏

工程图中的尺寸通常为：①真实：精确模型值；②投影：2D 尺寸。

插入一工程图视图时，尺寸类型被设定。可在工程图视图 Property Manager 中观阅并更改尺寸类型。

尺寸类型的规则主要为两点：

(1)SolidWorks 为标准和自定义正交视图指定投影类型尺寸，为等轴测、左右二等角轴测和上下二等角轴测视图指定真实类型尺寸。

(2) 如果从另一视图生成一投影或辅助视图，新视图将使用投影类型尺寸，即使原有视图使用真实类型尺寸。

5.2.9.7【装饰螺纹线显示】栏

高品质：显示装饰螺纹线中的精确线型字体及剪裁。 如果装饰螺纹线只部分可见，高品质则只显示可见的部分 (将准确显示可见和不可见的内容)。

注意事项，系统性能在使用高品质装饰螺纹线时变慢。如果系统性能有显著的变慢趋势，建议清除此选项，直到完成放置所有注解。

草稿品质：以更少细节显示装饰螺纹线。如果装饰螺纹线只部分可见，草稿品质将显示整个特征。

5.2.9.8【自动视图更新】栏

从自动更新中排除：如果已打开工程图、选定自动视图更新，并且已将更改保存到模型，则会从自动更新中排除选定的工程图视图。

5.2.10 局部视图

局部视图是一种派生视图，可以用来显示父视图的某一局部形状，通常采用放大比例显示。局部视图的父视图可以是正交视图、空间 (等轴测) 视图、剖面视图、裁剪视图、爆炸装配体视图或者另一局部视图，但不能在透视图中生成模型的局部视图。使用局部视图命令，主要有以下 2 种调用方法：

(1) 单击【工程图】工具栏中的【局部视图】按钮 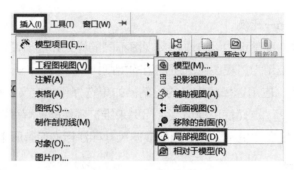。

(2) 选择菜单栏中的【插入】选项，点击【工程图视图】，单击【局部视图】命令 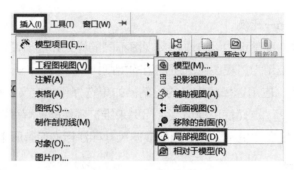，如图 5.2.29 所示。

图 5.2.29 生成局部视图的方法

使用上述命令后系统会弹出【局部视图】属性管理器，如图 5.2.30 所示。

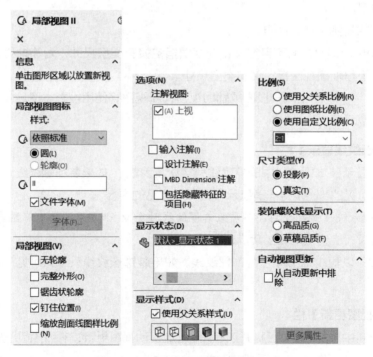

图 5.2.30 【局部视图】属性管理器

【局部视图】属性管理器中一些选项的含义如下：

5.2.10.1【局部视图图标】栏

样式：选择一种显示样式，然后选择圆形或轮廓。 按标准意味着局部圆的样式由当前标绘标准所决定。

标号：编辑与局部圆或局部视图相关的字母。 要指定标签格式，单击工具 > 选项 > 文档属性 > 视图 > 局部视图。

字体：要为局部视图图标标号选择文件字体以外的字体，请消除文件字体，然后单击字体。

5.2.10.2【局部视图】栏

无轮廓：选择无轮廓以移除用于创建细节视图的轮廓。

完整外形：当选中此栏时，系统会显示局部视图中的轮廓外形。

锯齿状轮廓：选择以包括细节视图的锯齿状轮廓。移动滑块以调整形状强度。

钉住位置：选择以在更改视图比例时将局部视图在工程图图纸上保留在相对位置。 如果更改几何体大小，局部圆在将局部圆的中心与模型中的特征关联时移动。 缩放剖面线图样比例。

缩放剖面线图样比例：选取以根据局部视图的比例 (而非剖面视图的比例) 来显示剖面线图样比例。该选项适用于剖面视图生成的局部视图。

5.2.10.3【选项】栏

注解视图：选择一注解视图 (如果模型带有注解视图而生成)，局部视图将包括父视图中的注解。

输入注解：选择从参考的零件或装配体文档导入的注解类型。

选择注解输入选项：共有 3 个选项，分别是设计注解、MBD Dimension 注解以及包括隐藏特征的项目。

5.2.10.4【显示状态】栏

仅对于装配体。选择装配体的显示状态以放置在工程图中。

隐藏 / 显示✐: 显示状态受所有显示样式的支持。其他显示状态(显示模式◼、颜色●等)只受带边线上色◼和上色模式◼的支持。

5.2.10.5【显示样式】栏

仅在新视图的【显示品质】设置为【草稿品质】时可用。选择【高品质】或【草稿品质】以设置模型的显示品质。

使用父关系样式：取消选中以选取与父视图不同的样式和品质设定。

线架图◻: 显示所有边线。

隐藏线可见◻: 如【线型选项】中所指定的那样显示可见边线和隐藏边线。

移除隐藏线◻: 只显示从所选角度可见的边线；删除不可见的线。

带边线上色◼: 在消除隐藏线的情况下以上色模式显示项目。 可以为边线指定颜色，并指定是否使用指定的颜色或使用与【系统颜色选项】中模型颜色略有不同的颜色。高品质或拔模品质可用带边线上色。选择高品质和带边线上色以防止远端边线显示在模型的近端面上。

上色🔲：以上色模式显示项目。

5.2.10.6【比例】栏

为工程图视图选择一比例。

使用父关系样式：取消选中以选取与父视图不同的样式和品质设定。

使用图纸比例：应用为工程图图纸所使用的相同比例。

使用自定义比例：应用选择或定义的比例。如果选择用户定义，可在框中以下列格式输入比例：(x : x) 或 (x/x)。 选择使用模型文字比例来维护零件的注解视图中使用的几何图形。注意事项：在使用自定义比例中预设的选项根据尺寸标注标准而有所不同。

5.2.10.7【尺寸类型】栏

工程图中的尺寸通常为：①真实：精确模型值；②投影：2D 尺寸。

插入一工程图视图时，尺寸类型被设定。可在工程图视图 Property Manager 中观阅并更改尺寸类型。

尺寸类型的规则主要为两点：

(1)SolidWorks 为标准和自定义正交视图指定投影类型尺寸，为等轴测、左右二等角轴测和上下二等角轴测视图指定真实类型尺寸。

(2) 如果从另一视图生成一投影或辅助视图，新视图将使用投影类型尺寸，即使原有视图使用真实类型尺寸。

5.2.10.8【装饰螺纹线显示】栏

高品质：显示装饰螺纹线中的精确线型字体及剪裁。 如果装饰螺纹线只部分可见，高品质则只显示可见的部分(将准确显示可见和不可见的内容)。

注意事项，系统性能在使用高品质装饰螺纹线时变慢。如果系统性能有显著的变慢趋势，建议清除此选项，直到完成放置所有注解。

草稿品质：以更少细节显示装饰螺纹线。如果装饰螺纹线只部分可见，草稿品质将显示整个特征。

5.2.10.9【自动视图更新】栏

从自动更新中排除：如果已打开工程图、选定自动视图更新，并且已将更改保存到模型，则会从自动更新中排除选定的工程图视图。

注意事项：局部视图中的放大区域还可以是其他任何的闭合图形。方法是首先绘制用来作放大区域的闭合图形，然后再单击【局部视图】按钮Ⓖ，其余步骤相同。

5.2.11 实战操作——实体模型局部视图

本小节创建如图 5.2.4 所示零件的局部剖视图，如图 5.2.31 所示。可以利用局部剖视图命令创建实体模型的局部剖视图。

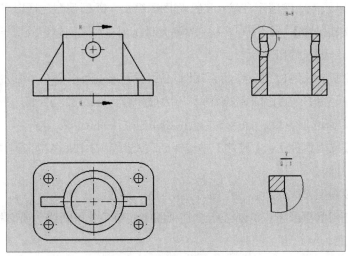

图 5.2.31　实体模型局部剖视图

具体操作步骤如下：

(1) 单击快速访问工具栏中的【打开】按钮 ，在弹出的【打开】对话框中选择 5.2.7 节实例中创建的【标准三视图】文件，然后单击【打开】按钮，打开工程图文件。

(2) 创建局部视图。单击【工程图】工具栏中的【局部视图】按钮 ，激活【草图】工具栏中的【圆】按钮，在需要创建视图的地方绘制一个圆形区域，如图 5.2.32 所示，弹出如图 5.2.33 所示的【局部视图】属性管理器，拖动视图到适当位置，单击鼠标放置，再单击【确定】按钮即可，如图 5.2.31 所示。

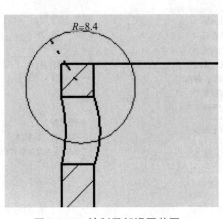

图 5.2.32　绘制局部视图范围

图 5.2.33　【局部视图】
属性管理器

5.2.12 断裂视图

工程图中有一些截面相同的长杆件，例如轴、杆等。这些零件在某个方向上的尺寸比其他方向上的尺寸大很多，并且截面相同。这样就可以用折断显示的断裂视图来表达，可以将工程图视图以较大比例显示在较小的工程图图纸上。断裂视图包括以下功能：

(1) 可在【文档属性】—【出详图】中指定折断线和零件几何体以外延伸线之间的缝隙。

(2) 穿越折断线的尺寸自动断裂。

(3) 可以锁定折断线的位置。在断裂视图之后为折断线标注尺寸，可以使其成为几何体的一部分。这些尺寸只用在工程图文档中，不会显示在打印的工程图上。

(4) 可在工具 > 选项 > 文档属性 > 线型中指定折断线的线型。

(5) 可以在【文档属性】—【尺寸】中选择断裂视图中的 在断裂视图中显示尺寸为断裂以锯齿线显示尺寸线。

(6) 可将断裂视图和取消断裂视图命令应用到多个视图。

(7) 可使用任何水平或竖直折断线组合在视图中使用多条折断线。所有折断都使用相同缝隙和折断线样式。

(8) 平板型式钣金零件的断裂视图包括折弯线。

(9) 可将断裂视图与一个或多个剖面视图组合来生成旋转剖面视图。

使用断裂视图命令，主要有以下 2 种调用方法：

(1) 单击【工程图】工具栏中的【断裂视图】按钮 。

(2) 选择菜单栏中的【插入】选项，点击【工程图视图】，单击【断裂视图】 命令，如图 5.2.34 所示。

使用上述命令后系统会弹出【断裂视图】属性管理器，如图 5.2.35 所示。

图 5.2.34 绘制断裂视图的方法　　　　图 5.2.35 【断裂视图】属性管理器

【断裂视图】属性管理器中一些选项的含义如下：

5.2.12.1【断裂视图设置】栏

切除方向：添加竖直折断线🔁

　　　　添加水平折断线🔁

缝隙大小：设定缝隙之间的距离量。

折断线样式：直线切断🔁

　　　　　曲线切断🔁

　　　　　锯齿线切断🔁

　　　　　小锯齿线切断🔁

　　　　　锯齿状切断🔁：移动形状强度滑块以使锯齿状边线的强度更高。

　　　　　断开草图块：选择裁剪草图块。

5.2.12.2【视图另存为】栏

展开【视图另存为】，将工程视图保存为 Dxf 或 Dwg 文件。（可选）拖动点操作杆设置文件的原点，然后单击【视图另存为 DXF/DWG】🔳，在【另存为】对话框中设置选项。

注意：如果仅导出模型几何体则会忽略与所选视图相关的其他草图注解。

5.3 编辑工程视图

建立工程图后，可对视图进行一些必要的编辑。编辑工程视图包括移动工程视图、对齐工程视图、删除工程视图、剪裁工程视图以及隐藏工程视图等。

5.3.1 移动工程视图

移动工程视图是工程图中常用的方法，用来调整视图之间的距离。

使用移动视图命令的方法主要有 5 种，分别是：

(1) 单击并拖动任何实体（包括边线、顶点、装饰螺纹线，等等）。指针包括平移图标🔁，表示可使用所选实体来移动视图。

(2) 选择一工程图视图，然后使用方向键将之移动（轻推）。可设定方向键增量。

(3) 按住 Alt，然后将指针放置在视图中的任何地方并拖动视图。

(4) 将指针移到视图边界上以高亮显示边界，或选择视图。当移动指针🔁出现时，将视图拖动到新的位置。

(5) 对于默认为未对齐的视图，或解除了对齐关系的视图，可以更改其对齐关系，还可解除视图的对齐并将对齐返回到其默认值。

当移动工程视图时，请注意以下 3 点限制：

(1) 标准三视图。前视图与其他两个视图有固定的对齐关系。移动前视图时，其他两个视图也会跟着移动。并且这两个视图可以独立移动，但是只能水平或垂直于前视图移动。

(2) 辅助视图、剖面视图和剖面视图与生成它们的母视图对齐，并只能沿投影的方向移动。

(3) 断裂视图遵循断裂之前的视图对齐方式。剪裁视图和交替位置视图保留原始视图的对齐方式。

如果想要让子视图相对于父视图而移动，同时要保留视图之间的确切位置，可在拖动时按 Shift 键。若要将工程图视图锁定到位，在工程图上单击右键再选择锁住视图位置。

5.3.2 旋转工程视图

可在图纸上旋转工程图视图，或者使用 3D 工程图视图模式将工程视图从其基准面旋转出来。可以旋转视图来将所选边线设定为水平或竖直方向，也可以绕视图中心点旋转视图以将视图设定为任意角度。

使用旋转视图命令的方法为：

(1) 单击【视图】工具栏中的旋转视图按钮 ℭ。

(2) 选择一个视图 (可在激活工具之前或之后选取视图)。此时系统会弹出【旋转工程视图】对话框，如图 5.3.1 所示。

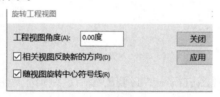

图 5.3.1　【旋转工程视图】对话框

【旋转工程视图】对话框中一些选项的含义如下：

相关视图反映新的方向：更新由旋转的视图 (如投影视图) 生成的视图。

随视图旋转中心符号线。选中此选项，旋转工程视图时，视图中的中心线随视图一起转动。

(3) 有三种方法可以旋转视图。

①在图形区域中拖动视图。视图以 45° 增量捕捉，但是可以拖动视图到任意角度。

②使用左右方向键。将使用为箭头键 (在 工具 > 选项 > 系统选项 > 视图 下) 指定的增量值。

③在对话框中，为选定的视图指定工程视图角度。

(4) 单击应用更新视图。可以旋转其他视图，然后在结束时单击关闭。

5.3.3 实战操作——更改实体模型剖视图

本小节将对 5.2.7 中的剖视图进行移动和旋转操作。首先打开如图 5.2.18 所示的工程图文件，然后利用旋转视图命令修改工程视图，并移动剖视图。实体模型的剖视图旋转后的最终结果如图 5.3.2 所示。

(1) 单击快速访问工具栏中的【打开】按钮📂，在弹出的【打开】对话框中选择 5.2.7 节实例中创建的【标准三视图】文件，然后单击【打开】按钮，打开工程图文件。

(2) 移动视图。单击选择要移动的视图，视图框高亮显示。将光标移到该视图上，当其变为形状✥时，按住鼠标左键拖动该视图到图中合适的位置，然后释放鼠标左键。

(3) 旋转视图。选择左视图，单击【视图】工具栏中的【旋转视图】按钮↻，在【工程视图角度】文本框中输入 45°，如图 5.3.3 所示。单击【应用】按钮旋转视图，然后单击【关闭】按钮关闭对话框，结果如图 5.3.2 所示。

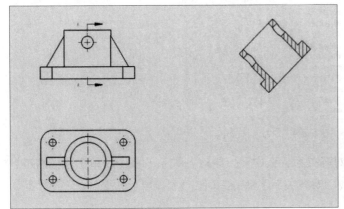

图 5.3.2 旋转后的工程视图　　　　图 5.3.3 【旋转工程视图】对话框

注意事项：

(1) 对于被旋转过的视图，如果要恢复视图的原始位置，可以使用【旋转视图】命令，在【旋转工程视图】对话框中的【工程视图角度】文本框中输入 0 即可。

(2) 在标准三视图中，移动前视图时，左视图和俯视图会跟着移动；其他的两个视图可以单独移动，但始终与前视图保持对齐关系。

(3) 投影视图、辅助视图、剖面视图及旋转视图与生成它们的母视图保持对齐，并且智能地在投影方向移动。

5.3.4　对齐工程视图

建立标准三视图、剖面视图、对齐的剖面视图、辅助视图以及投影视图时，系统默认的方式为对齐方式。建立视图时可以设置与其他视图对齐，也可以设置为不对齐。对于默认为未对齐的视图，或解除了对齐关系的视图，可以更改其对齐关系；还可解除视图的对齐并将对齐返回到其默认值。【对齐工程图视图】通过限制移动保持相关工程图视图彼此对齐。拖动视图时，虚线出现，以显示现有的对齐条件。可添加或从任何视图中删除对齐。

选中要对齐的视图，单击鼠标右键，此时系统会弹出如图 5.3.4 所示的快捷菜单，在菜单中选择【视图对齐】→【默认对齐】命令。此时未对齐的视图就对齐了。

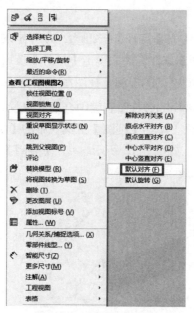

图 5.3.4　系统快捷菜单

如果想要解除已对齐视图的对齐关系，选中要接触对齐关系的视图，单击鼠标右键，在菜单中选择【视图对齐】→【解除对齐关系】命令即可。

5.3.5　删除工程视图

不需要的视图可以删除，主要有两种方式：一是键盘方式；二是右键快捷菜单方式。

(1) 键盘方式。

选择需要删除的视图，然后按 Delete 键，此时系统弹出如图 5.3.5 所示的【确认删除】对话框，单击【是】即可删除该视图。

(2) 右键快捷菜单方式。

右击需要删除的视图，系统弹出如图 5.3.4 所示的系统快捷菜单，在其中选择【删除】命令，此时系统弹出如图 5.3.5【确认删除】对话框，单击【是】按钮即可删除该视图。

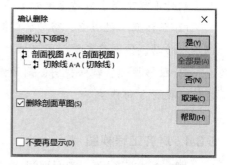

图 5.3.5　【确认删除】对话框

5.3.6　剪裁视图

在 SolidWorks 工程图中，剪裁视图是除了局部视图、已用于生成局部视图的视图或者爆炸视图之外的任何工程视图经裁剪而生成的。剪裁视图通过隐藏除了所定义区域之外的所有内容而集中于工程图视图的某部分。未剪裁的部分使用草图（通常是样条曲线或其他闭合的轮廓）进行闭合。

除了局部视图或已用于生成局部视图的视图以外，可以裁剪任何工程视图。由于没有生成新的视图，裁剪视图可以省步骤。例如，可以直接裁剪剖面视图，而不必建立剖面视图，然后建立局部视图，再隐藏不需要的剖面视图。

使用剪裁视图命令，主要有以下 2 种调用方法：

(1) 单击【工程图】工具栏中的【剪裁视图】按钮 。

(2) 选择菜单栏中的【插入】选项，点击【工程图视图】，单击【剪裁视图】命令 ，如图 5.3.6 所示。

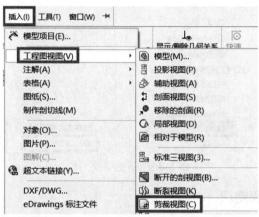

图 5.3.6　使用【剪裁视图】的方法

5.3.7　实战操作——裁剪实体模型剖视图

本小节将对 5.2.7 中的剖视图进行裁剪操作。首先打开如图 5.2.18 所示的工程图文件，然后利用剪裁视图命令修改工程视图。实体模型的剖视图裁剪后的最终结果如图 5.3.7 所示。

具体操作步骤如下：

(1) 单击快速访问工具栏中的【打开】按钮 ，在弹出的【打开】对话框中选择 5.2.7 节实例中创建的【标准三视图】文件，然后单击【打开】，打开工程图文件。

(2) 绘制草图。单击【草图】工具栏中的【样条曲线】 ，在剖视图中绘制一个封闭图形，作为剪裁区域，如图 5.3.8 所示。

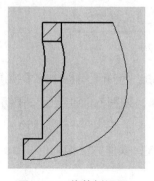

图 5.3.7　裁剪剖视图

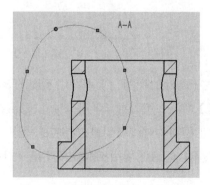

图 5.3.8　绘制样条曲线后的剖视图

(3) 单击【工程图】工具栏中的【剪裁视图】按钮 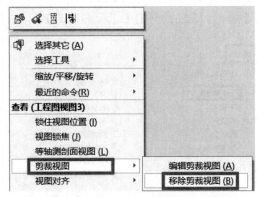，剪裁视图如图 5.3.7 所示。

注意事项：使用剪裁视图命令前，必须先绘制好剪裁区域。剪裁区域不一定是圆，可以是其他不规则的图形，但是必须是不交叉并且封闭的图形。

剪裁后的视图可以恢复为原来的形状。右击剪裁后的视图，此时系统弹出如图 5.3.9 所示的快捷菜单，选择【剪裁视图】→【移除剪裁视图】命令即可。

图 5.3.9　系统快捷菜单

5.3.8　隐藏和显示工程视图

在工程图中，有些视图需要隐藏，如某些带有派生视图的参考视图。这些视图是不能被删除的，否则将同时删除其派生视图。

隐藏视图的操作步骤如下：

(1) 在绘图区或者在【Feature Manager 设计树】中右击需要隐藏的视图，在弹出的快捷菜单中选择【隐藏】命令，隐藏视图。

(2) 如果该视图带有从属视图，则系统弹出如图 5.3.10 所示的提示框，根据需要进行相应的设置。

图 5.3.10　系统快捷菜单

(3) 对于隐藏的视图，工程图中不显示该视图的位置。选择菜单栏中的【视图】→【被隐藏视图】命令，可以显示工程图中被隐藏视图的位置，如图 5.3.11 所示。显示隐藏的视图可以在工程图中对该视图进行相应的操作。

(4) 显示被隐藏的视图和隐藏视图是一对相反的过程，操作方法相同。

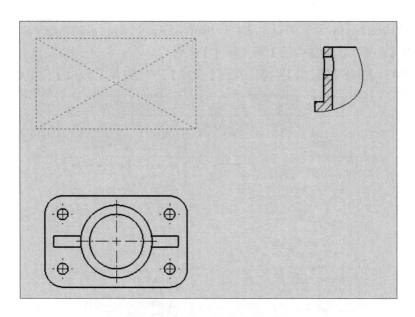

图 5.3.11　显示被隐藏视图的位置

5.4 标注工程视图

工程图绘制完以后，必须在工程视图中标注尺寸、几何公差、形位公差、表面粗糙度符号及技术要求等其他注释，才能算是一张完整的工程视图。本节主要介绍这些项目的设置和使用方法。

5.4.1 绘制草图尺寸

SolidWorks 工程视图中的尺寸是与模型相关联的，并且模型中尺寸的改变会导致工程图中尺寸的变化。工程图中主要有以下 5 种尺寸：

模型尺寸：通常在生成每个零件特征时即生成尺寸，然后将这些尺寸插入各个工程图视图中。在模型中改变尺寸会更新工程图，在工程图中改变插入的尺寸也会改变模型。

为工程图标注的尺寸：可以指定为工程图所标注的尺寸自动插入到新的工程图视图中。转至【工具】>【选项】，在文档属性选项卡中，单击【出详图】。在【视图生成时自动插入】中选择【为工程图标注的尺寸】。

参考尺寸：可在工程图文件中添加尺寸，但是这些尺寸是参考尺寸，并且是从动尺寸；不能通过编辑参考尺寸的数值来改变模型。然而，当模型的标注尺寸改变时，参考尺寸值也会改变。

标准尺寸：可在工程图中生成标准尺寸，如在草图中生成的尺寸。这包括智能、水平和垂直尺寸。

快速标注尺寸：快速标注尺寸可用于均匀放置尺寸。

使用智能尺寸命令，主要有以下 2 种调用方法：

(1) 单击【注解】工具栏中的【智能尺寸】按钮。

(2) 选择菜单栏中的【工具】选项，点击【尺寸】，单击【智能尺寸】命令，如图 5.4.1 所示。

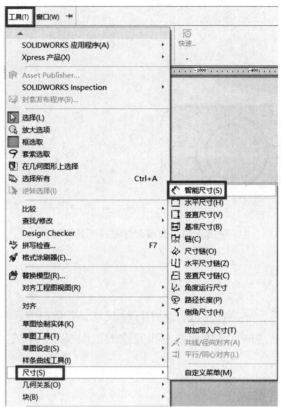

图 5.4.1 使用【智能尺寸】的方法

使用上述命令后系统会弹出【尺寸】属性管理器，如图 5.4.2 所示。

5.4.1.1 【尺寸】属性管理器中数值一栏的一些选项的含义

(1)【尺寸辅助工具】栏。

可以使用【智能】或 DimXpert(对于工程图) 尺寸标注在工程图中标注尺寸。 单击【DimXpert】以访问 DimXpert(对于工程图) 和【自动尺寸】选项卡。

智能尺寸标注：通过智能尺寸工具生成尺寸。

快速标注尺寸：启用或禁用快速尺寸操纵杆。 选取以进行激活；消除以禁用。 该设定适用于各个进程。

DimXpert：可以使用工程图 DimXpert 应用尺寸，以完全定义制造特征 (阵列、槽、袋套、圆角等) 和定位尺寸。

(2)【样式】栏。

可为尺寸和各种注解 (注释、形位公差符号、表面粗糙度符号及焊接符号) 定义与文字处理文件中段落样式相类似的样式。使用带注解的样式时，可重复常用的符号。

图 5.4.2 【尺寸】属性管理器 1

样式的基本功能主要包括为以下 4 点：

①在添加注解时，可预选一使用样式的项目，而此样式将成为新项目的默认值。如果先单击一位置，则新项目无样式被使用。

②不能将样式应用到由孔标注所生成的尺寸。

③使用插入模型项目将零件或装配体中的尺寸插入到工程图中时，尺寸的常用尺寸输入原来的模型，并且不能将工程图样式指派给所插入的尺寸。

④可将零件或装配体样式装入工程图。更改工程图中的样式也会更改零件或装配体文件中的样式。

样式栏中共有 5 个选项，分别是：

①将默认属性应用到所选项目🖌。

②添加或更新样式🌟。

③删除样式🌟。

④保存样式📁。

⑤装入样式🌟。

(3)【图层】栏。

在带命名图层的工程图中为选定的尺寸选择一图层。

(4)【公差 / 精度】栏。

标注值：在所选尺寸中选择一个值。这对标注中具有多数值的尺寸可用。

公差类型：从列表中选择选择公差类型。 对于不同的尺寸类型，有不同的选项。 可参阅尺寸公差和精度示例。

最大变量＋

最小变量－

单位精度x.01：从列表中为尺寸值选择小数点后的位数。

公差精度1.50：为公差值选择小数点后的位数。

将精度与模型相链接：将单位或公差精度的变化设置为与模型之间存在参数化关系。

配置 (只对于零件和装配体)：仅为从动尺寸将尺寸公差应用到特定配置。

分类：当选择【孔套】合或【轴套合】时，其他范畴 (【孔套合】或【轴套合】) 的清单根据分类而过滤。

显示括号：括号可用于【双向】、【对称】、和与【公差套合】公差类型。如果指定【孔套合】或【轴套合】而不是两者，括号可用于【与公差套合】。

(5)【主要值】栏。

【主要值】为驱动尺寸显示，并可进行更改以改变模型。 可以覆盖尺寸值。 对于未参考的尺寸,可更改尺寸的名称。从动 (参考引用) 尺寸列举数值和名称,但不能将之进行更改。

名称：所选尺寸的名称。

尺寸值：所选尺寸的值。

覆写数值：选取以覆盖主要值，并键入新值。如果清除覆盖数值，尺寸将恢复为其原有数值，但保留公差。覆盖数值不会在几何体更改时自动更新。

反转方向：更改正负意义之间的尺寸方向。

(6)【标注尺寸文字】栏。

文本：尺寸自动出现在框中，由 <DIM> 表示。 将指针放置在框中的任意位置以插入文本。 如果删除 <DIM>，则可通过单击【添加数值】(XX.XX) 来重新插入数值。

对于带有实引线和对齐文本的【ISO 绘图标准】尺寸，可以使用【尺寸文本】字段将文本放置在尺寸线上方和下方，或将双尺寸文本拆分放置在线性、直径和半径标注尺寸线上方和下方。 只有在工具 > 选项 > 文档属性 > 尺寸中将文本位置设置为实引线，对齐文本时，才能拆分文本。 使用第二个框将文本放置在实体尺寸线下。 括号和审查轮廓线可应用到顶部和底部，互相独立。

添加括号：可带或不带括号从而显示从动的 (参考引用) 尺寸。它们根据默认带括号显示。

审查尺寸

尺寸置中：在延伸线之间拖动尺寸文字时，尺寸文字捕捉到延伸线中心点。

等距文字：使用引线从尺寸线等距尺寸文字。

反转标注顺序：反转通过高级孔工具创建的孔的标注顺序。

切换近端和远端消息：选择切换近端和远端文本字串。

对正：可水平对齐文字；对于某些标准，可竖直对齐引线。

符号：单击以将指针放置在想要获取标准符号的位置处。单击符号图标或单击更多 以访问符号库。

全部大写：对于选定的尺寸或孔标注，在图形区域中以全部大写形式显示文本。清除该选项可返回混合大小写。

(7)【双制尺寸】栏。

指定尺寸以文档的单位系统和双制尺寸单位显示。两种单位均在【文档属性 – 单位】中指定。在【文档属性 – 尺寸】中设定交替单位在何处显示。双制尺寸以方括号形式显示。

单位精度 ₓ₀₁：从列表中为尺寸值选择小数点后的位数。

公差精度 ₁·₅₀：为公差值选择小数点后的位数。

将精度与模型相链接：将次要单位的单位或公差精度的变化设置为与模型之间存在参数化关系。

取整添零：控制每个单个尺寸的向内取整。

拆分：选择以使用双制尺寸设置标注，从而显示已折断标注线上方和下方的分割线。只有在工具 > 选项 > 文档属性 > 尺寸中将【文本位置】设置为【实引线】，【对齐文本】时，才能拆分文本。

5.4.1.2 【尺寸】属性管理器中引线一栏图 5.4.3 的一些选项的含义

图 5.4.3 【尺寸】属性管理器 2

(1)【尺寸界线 / 引线显示】栏。

可用的箭头和引线类型取决于所选的尺寸类型。

箭头方位：可以指定箭头相对于尺寸延伸线的方位：【外侧】✕、【内侧】↙、【智能】

﹀、【指引的引线】 ⌒ 。【智能】指定在空间过小、不足以容纳尺寸文字和箭头的情况下，将箭头自动放置于延伸线外侧。【指引的引线】可以相对于特征的曲面而以任何角度定向，并可平行于特征轴而放置于注解基准面中。

尺寸被选中时，尺寸箭头上会出现圆形箭头控标。 当指针位于箭头控标上时，它的形状将变为 。 当单击箭头控标时 (如果尺寸有两个控标，可以单击任一个控标)，箭头将向外或向内反转。

尺寸链：选择此项可显示尺寸链。

样式：当尺寸具有两个箭头时，可以为每个箭头选择不同的样式。 此功能支持 JIS 尺寸标注标准。 只有当尺寸标注标准分别指定单独的样式时，尺寸 Property Manager 中才会出现两个清单。

使用文档的折弯长度：在【文档属性 – 尺寸】中使用【折弯引线长度】。 如消除选择，可以指定尺寸折断引线长度。 在框中键入一个值。

扩展折弯引线至文本：选择后，则此选项指定半径、直径、倒角和孔标注的折弯引线肩与相应文字行中文字的末端相交并对齐。

(2)【引线 / 尺寸线样式】栏。

使用文档显示：选择此选项可以使用为所选尺寸类型配置的样式和线粗。

(3)【折断线】栏。

折断线：在工程图中，在需要穿过其他尺寸或延伸线的情况下，选择要折断的尺寸和延伸线。当尺寸线被折断时，它们绕附近的线折断。如果尺寸的移动幅度较大，它可能不会绕新的附近尺寸折断。若想更新显示，解除尺寸线折断然后再将它们折断即可。

使用文档间隙：使用文档属性 – 尺寸中的值。

缝隙：如果不使用文档的默认值，请输入一个数值。

折断延伸线：折断尺寸线和其他延伸线周围的延伸线。

折断尺寸线：折断其他尺寸线和其他延伸线周围的尺寸线。

(4)【自定义文字位置】栏。

实引线，文字对齐 ⊘ 。

折断引线，水平文字 ⊘ 。

折断引线，文字对齐 ⊘ 。

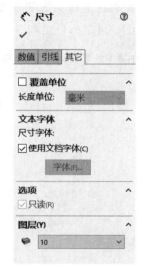

图 5.4.4 【尺寸】
属性管理器 3

5.4.1.3 【尺寸】属性管理器中其他一栏图 5.4.4 的一些选项的含义

(1)【覆盖单位】栏。

覆写在文档属性 – 单位中定义的文档单位。指定所选尺寸的单位类型。可用的选项取决于所选用的尺寸标注的类型。例如，角度单位可以是度、度 / 分、度 / 分 / 秒或弧度。

小数的用法如表 5.4.1 所示。

表 5.4.1 小数

使用文档方法	使用文档属性 – 单位小数取整中指定的小数取整方法
舍零取整	将数字 5 四舍五入的取整方法。 例如：23.75 的小数点后一位变为 23.8
取整添零	数字 5 前一位数字不变的取整方法。 例如：23.75 的小数点后一位变为 23.7
取整凑偶	数字 5 移除位数的取整方法。 当前一位是偶数时，该位数保持不变。 例如：23.85 的小数点后一位变为 23.8。当前一位是奇数时，该位数向上舍入到下一个偶数。 该方法也被称作数值修约规则。 例如：23.75 的小数点后一位变为 23.8
截断而不取整	删除位数而不取整的方法。例如：23.79 的小数点后一位变为 23.7

分数的用法如表 5.4.2 所示。

表 5.4.2 分数

分母	将尺寸显示为具有分母值的分数 (如有可能)
圆整到最近分数值	圆整到尺寸并将尺寸显示为具有分母值的分数

(2)【文本字体】栏。

尺寸字体：指定尺寸所使用的字体。 可选中【使用文档字体】，也可清除该复选框，然后单击【字体】为所选项目选择新的字体、字体样式及字体大小。

公差字体大小：指定公差尺寸所使用的字体大小。主要有以下 4 种选择：

①选择使用文档大小，以在文档属性中，使用公差字体设置针对该尺寸类型来设定公差字体大小。

②选择使用尺寸大小，以使用显示公差的尺寸中的当前字体大小来设置公差字体大小。要选择使用尺寸大小，请清除使用文档大小。

③选择字体比例，以将当前显示的公差尺寸作为比例要素来设置公差字体大小。

④选择字体高度，以将公差字体大小设置为固定高度，而无论显示的公差尺寸是多少。

套合公差字体大小：选择【使用尺寸大小】以使用显示公差的尺寸中的当前字体大小来设置公差字体大小。 清除【使用尺寸大小】以指定【字体比例】或【字体高度】。

(3)【选项】栏。

从动：指定尺寸是由其他尺寸或条件所驱动，且不能被修改。

(4)【图层】栏。

在带命名图层的工程图中为选定的尺寸选择一图层。

5.4.1.4 【自动标注尺寸】属性管理器如图 5.4.5 所示的一些选项的含义

(1)【要标注尺寸的实体】栏。

所有视图中实体：标注工程图视图中所有实体的尺寸。

已选择对象：只标注所选实体的尺寸。为要标注尺寸的所选实体单击工程图视图中的实体。

(2)【水平尺寸】栏。

模式：设置【水平尺寸标注方案】以及用作尺寸的竖直起始点（【基准－竖直模型边线】、【模型顶点】和【竖直线或点】）的实体。

水平尺寸标注方案控制尺寸类型包括基准、链以及坐标。

默认情况下，水平尺寸的竖直起始点 ⊡ 基于相对于几何坐标 x_0，y_0 的第一个竖直实体。还可以选择工程图视图中的其他竖直模型边线或点。

尺寸放置：视图以上，将尺寸放置在工程视图之上。

视图以下，将尺寸放置在工程视图之下。

(3)【竖直尺寸】栏。

模式：设置【竖直尺寸标注方案】和用作尺寸的水平起始点（【基准－水平模型边线】、【模型顶点】和【水平线或点】）的实体。

竖直尺寸标注方案控制尺寸类型包括基准、链以及坐标。

默认情况下，竖直尺寸的水平起始点 ⊡ 基于相对于几何坐标 x0，y0 的第一个竖直实体。还可以选择工程图视图中的其他水平模型边线或点。

图 5.4.5　【自动标注尺寸】属性管理器

尺寸放置：视图左侧，将尺寸放置在工程视图左侧。

视图右侧，将尺寸放置在工程视图右侧。

(4)【原点】栏。

设定尺寸原点。使用原点代替水平和竖直基准点。选择一条水平边线，将其设定为所有尺寸的零起点。如果要更改原点，可选择其他边线并单击应用。

5.4.2　创建模型项目

SolidWorks 工程图中的尺寸是与模型相关联的，并且模型中的变更会反映到工程图中。通常在生成每个零件特征时即生成尺寸，然后将这些尺寸插入各个工程图视图中。在模型中改变尺寸会更新工程图，在工程图中改变插入的尺寸也会改变模型。根据系统默认，插入的尺寸为黑色。此外，零件或装配体文件中的尺寸用蓝色显示（例如拉伸深度）。参考尺寸用灰色显示，并带有括号。

将尺寸插入所选视图时，可以插入整个模型的尺寸，也可以有选择地插入一个或多个零部件三维模型（在装配体工程图中）的尺寸或特征（在零件或装配体工程图中）的尺寸。

创建模型项目，可以将模型文件（零件或装配体）中的尺寸、注解以及参考几何体插入到工程图中，也可以将项目插入到所选特征、装配体零部件三维模型、装配体特征、工程视图或者所有视图中。当插入项目到所有工程图视图时，尺寸和注解会出现在最适当的视图中。显示在部分视图（局部视图或剖面视图）中的特征，其尺寸会先在这些视图中标注。

若想将模型项目插入到轻化工程图，工程图视图必须设定到还原。

此外，可在 Property Manager 激活时使用隐藏 / 显示指针👆。鼠标左键可移动项目，而鼠标右键则隐藏 / 显示项目。当模型项目 Property Manager 显示时，隐藏的模型项目为灰色。

还可以用下列方法操纵模型项目：

①删除：使用删除键来删除模型项目。

②拖动：使用 Shift 键将模型项目拖动到另一工程图视图中。

③复制：使用 Ctrl 键将模型项目复制到另一工程图视图。

使用模型项目命令，主要有以下 2 种调用方法。

(1) 单击【注解】工具栏中的【模型项目】按钮👷。

(2) 选择菜单栏中的【插入】选项，单击【模型项目】命令👷，如图 5.4.6 所示。

使用上述命令后系统会弹出【模型项目】属性管理器，如图 5.4.7 所示。

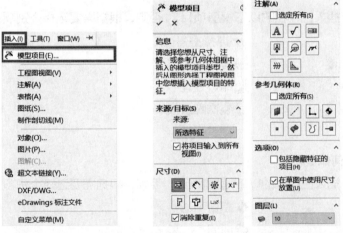

图 5.4.6 使用【模型项目】的方法　　图 5.4.7 【模型项目】属性管理器

【模型项目】属性管理器中一些选项的含义如下。

5.4.2.1【来源 / 目标】栏

整个模型：插入整个模型的模型项目。

所选特征：插入图形区域中所选特征的模型项目。

所选零部件三维模型（仅限于装配体工程图）：插入图形区域中所选零部件三维模型的模型项目。

仅对于装配体（仅限于装配体工程图）：只插入装配体特征的模型项目。例如，可插入只位于装配体中的尺寸，如距离和角度配合。

将项目输入到所有视图：将项目插入到图纸上的所有工程图视图。取消选定时，必须选取拟将模型项目插入到的工程图视图。

目标视图：列举将要插入模型项目的工程图视图。此选项在将项目输入到所有视图清除选择时可供使用。

5.4.2.2【尺寸】栏

为工程图标注

没为工程图标注

实例／圈数计数：为阵列中的【实例数】插入整数。

公差尺寸：仅插入具有公差的尺寸。

异型孔向导轮廓：为以异型孔向导生成的孔插入横断面草图的尺寸。

异型孔向导位置：为以异型孔向导生成的孔插入横断面草图的尺寸。

孔标注：给异型孔向导特征插入孔标注。

消除重复：仅插入唯一的模型项目，不插入重复项目。

5.4.2.3【注解】栏

选择所有：插入已存在的以下模型项目。否则，根据需要选择个别项目。

A 注释	焊接符号
表面粗糙度	履带
形位公差	端点处理
基准点	装饰螺纹线
基准目标	

5.4.2.4【参考几何体】栏

选择所有：插入已存在的以下模型项目。否则，根据需要选择个别项目。

基准面	质量中心
轴	曲面
原点	曲线
点	步路点

5.4.2.5【选项】栏

包括隐藏特征的项目：插入隐藏特征的模型项目。清除此选项以防止插入属于隐藏模型项目的注解。过滤隐藏模型项目将会降低系统性能。

在草图中使用尺寸放置：将模型尺寸从零件中插入到工程图的相同位置。

5.4.2.6【图层】栏

在带命名图层的工程图中为选定的尺寸选择一图层。

注意事项：

插入模型项目时，系统会自动将模型尺寸或者其他注解插入到工程图中。当模型特征很多时，插入的模型尺寸会显得很乱，因此在建立模型时需要注意以下两点：

(1) 因为只有在模型中定义的尺寸才能插入到工程图中，所以，在将来特征建模时，要养成良好的习惯，并且使草图处于完全定义状态。

(2) 在绘制模型特征草图时，应仔细设置草图尺寸的位置，这样可以减少尺寸插入到工程图后调整尺寸的时间。

5.4.3 标注形位公差

为满足设计和加工的需要，必须在工程图中添加形位公差，形位公差包括代号、公差值及原则等内容。

形位公差符号使用特性选择控制框将形位公差添加到零件和工程图。 SolidWorks 软件支持 ASME Y14.5.2.1009 几何和实际位置公差准则。

可放置形位公差符号于工程图、零件、装配体或草图中的任何地方，可显示引线或不显示引线，并可附加符号于尺寸线上的任何地方。形位公差符号的属性对话框可根据所选的符号而提供各种选择。只有那些适用于所选符号的属性才可用。

形位公差符号可有任何框数。指针在位于形位公差符号上时变成 。可不必关闭对话框而添加多个符号；可显示多条引线；可按住 Ctrl 并拖动引线附加点将更多引线添加到现有符号。

若要编辑现有符号，双击该符号，或用右键单击符号并选择属性。将形位公差符号的引线从模型边线拖离时，将生成一自动尺寸界线。

使用形位公差命令，主要有以下 2 种调用方法。

(1) 单击【注解】工具栏中的【形位公差】按钮 。

(2) 选择菜单栏中的【插入】选项，单击【形位公差】命令 ，如图 5.4.8 所示。

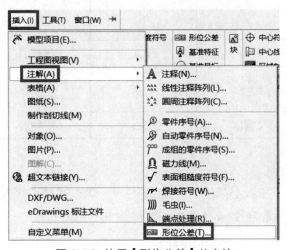

图 5.4.8 使用【形位公差】的方法

使用上述命令后系统会弹出【形位公差】属性对话框，如图 5.4.9 所示。

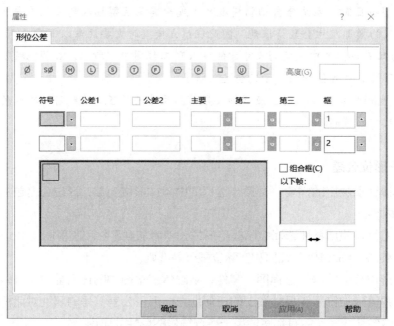

图 5.4.9 【形位公差】属性对话框

【形位公差】属性对话框中一些选项的含义如下：

(1)【符号】栏 (表 5.4.3)。

表 5.4.3　符号

直度	平度	圆性	圆柱度	直线轮廓
曲面轮廓	平行	垂直	倾斜度	环向跳动
全跳动	位置度	同心	对称度	无

(2)【材料条件】栏。

选取一材料条件。指针必须位于公差或者主要、第二或第三框内才可插入材料条件。只有那些适合于所选符号 (表 5.4.4) 的材料条件才可以使用。

表 5.4.4 符号

∅	s∅	Ⓜ
直径	球形直径	最大材质条件
Ⓛ	Ⓢ	Ⓣ
Least Material Cndition	无论特征大小	相切平面
Ⓕ	Ⓢⓣ	Ⓟ
自由状态	统计	投影公差
□	Ⓤ	▷
正方形	不相等排列轮廓	平移

(3)【高度】栏。

如果单击投影公差Ⓟ，在高度中输入投影公差带 (PTZ)

(4)【公差】栏。

为公差 1 和公差 2 键入公差值。

(5)【单位基本公差】栏。

可根据单位应用平坦或笔直公差。 通过在公差值后加一正斜线 (/)， 然后输入单位面积或单位长度准则来应用单位基础公差。

(6)【主要、第二、第三】栏。

为主要、第二和第三基准输入基准名称和材料条件符号。

(7)【框】栏。

生成额外框。 可以根据需要定义任意数量的框，使用方框来移动框，每次只可在对话框中看到两个框。

(8)【组合框】栏。

组合两个框的符号。

(9)【框下方】栏。

在特征控制框下添加文字。

(10)【介于两点间】栏。

如果公差值适用于两个点或实体之间，键入点的标号。

单击【注解】工具栏中的【形位公差】按钮▣。此时系统不仅会弹出【形位公差】属性对话框，还会弹出【形位公差】属性管理器，如图 5.4.10 所示。

图 5.4.10 【形位公差】属性管理器

【形位公差】属性管理器中一些选项的含义如下：

(1)【样式】栏。

可为尺寸和各种注解(注释、形位公差符号、表面粗糙度符号及焊接符号)定义与文字处理文件中段落样式相似的样式。使用带注解的样式时，可重复常用的符号。

样式的基本功能主要包括为以下 4 点：

①添加注解时，可预选一使用样式的项目，此样式将成为新项目的默认值。如果先单击一位置，则新项目无样式被使用。

②不能将样式应用到由孔标注所生成的尺寸。

③使用插入模型项目将零件或装配体中的尺寸插入到工程图中时，尺寸的常用尺寸输入原来的模型，并且不能将工程图样式指派给所插入的尺寸。可将零件或装配体样式装入到工程图。在此情况下，对工程图中样式的更改也会更改零件或装配体文件中的样式。

④可将零件或装配体样式装入到工程图。对工程图中样式的更改也会更改零件或装配体文件中的样式。

样式栏中共有 5 个选项，分别是

将默认属性应用到所选项目 。

添加或更新样式 。

删除样式 。

保存样式 。

装入样式 。

(2)【引线】栏。

显示可用的形位公差符号引线类型 (表 5.4.5)。

表 5.4.5　引线

	引线		引线靠左
	多转折引线		引线向右
	无引线		引线最近
	自动引线		全周
	直引线		全部绕过此侧
	折弯引线		遍及
	垂直引线		全部通过此侧

(3)【文字】栏。

形位公差符号自动出现在中央文字框，由 <Gtol> 表示。 将指针放置在文本框中的任意位置以插入文本。

(4)【引线 / 框架样式】栏。

使用文档显示

选择此选项可使用文档属性 > 形位公差中所配置的样式和线粗。

清除指定样式▦或厚度▤。

(5)【角度】栏。

输入角度 。

水平设定▣▣：将角度设定到 0°。

竖直设定 ▦ ：将角度设定到 90°。

(6)【格式】栏。

允许使用默认字体。 消除使用文件字体，然后单击字体选取字体样式和大小。

(7)【图层】栏。

在带命名图层的工程图中为选定的尺寸选择一图层。

5.4.4　标注基准特征符号

有些形位公差需要有参考基准特征，需要指定公差基准。使用基准特征命令，主要有以下 2 种调用方法：

(1) 单击【注解】工具栏中的【基准特征】按钮▣ 。

(2) 选择菜单栏中的【插入】选项，单击【基准特征】命令▣，如图 5.4.11 所示。

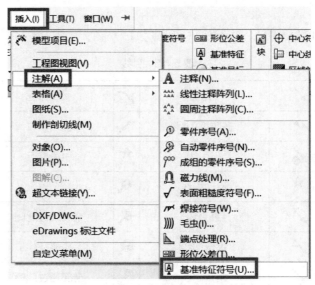

图 5.4.11 使用【基准特征】命令的方法

使用上述命令后系统会弹出【基准特征】属性管理器，如图 5.4.12 所示。

图 5.4.12 【基准特征】属性管理器

【基准特征】属性管理器中一些选项的含义如下。

5.4.4.1 【样式】栏

可为尺寸和各种注解（注释、形位公差符号、表面粗糙度符号及焊接符号）定义与文字处理文件中段落样式相似的样式。使用带注解的样式时，可重复常用的符号。

样式的基本功能主要包括为以下 4 点：

①添加注解时，可预选一使用样式的项目，而此样式将成为新项目的默认值。如果先单击一位置，则新项目无样式被使用。

②不能将样式应用到由孔标注生成的尺寸。

③使用插入模型项目将零件或装配体中的尺寸插入到工程图中时，尺寸的常用尺寸输入原来的模型，并且不能将工程图样式指派给所插入的尺寸。可将零件或装配体样式装入到工程图。在此情况下，对工程图中样式的更改也会更改零件或装配体文件中的样式。

④可将零件或装配体样式装入到工程图。对工程图中样式的更改也会更改零件或装配体文件中的样式。

样式栏中共有 5 个选项，分别是：

将默认属性应用到所选项目 。

添加或更新样式 。

删除样式 。

保存样式 。

装入样式 。

5.4.4.2【标号设定】栏

标号：文字出现在基准特征框中。

5.4.4.3【引线】栏

使用文档样：文档样式遵循【文档属性】>【基准点】中指定的设置。清除此选项可选择不同的框样式和附加样式。每个框样式都有一组不同的附加样式。

肩角：选项添加折弯至符号。肩角折弯根据附加边线始终为水平或竖直。如果为圆形边线添加符号，则系统将自动选取【肩角】选项。

标注基准特征的引线如符号如表 5.4.6 所示。

表 5.4.6 引线

	方形		竖直		带肩角的虚三角形
	圆形		水平		引线靠左
	无引线		实三角形		引线靠右
	垂直		带肩角的实三角形		引线最近
	引线		虚三角形		

5.4.4.4【文字】栏

形位公差符号自动出现在中央文字框，由 <Gtol> 表示。将指针放置在文本框中的任意位置以插入文本。

5.4.4.5【引线 / 框架样式】栏

使用文档显示。选择此选项可使用文档属性 > 形位公差中所配置的样式和线粗。

5.4.4.6【图层】栏

在带命名图层的工程图中为选定的尺寸选择一图层。

5.4.5 标注表面粗糙度符号

表面粗糙度表示零件表面加工的程度，必须选择工程图中实体边线才能标注表面粗糙度符号。表面粗糙度符号由组合符号和刀痕方向 (刀痕的方向) 组成。

使用表面粗糙度符号命令，主要有以下 2 种调用方法：

(1) 单击【注解】工具栏中的【表面粗糙度符号】按钮 √ 。

(2) 选择菜单栏中的【插入】选项，单击【表面粗糙度符号】命令 √ ，如图 5.4.13 所示。

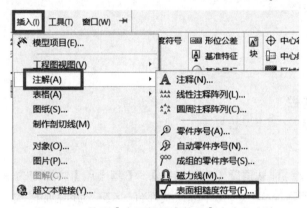

图 5.4.13 使用【表面粗糙度符号】命令的方法

使用上述命令后系统会弹出【表面粗糙度符号】属性管理器，如图 5.4.14 所示。

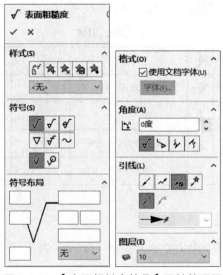

图 5.4.14 【表面粗糙度符号】属性管理器

【表面粗糙度符号】属性管理器中一些选项的含义如下：

5.4.5.1 【样式】栏

可为尺寸和各种注解（注释、形位公差符号、表面粗糙度符号及焊接符号）定义与文字处理文件中段落样式相类似的样式。使用带注解的样式时，可重复常用的符号。

样式的基本功能主要包括为以下 4 点：

(1) 添加注解时，可预选一使用样式的项目，而此样式将成为新项目的默认值。如果先单击一位置，则新项目无样式被使用。

(2) 不能将样式应用到由孔标注所生成的尺寸。

(3) 使用插入模型项目将零件或装配体中的尺寸插入到工程图中时，尺寸的常用尺寸输入原来的模型，并且不能将工程图样式指派给所插入的尺寸。可将零件或装配体样式装入到工程图。在此情况下，对工程图中样式的更改也会更改零件或装配体文件中的样式。

(4) 可将零件或装配体样式装入到工程图。对工程图中样式的更改也会更改零件或装配体文件中的样式。

样式栏中共有 5 个选项，分别是：

将默认属性应用到所选项目 。

添加或更新样式 。

删除样式 。

保存样式 。

装入样式 。

5.4.5.2 【符号】栏 (表 5.4.7)

表 5.4.7　符号

	基本		全周
	要求切削加工		JIS 基本
	禁止切削加工		需要 JIS 切削加工
	本地		禁止 JIS 切削加工

5.4.5.3 【符号布局】栏

为 ANSI 符号及使用 ISO 标准和 2002 以前相关标准的符号周围的预定义位置指定文字，分别是【最大粗糙度】、【最小粗糙度】、【材料移除系数】、【加工方法 / 代号】、【抽样长度】、【其他粗糙度值】、【粗糙度间隔】以及【刀痕方向】。

5.4.5.4 【格式】栏

使用文档字体：若要为符号和文字指定不同的字体，选中然后单击字体。

5.4.5.5【角度】栏

角度 ⌐: 为符号设定旋转的角度。正的角度逆时针旋转注释。

√ 竖直 .

↘ 旋转 9° 。

⌄ 垂直。

↗ 垂直 (反转)。

5.4.5.6【引线】栏

显示可用的形位公差符号引线类型 (表 5.4.8)。

表 5.4.8　引线

↙	引线	★	自动引线
↗	多转折引线	✗	直引线
🚫	无引线	✗	折弯引线

5.4.5.7【图层】栏

在带命名图层的工程图中给选定的尺寸选择一图层。

5.4.6　添加注释

使用【注释】工具可以为工程图添加文字信息和一些特殊要求的标号。

在文档中,注释可为自由浮动或固定,也可带有一条指向某项(面、边线或顶点)的引线。注释可以包含简单的文字、符号、参数文字或超文本链接。引线可以是直线、折线或多转折引线。

有关注释的事项:

(1) 为当前文件设定注释选项的方法:单击工具 > 选项 > 文档属性 > 注解 > 注释。

(2) 可在注释中插入超文本链接。可将注释链接到文档、自定义或配置特定的属性。

(3) 可给注释添加零件序号。可以在注释和零件序号中包含区域信息。

(4) 可在注释中插入注解。插入注解到注释中时,可在注释 Property Manager 中生成新的注解,或在工程图中选择一现有注解。可以对整个注释和部分注释应用边界。

(5) 编辑包含变量的注释时,可显示变量名称或显示变量的内容。单击视图 > 注解链接变量来查看变量名称。可通过先键入注释然后调整边界框大小,或调整注释的边界框。如果想将注释文字在标题块中成形到边界,边界框很有用。

(6) 可在注释的开头按 Tab 键将注释缩进。然而,这在注释中间处不可使用。折弯注释显示在包含钣金零件平板形式的工程图视图中。

添加注释命令,主要有以下 2 种调用方法:

(1) 单击【注解】工具栏中的【注释】按钮 **A**。

(2) 选择菜单栏中的【插入】选项，选择【注解】按钮，单击【注释】命令 **A**，如图 5.4.15 所示。

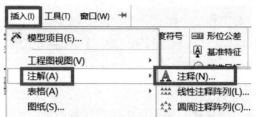

图 5.4.15 使用【注释】的方法

使用上述命令后系统会弹出【注释】属性管理器，如图 5.4.16 所示。

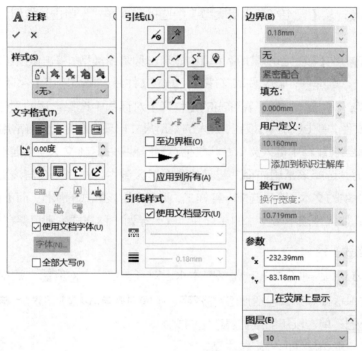

图 5.4.16 【注释】属性管理器

【注释】属性管理器中一些选项的含义如下。

5.4.6.1 【样式】栏

可为尺寸和各种注解（注释、形位公差符号、表面粗糙度符号及焊接符号）定义与文字处理文件中段落样式相类似的样式。当使用带注解的样式时，可重复常用的符号。

样式的基本功能主要包括为以下 4 点：

(1) 添加注解时，可预选一使用样式的项目，而此样式将成为新项目的默认值。如果先单击一位置，则新项目无样式被使用。

(2) 不能将样式应用到由孔标注所生成的尺寸。

(3) 使用插入模型项目将零件或装配体中的尺寸插入到工程图中时，尺寸的常用尺寸输入原来的模型，并且不能将工程图样式指派给所插入的尺寸。可将零件或装配体样式装入到工程图。在此情况下，对工程图中样式的更改也会更改零件或装配体文件中的样式。

(4) 可将零件或装配体样式装入到工程图。对工程图中样式的更改也会更改零件或装配体文件中的样式。

样式栏中共有 5 个选项，分别是：

将默认属性应用到所选项目 ：将默认类型应用到所选注释中。

添加或更新样式 ：单击该按钮，在弹出的属性管理器中输入新名称，然后单击【确定】按钮，即可将常用类型添加到文件中。

删除样式 ：从【设定当前常用类型】中选择一种样式，单击该按钮，即可将常用类型删除。

保存样式 ：在【设定当前常用类型】中显示一种常用类型，单击该按钮，在弹出的【另存为】对话框中，选择保存该文件的文件夹，编辑文件名，最后单击【保存】按钮。

装入样式 ：单击该按钮，在弹出的【打开】对话框中选择合适的文件夹，然后选择一个或者多个文件，单击【打开】按钮，装入的常用尺寸出现在【设定当前常用类型】列表中。

带文本：如果在注释中键入文本并将其另存为一种样式，该文本便会随注释属性保存。当生成新注释时，选择该常用注释并将其放在图形区域中，注释便会与该文本一起出现。如果先选择文件中的文本，然后选择一种样式，便会应用该样式的属性，而不更改所选文本。

不带文本：如果生成不带文本的注释并将其另存为一种样式，则只保存注释属性。

5.4.6.2【文字格式】栏

文字对齐方式有两种分类：一是将文本水平对齐，包括左对齐 、居中 以及右对齐 ；二是将文本垂直对齐，包括顶部对齐 、中间对齐 以及底部对齐 。

套合文字 ：单击以压缩或扩展选定的文本。

角度 ：正的角度逆时针旋转注释。

插入超文本链接 ：给注释添加超文本链接。 整个注释成为超文本链接。下划线不会自动添加，但可通过取消选择使用文档字体并单击字体进行添加。

链接到属性 ：允许从工程图中的任何模型访问工程图属性和零部件三维模型属性，以便将链接添加到文本字符串。

添加符号 ：访问符号库以给文本添加符号。 将指针放置在想使符号出现的注释文本框中，然后单击添加符号。

锁定 / 解除锁定注释 ：只在工程图中可用。将注释固定到位，编辑注释时，可调整边界框，但不能移动注释本身。

插入形位公差 ：在注释中插入形位公差符号。形位公差 Property Manager 和【属性】对话框打开，这样可定义符号。

插入表面粗糙度符号 $\sqrt{}$：在注释中插入表面粗糙度符号。表面粗糙度 Property Manager 打开，这样可定义符号。

插入基准特征 ：在注释中插入基准特征符号。基准特征 Property Manager 打开，这样可定义符号。如果工程图中有现有形位公差、表面粗糙度或基准特征符号，可在编辑注释时单击符号在注释中插入符号。若想编辑符号，必须在工程图图纸中编辑现有符号。编辑现有符号时，注解的所有实例在图纸中更新。

添加区域 ：将区域信息插入到文字中。在添加区域对话框中，选择一项：

　　　　区域：插入列和行，例如 E2。

　　　　区域列：仅插入列，例如 E。

　　　　区域行：仅插入行，例如 2。

标识注解库 ：在带标识注解库的工程图中，将标识注解插入到注释中。

链接表格单元格：链接注释到任何材料明细表或孔表格单元格的内容。

插入 DimXpert 常规轮廓公差 ：在注释中插入全部常规轮廓公差特征控制框。

手工视图标号：仅适用于投影视图、局部视图、剖面视图、旋转剖视图及辅助视图标号。覆盖文档属性－视图标号中的选项。在选取时，可编辑标号文字。如果取消选择复选框，则标号将根据相应的【视图标号】选项更新。

使用文档布局：取消选择后，在下次编辑文档属性或重建时，无须 SolidWorks 软件自动移动／移除内容，就可以将内容添加到标签中。

使用文档字体：使用在【文档属性】－【注释】中指定的字体。

字体：当已清除【使用文档字体】时，单击【字体】以打开选择字体对话框。选取新的字体样式、大小及其他文本效果。

全部大写：将注释文本设置为大写显示。

文本以大写显示，但实际文本值未转换。如果在窗口中编辑对话框中或自定义对话框自定义页面中编辑文本值，则会显示初始输入的文本。要开启或关闭全部大写设置而不打开 Property Manager，请选择注释或零件序号，然后单击 Shift + F3。

包括前缀、后缀及尺寸的公差：当选择此选项时，如果将尺寸插入到注释中，包括在尺寸中的任何符号或公差将出现在注释中。清除此选项时，尺寸出现在注释中，但将省略任何符号或公差。

5.4.6.3【引线】栏

引线 ：从注释生成到工程图的简单引线。

多转折引线 ：从注释生成到工程图的具有一个或多个折弯的引线。

样条曲线引线 S^x：只在工程图中可用。从注释生成到工程图的简单引线。要修改样条曲线引线，请选择注释并拖动控制顶点。

VDA 引线 ⚲：只在工程图中可用。与圆形零件序号一起用于生成 VDA 零件序号，这些零件序号常用于德国汽车行业。

无引线 ⚋

自动引线 ⚟：如果选取诸如模型或草图边线之类的实体则自动插入引线。

引线靠左 ⚟：从注释的左侧开始。

引线向右 ⚟：从注释的右侧开始。

引线最近 ⚟：选择从注释的左侧或右侧开始，取决于哪一侧最近。

直引线 ⚟

弯引线 ⚟

下划线引线 ⚟

在上部附加引线 ⚟：在多行注释中，附加引线到注释上端。

在中央附加引线 ⚟：在多行注释中，附加引线到注释中央。

在底部附加引线 ⚟：在多行注释中，附加引线到注释底端。

最近端附加引线 ⚟：在多行注释中，左引线附加到注释上端，右引线附加到注释底端。

始终附加到零件序号 ⚟：将零件序号引线设置为始终附加到零件序号。

断开条件 ⚟：将零件序号引线设置为达到一定数量时断开。

至边界框：选择以定位边界框而非注释内容的引线。 与注释相关的引线根据边界框的尺寸而非文本垂直对齐。

箭头样式：选择箭头样式。

智能箭头 ➡：将根据详图标准选用适当的箭头。

应用到所有: 选择该选项将更改应用到所选注释的所有箭头。如果所选注释有多条引线，而自动引线未选中，可以为每个单独引线使用不同的箭头样式。

5.4.6.4【引线样式】栏

使用文档显示。

选择此选项可使用文档属性 > 形位公差中所配置的样式和线粗。

清除指定样式 ⚟ 或厚度 ⚟。

5.4.6.5【边界】栏

样式：给文字周围指定一几何形状（或无）。 可以对整个注释和部分注释应用边界。对于部分注释，选取注释的任何部分并选择边界。

大小: 选项包括指定文字是否紧密配合、固定的字符数、用户定义(可在此处设置大小)。如果选择紧密配合，可以添加填充以指定边框和文字之间的位移。

添加到标识注解库：可用于数字格式的注释。 左键单击标识注解编号，然后选择添加到标识注解库。

5.4.6.6 【换行】栏

换行：选择启用【换行】(可选)，并在自动换行宽度中输入注释文本框的宽度。

5.4.6.7 【参数】栏

X 坐标 $^\bullet$x：输入注释的中央位置。

Y 坐标 $^\bullet$Y：输入注释的中央位置。

在荧屏上显示：输入注释在图形区域中的位置。如果使用在屏幕上显示，X 和 Y 坐标将在键入坐标的图形区域中显示。(0，0) 位置是工程图图纸的左下角。

5.4.6.8 【图层】栏

在带命名图层的工程图中为选定的尺寸选择一图层。

5.5 螺钉工程图范例

螺钉是一种常见的紧固件，在机械、电器及建筑物上广泛使用主要是利用物体的斜面圆形旋转和摩擦力的物理学和数学原理，循序渐进地紧固器物机件的工具。

本节将生成一个内六角圆柱头螺钉的零件图，螺钉如图 5.5.1 所示。这类螺钉的头部埋入构件中，可施加较大的扭矩，连接强度较高，常用于结构要求紧凑、外观平滑的联接处。

图 5.5.1 内六角圆柱头螺钉

首先创建前视图，然后创建标准三视图。根据需要将俯视图改为剖视图。再对图形标注尺寸和公差，以及基准符号、形位公差以及粗糙度。最后添加注释，标注技术要求，完成工程图的创建。如图 5.5.2 所示。

具体操作步骤如下：

(1) 打开零件。单击快速访问工具栏中的【打开】按钮 ，在弹出的【打开】对话框中选择将要转换为工程图的【内六角圆柱头螺钉】文件，然后单击【打开】按钮，打开零件模型文件，如图 5.5.3 所示。

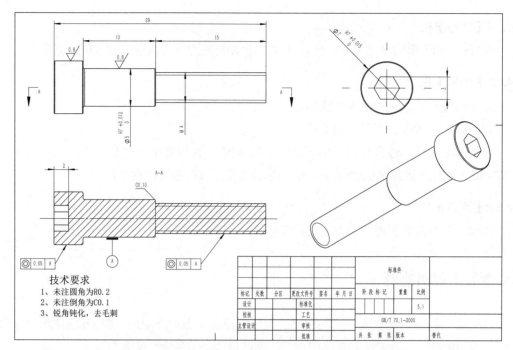

图 5.5.2 内六角圆柱头螺钉工程图

图 5.5.3 打开内六角圆柱头螺钉零件

（2）新建工程图文件。单击【文件】菜单栏中的【从零件制作工程图】按钮，如图 5.5.4 所示。此时系统会自动生成【内六角圆柱头螺钉】工程图文件。

（3）创建前视图和左视图。完成上述两步后，软件右侧将出现内六角圆柱头螺钉零件的所有视图，如图 5.5.5 所示。选中前视图，按住鼠标左键，将前视图拖动到图纸上的适当位置，此时系统会出现如图 5.5.6 所示的放置框。

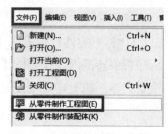

图 5.5.4 从零件制作工程图

松开鼠标左键，正视图如图 5.5.7 所示。将鼠标向右侧移动，此时系统会出现右视图图形，在图纸中选择适当的位置单击鼠标左键，放置左视图，如图 5.5.8 所示。

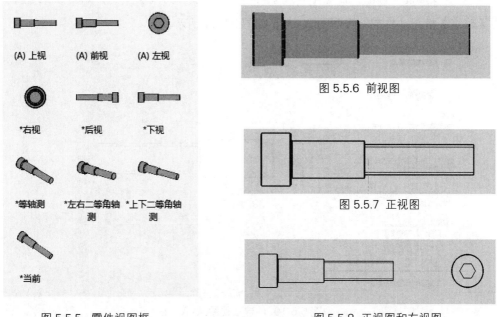

图 5.5.5 零件视图框

图 5.5.6 前视图

图 5.5.7 正视图

图 5.5.8 正视图和左视图

(4) 修改视图。在图形窗口中的空白区域右击，在弹出的快捷菜单中选择【属性】命令，此时会出现【图纸属性】对话框，如图 5.5.9 所示，在【比例】栏中将比例设置成 5:1。单击【确定】按钮，将会看到此时的视图将在图纸区域显示成放大 5 倍的状态。

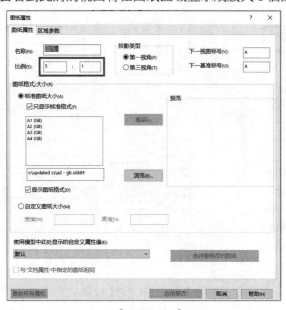

图 5.5.9 【图纸属性】对话框

(5) 创建剖视图 A–A。单击【工程图】工具栏中的【剖面视图】按钮，在属性管理器中选择【水平】切割线，在图形操作窗口放置切割线，如图 5.5.10 所示。此时系统弹出【剖面视图 A–A】属性管理器，在【剖切线】栏中单击【反转方向】按钮，如图 5.5.11 所示。单击【确定】按钮，生成剖面视图 A–A，如图 5.5.11 所示。

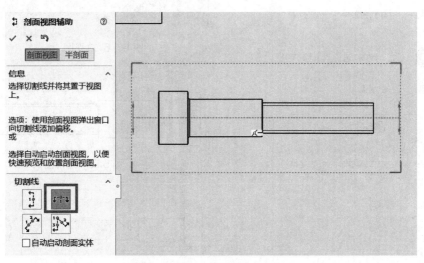

图 5.5.10　创建剖视图 A–A

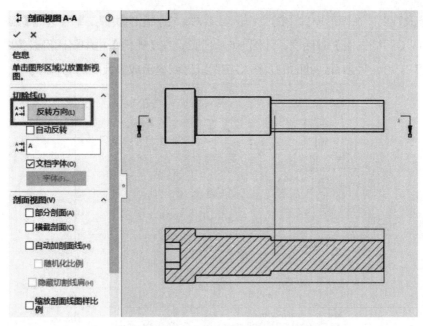

图 5.5.11　【剖视图 A–A】属性管理器

(6) 创建轴测视图。单击【工程图】工具栏中的【投影视图】按钮。鼠标左键选中左视图，向左下角移动，单击放置轴测视图。调整轴测视图位置，拖动视图到图纸右下角，如图 5.5.12

所示。

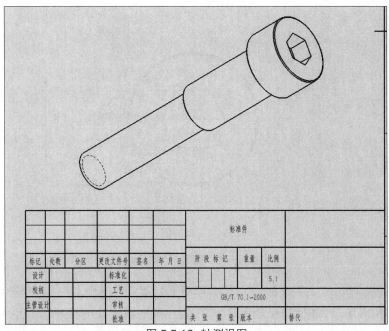

图 5.5.12 轴测视图

(7) 标注前视图基本尺寸。单击【注解】选项栏中的【智能尺寸】按钮，依次标记尺寸，如图 5.5.13、图 5.5.14 以及图 5.5.15 所示。

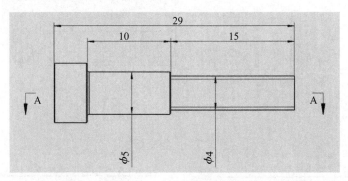

图 5.5.13 前视图基本尺寸

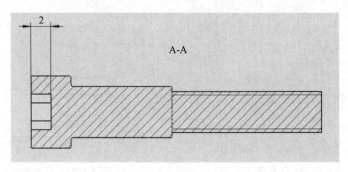

图 5.5.14 俯视图基本尺寸

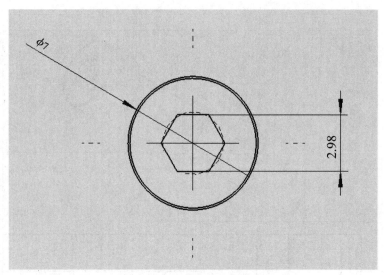

图 5.5.15 左视图基本尺寸

(8) 修改前视图尺寸。单击前视图中螺纹线的直径尺寸，在鼠标右上角会出现一个特殊符号，如图 5.5.16 所示。将鼠标移动到这个符号上，此时系统会出现一个对话框，如图 5.5.17 所示。将【文本在左】栏中的字母改为 M，如图 5.5.18 所示。

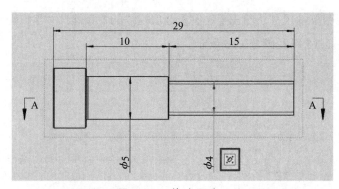

图 5.5.16 修改尺寸 1

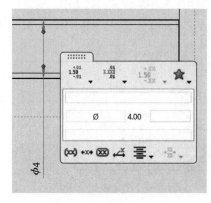

图 5.5.17 修改尺寸 2

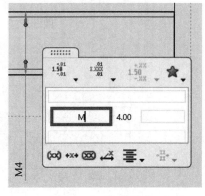

图 5.5.18 修改尺寸 3

(9) 修改左视图尺寸。单击正六边形尺寸，此时系统会弹出【尺寸】属性管理器。选中【覆盖数值】复选框，在下栏中输入 3，如图 5.5.19 所示。点击确定按钮，完成尺寸修改。此时会看到左视图中有一环形虚线，这是装饰螺纹线，需要将其隐藏。鼠标右键单击装饰螺纹线，在弹出的下拉菜单中点击隐藏按钮，如图 5.5.20 所示。

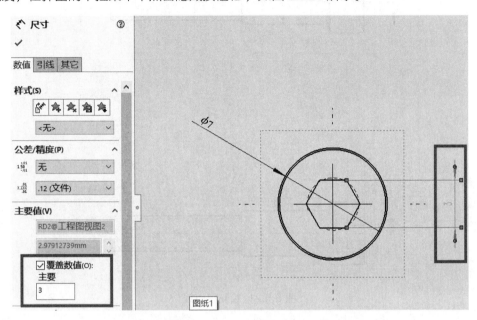

图 5.5.19 【尺寸】属性管理器

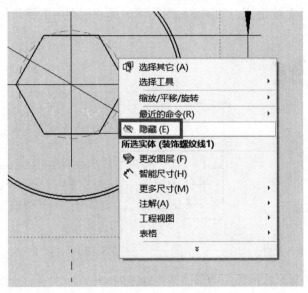

图 5.5.20 下拉菜单

(10) 绘制中心线。单击【注解】选项栏中【中心线】按钮，绘制视图中缺少的中心线，用鼠标将中心线拉长，如图 5.5.21 所示。

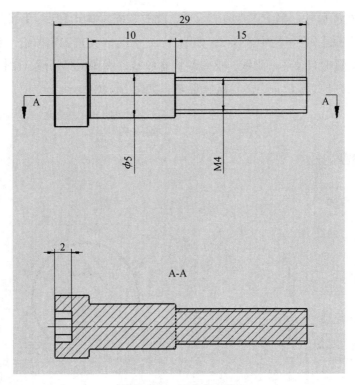

图 5.5.21 绘制中心线

(11) 标注倒角尺寸↘。单击【注解】工具栏中的智能尺寸下拉菜单,在弹出的下拉菜单中单击【倒角尺寸】按钮↘,如图 5.5.22 所示。标注视图中的倒角尺寸。最终得到的结果如图 5.5.23 所示。

图 5.5.22 使用倒角尺寸

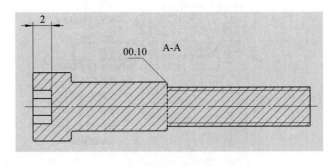

图 5.5.23 标注倒角尺寸

(12) 标注尺寸公差。在前视图中单击选择轴径为 Φ5 的尺寸标注,此时系统会出现【尺寸】属性管理器,在【公差/精度】栏中,【公差类型】选择【与公差套合】$1.50^{+.01}_{-.01}$,在【孔套合】□中选中 H7,在【公差单位等级】下拉列表中选择单位为【.123】。其他设置选项如图 5.5.24 所示。

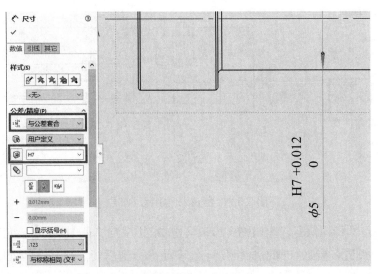

图 5.5.24 标注尺寸公差

在左视图中单击选择轴径为 Φ7 的尺寸标注，此时系统会出现【尺寸】属性管理器，在【公差 / 精度】栏中，【公差类型】选择【与公差套合】，在【孔套合】中选中 H7，在【公差单位等级】下拉列表框中选择单位为【.123】。其他设置选项如图 5.5.25 所示。

图 5.5.25 标注尺寸公差

(13) 标注粗糙度。单击【注解】工具栏中的【表面粗糙度符号】按钮，弹出【表面粗糙度】属性管理器，设置各参数，【符号】栏中选择【要求切削加工】，在【符号布局】栏中，【最小粗糙度】这里输入 0.8，如图 5.5.26 所示。设置完成后，移动光标到需要标注表面粗糙度的位置，单击即可完成标注。单击【确定】按钮，表面粗糙度即可标注完成。

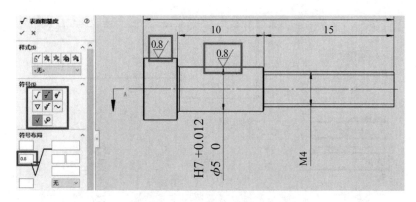

图 5.5.26　标注表面粗糙度符号

(14)标注基准特征符号。单击【注解】工具栏中的【基准特征】按钮，弹出【基准特征】属性管理器，设置各参数如图 5.5.27 所示。移动光标到需要添加基准特征的位置单击，然后拖动到合适的位置再次单击，完成标注。单击【确定】按钮退出，效果如图 5.5.27 所示。

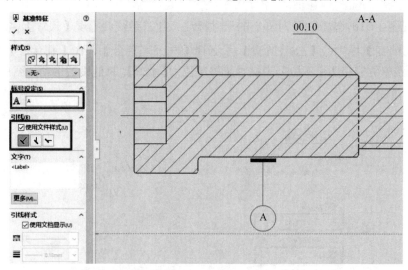

图 5.5.27　标注基准特征符号

(15) 标注形位公差。单击【注解】工具栏中的【形位公差】按钮，弹出【形位公差】对话框，设置各参数，在【符号】栏中选择圆柱度，在【公差 1】栏中输入 0.05，在【主要】栏中输入 A，如图 5.5.28 所示。移动光标到需要添加形位公差的位置单击，然后拖动到合适的位置再次单击，完成标注。系统左侧会弹出【形位公差】属性管理器，设置各参数如图 5.5.29 所示。单击【确定】按钮退出，最终效果如图 5.5.30 所示。

(16)添加注释。单击【注解】工具栏中的【注释】按钮，为工程图添加注释部分(技术要求：①未注圆角为 R0.2；②未注倒角为 C0.1；③锐角钝化，去毛刺)，如图 5.5.31 所示。

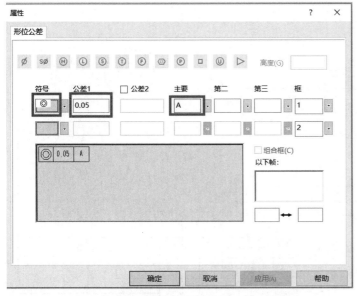

图 5.5.28 设置【形位公差】属性对话框

图 5.5.29 设置
【形位公差】
属性管理器

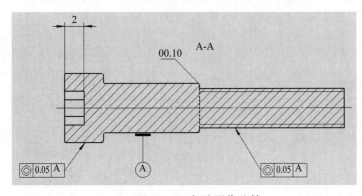

图 5.5.30 标注形位公差

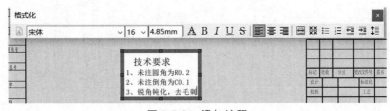

图 5.5.31 添加注释

(17) 保存工程图文件。单击菜单栏保存按钮，保存文件。最终工程图如图 5.5.32 所示。

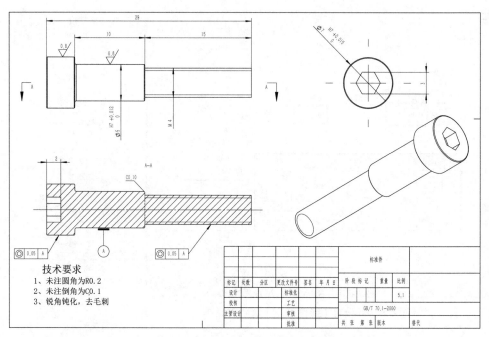

图 5.5.32 内六角圆柱头螺钉工程图

5.6 支架工程图范例

本节将生成一个支架的零件图，如图 5.6.1 所示。

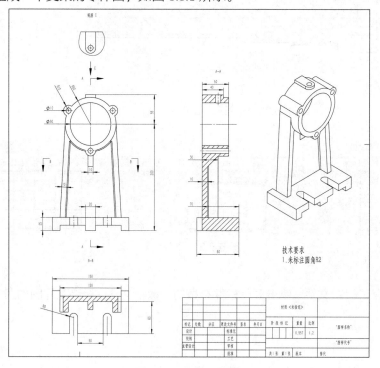

图 5.6.1 支架工程图

具体操作步骤如下：

(1)新建文件。单击快速访问工具栏中的【新建】按钮,在弹出的【新建 SolidWorks 文件】对话框中单击【高级】按钮 ，然后选择【模板】栏下的【gb_a2】图纸格式,最后单击【确定】按钮,创建一个新的工程图文件,如图 5.6.2 和图 5.6.3 所示。

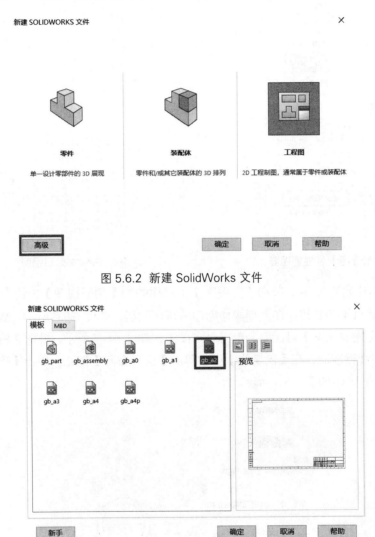

图 5.6.2 新建 SolidWorks 文件

图 5.6.3 选择【gb_a2】图纸格式

(2) 创建视图。此时系统会在左侧自动弹出如图 5.6.4 所示的【模型视图】属性管理器,采用默认设置。如果未能弹出【模型视图】属性管理,则需手动单击【工程图】工具栏中的【模型视图】按钮 。单击 按钮,此时【模型视图】属性管理器如图 5.6.4 所示。在【方向】栏中选择【前视】类型 ,在【比例】栏中选中【使用图纸比例】单选按钮,拖动视图到适当位置,单击鼠标放置,再单击【确定】按钮,完成前视图的创建。

此时系统会自动弹出【投影视图】属性管理器，单击确定按钮，不使用【投影视图】命令。工程图如图 5.6.5 所示。

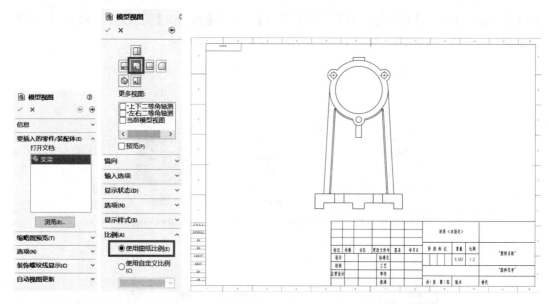

图 5.6.4 【模型视图】属性管理器   图 5.6.5 支架前视图

(3) 创建剖视图 A–A。单击【工程图】工具栏中的【剖面视图】按钮 ↕，在属性管理器中选择【竖直】切割线，在图形操作窗口放置切割线，如图 5.6.6 所示。放置切割线后，系统会弹出【剖面视图】对话框，单击确定按钮，如图 5.6.7 所示。此时系统弹出【剖面视图 A–A】属性管理器，在【剖切线】栏中单击【反转方向】按钮。单击【确定】按钮，生成剖面视图 A–A，如图 5.6.8 所示。

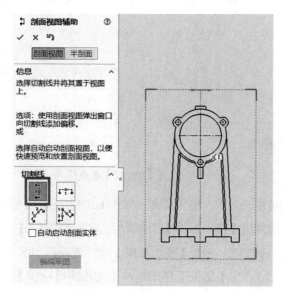

图 5.6.6 创建剖视图 A–A

图 5.6.7 【剖面视图】对话框

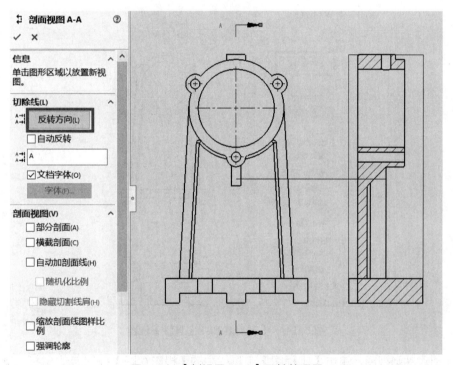

图 5.6.8 【剖视图 A–A】属性管理器

(4) 创建剖视图 B–B。单击【工程图】工具栏中的【剖面视图】按钮 ⇅，在属性管理器中选择【水平】切割线，在图形操作窗口放置切割线，如图 5.6.9 所示。放置切割线后，系统会弹出【剖面视图】对话框，单击确定按钮（图 5.6.10），此时系统弹出【剖面视图 B–B】属性管理器。在【剖切线】栏中单击【反转方向】按钮。单击【确定】按钮，生成剖面视图 B–B，如图 5.6.11 所示。

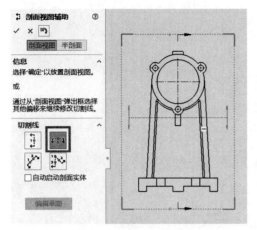

图 5.6.9 创建剖视图 A–A

图 5.6.10 【剖面视图】对话框

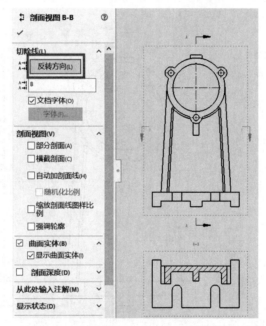

图 5.6.11 【剖视图 B–B】属性管理器

    (5) 创建轴测视图。单击【工程图】工具栏中的【投影视图】按钮 ⌗。鼠标左键选中前视图，向左上角移动，单击放置轴测视图，如图 5.6.12 所示。调整轴测视图位置，拖动视图到图纸右下角，如图 5.6.13 所示。

    (6) 创建辅助视图。单击【工程图】工具栏中的【辅助视图】按钮 ⬙。鼠标左键选中前视图，然后选中前视图最上面的直线，拖动鼠标向前视图下方移动，单击放置辅助视图，调整辅助视图位置，使辅助视图位于前视图正上方，点击确定完成辅助视图的创建，如图 5.6.14 所示。

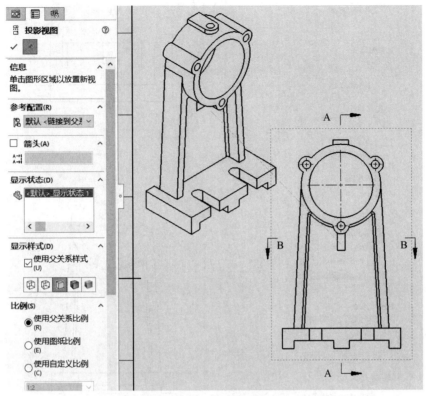

图 5.6.12 【投影视图】属性管理器和轴侧视图

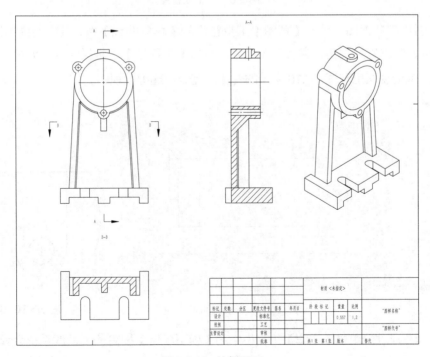

图 5.6.13 轴侧视图

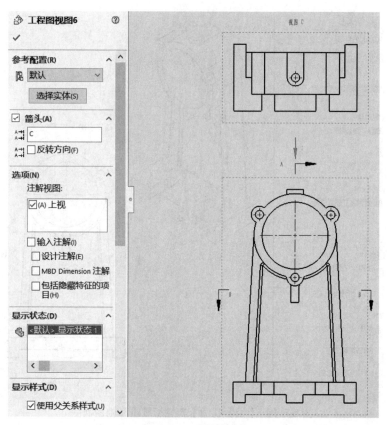

图 5.6.14 辅助视图

(7) 创建剪裁视图。单击【草图】工具栏中的【样条曲线】按钮 N。绘制图 5.6.15 所示的草图。单击确定按钮，完成草图绘制。单击【工程图】工具栏中的【剪裁视图】按钮 。此时辅助视图出现图 5.6.16 所示的变化。完成创建剪裁视图。

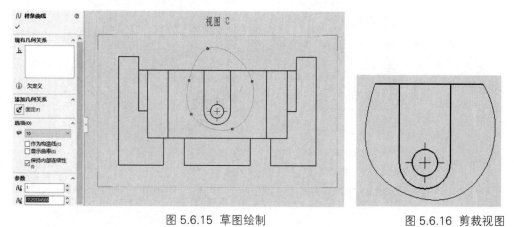

图 5.6.15 草图绘制   图 5.6.16 剪裁视图

(8) 标注尺寸。单击【注解】工具栏中的【模型项目】按钮 。此时系统会弹出【模型项目】属性管理器，设置各参数如图 5.6.17 所示。单击确定按钮，在视图中自动显示尺寸。然后整理尺寸，在前视图中单击选择要移动的尺寸，按住鼠标左键移动，这样就可以在同一视图中动态地移动尺寸的位置。选中重复或者多余的尺寸，接着使用 Delete 键删除多余的尺寸。最后标注模型项目中未能标注出来的尺寸，单击【注解】选项栏中的【智能尺寸】按钮，依次标记尺寸。尺寸调整后的视图如图 5.6.18 和 5.6.19 所示。

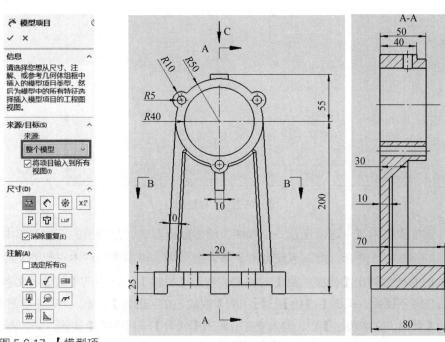

图 5.6.17 【模型项目】属性管理器

图 5.6.18 前视图和左视图

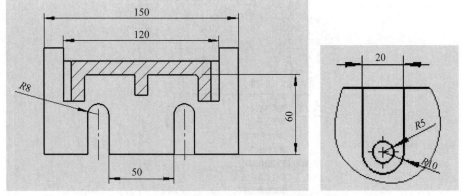

图 5.6.19 俯视图和辅助视图

(9) 添加注释。单击【注解】工具栏中的【注释】按钮 **A**，为工程图添加注释部分，（技术要求 1、未注圆角为 R2），如图 5.6.20 所示。

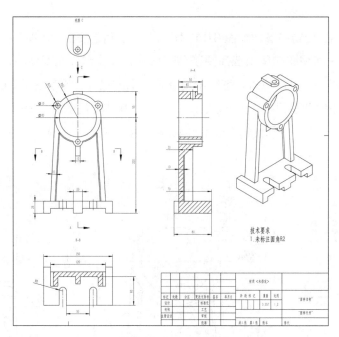

图 5.6.20 工程视图

(10) 添加表格内容。选中任意一个视图，单击鼠标右键，在弹出的下拉菜单中点击打开零件，如图 5.6.21 所示。此时系统会回到零件视图中，单击菜单栏中右侧的文件属性按钮████。此时系统会弹出【摘要信息】对话框。单击【材料】一行中的【数值／文字表达】栏，输入 304 不锈钢。单击【设计】一行中的【数值／文字表达】，输入 SW。单击【名称】一行中的【数值／文字表达】栏，输入支架。单击【代号】一行中的【数值／文字表达】栏，输入 ZHIJIA01。单击确定按钮，完成摘要信息的修改。结果如图 5.6.22 所示。

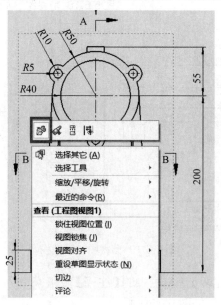

图 5.6.21　在工程图中打开零件

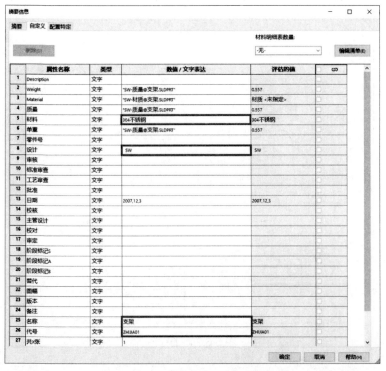

图 5.6.22 【摘要信息】对话框

(11) 鼠标右键单击左侧设计树中的支架，在弹出的下拉菜单中单击打开工程图，如图 5.6.23 所示。此时系统会回到工程图视图中。工程图表格中的材料栏、设计栏、名称栏以及代号栏均已改完。单击保存按钮，保存工程图。到此为止，支架的零件图全部创建完成，结果如图 5.6.24 所示。

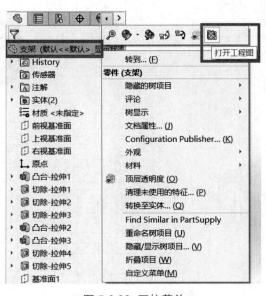

图 5.6.23 下拉菜单

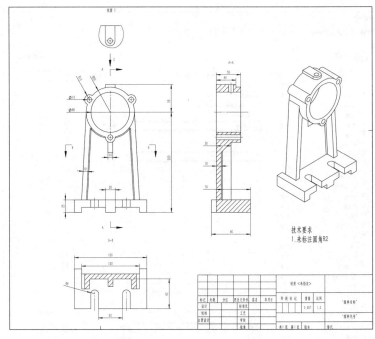

图 5.6.24 工程图

5.7 练习

利用本节所学知识，生成一个机用虎钳的装配图，如图 5.7.1 所示。

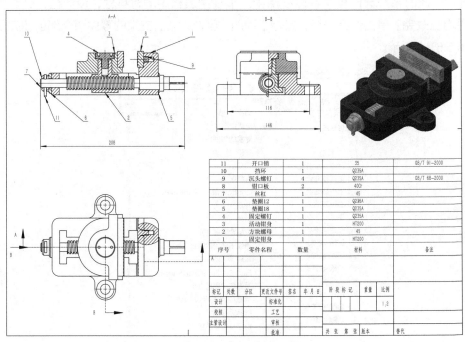

11	开口销	1	35	QB/T 91—2000
10	挡环	1	Q235A	
9	沉头螺钉	4	Q235A	QB/T 68—2000
8	钳口板	2	40Cr	
7	丝杠	1	45	
6	垫圈12	1	Q235A	
5	垫圈18	1	Q235A	
4	固定螺钉	1	Q235A	
3	活动钳身	1	HT200	
2	方块螺母	1	45	
1	固定钳身	1	HT200	
序号	零件名称	数量	材料	备注

标记	处数	分区	更改文件号	签名	年 月 日		阶段标记	重量	比例		
设计			标准化						1:2		
校核			工艺								
主管设计			审核								
			批准				共 张 第 张	版本		替代	

图 5.7.1 机用虎钳工程图

484 | 计算机辅助设计（CAD）造型建模技术